Übungsbuch Bilanzen erstellen und lesen für Dummies – Schummelseite

Drei Webseiten rund ums Thema Bilanzen und Bilanzanalyse

- `www.bbh.de`

  Auf der Webseite des Bundesverbands selbstständiger Buchhalter und Bilanzbuchhalter, kurz b.b.h., werden Sie recht aktuell über Urteile und Gesetzesänderungen oder Erlasse informiert. Außerdem bietet der b.b.h. Seminare an.

- `www.iasifrs.de`

  Hier finden Sie sämtliche International Accounting Standards in ihrer aktuellen Fassung. Außerdem gibt es einen Musterkontenrahmen zum Download und ein oftmals hilfreiches Forum.

- `www.bundesrecht.juris.de/aktuell.html`

  Vor allem für Leser aus Deutschland ist diese Seite sehr nützlich. Hier finden Sie alle deutschen und europäischen Gesetze in ihrer jeweils aktuellen Fassung.

Grundlegende Begriffe

- Das *Unternehmensergebnis* ist das Endergebnis der Gewinn-und-Verlust-Rechnung. Das entsprechende Gegenstück aus der Kostenrechnung schimpft sich hingegen *Betriebsergebnis*.
- Die beiden Seiten der Bilanz heißen *Aktiva* und *Passiva*. Auf der Aktivseite erscheinen die Vermögensgegenstände des Unternehmens, auf der Passivseite steht, wie das alles finanziert wurde.
- IAS bedeutet *International Accounting Standards*. Seit 2005 sind diese Bilanzierungsregeln EU-weit für alle kapitalmarktorientierten Unternehmen Pflicht. IFRS *(International Financial Reporting Standards)* wurde durch die EU-Kommission zum Standard erhoben.
- Das *Gesetz zur Modernisierung des Bilanzrechts* (auch *Bilanzrechtsmodernisierungsgesetz* oder *BilMoG* genannt) ist die größte Reform des Bilanzrechts seit Jahrzehnten. Es umfasst Änderungen im Handelsrecht und in einigen weiteren Gesetzen.
- Bei einer *Inventur* müssen Sie all Ihre Vermögenswerte in einer Liste festhalten. Diese Bestandsliste wird *Inventar* genannt.
- Zum *Anlagevermögen* zählt alles, was Ihr Unternehmen dauerhaft benötigt, um seine Aufgaben erledigen zu können. Ins *Umlaufvermögen* kommen die durchlaufenden Posten, die in der Regel nicht lange im Unternehmen bleiben.
- Durch die Nutzung diverser legaler Wahlrechte und Ermessensspielräume können Unternehmen den Jahresabschluss nach ihren Bedürfnissen beeinflussen. Das nennt man *Bilanzpolitik*.
- Bei *konservativer Bilanzpolitik* wird die Ertrags- und Vermögenslage eines Unternehmens tendenziell schlechter ausgewiesen; bei der *progressiven Bilanzpolitik* hingegen tendenziell besser.
- Im Rahmen der *Bilanzanalyse* werden verschiedene *Kennzahlen* ermittelt, die über die Fähigkeit eines Unternehmens zur Schuldentilgung sowie über zukünftige Gewinne Auskunft geben sollen.

D1921290

Übungsbuch Bilanzen erstellen und lesen für Dummies – Schummelseite

Fünf wichtige Kennzahlen aus Bilanz und GuV

Anteil der Vorleistungen an der Gesamtleistung

Der *Anteil der Vorleistungen* an der gesamten Unternehmensleistung zeigt Ihnen, welche Fertigungstiefe ein Unternehmen hat. Oder anders herum gefragt: In welchem Maße ist das Unternehmen von den Leistungen fremder Unternehmen abhängig?

$$\text{Anteil Vorleistungen} = \frac{\text{Vorleistungen}}{\text{Produktionswert}} \times 100$$

Return on Investment

Der *ROI (Return on Investment)* zeigt, wie lohnend es ist, Geld in das Unternehmen zu investieren. Je höher der ROI, desto schneller findet ein Unternehmer im Bedarfsfall neue Kapitalgeber. Sie ermitteln den ROI, indem Sie den Gewinn durch das Gesamtkapital dividieren:

$$ROI = \frac{\text{Gewinn}}{\text{Gesamtkapital}}$$

Liquidität ersten Grades

Die *Liquidität ersten Grades (Barliquidität)* setzt die flüssigen Mittel des Unternehmens mit dem kurzfristigen Fremdkapital in Beziehung. Sie besagt, wie hoch der Anteil des kurzfristigen Fremdkapitals ist, der mit den flüssigen Mitteln des Unternehmens theoretisch sofort bezahlt werden könnte.

$$\text{Liquidität 1. Grades} = \frac{\text{Flüssige Mittel}}{\text{Kurzfristiges Fremdkapital}}$$

Die Eigenkapitalrentabilität

Die *Eigenkapitalrentabilität* gibt an, wie viel Rendite das eingesetzte Eigenkapital abwirft. Knallhart betrachtet ist ein Unternehmen auch nichts anderes als ein Tagesgeldkonto. Anleger investieren ihr Geld, um einen bestimmten Gewinn zu erzielen. Anders als bei einem Tagesgeldkonto lässt sich der Zinssatz der Investition aber erst nachträglich ermitteln. Und dieser »Zinssatz« ist das, was sich hinter der Eigenkapitalrendite versteckt. Diese berechnet man wie folgt:

$$\text{Eigenkapitalrentabilität} = \frac{\text{Jahresüberschuss}}{\text{Eigenkapital}} \times 100$$

Die Umsatzrentabilität

Zu einer ordentlichen Rentabilitätsanalyse gehört natürlich auch die Berechnung der *Umsatzrentabilität*. Hier steht die Frage im Mittelpunkt, wie viel vom Umsatz als Gewinn hängen bleibt. Die Umsatzrentabilität gibt Auskunft, wie viel Gewinn in Prozent pro umgesetzten Euro erwirtschaftet wurde. Diese Kennzahl berechnen Sie so:

$$\text{Umsatzrentabilität} = \frac{EBIT}{\text{Umsatz}} \times 100$$

Übungsbuch Bilanzen erstellen und lesen für Dummies

Michael Griga

Übungsbuch Bilanzen erstellen und lesen für Dummies

WILEY-VCH

WILEY-VCH Verlag GmbH & Co. KGaA

Bibliografische Information der Deutschen Nationalbibliothek
Die Deutsche Nationalbibliothek verzeichnet diese Publikation in der Deutschen Nationalbibliografie; detaillierte bibliografische Daten sind im Internet über http://dnb.d-nb.de abrufbar.

1. Auflage 2013

© 2013 WILEY-VCH Verlag GmbH & Co. KGaA, Weinheim

All rights reserved including the right of reproduction in whole or in part in any form.

Alle Rechte vorbehalten inklusive des Rechtes auf Reproduktion im Ganzen oder in Teilen und in jeglicher Form.

Wiley, the Wiley logo, Für Dummies, the Dummies Man logo, and related trademarks and trade dress are trademarks or registered trademarks of John Wiley & Sons, Inc. and/or its affiliates, in the United States and other countries. Used by permission.

Wiley, die Bezeichnung »Für Dummies«, das Dummies-Mann-Logo und darauf bezogene Gestaltungen sind Marken oder eingetragene Marken von John Wiley & Sons, Inc., USA, Deutschland und in anderen Ländern.

Das vorliegende Werk wurde sorgfältig erarbeitet. Dennoch übernehmen Autor und Verlag für die Richtigkeit von Angaben, Hinweisen und Ratschlägen sowie eventuelle Druckfehler keine Haftung.

FSC
www.fsc.org
MIX
Papier aus verantwortungsvollen Quellen
FSC® C006701

Printed in Germany

Gedruckt auf säurefreiem Papier

Coverfoto: © fotolia, Photo-K
Korrektur: Frauke Wilkens, München
Satz: inmedialo Digital- und Printmedien UG, Plankstadt
Druck und Bindung: CPI – Ebner & Spiegel, Ulm

Print ISBN: 978-3-527-70907-6

Über den Autor

Michael Griga, Diplom-Volkswirt, geboren 1966 in Ludwigsburg, studierte Volkswirtschaftslehre in Tübingen. Er arbeitet als Controller in einem Technologiekonzern.

Er ist Autor von *Kosten- und Leistungsrechnung für Dummies* und *Einnahmenüberschussrechnung für Dummies, das Pocketbuch*. Gemeinsam mit Raymund Krauleidis hat er *Controlling für Dummies, Buchführung und Bilanzierung für Dummies, Bilanzen erstellen und lesen für Dummies, GuV für Dummies, das Pocketbuch* und *Balanced Scorecard für Dummies, das Pocketbuch* geschrieben. Zusammen mit Carmen Schönleben hat er das *Übungsbuch Buchführung für Dummies* verfasst.

Cartoons im Überblick

von Christian Kalkert

Seite 21

Seite 59

Seite 165

Seite 195

Seite 259

Seite 359

Internet: www.stiftundmaus.de

Wissenshungrig?

Wollen Sie mehr über die Reihe ***... für Dummies*** erfahren?

Registrieren Sie sich auf www.fuer-dummies.de für unseren Newsletter und lassen Sie sich regelmäßig informieren. Wir langweilen Sie nicht mit Fach-Chinesisch, sondern bieten Ihnen eine humorvolle und verständliche Vermittlung von Wissenswertem.

Jetzt will ich's wissen!

Abonnieren Sie den kostenlosen
... *für Dummies*-Newsletter:

www.fuer-dummies.de

Entdecken Sie die Themenvielfalt
der ... *für Dummies*-Welt:

- ***Computer & Internet***
- ***Business & Management***
- ***Hobby & Sport***
- ***Kunst, Kultur & Sprachen***
- ***Naturwissenschaften & Gesundheit***

Inhaltsverzeichnis

Teil IV
Die Bilanzpolitik 195

Kapitel 15
Grundlagen der Bilanzpolitik 197

Kapitel 16
Die Spielräume der Bilanzpolitik 203

Kapitel 17
Bilanzpolitik mit HGB und IFRS 229

Einführung

Willkommen in der Welt der glänzenden, aber auch manchmal schiefen Bilanzen. Der Sinn und Zweck dieses Buches? Auch in der Bilanzierung und Bilanzanalyse gilt: »Übung macht den Meister«.

Dieses Buch ist randvoll mit Übungen und natürlich den passenden Lösungen dazu. Da Sie es gerade in Ihren Händen halten, gehe ich davon aus, dass Sie sich zumindest ein ganz klein wenig für das Thema Bilanzen und Bilanzanalyse interessieren, sich gar auf eine Klausur oder Prüfung vorbereiten müssen – ich drücke die Daumen – oder einfach nur Ihre verschütteten Kenntnisse wieder auffrischen wollen. Vielleicht wollen Sie aber auch danach das eine oder andere Unternehmen genauer unter die Lupe nehmen, bevor Sie deren Aktien oder Anleihen kaufen.

Anhand einer Vielzahl von Übungen zu den unterschiedlichen Themen können Sie sich hier durch die gesamte Welt der Bilanzen und Bilanzanalyse wühlen oder wahlweise auch nur einzelne Gebiete beackern. Schritt für Schritt erweitern Sie mit jeder Aufgabe Ihre Kompetenz, hoffentlich ohne dabei Ihren Humor zu verlieren.

Dieses Buch ergänzt *Bilanzen erstellen und lesen für Dummies*, was aber nicht bedeutet, dass Sie *Bilanzen erstellen und lesen für Dummies* unbedingt gelesen haben müssen, um mit diesem Übungsbuch zurechtzukommen. Dieses Buch ist unabhängig davon verwendbar, egal wie Sie Ihre bisherigen Bilanzierungskenntnisse erworben haben. Wenn Sie aber dennoch *Bilanzen erstellen und lesen für Dummies* beim Durcharbeiten dieses Übungsbuchs danebenlegen wollen, bin ich Ihnen mit Sicherheit nicht böse.

Über dieses Buch

Falls Sie nun ein mit Theorie und unappetitlichen Formeln vollgepacktes Lehrbuch erwarten, sind Sie hier mit Sicherheit falsch. Denn was Sie gerade vor sich haben, ist ein praxisorientierter und gut verständlicher Überblick über die wunderbare Welt der Bilanzierung und der Bilanzanalyse, gespickt mit praxisorientierten Tipps und ein paar netten Anekdoten und vor allem sehr vielen Übungsaufgaben.

Sie erfahren und üben unter anderem,

- ✔ wie Sie einen Jahresabschluss erstellen,
- ✔ was es mit einem Konzernabschluss auf sich hat,
- ✔ wie Bilanzpolitik funktioniert und ob man dafür auch eine Regierung braucht,
- ✔ welche Kennzahlen für die Bilanzanalyse wichtig sind.

Konventionen in diesem Buch

Keine Sorge: In diesem Übungsbuch verlange ich an keiner Stelle von Ihnen, dass Sie irgendetwas eingeben, mitschreiben oder ausschneiden sollen, wenn Sie partout nicht wollen. Ansonsten wäre es beim Bearbeiten der einen oder anderen Übungsaufgabe sicher nicht schlecht, zum Stift, Papier und Taschenrechner zu greifen oder sich an den PC zu setzen und hier die Lösungen zu erstellen. Sonst gibt es hier nichts weiter zu beachten.

Törichte Annahmen über den Leser

Ich unterstelle Ihnen an dieser Stelle einfach einmal ein gewisses Grundinteresse an den Themen Bilanzierung und Bilanzanalyse. Ansonsten hätten Sie sich beim Buchhändler Ihres Vertrauens sicherlich für ein Buch von Suter oder Mankell entschieden. Dieses Grundinteresse, sei es freiwillig oder gezwungenermaßen vorhanden, ist die Mindestanforderung, die ich an Sie habe.

Zudem gehe ich einmal davon aus, dass noch mindestens einer der folgenden Punkte auf Sie zutrifft.

- ✔ Sie müssen sich von Berufs wegen mit Bilanzen beschäftigen.
- ✔ Sie halten Aktien und wollen wissen, wie es um Ihre Investitionen bestellt ist.
- ✔ Sie wollen endlich einmal wissen, was zum Henker eine Rentabilitätsanalyse ist.
- ✔ Sie müssen sich in der Ausbildung oder im Studium mit der Materie herumschlagen.
- ✔ Sie sind ein vielseitig interessierter Mensch, aber die besagten Themen gehörten zu den wenigen Dingen, bei denen Sie bisher nur Bahnhof verstanden haben.

Sie dürfen das, was auf Sie zutrifft, übrigens auch gerne ankreuzen – es ist ja schließlich Ihr Buch.

Was Sie nicht lesen müssen

Wenn Sie *Bilanzen erstellen und lesen für Dummies* gelesen haben, dürfen Sie sich natürlich gleich auf die Übungsaufgaben stürzen. Auch wenn Sie es nicht gelesen haben, aber dennoch über ein fundiertes Bilanzierungswissen verfügen, können Sie die Einführungen zu den jeweiligen Themen ohne schlechtes Gewissen überspringen.

Wie dieses Buch aufgebaut ist

Das Buch ist in sechs Teile gegliedert. In den sechs Teilen finden Sie folgende Inhalte:

Teil I: Willkommen in der Welt der Bilanzen

Hier bekommen Sie zunächst einen ersten Einblick in die rechtlichen Grundlagen, den Aufbau der Bilanz und der Nachbardisziplin. Hier können Sie beispielsweise ausgiebig den Unterschied zwischen Aufwendungen, Kosten, Auszahlungen und Ausgaben üben.

Teil II: Der Jahresabschluss: Bilanz und GuV erstellen

Jetzt geht's richtig los! Nachdem Sie erfolgreich Übungen zur Inventur absolviert haben, geht es zur Sache mit den unterschiedlichen Bewertungsvorschriften. Danach dürfen Sie hemmungslos aktiv und passiv Bilanzieren und Erfolgsrechnungen erstellen.

Teil III: Konzernabschluss und Berichte erstellen

In diesem Teil üben Sie die Besonderheiten des Konzernabschlusses und dürfen viele Fragen rund um den Geschäftsbericht mit seinem Anhang und Lagebericht beantworten. Und wenn Sie dann immer noch nicht genug vom Reporting haben, können Sie sich auch gleich noch den Fragen zum Themenkomplex Zwischenberichterstattung stellen.

Teil IV: Die Bilanzpolitik

Hier trainieren Sie die Möglichkeiten der Bilanzpolitik. Damit Sie sich auch auf internationalem Parkett bewegen können und bei kapitalmarktorientierten Unternehmen die Möglichkeiten der Bilanzpolitik kennen, finden Sie hier selbstverständlich auch Übungen zur Bilanzpolitik nach IFRS.

Teil V: Die Bilanzanalyse

Sie starten mit den Zielen und den grundsätzlichen Arten der Bilanzanalyse. Bevor Sie die wildesten Analysen durchführen können, dürfen Sie noch die Bilanz und GuV analysefertig aufbereiten. Natürlich nur wenn Sie wollen oder müssen ...

Danach gibt es für Sie viele, viele Übungen zur Finanzierungs- und Investitionsanalyse, Liquiditätsanalyse, Erfolgsanalyse, Wertschöpfungs- und Break-even-Analyse sowie zur strategischen Bilanzanalyse.

Wenn Sie dann alle Übungsaufgaben zur Bilanzanalyse erfolgreich durchgearbeitet haben, wird Ihnen der Titel »Geprüfter Dummies-Bilanzanalyst« verliehen. Dazu können Sie diese Buchseite kopieren, ausdrucken und mit einem Häkchen versehen an prominenter Stelle in Ihrem Büro oder daheim aufhängen.

Teil VI: Der Top-Ten-Teil

Für den versierten ... *für Dummies*-Leser ist dieser Teil nichts Neues. Hier finden Sie zuerst zehn nützliche Websites rund um das Thema Bilanzen. Danach folgen zehn Begriffe zum Thema, die Ihnen über den Weg laufen könnten.

Symbole, die in diesem Buch verwendet werden

Sie finden über das ganze Buch verteilt verschiedene Symbole, über deren Bedeutung ich Sie hier kurz aufkläre:

Dieses Symbol markiert einen praktischen Tipp, der Ihnen einiges erleichtern kann.

Hier handelt es sich um zusätzliche Erklärungen und Hinweise, die etwaige Unklarheiten beseitigen können.

Hier gibt es noch theoretisches Hintergrundwissen. Wenn Sie etwas, das mit diesem Symbol versehen ist, nicht lesen, tut das dem Verständnis keinen Abbruch.

Hinter diesem Symbol versteckt sich die Erklärung oder die Definition von neu eingeführten Fachbegriffen.

Dreimal dürfen Sie raten, was Sie bei diesem Symbol erwartet: Richtig, ein Beispiel zum jeweiligen Thema.

Wie es weitergeht

Das Buch ist so aufgebaut, dass Sie es nicht zwingend wie einen Roman von vorn nach hinten durchlesen und durcharbeiten müssen, um alles zu verstehen. Wollen Sie zum Beispiel mal eben die Grundlagen und Ziele der Bilanzpolitik üben, können Sie direkt und ohne Umwege Kapitel 15 aufschlagen.

Wenn Sie das Buch aber dennoch von vorn bis hinten durcharbeiten möchten, bin ich Ihnen sicher nicht böse; wenn Sie sich intensiv mit dem gesamten Themenkomplex beschäftigen wollen oder müssen, wäre dies sicher nicht die schlechteste Herangehensweise. Aber: Letztlich steht es Ihnen frei, wie und in welcher Reihenfolge Sie was, warum und weshalb lesen und üben, das Buch ist so aufgebaut, dass Sie dies problemlos nach Gusto machen können.

Und nun wünsche ich Ihnen viel Spaß und Erfolg!

Teil I

Willkommen in der Welt der Bilanzen

In diesem Teil ...

geht es zuerst mal um die Grundlagen. Dabei blicken Sie auch gleich über den Tellerrand hinaus in andere Länder und werfen auch einen Blick auf die internationalen Rechnungslegungsvorschriften.

Danach geht es sogar um ganze Welten. Besser gesagt um die beiden unterschiedlichen Rechenwelten: die Kosten- und Leistungsrechnung sowie das externe Rechnungswesen, sprich: die Bilanz und die Gewinn-und-Verlust-Rechnung.

Grundlegendes zur Bilanz

1

In diesem Kapitel

- Die Aufgaben der Bilanz
- Wozu die Bilanzanalyse gut ist
- Warum Bilanzpolitik gemacht wird

Das Wort »Bilancia« kommt ursprünglich aus dem Italienischen. Es bedeutet so viel wie »Waage« und ist gleichzeitig auch der Ursprung unseres Begriffs »Bilanz«. Auch bei der Bilanz sollen die Dinge, ähnlich wie bei einer Balkenwaage, ins Gleichgewicht gebracht werden. Und zwar das Vermögen auf der Aktivseite sowie das dazu verwendete Kapital auf der Passivseite. Gerüchten zufolge soll es aber leider auch Leute geben, die beim Analysieren von Bilanzen aus dem inneren Gleichgewicht gebracht werden. Um dies zu vermeiden, wird dann und wann Bilanzpolitik betrieben.

Die Aufgaben der Bilanz

In der Bilanz, die zusammen mit der Gewinn-und-Verlust-Rechnung das Kernstück des Jahresabschlusses bildet, werden die aus der Buchführung ermittelten Daten zu einem bestimmten Stichtag zusammengefasst und systematisch geordnet. So entsteht eine Übersicht über die Vermögens- und Kapitallage des Unternehmens.

Die Bilanz ist in erster Linie für drei Dinge gut:

- ✔ Dokumentations- und Rechenschaftsfunktion
- ✔ Zahlungsbemessungsfunktion
- ✔ Informationsfunktion

Aufgabe 1.1

Was sind üblicherweise die Bestandteile eines Jahresabschlusses?

Aufgabe 1.2

Beschreiben Sie bitte, was man unter der Dokumentations-, Rechenschafts-, Zahlungsbemessungs- und Informationsfunktion versteht.

Sinn und Zweck der Bilanzanalyse

Um einen Jahresabschluss richtig zu verstehen, müssen die Informationen daraus erst einmal analysiert werden. Hauptsächlich werden dabei aus dem vorhandenen Datenmaterial Kennzahlen gebildet. Im nächsten Schritt gilt es, diese Kennzahlen zu interpretieren und zu vergleichen. Denkbar sind zwei Vergleichsmöglichkeiten:

- ✔ Zeitvergleich
- ✔ Branchenvergleich

Die Qualität der Bilanzanalyse steht und fällt natürlich mit der Qualität des Datenmaterials, das Ihnen zur Verfügung steht. Denn wie heißt es so schön: »Garbage in, garbage out«.

Aufgabe 1.3

Nennen Sie mindestens drei Kennzahlen der Bilanzanalyse.

Aufgabe 1.4

Was versteht man unter einem Zeitvergleich und was sollte man dabei beachten?

Aufgabe 1.5

Was versteht man unter einem Branchenvergleich?

Warum Bilanzpolitik gemacht wird

In den entsprechenden Rechnungslegungsvorschriften wie etwa dem Handelsgesetzbuch (HGB) oder dem International Financial Reporting Standard (IFRS) wird der Jahresabschluss mehr oder weniger streng geregelt.

Dabei gibt es aber doch noch ein paar Stellschrauben, mit denen Unternehmen ihre Bilanzen noch ein wenig aufhübschen können, damit das Unternehmen sich nach außen hin so darstellt, wie man es gerne hätte.

Wird der Jahresabschluss im Rahmen der gesetzlichen Möglichkeiten bewusst so ausgestaltet, dass dem Leser ein bestimmter Eindruck vermittelt werden soll, so nennt man dies Bilanzpolitik.

Je nachdem, welcher Eindruck vermittelt werden soll, kann die Bilanzpolitik unterschiedliche Richtungen verfolgen. Man kann die Ertragslage schlechter ausweisen, als sie eigentlich ist, oder auch besser.

Aufgabe 1.6

Nennen Sie bitte mindestens drei Stellschrauben, mit denen ein Unternehmen seine Bilanz aufhübschen kann.

Aufgabe 1.7

Lassen Sie Ihrer Fantasie doch mal freien Lauf und überlegen Sie sich, welche Gründe ein Unternehmen dazu bewegen können, die Ertragslage in der Bilanz schlechter darzustellen, als sie eigentlich ist.

Aufgabe 1.8

Welche Anreize kann es geben, in der Bilanz ein besseres Ergebnis auszuweisen, als es eigentlich ist?

Lösungen zu den Übungsaufgaben

Hier finden Sie die Musterlösungen zu den Aufgaben.

Lösung 1.1

Abgesehen von der Bilanz und der Gewinn-und-Verlust-Rechnung besteht ein kompletter Jahresabschluss noch aus einem Anhang, dem Lagebericht sowie bei kapitalmarktorientierten Unternehmen aus einer Kapitalflussrechnung sowie dem Eigenkapitalspiegel.

Lösung 1.2

- ✔ Dokumentationsfunktion: Die Bilanz gibt detailliert Auskunft über das vorhandene Vermögen eines Unternehmens und zeigt auf, wie dieses finanziert wurde. Die Bilanz ist der Nachweis aller verbuchten Geschäftsvorfälle.
- ✔ Rechenschaftsfunktion: Gegenüber allen am Unternehmen Interessierten, wie zum Beispiel den Eigentümern, wird mit der Bilanz über die Arbeit des Managements Rechenschaft abgelegt.
- ✔ Zahlungsbemessungsfunktion: Die Ausschüttungen, also zum Beispiel die Dividendenzahlungen an die Anteilseigner, orientieren sich am Gewinn. Dieser wird durch das Ergebnis der Bilanz beeinflusst.
- ✔ Informationsfunktion: Kapitalgesellschaften sowie Personengesellschaften ohne natürliche Person als persönlich haftendem Gesellschafter, wie etwa die GmbH & Co. KG, sind dazu verpflichtet, ihre Bilanzen zu veröffentlichen. Dadurch sollen Gläubiger, Kreditgeber, Geschäftspartner, der Fiskus und die Arbeitnehmer informiert werden, wie es um das Unternehmen wirtschaftlich bestellt ist.

Lösung 1.3

Bekannte Kennzahlen der Bilanzanalyse sind der Cashflow, die Liquidität ersten bis dritten Grades, die Rentabilität und die Wertschöpfung. Sie können dabei die Eigenkapitalrentabilität, die Gesamtkapitalrentabilität oder die Umsatzrentabilität untersuchen. Daneben gibt es noch viele weitere Kennzahlen wie zum Beispiel die Wertschöpfung, die Eigenkapital- und Fremdkapitalquote, die Anlagenintensität oder der Return on Investment, kurz ROI.

Lösung 1.4

Beim Zeitvergleich betrachten Sie die jeweiligen Kennzahlen des Unternehmens im Zeitverlauf und können damit gewisse Entwicklungen herauslesen. Dabei sollten Sie mindestens drei aufeinanderfolgende Geschäftsjahre betrachten, um gewisse Trends herauslesen zu können und eventuelle »Ausreißerjahre« zu eliminieren.

Achtung: Strukturbrüche wie Verkäufe von Unternehmensteilen oder Zukäufe von Unternehmen sollten Sie bei einer Zeitreihenanalyse immer rückwirkend einbeziehen oder gesondert ausweisen.

Lösung 1.5

Beim Branchenvergleich vergleichen Sie die Kennzahlen eines Unternehmens mit denjenigen der Wettbewerber. Voraussetzung dafür ist natürlich, dass die Unternehmen eine ähnliche Struktur haben. Sonst vergleicht man ganz schnell Äpfel mit Birnen.

Lösung 1.6

Es stehen folgende Stellschrauben zur Verfügung:

- ✔ Wahlrechte beim Ansatz von Vermögensgegenständen
- ✔ Wahlrechte bei der Bewertung von Vermögensgegenständen
- ✔ Investitionsvorhaben können zeitlich verlagert werden; also vorgezogen oder verschoben werden
- ✔ die vorhandenen Ermessensspielräume bei der Bildung von Rücklagen und Rückstellungen können genutzt werden

Lösung 1.7

Hier einige Gründe, weshalb es manchmal sinnvoll sein kann, sich schlechter darzustellen:

- ✔ Sie können durch den Ausweis möglichst geringer Gewinne die Steuerlast und die Ausschüttung an die Aktionäre reduzieren.
- ✔ Bei einer laufenden Tarifrunde können schlechte Bilanzergebnisse ein gutes Gegenargument für hohe Lohnforderungen der eigenen Arbeitnehmer sein.
- ✔ Ein Monopolist kann Preiserhöhungen bei der Kundschaft dann besser kommunizieren.

Lösung 1.8

Und hier ein paar Gründe, weshalb es sich manchmal lohnt, ein höheres Ergebnis auszuweisen:

- ✔ Potenzielle Gläubiger sind aufgrund einer augenscheinlich guten finanziellen Lage des Unternehmens eher bereit, Kredite zu gewähren. Man erhält dann auch bessere Kreditkonditionen.
- ✔ Imagepflege: Gute Ergebnisse können helfen, das eigene Image in der Öffentlichkeit aufzupolieren.

Die rechtlichen Grundlagen des Jahresabschlusses

2

In diesem Kapitel

- Die wichtigsten Bilanzarten
- Nationale Rechtsgrundlagen der Bilanz
- Die internationalen Rechnungslegungsvorschriften

In diesem Kapitel geht es um die Bilanzarten und die rechtlichen Grundlagen. Lernen Sie die unterschiedlichen Rechnungslegungsvorschriften kennen und lieben.

Vielfältig: Bilanzarten

Bilanz ist nicht gleich Bilanz. Es gibt eine Vielzahl unterschiedlicher Bilanzarten. Die wichtigsten sind:

- ✔ die Handelsbilanz
- ✔ die Steuerbilanz
- ✔ Bilanzen nach der Häufigkeit
- ✔ Einzel- und Konzernbilanzen
- ✔ außerordentliche Bilanzen beziehungsweise Sonderbilanzen

Aufgabe 2.1
Warum gibt es neben der Handelsbilanz auch eine Steuerbilanz?

Aufgabe 2.2
Warum gibt es Zwischenbilanzen?

Aufgabe 2.3
Max Legrand hat eine riesige Marktlücke in der Energiebranche entdeckt und gründet ein neues Unternehmen. »Klotzen statt kleckern« ist sein Motto: Das Unternehmen geht mit einer Anfangsinvestition von mehreren Millionen Euro und 1.000 Mitarbeitern an den Start. Was für eine Bilanz muss er bei der Gründung erstellen?

Knapp zwei Jahre später fusioniert das Unternehmen mit einem Wettbewerber. Die beiden alten Unternehmen gehen dabei in einen hierfür neu gegründeten Rechtsträger auf. Muss dafür auch eine außerordentliche Bilanz erstellt werden?

Ein paar Jahre später muss sich Herr Legrand eingestehen, dass die Fusion gründlich schiefgegangen ist. Das Unternehmen ist pleite und muss liquidiert werden. Muss er zu allem Übel auch hierfür eine außerordentliche Bilanz erstellen?

Die rechtlichen Grundlagen der Bilanz

Die rechtlichen Grundlagen der Handelsbilanz finden Sie in Deutschland gleich in mehreren Gesetzen:

- ✔ **Das Handelsgesetzbuch (kurz HGB):** In den §§ 238 bis 263 finden Sie die Rechnungslegungsvorschriften, die für alle Kaufleute gelten. In den §§ 264 bis 289 finden Sie zusätzlich die ergänzenden Vorschriften für Kapitalgesellschaften.
- ✔ **Das Aktiengesetz (kurz AktG):** Im Aktiengesetz werden ein paar Besonderheiten für Aktiengesellschaften geregelt, zum Beispiel der Ausweis des Grundkapitals oder der Kapitalrücklage.
- ✔ **Das Gesetz betreffend die Gesellschaften mit beschränkter Haftung (kurz GmbHG):** Im GmbHG werden über die Regelungen des HGB hinaus noch ein paar spezifische Regelungen zu den Bilanzierungsgrundsätzen und dem Jahresabschluss on top gepackt – zum Beispiel, dass das Stammkapital in der Bilanz als gezeichnetes Kapital ausgewiesen werden soll.
- ✔ **Das Genossenschaftsgesetz (kurz GenG):** In § 33 GenG finden Sie die spezifischen Regelungen zum Jahresabschluss. Ein Beispiel: Ist der Verlust größer als 50 Prozent der Guthaben und Rücklagen, muss der Vorstand unverzüglich die Generalversammlung einberufen. Eine überaus sinnvolle Regelung.
- ✔ **Das Publizitätsgesetz (kurz PublG):** Das Publizitätsgesetz regelt die Veröffentlichung der Rechnungslegung. So ist zum Beispiel nach § 1 jedes Unternehmen zur Veröffentlichung seines Jahresabschlusses verpflichtet, wenn seine Bilanzsumme die Grenze von 65 Millionen Euro übersteigt. Anders als in den §§ 264 ff. HGB betrifft dies nicht nur Kapitalgesellschaften, sondern alle Unternehmensformen. Die Rechtsform ist für die Veröffentlichung der Rechnungslegung durch das PublG damit egal geworden.

Neben diesen nationalen rechtlichen Grundlagen gibt es auch noch internationale Rechnungslegungsvorschriften wie die IFRS oder US-GAAP.

Aufgabe 2.4

Max Legrand kann es nicht lassen und gründet schon wieder ein Unternehmen. Da er sich von der letzten Unternehmenspleite noch nicht ganz erholt hat, fehlt ihm das nötige Eigenkapital. Für seine Geschäftsidee, Herstellung und Vertrieb von Braunkohleraddampfern, findet er genügend potenzielle Kapitalgeber. Er gründet deshalb eine Aktiengesellschaft mit Sitz in Hamburg. Welche Rechnungslegungsvorschriften muss das Unternehmen beachten?

Aufgabe 2.5

Die Braunkohleraddampfer der Aktiengesellschaft von Herrn Legrand sind ein Riesenerfolg; die Wettbewerber lassen deshalb nicht lange auf sich warten. Ein Einzelunternehmer stellt nun ebenfalls Raddampfer in Hamburg her. Welche Rechnungslegungsvorschriften muss dieses Unternehmen beachten?

Rechtliche Grundlagen in Österreich und in der Schweiz

In Österreich bildet das Unternehmensgesetzbuch, kurz UGB, die wesentliche Rechtsgrundlage. Daneben gibt es auch in Österreich noch ergänzende Gesetze wie das GenG oder das GmbHG. Im UGB finden Sie die Vorschriften zur Rechnungslegung in den §§ 189ff. Die Bilanzgliederung finden Sie im § 224 und die Gewinn-und-Verlust-Rechnung im § 231 UGB.

In der Schweiz bildet das Obligationenrecht, kurz OR, die Rechtsgrundlage. Das allgemeine Buchführungs- und Bilanzrecht finden Sie in OR 959ff. Die Regelungen für Aktiengesellschaften und Gesellschaften mit beschränkter Haftung finden Sie in OR 660ff.

Aufgabe 2.6

Seit wann gibt es das österreichische UGB?

Lösungen zu den Übungsaufgaben

Hier finden Sie die Lösungen zu den Aufgaben.

Lösung 2.1

Die Handelsbilanz wird auf Basis des nationalen oder internationalen Handelsrechts erstellt. Nationales Handelsrecht ist zum Beispiel das deutsche HGB, das österreichische Unternehmensgesetzbuch, kurz UGB, und das Schweizer Obligationenrecht, kurz OR. Das IFRS ist dagegen ein internationaler Rechnungslegungsstandard. IFRS steht übrigens für International Financial Reporting Standards.

Die Steuerbilanz wird zusätzlich zur Handelsbilanz benötigt, da das Steuerrecht manchmal vom Handelsrecht abweichende Bewertungsvorschriften besitzt. Getreu dem Maßgeblichkeitsprinzip wird die Steuerbilanz zwar immer aus der Handelsbilanz abgeleitet. Schreibt das Steuerrecht aber abweichende Wertansätze vor, müssen diese in der Steuerbilanz gewählt werden. Grundlage für die Steuerbilanz ist damit letztlich immer die nationale Steuergesetzgebung. Schließlich dient die Steuerbilanz ja auch der Ermittlung der zu zahlenden Steuern.

Lösung 2.2

Neben der zum Jahresabschluss erstellten Schluss- und Eröffnungsbilanz gibt es manchmal auch Zwischenbilanzen. Das können Quartalsbilanzen oder gar Monatsbilanzen sein. Meist fordern die Märkte, hier sind das die Aktienbörsen, in ihren Vorschriften solche Zwischenbilanzen, damit der gemeine Anleger auch unterjährig Informationen über das Unternehmen erhält.

Lösung 2.3

Max Legrand muss am Gründungstag seines Unternehmens eine Gründungsbilanz erstellen. Der Gründungstag kann der Tag der Gewerbeanmeldung oder der Tag sein, an dem der Gesellschaftervertrag unterzeichnet wird.

Die *Gründungsbilanz* wird manchmal auch *Eröffnungsbilanz* oder *Anfangsbilanz* genannt.

Bei der späteren Fusion muss Max Legrand dafür sorgen, dass der neue Rechtsträger alle Bilanzpositionen der beiden alten Unternehmen in seine Fusionsbilanz aufnimmt. Die Fusionsbilanz ist zugleich die Gründungsbilanz des fusionierten Unternehmens.

Die *Fusionsbilanz* wird manchmal auch *Verschmelzungsbilanz* genannt.

Bei Liquidation des Unternehmens muss ebenfalls eine Sonderbilanz erstellt werden, die Liquidationsbilanz. Wer es ganz genau wissen will: Zu Beginn der Liquidation muss eine Liquidationseröffnungsbilanz erstellt werden. Hier wird ermittelt, was die einzelnen Werte bei Verkauf wohl einbringen könnten. Auf der Gegenseite sind die Verbindlichkeiten mit den noch zurückzuzahlenden Beträgen zu bewerten.

Wird durch die Liquidationseröffnungsbilanz festgestellt, dass die Verbindlichkeiten höher als die noch vorhandenen Vermögenswerte sind, muss Konkurs angemeldet werden.

Nachdem alle Vermögenswerte veräußert und die Verbindlichkeiten beglichen wurden, muss eine Liquidationsschlussbilanz aufgestellt werden.

Lösung 2.4

Das Unternehmen muss das deutsche HGB beachten. Da es sich um eine Kapitalgesellschaft handelt, müssen auch die ergänzenden Vorschriften ab § 264 beachtet werden. Als Aktiengesellschaft muss zudem das Aktiengesetz beachtet werden. Damit es niemandem langweilig wird, sind auch die Vorschriften des Publizitätsgesetzes zu beachten. Last but not least: Da es sich bei einer Aktiengesellschaft um ein kapitalmarktorientiertes Unternehmen handelt, kommt die Rechnungslegung nach IFRS ins Spiel. Handelt es sich um einen Konzern, muss ein Konzernabschluss nach IFRS erstellt werden. Die Einzelabschlüsse der jeweiligen Rechtseinheiten des Konzerns müssen weiterhin einen Abschluss nach HGB erstellen. Daneben können freiwillig auch Einzelabschlüsse nach IFRS erstellt werden.

Lösung 2.5

Der Einzelunternehmer muss die Vorschriften des HGB beachten. Die ergänzenden Vorschriften für Kapitelgesellschaften muss der Einzelunternehmer nicht befolgen. Je nach Unternehmensgröße ist für ihn auch das Publizitätsgesetz relevant.

Lösung 2.6

Im Jahr 2007 wurde das österreichische Handelsgesetzbuch in Unternehmensgesetzbuch umbenannt. Es handelte sich dabei nicht um eine schlichte Namensänderung, sondern um eine umfassende Bilanzrechtsreform. So wurde zum Beispiel der Begriff des Kaufmanns durch den Begriff des Unternehmers ersetzt.

Die zwei Rechenwelten

3

In diesem Kapitel

- Der Unterschied zwischen internem und externem Rechnungswesen
- Acht Schlüsselbegriffe für immer voneinander unterscheiden können
- Was Abgrenzung bedeutet

Ob in der Ausbildung, im Studium oder in der Praxis: Mit der Unterscheidung zwischen externem und internem Rechnungswesen werden Sie immer wieder konfrontiert werden. Nach den Übungen hier in diesem Kapitel sollten Sie das interne und externe Rechnungswesen aus dem Schlaf heraus unterscheiden können.

Warum es zwei Rechenwelten gibt

Das externe Rechnungswesen, auch »Finanzbuchhaltung« genannt, ist die Basis für die Bilanz sowie die Gewinn-und-Verlust-Rechnung und wird von

- ✔ Aufwendungen und
- ✔ Erträgen

regiert.

Im internen Rechnungswesen, der sogenannten »Kostenrechnung«, geben hingegen

- ✔ Kosten und
- ✔ Leistungen

den Ton an.

Der Unterschied zwischen Kosten und Aufwendungen einerseits sowie Leistungen und Erträgen andererseits liegt im Detail. Dieses Detail ist der *Betriebszweck*. Der Betriebszweck ist einfach ausgedrückt das eigentliche Kerngeschäft Ihres Unternehmens.

Das interne Rechnungswesen, also die Kostenrechnung, dient rein innerbetrieblichen Zielen, während das externe Rechnungswesen, die Finanzbuchhaltung, hauptsächlich Außenstehende informieren und schützen soll.

- ✔ Das interne Rechnungswesen erfüllt hauptsächlich folgende Zwecke:
  - Hilfe bei der Preisbestimmung
  - Hilfe bei Entscheidungen
  - Kontrollfunktion

- Die wichtigsten Aufgaben des externen Rechnungswesens sind hingegen:
  - Rechenschaftslegung gegenüber den Anteilseignern des Unternehmens
  - Grundlage für die Besteuerung
  - Gläubigerschutz

Aufgabe 3.1

Sie betreiben ein Fliesen- und Sanitärgeschäft. Ihr größter Stolz ist die neu errichtete Ausstellungshalle mit über 50 Bädern. Ihr Motto: Alles aus einer Hand. Der Kunde sucht sich bei Ihnen das passende Bad aus; Ihr Unternehmen übernimmt dabei die komplette Realisierung; von der Beratung mit den Innenarchitekten, Entsorgung des alten Bades über die Installationen, die Fliesen, Duschkabinen bis hin zum Beleuchtungskonzept. Bei so viel Service nun die Frage: Muss Ihr Unternehmen sowohl ein internes als auch ein externes Rechnungswesen führen?

Aufgabe 3.2

Sie betreiben ein florierendes Fliesen- und Sanitärgeschäft. Die überschüssige Liquidität packen Sie nicht in Ihren Geldspeicher, sondern in Unternehmensanleihen führender europäischer Unternehmen. Diese Anleihen werfen ordentliche Zinsen ab. Dient dieses Geschäft dem Betriebszweck?

Aufgabe 3.3

Sie betreiben ein Fliesen- und Sanitärgeschäft. In Ihrer Badausstellung findet sich neben Glas, Keramik und gebürstetem Aluminium auch Kunst, damit die Bäder nicht zu trist daherkommen. Die ausstellenden Künstler stellen Ihnen ihre Kunstwerke natürlich nicht völlig uneigennützig zur Verfügung. Sie hoffen, bei Ihrer zahlungsfähigen Klientel den einen oder anderen Kunden gewinnen zu können. Sie selbst sind auch nicht völlig uneigennützig und haben eine Verkaufsprovision von 5 Prozent ausgehandelt. Zählen diese Provisionseinnahmen zum Betriebszweck?

Aufgabe 3.4

Herr Neuf du Pape betreibt eine Weingroßhandlung. Zu Weihnachten verschenkt er Weinflaschen an Geschäftspartner und an örtliche Wohltätigkeitsvereine. Zählen diese Geschenke zum Betriebszweck?

Acht Schlüsselbegriffe

Die Unterscheidung zwischen den Schlüsselbegriffen

- Ein- und Auszahlungen,
- Einnahmen und Ausgaben,
- Ertrag und Aufwand sowie
- Leistungen und Kosten

wäre eigentlich unnötig, wenn wir in unendlichen Zeitdimensionen denken könnten. Dummerweise gibt es da aber ein knappes Gut, die Zeit. Zu diesem misslichen Umstand ein Zitat des englischen Ökonomen John Maynard Keynes:

»In the long run we are all dead.«

Wären wir langfristig gesehen nicht alle tot, könnten wir uns zurücklehnen, die Jahre ins Land ziehen lassen und bei der Beurteilung des Unternehmenserfolgs einfach den Zeitraum von der Gründung bis zur Schließung eines Unternehmens abwarten und die Endabrechnung betrachten. Die Summe aller Einzahlungen abzüglich aller Auszahlungen ergibt den Gesamterfolg. Aber selbst wenn wir ewig leben würden, würden wir sicherlich nicht erst nach ein paar hundert Jahren wissen wollen, ob ein Unternehmen jedes Jahr Milliarden versenkt oder ordentliche Gewinne erzielt hat.

Der Erfolg eines Unternehmens sollte am besten jährlich festgestellt werden können, damit Sie nicht so lange auf Ergebnisse warten müssen. Zudem weiß man ja nicht, ob man das noch erleben wird. Und damit beginnt die ganze Begriffsabgrenzerei.

Nur Bares ist Wahres: Ein- und Auszahlungen

Der gesamte Zahlungsverkehr eines Unternehmens mit seiner Umwelt wird durch die Ein- und Auszahlungen abgebildet. Die Finanzbuchhaltung erfasst sie alle akribisch, damit sie unter anderem in der Finanz- und Investitionsrechnung verwendet werden können.

Ab damit in den Geldspeicher: Einzahlungen

Bei *Einzahlungen* handelt es sich um die Erhöhung der vorhandenen Zahlungsmittel, sprich der liquiden Mittel. Liquide Mittel sind Bargeld, jederzeit verfügbare Bankguthaben oder Schecks. Das kann die monatliche Überweisung Ihres Arbeitgebers auf Ihr Girokonto sein oder die 20 Euro in der Geburtstagskarte von Ihrer Tante. Sollten Sie bei Ihrer Bank einen Kredit beantragt haben, erhalten Sie im Moment der Überweisung des Kreditbetrags auf Ihr Girokonto ebenfalls eine Einzahlung.

Aufgabe 3.5

Sie verkaufen über eBay einige alte Schallplatten und CDs. Nach nur vier Rückfragen über den Zustand der aktuell gerade in der Versteigerung befindlichen Schallplatte und sieben Tagen verkaufen Sie die besagte Platte an Phono999 für den gigantischen Betrag von 1,00 Euro. Phono999 überweist den Kaufpreis plus Versandkosten umgehend. Handelt es sich bei dem überwiesenen Gesamtbetrag um eine Einzahlung?

Aufgabe 3.6

Sie gründen zusammen mit ein paar Bekannten eine kleine Softwareschmiede in Berlin. Felix Java will auch mitmachen und beteiligt sich am Start-up mit einer Privateinlage über 5.000 Euro. Handelt es sich um eine Einzahlung?

Aufgabe 3.7

Sie haben zusammen mit ein paar Bekannten eine kleine Softwareschmiede in Berlin gegründet. Eine Mitarbeiterin der Softwareschmiede benötigte letzten Monat kurzfristig einen Mitarbeiterkredit für einen Fahrradkauf. Diesen Monat zahlt die Mitarbeiterin den Kredit wieder zurück. Handelt es sich um eine Einzahlung?

Aufgabe 3.8

Sie betreiben zusammen mit ein paar Bekannten eine kleine Softwareschmiede in Berlin. Eine Mitarbeiterin der Softwareschmiede benötigte letzten Monat kurzfristig einen Mitarbeiterkredit für einen Fahrradkauf. Die Mitarbeiterin zahlt den Kredit diesen Monat aber nicht zurück, sondern lässt ihn mit ihrer Gehaltszahlung verrechnen. Handelt es sich um eine Einzahlung?

Tränenreich verabschieden: Auszahlungen

Auszahlungen verringern den Bestand an Zahlungsmitteln, sprich die Liquidität. Liquide Mittel sind Bargeld, jederzeit verfügbare Bankguthaben oder Schecks. Ihre Bank bucht jeden Monat am 15. die fälligen Kreditraten für Ihr Reihenmittelhaus und den Ferrari von Ihrem Girokonto ab. Das ist eine Auszahlung. Ihre Tochter bekommt immer freitags Taschengeld in Höhe von 10 Euro. Auch eine Auszahlung.

Aufgabe 3.9

Sie werden Wirt und kaufen eine Espressomaschine zum Preis eines Neufahrzeugs. Der Verkäufer ist so entgegenkommend und bietet Ihnen eine Ratenzahlung an. Der Kaufpreis in Höhe von 18.000 Euro muss über drei Raten verteilt zu je 6.500 Euro inklusive Zins über die nächsten drei Jahre bezahlt werden. Handelt es sich beim Kaufpreis über 18.000 Euro um eine Auszahlung?

Aufgabe 3.10

Sie sind nun seit ein paar Monaten Wirt und wollen noch schnell Ihren privaten Wochenendeinkauf tätigen. Leider haben Sie Ihre EC-Karte daheim liegen lassen und leihen sich nun 100 Euro aus der Wirtshauskasse, die Sie morgen wieder zurücklegen wollen. Handelt es sich dabei um eine Auszahlung?

Aufgabe 3.11

Sie sind nun seit ein paar Monaten Wirt und lassen die Theke erneuern. Der Schreiner will vor Beginn der Arbeiten eine Anzahlung über 2.000 Euro von Ihnen haben, die Sie ihm gleich online überweisen. Ist das eine Auszahlung?

Geldvermögen: Einnahmen und Ausgaben

Jetzt wird auf die bisherige Begriffsdefinition der Ein- und Auszahlungen eine Schwierigkeitsstufe draufgepackt. Neben den reinen Zahlungsvorgängen werden bei den Einnahmen und Ausgaben auch alle Kreditvorgänge mitgezählt. Dazu zählen alle Forderungen und Verbindlichkeiten.

Fast immer gut: Einnahmen

Alle Einzahlungen, Forderungszuwächse und Schuldenabnahmen erhöhen Ihr Geldvermögen und sind somit *Einnahmen*. Wenn Sie zum Beispiel gerade Waren im Wert von 1.000 Euro mit einem Zahlungsziel von sechs Monaten verkauft haben, erhöhen sich Ihre Forderungen. Sie haben also Einnahmen erzielt.

Aufgabe 3.12

Die Mehrwertsteuersenkung für die Hotelbetriebe in Deutschland hat Sie dazu verführt, selbst einen Hotelbetrieb zu übernehmen. Das Wachstumsbeschleunigungsgesetz soll nun auch Ihre Einkünfte wachsen lassen. Die Hotelzimmer sind jedoch ganz schön renovierungsbedürftig. Sie beauftragen das Renovierungsunternehmen Allinclusive AG mit den Arbeiten. Kostenpunkt 120.000 Euro. Sie zahlen 20.000 Euro an und schulden der Allinclusive AG somit noch 100.000 Euro. Die Handwerker der Allinclusive AG dürfen zu einem Pauschalpreis während der Arbeiten gleich in Ihrem Hotel übernachten. Für Übernachtung und Frühstück für alle Handwerker während der Renovierung verlangen Sie 5.000 Euro. Sie einigen sich mit der Allinclusive auf eine Verrechnung mit den noch geschuldeten 100.000 Euro. Ihre Schulden verringern sich somit um diese 5.000 Euro. Sind das für Sie Einzahlungen und Einnahmen?

Aufgabe 3.13

Ihr Unternehmen bekommt einen Kredit von der Bank, das Geld wird überwiesen. In derselben Höhe steigen auch Ihre Verbindlichkeiten. Das Geldvermögen bleibt also unverändert. Hatten Sie Einnahmen und Einzahlungen?

Aufgabe 3.14

Ihre kleine Berliner Softwareschmiede bastelt für einen Kunden Apps für mobile Anwendungen. Sie verkaufen auf Ziel, sprich: Der Kunde bekommt die Apps sofort und zahlt später. Sind das Einnahmen?

Muss auch manchmal sein: Ausgaben

Alle Auszahlungen, Schuldenzuwächse und Forderungsabnahmen verringern Ihr Geldvermögen und sind somit *Ausgaben*.

Aufgabe 3.15

Sie haben Geschenke eingekauft. Damit Ihr Partner nichts davon mitbekommt, haben Sie mit der Kundenkarte bezahlt. Der Vorteil dabei: Der Rechnungsbetrag wird Ihnen erst in sechs Monaten vom Konto abgebucht. Hatten Sie Ausgaben?

Ertrag und Aufwand: Willkommen in der Buchhaltung

Willkommen in der nächsten Schwierigkeitsstufe, beim externen Rechnungswesen. Genauer gesagt in der Welt der Erfolgsrechnung oder Gewinn-und-Verlust-Rechnung. Hier geben Ertrag und Aufwand den Ton an.

Das *Reinvermögen* ist die Differenz aus Vermögen und Fremdkapital, es entspricht dem Eigenkapital. Bei einem gesunden Unternehmen sollte immer mehr Vermögen als Fremdkapital vorhanden sein. Dann übersteigt der Wert der Fabrikhallen, Maschinen und Patente die Schulden bei der Bank. Mit anderen Worten: Das Vermögen wurde nicht zur Gänze mit Schulden finanziert. Dann ist Eigenkapital beziehungsweise Reinvermögen vorhanden.

Erträge und Aufwendungen verändern das Reinvermögen. Gab es im letzten Jahr mehr Erträge als Aufwendungen, hat sich das Reinvermögen erhöht. Andersrum hat es sich leider verringert.

Aufwendungen und Erträge werden immer dem Geschäftsjahr zugeordnet, in dem sie verursacht wurden. Das ist *Periodengerechtigkeit*.

Nichts als Aufwand

Aufwendungen sind alle in einer Periode, das ist meist ein Geschäftsjahr, verbrauchten Güter und Dienstleistungen sowie Abnutzungen von Anlagen und Wertminderungen. Natürlich immer bewertet in Geld, nicht in gefühlten Einheiten oder Muscheln.

Aufwendungen kann man in zwei Arten unterteilen: in Zweckaufwendungen und neutrale Aufwendungen. Zweckaufwendungen, der Name lässt es bereits erahnen, haben immer etwas mit dem Betriebszweck zu tun. Die neutralen Aufwendungen werden nochmals unterteilt in:

- ✔ **Betriebsfremde Aufwendungen:** Diese Aufwendungen haben nichts mit dem Betriebszweck zu tun. Klassische Beispiele hierfür sind Spenden oder Verluste aus Wertpapiergeschäften, wobei Spenden sinnvoller erscheinen.
- ✔ **Außerordentliche Aufwendungen:** Diese Aufwendungen werden eigentlich schon durch den normalen Betrieb verursacht, sind aber hoffentlich nicht die Regel. Zum Beispiel Forderungsausfälle, da der Kunde insolvent wurde, oder Verkauf von Anlagevermögen unter Buchwert.
- ✔ **Periodenfremde Aufwendungen:** Das sind Aufwendungen aus anderen Abrechnungsperioden. Das können Steuernachzahlungen aus dem Vorjahr sein.

Die ganze Unterteilerei nun in Abbildung 3.1 in einem Bild als Beitrag zur Übersichtlichkeit.

Aufgabe 3.16

Sie sind stolzer Eigentümer einer Maschinenbaufirma. Sie kaufen Rohstoffe ein und verbrauchen diese innerhalb der gleichen Periode. Hatten Sie Aufwendungen?

Aufgabe 3.17

Ihre Maschinenbaufirma brummt. Sie kaufen vorsorglich noch mal Rohstoffe ein. Kaum wurden die Rohstoffe angeliefert, stockt der Absatz. Die Rohstoffe liegen auch noch an Silvester unangetastet auf Lager. Hatten Sie Aufwendungen?

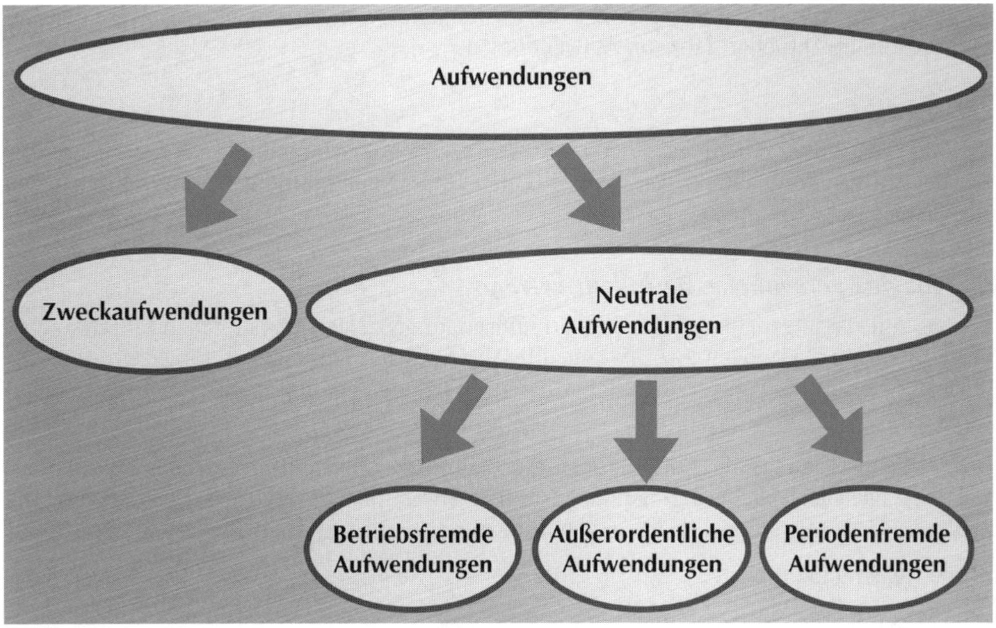

Abbildung 3.1: Verschiedene Aufwandsarten

Aufgabe 3.18

Sie sind stolzer Eigentümer einer Maschinenbaufirma. Ihr vorsorglicher Rohstoffeinkauf war halbwegs vernünftig geplant. An Silvester ist die Hälfte bereits aufgebraucht. Hatten Sie Aufwendungen?

Aufgabe 3.19

Sie sind stolzer Eigentümer einer Maschinenbaufirma und kaufen sich eine Maschine zur Bearbeitung von Blechteilen. Ihr Geldvermögen schrumpft dabei erheblich. Um genau zu sein: um 180.000 Euro. Sind dies für Sie Aufwendungen?

Aufgabe 3.20

Sie sind stolzer Eigentümer einer Maschinenbaufirma. Die Eurokrise lässt grüßen. Das Unternehmen legt die Gewinne nun lieber in Grundstücke an. Handelt es sich bei den Grundstückskäufen um Aufwendungen?

Aufgabe 3.21

Ihre vor Jahren gegründete Berliner Softwareschmiede wird in eine gerichtliche Auseinandersetzung verwickelt. Sie beschuldigen einen Wettbewerber, Quellcode kopiert zu haben, und verlangen Schadensersatz. Da sich die Sache vor Gericht gar nicht gut entwickelt, haben Sie im Herbst vorsorglich Rückstellungen für die eventuelle Übernahme der Gerichtskosten gebildet. Im Februar verkündet das Gericht sein Urteil. Der Wettbewerber hat nach Ansicht des Gerichts nicht Ihren Quellcode verwendet. Die Klage wird abgewiesen, der Kläger, also Ihr Unternehmen, muss sämtliche Verfahrenskosten übernehmen. Glücklicherweise hatten Sie im Vorjahr Rückstellungen gebildet, die hierfür exakt ausreichen. Handelt es sich bei den Gerichtskosten im aktuellen Jahr um Aufwendungen?

Aufgabe 3.22

Sie sind Eigentümer einer Maschinenbaufirma. Ihre wunderschöne und sehr teure Maschine erleidet kurz nach Ablauf der Garantiezeit einen Totalschaden. Sind das Aufwendungen und falls ja, welche?

Gut für das persönliche Befinden: Erträge

Erträge sind das angenehme Gegenteil von Aufwendungen. Nach ertragreichen Jahren wächst in aller Regel das Vermögen. *Erträge* sind alle Wertzuwächse eines Abrechnungszeitraums, erbracht etwa mithilfe von produzierten Gütern und Dienstleistungen oder auch Wertsteigerungen.

Die Erträge werden wie die Aufwendungen in zwei Arten unterteilt: in betriebliche und neutrale Erträge. Betriebliche Erträge haben immer etwas mit dem Betriebszweck zu tun. Die neutralen Erträge werden wie die Aufwendungen nochmals unterteilt in

- ✔ betriebsfremde Erträge,
- ✔ außerordentliche Erträge und
- ✔ periodenfremde Erträge.

Aufgabe 3.23

Ihre Maschinenbaufirma hatte vor ein paar Jahren die Gewinne in Grundstücke angelegt. Zwischenzeitlich sind die Grundstückspreise explodiert. Da die Firma dringend Liquidität für den Kauf neuer Maschinen benötigt, werden ein paar der Grundstücke wieder gewinnbringend verkauft. Handelt es sich bei dem Gewinn aus dem Grundstückshandel um einen Ertrag und falls ja, um welche Art von Ertrag?

Aufgabe 3.24

Ihre Berliner Softwareschmiede musste im letzten Jahr zu hohe Vorauszahlungen an das Finanzamt leisten. Deshalb gibt es dieses Jahr wieder Geld zurück vom Finanzamt. Um was für Erträge handelt es sich hier?

Aufgabe 3.25

Ihre Maschinenbaufirma verfügt über eine seit Jahren nicht mehr genutzte Lagerhalle am Stadtrand. Laut Bilanz ist die Halle 750.000 Euro wert. Sie finden einen Interessenten, der Ihnen die Halle für exakt 750.000 Euro abkauft. Um was für Erträge handelt es sich?

Aufgabe 3.26

Der Möbelhersteller Design 2.0 stellt Tische, Stühle und Schränke her. Dieses Jahr hat man sich etwas verkalkuliert und zu viel Schränke produziert. Diese liegen nun auf Lager. Sind diese Schränke ertragsbringend?

Kosten und Leistungen

Die gebräuchlichste Definition der Kosten lautet: *Kosten* sind der in Geld bewertete, sachzielbezogene Güter- und Leistungsverbrauch einer Abrechnungsperiode. Kosten fallen also an, wenn Produkte oder Dienstleistungen erstellt werden.

Dies bedeutet, dass Sie zur Bestimmung der Kosten immer mindestens zwei Angaben benötigen: die Menge und den Wert. Die Ermittlung der verbrauchten Menge ist noch relativ einfach. Bei der Herstellung von Backblechen müssen Sie nur wissen, wie viel Mengeneinheiten Blech Sie verbraucht haben. Bei der Bewertung des verbrauchten Blechs haben Sie die Qual der Wahl. So können Sie die ehemaligen Anschaffungspreise als Wertansatz wählen oder den aktuellen Wert Ihrer auf Lager liegenden Bleche. Es könnte ja sein, dass die Rohstoffpreise in den vergangenen Wochen explodiert oder dramatisch eingebrochen sind und somit der aktuelle Wiederbeschaffungswert sich deutlich vom ehemaligen Anschaffungswert unterscheidet. Der Bewertung des Güter- und Leistungsverbrauchs können also unterschiedliche Wertansätze zugrunde liegen.

In der Kostenrechnung werden nicht alle Aufwendungen berücksichtigt. Nur der sachzielbezogene Werteverzehr darf berücksichtigt werden. Neutrale Aufwendungen bleiben unberücksichtigt.

Damit Sie wissen, in welcher Beziehung die Aufwendungen zu den Kosten stehen, hier die vier möglichen Fälle:

- ✔ Kosten sind gleichzeitig auch Aufwendungen.
- ✔ Kosten sind gleichzeitig auch Aufwendungen, aber nicht gleich hoch.
- ✔ Kosten sind nicht gleichzeitig Aufwendungen.
- ✔ Aufwendungen sind nicht zugleich Kosten.

Leistungen sind die in Geld bewerteten, sachzielbezogenen Güter- und Leistungsentstehungen einer Abrechnungsperiode. Leistungen entstehen also, wenn Produkte oder Dienstleistungen erstellt werden. Zieht man von den Leistungen die Kosten ab, erhält man übrigens das *Betriebsergebnis*.

Wie bei den Kosten besteht auch zwischen den Leistungen und Erträgen ein vierschichtiges Verhältnis. Die vier möglichen Fälle:

- ✔ Leistungen sind gleichzeitig auch Erträge.
- ✔ Leistungen sind gleichzeitig auch Erträge, aber nicht gleich hoch.
- ✔ Leistungen sind nicht gleichzeitig Erträge.
- ✔ Erträge sind nicht zugleich Leistungen.

Kosten sind gleichzeitig auch Aufwendungen

Der einfachste Fall. Am Monatsende werden die Entgelte an die Mitarbeiter überwiesen. Da das eindeutig etwas mit dem Betriebszweck zu tun hat, handelt es sich um Zweckaufwendungen. Zweifelsfrei handelt es sich auch um Kosten, aufwandsgleiche Kosten. Diese werden auch *Grundkosten* genannt. Aufwendungen und Kosten sind also identisch.

Aufgabe 3.27

Der Möbelhersteller Design 2.0 muss für die angemietete Produktions- und Lagerhalle monatlich Miete bezahlen. Um was für Kosten und Aufwendungen handelt es sich bei den Mietzahlungen?

Kosten sind gleichzeitig auch Aufwendungen, aber nicht gleich hoch

Der weniger einfache Fall: Sie erlagen auf einer Messe dem Charme einer großen Maschine mit vielen Bedienelementen und bunten Lampen und haben sie sofort gekauft. Im externen Rechnungswesen wird dieser Einkauf entsprechend den Rechnungslegungsvorschriften und dem Steuerrecht über sechs Jahre linear abgeschrieben. Da Sie aber wissen, dass Sie diese Maschine nur vier Jahre nutzen können, schreiben Sie in der Kostenrechnung natürlich über vier Jahre ab. Kosten, die zwar Aufwendungen sind, jedoch in beiden Rechenwelten anders beziehungsweise unterschiedlich bewertet werden, sind sogenannte *Anderskosten*. Sie dürfen sie aber gerne auch als *aufwandsungleiche Kosten* bezeichnen.

Aufgabe 3.28

Sie betreiben eine Maschinenbaufirma. Eine wunderschöne und sehr teure Produktionsmaschine erleidet kurz nach Ablauf der Garantiezeit einen Totalschaden. Es handelt sich dabei um außerordentliche Aufwendungen, da in Höhe des Wertverlusts außerordentliche Abschreibungen vorgenommen werden. In der Kostenrechnung versucht man solche Unglücksfälle durch kalkulatorische Wagnisse zu glätten. Es werden durchschnittliche Wagniskosten veranschlagt. Haben Sie eine Idee, warum man dies in der Kostenrechnung macht? Und ist dies ein weiteres Beispiel für Anderskosten?

Kosten sind nicht gleichzeitig Aufwendungen

Ihre Berliner Softwareschmiede ist im Kellergeschoss des Verwaltungsgebäudes der Firma eines guten Bekannten untergebracht. Miete müssen Sie dafür vorerst nicht zahlen, da Ihr Bekannter die Räume derzeit nicht benötigt. Eines schönen Tages stellen Sie für Ihre Softwareschmiede einen Buchhalter und einen Controller für das kaufmännische Zeugs ein. Kaum sind ein paar Wochen Einarbeitungszeit ins Land gezogen, konfrontiert Sie der Controller mit irgendwelchen kalkulatorischen Kosten. Demnach schreibt Ihre schöne Agentur rote Zahlen! Sie verstehen die Welt nicht mehr. Sie ziehen sich mit dem Controller auf ein Getränk in die Kaffeeecke zurück und geben ihm eine halbe Stunde zur Erläuterung. Der will Sie von einer völlig abstrusen Theorie der kalkulatorischen Mieten, Zinsen und Unternehmerlöhne überzeugen. Demnach sollen Sie für die unentgeltliche Nutzung des Gebäudes eine kalkulatorische Miete ansetzen. Ortsüblich seien hierfür etwa 10.000 Euro pro Monat. Und es geht noch weiter, er erzählt Ihnen irgendetwas von kalkulatorischen Zinsen und kalkulatorischem Unternehmerlohn. Ihre Softwarefirma können Sie eigentlich zumachen und die kaufmännischen Angestellten betriebsbedingt kündigen.

Bei diesen *kalkulatorischen Kosten* handelt es sich allesamt um *Zusatzkosten* beziehungsweise *aufwandslose Kosten*, da ihnen kein Aufwand gegenübersteht.

Die üblichen Verdächtigen sind in diesem Fall

- ✔ die kalkulatorischen Mieten,
- ✔ der kalkulatorische Unternehmerlohn,
- ✔ die kalkulatorischen Zinsen.

Aufgabe 3.29

Sie arbeiten in Ihrer Softwareschmiede Tag und Nacht, meist auch am Wochenende. Urlaub hatten Sie zum letzten Mal vor sieben Jahren. Sie leben von den schmalen Gewinnen, die die Firma abwirft. Handelt es sich um Aufwendungen?

Aufgabe 3.30

Sie haben Ihrer Berliner IT-Firma bei der Gründung vor vier Jahren aus Ihrem Privatvermögen 300.000 Euro Eigenkapital zinslos zur Verfügung gestellt. Entstehen hierfür Kosten und Aufwendungen?

Aufwendungen sind nicht zugleich Kosten

Die neutralen Aufwendungen sind niemals zugleich Kosten, da sie entweder betriebsfremd, außerordentlich oder periodenfremd sind.

Aufgabe 3.31

Sie wollen das Image Ihrer Maschinenbaufirma etwas aufpolieren und spenden zu Weihnachten große Geldbeträge an gemeinnützige Vereine. Entstehen dem Unternehmen Kosten und Aufwendungen?

Leistungen sind gleichzeitig auch Erträge

Die meisten Erträge sind zugleich auch Leistungen. Und zwar genau jene, die etwas mit dem Betriebszweck zu tun haben. Dann spricht man von Zweckerträgen und Grundleistungen.

Aufgabe 3.32

In der Entwicklungsabteilung Ihrer Maschinenbaufirma wurde eine neue Software zur Steuerung von Maschinen entwickelt. Handelt es sich bei dieser Software aus kostenrechnerischer Sicht um eine Leistung?

Leistungen sind gleichzeitig auch Erträge, aber nicht gleich hoch

Aufgabe 3.33

Der Möbelhersteller Design 2.0 hat auf Lager produziert. Die Schränke entsprechen leider nicht mehr dem Geschmack der Käufer und verstauben nach und nach im Lager. Kann dieser Lagerzugang in der Kosten- und Leistungsrechnung anders als im externen Rechnungswesen bewertet werden?

Leistungen sind nicht gleichzeitig Erträge

Leistungen, die nicht gleichzeitig Erträge sind, heißen Zusatzleistungen.

Aufgabe 3.34

Der Chef des Möbelherstellers Design 2.0 verschenkt einen auf Lager liegenden Schrank an einen Bekannten für sein Wochenendhäuschen. Ist das eine Leistung, aber gleichzeitig kein Ertrag?

Erträge sind nicht zugleich Leistungen

Alle Erträge, die nichts mit dem Betriebszweck zu tun haben, nennt man neutrale Erträge. Diese werden nicht in der Leistungsrechnung berücksichtigt, da sie entweder betriebsfremd, periodenfremd oder außerordentlich sind.

Aufgabe 3.35

Nennen Sie bitte jeweils ein Beispiel für betriebsfremde, periodenfremde und außerordentliche Erträge.

Nicht aus-, sondern abgegrenzt

Das interne und das externe Rechnungswesen bilden als jeweils unterschiedliche Disziplinen zusammen das *betriebliche Rechnungswesen*.

Die meisten der gängigen Kontenrahmen haben deshalb zwei getrennte Rechnungskreise, einen für das externe Rechnungswesen, die Finanzbuchhaltung, und einen für die Kostenrechnung, also das interne Rechnungswesen. Diese beiden Rechnungskreise können allerdings auf magische Weise miteinander verbunden werden. Das Zauberwort hierfür heißt *Abgrenzung*.

Die Welt der Finanzbuchhaltung

Die Finanzbuchhaltung bildet innerhalb der beiden Rechenwelten den sogenannten *Rechnungskreis I*. Hier werden alle Geschäftsvorgänge mit den gesetzlich vorgeschriebenen Methoden der Buchführung dokumentiert und auf Konten verbucht. Am Ende werden aus diesen Daten die Bilanz und die Gewinn-und-Verlust-Rechnung erstellt. Das Resultat der Gewinn-und-Verlust-Rechnung, also der Gewinn in guten sowie der Verlust in schlechten Zeiten, heißt auch *Unternehmensergebnis*.

Aufgabe 3.36

Aufwendungen und Kosten sowie Erträge und Leistungen können sich teilweise überlappen: bei den Grundkosten und den Grundleistungen. Überschneiden sich damit auch die beiden Rechnungskreise?

Die Welt der Kostenrechnung

Das interne Rechnungswesen, also die Kostenrechnung, bildet den *Rechnungskreis II*. Hier wird das *Betriebsergebnis* ermittelt. Da die Ergebnisse der Finanzbuchhaltung, die sich nun einmal an die gesetzlichen Bestimmungen zu halten hat, für innerbetriebliche Entscheidungen oftmals nicht aussagefähig genug sind, werden im Rechnungskreis II die Ergebnisse aus der Finanzbuchhaltung entsprechend angepasst.

Aufgabe 3.37

Welche Aufwendungen und Erträge müssen Sie bei der Überleitung zum Rechnungskreis II, also bei der Abgrenzung, herausrechnen? Was müssen Sie stattdessen hinzurechnen? Und was müssen Sie drittens bei abweichenden Beträgen berücksichtigen?

Lösungen zu den Übungsaufgaben

Hier finden Sie die Lösungen zu den Aufgaben.

Lösung 3.1

Ihr Unternehmen muss gemäß Handelsgesetzbuch auf jeden Fall eine Finanzbuchhaltung, also ein externes Rechnungswesen, führen. Nur so können Sie gegenüber den Anteilseignern Rechenschaft ablegen und die Grundlage für die Besteuerung des Unternehmens ermitteln. Sollten Sie Kredite aufnehmen wollen, dient das externe Rechnungswesen Ihren potenziellen Geldgebern auch als Informationsbasis. Die Geldgeber können so prüfen, ob Sie überhaupt kreditwürdig sind und zu welchen Konditionen sie Ihnen Geld leihen.

Ein internes Rechnungswesen, also eine Kostenrechnung, ist dagegen gesetzlich nicht vorgeschrieben. Ich rate dennoch dringend dazu, auch eine Kostenrechnung zu führen. Die Kostenrechnung hilft Ihnen dabei, Preise zu kalkulieren und einen Überblick über Ihre Kosten zu behalten.

Lösung 3.2

Selbst wenn die Finanzgeschäfte hochlukrativ sein sollten, zählen sie nicht zum Kerngeschäft eines Fliesen- und Sanitärfachhandels.

Lösung 3.3

Streng genommen zählt der Handel mit Kunstgewerbe nicht zum Kerngeschäft und dient damit nicht dem Betriebszweck. Die Grenzen sind hier jedoch etwas fließend. Immerhin sorgen die Kunstgegenstände ja für eine bessere Verkaufsatmosphäre in Ihrer Badausstellung. Dennoch zählen die Provisionseinnahmen nicht zum Kerngeschäft, da es ja genügen würde, die Kunstgegenstände für Ihr eigentliches Sanitärgeschäft lediglich auszustellen. Die Künstler könnten ja auch einfach nur in der Ausstellung ihre Kontaktdaten hinterlassen und darauf hoffen, dass sich jemand aus Kaufinteresse meldet. Wenn Sie jedoch die Geschäftsfelddefinition auf dieses Geschäft ausweiten oder extra hierfür gar ein zweites Geschäftsfeld gründen, würde das Provisionsgeschäft dem Betriebszweck dienen.

Lösung 3.4

Die Geschenke an Geschäftspartner zählen zum Betriebszweck. Die Geschenke an die örtlichen Wohlfahrtsvereine dagegen nicht.

Lösung 3.5

Der gesamte Überweisungsbetrag ist eine Einzahlung.

Lösung 3.6

Die Privateinlage wurde vermutlich auf das Geschäftskonto überwiesen oder bar bezahlt. Somit handelt es sich hierbei um eine Einzahlung.

Lösung 3.7

Die Rückzahlung stellt eine Einzahlung dar.

Lösung 3.8

Da der Rückzahlungsbetrag mit der Gehaltszahlung verrechnet wurde, gab es keine Einzahlung.

Lösung 3.9

Der Kaufpreis ist keine Auszahlung. Die jeweils getätigten Ratenzahlungen stellen Auszahlungen dar.

Lösung 3.10

Die Entnahme der 100 Euro ist eine Auszahlung. Wenn Sie das Geld morgen tatsächlich wieder in die Kasse zurücklegen, handelt es sich um eine Einzahlung.

Lösung 3.11

Die Überweisung schmälert Ihre Liquidität und ist eine Auszahlung.

Lösung 3.12

Da sich Ihre Schulden um 5.000 Euro verringern, handelt es sich um Einnahmen. Liquider sind Sie mit der Verrechnung mit den Schulden jedoch nicht geworden, sodass es sich nicht gleichzeitig auch noch um eine Einzahlung handelt.

Lösung 3.13

Die Überweisung der Kreditsumme auf Ihr Konto ist eine Einzahlung. Einnahmen hatten Sie dabei aber keine, da in derselben Höhe auch Ihre Verbindlichkeiten steigen. Das Geldvermögen bleibt also unverändert, Sie erhalten also keine Einnahmen, aber Einzahlungen.

Lösung 3.14

Da sich Ihre Forderungen erhöhen, handelt sich um Einnahmen.

Lösung 3.15

Sie hatten Ausgaben, da sich Ihre Verbindlichkeiten erhöht haben.

Lösung 3.16

Sie hatten in diesem Fall ganz sicher Aufwendungen, da die Rohstoffe innerhalb der Periode verbraucht wurden. Es handelt sich dabei übrigens um Zweckaufwendungen.

Lösung 3.17

Nein, in diesem Fall hatten Sie keine Aufwendungen, da die Rohstoffe noch nicht verbraucht wurden.

Lösung 3.18

Die Hälfte des Rohstoffkaufs zählt zu den Aufwendungen, da sie verbraucht wurden. Bei der anderen Hälfte kommt es darauf an, ob sie jemals verbraucht wird.

Lösung 3.19

Die 180.000 Euro stellen für Sie noch keine Aufwendungen dar. Ihr Geldvermögen schrumpft zwar erheblich beim Kauf der Maschine. Im gleichen Maße steigt aber Ihr Anlagevermögen. Damit bleibt Ihr Reinvermögen unverändert. Aufwand entsteht erst später, wenn die Maschine abgeschrieben wird.

Lösung 3.20

Es handelt sich nicht um Aufwendungen, da Ihr Anlagevermögen im gleichen Maße zunimmt. Später wird auch kein Aufwand entstehen, da Grundstücke in aller Regel nicht abgeschrieben werden.

Lösung 3.21

Da Sie hierfür im Vorjahr bereits eine Rückstellung gebildet hatten, entstehen im aktuellen Geschäftsjahr keine Aufwendungen. Aufwendungen hatten Sie bereits letztes Jahr bei der Bildung der Rückstellung.

Lösung 3.22

Es handelt sich um außerordentliche Aufwendungen, da Sie in Höhe des Wertverlustes außerordentliche Abschreibungen vornehmen.

Lösung 3.23

Es handelt sich definitiv um einen Ertrag, da das Reinvermögen gewachsen ist. Da die Grundstücke der Geldanlage dienten, also keine Betriebsgrundstücke waren, sind es betriebsfremde Erträge. Würde es sich um Betriebsgrundstücke handeln, wären es außerordentliche Erträge.

Lösung 3.24

Die Steuerrückerstattung ist ein Ertrag aus der letzten Abrechnungsperiode. Deshalb handelt es sich um periodenfremde Erträge.

Lösung 3.25

Da sich Ihr Reinvermögen nicht verändert hat, handelt es sich nicht um Erträge. Das Anlagevermögen schrumpft um 750.000 Euro, Ihr Geldvermögen erhöht sich um diesen Betrag.

Lösung 3.26

Durch die auf Halde produzierten Schränke hat sich der Wert des Lagerbestands erhöht; Sie erzielen somit Erträge.

Lösung 3.27

Da die Mietzahlungen ganz klar dem Betriebszweck zuordenbar sind, handelt es sich um Zweckaufwendungen und damit auch um aufwandsgleiche Kosten beziehungsweise Grundkosten.

Lösung 3.28

In der Kostenrechnung sollen solche starken, zufälligen Ereignisse nicht berücksichtigt werden. Deshalb unterstellt man durchschnittliche Wagniskosten. Andernfalls würde man durch ein zufälliges Ereignis wie diesen Maschinenschaden ein Produkt mit enormen Kosten belasten und totrechnen. Die kalkulatorischen Wagniskosten sind somit ein weiteres Beispiel für Anderskosten.

Lösung 3.29

Nein, es entstehen keine Aufwendungen, da lediglich Gewinne entnommen wurden. In der Kostenrechnung sollten Sie jedoch kalkulatorischen Unternehmerlohn veranschlagen.

Lösung 3.30

Aufwendungen entstehen dem Unternehmen keine, da Sie das Kapital freundlicherweise zinslos zur Verfügung stellen. In der Kostenrechnung sollten Sie jedoch angemessene kalkulatorische Zinsen auf das investierte Kapital veranschlagen. Nur wenn die Softwareschmiede danach noch Gewinne erwirtschaftet, sollten Sie das Unternehmen fortführen. Sie hätten das Kapital ja auch einfach zur Bank tragen können. Damit werden eventuell entgangene Gewinne bei alternativer Verwendung des Kapitals aufgezeigt, die sogenannten Opportunitätskosten.

Lösung 3.31

Wenn Sie gemeinnützigen Einrichtungen oder Parteien etwas spenden, hat das in aller Regel nichts mit dem Betriebszweck zu tun. Daher sind dies keine Kosten. Es entstehen jedoch betriebsfremde Aufwendungen.

Lösung 3.32

Die selbst entwickelte Steuerungssoftware ist aus kostenrechnerischer Sicht eine Leistung.

Lösung 3.33

Dieser Lagerzugang kann in der Kosten- und Leistungsrechnung anders als im externen Rechnungswesen bewertet werden. Und schon haben Sie es mit Andersleistungen zu tun. Sie können die Schränke zum Beispiel zu Voll- oder zu Teilkosten bewerten.

Lösung 3.34

Es handelt sich hierbei um eine Zusatzleistung. Zusatzleistungen sind immer alle Leistungen, die unentgeltlich abgegeben wurden und deshalb keinen Ertrag bringen.

Lösung 3.35

Betriebsfremde Erträge können Zinsen oder Dividenden aus Wertpapiergeschäften sein. Periodenfremde Erträge können Steuerrückzahlungen sein. Außerordentliche Erträge können Gewinne aus dem Verkauf von Maschinen oder Gebäuden sein, wenn über Buchwert verkauft wurde.

Lösung 3.36

Ja, die beiden Rechnungskreise überschneiden sich entsprechend.

Lösung 3.37

Sie müssen die neutralen Aufwendungen herausrechnen, da diese ja nichts mit dem Betriebszweck zu tun haben. Hinzurechnen müssen Sie stattdessen die Zusatzkosten und Zusatzerlöse. Anderskosten und Andersleistungen werden außerdem mit von der Finanzbuchhaltung abweichenden Beträgen angesetzt.

Der Aufbau der Bilanz

In diesem Kapitel

- Die Aktiv- und die Passivseite der Bilanz
- Zuordnung zum Anlage- und Umlaufvermögen
- Die wichtigsten Positionen der Bilanz

4

Eine Bilanz hat wie so viele Dinge im Leben zwei Seiten: eine aktive und eine passive. Ganz grob gesagt, zeigen die beiden Seiten Folgendes:

- ✔ **Die Aktivseite** einer Bilanz enthält die Vermögensgegenstände des Unternehmens, das heißt all diejenigen Sachen, die Ihrem Unternehmen gehören.
- ✔ **Die Passivseite** zeigt auf, wie das alles finanziert wurde.

In der Bilanz stellt man beide Seiten gegenüber, wie Tabelle 4.1 zeigt. Rechts und links müssen logischerweise in Summe dieselben Beträge stehen. Sonst käme die Waage ja aus dem Gleichgewicht.

Aktivseite (Vermögen)	Passivseite (Kapital)
Alles, was dem Unternehmen gehört, zum Beispiel:	Wie wurde das alles finanziert?
• Grund und Boden • Gebäude • Geschäftsausstattung	Wie viel mit Eigenkapital?
• Vorräte • Forderungen • Bankguthaben • Kasse	Wie viel mit Fremdkapital?

Tabelle 4.1: Aufbau einer Bilanz

Die Aktivseite

Auf der Aktivseite werden die Vermögenswerte in drei Schubladen unterteilt:

- ✔ **Anlagevermögen** – Was dient dem Unternehmen dauerhaft?
- ✔ **Umlaufvermögen** – Was dient dem Unternehmen nur vorübergehend?
- ✔ **Aktive Rechnungsabgrenzungsposten** – Periodengerechtigkeit

Aufgabe 4.1

Ordnen Sie die jeweiligen Positionen dem Anlage- oder dem Umlaufvermögen zu.

- Briefmarken
- Maschinenhalle
- Forderungen aus Warenlieferungen
- Lieferwagen
- Rohstoffvorrat
- Bürogebäude
- Schreibtische
- Buchhaltungssoftware
- Getränkeautomat
- PC

Anlagevermögen

Das Anlagevermögen wird unterteilt in:

- immaterielle Vermögensgegenstände
- Sachanlagen
- Finanzanlagen

Immaterielle Vermögensgegenstände

Die immateriellen Vermögensgegenstände zeichnen sich dadurch aus, dass man sie nicht in die Hand nehmen oder ertasten kann. Beispiele sind Patente, Warenzeichen, Urheber- oder Verlagsrechte, Software sowie Konzessionen.

Aufgabe 4.2

Sie kaufen ein unverschämt teures Softwarepaket. Der Händler verlangt 1.500 Euro dafür. Dürfen Sie diesen entgeltlich erworbenen immateriellen Vermögensgegenstand aktivieren und als Anlagevermögen ausweisen?

Aufgabe 4.3

Die Entwicklungsabteilung Ihres Unternehmens mit Sitz in Berlin hat eine neuartige, völlig intuitiv bedienbare Buchhaltungssoftware entwickelt, die ab sofort bei Ihnen im Unternehmen eingesetzt werden soll. Darf diese Software nach deutschem HGB aktiviert werden?

Aufgabe 4.4

Die Entwicklungsabteilung Ihres Unternehmens mit Sitz in Berlin hat eine neue Buchhaltungssoftware entwickelt, die im Unternehmen auch eingesetzt wurde. Im Rahmen des handelsrechtlichen Wahlrechts hatten Sie die Entwicklungskosten aktiviert. Fünf Jahre später ziehen Sie mit Ihrem Unternehmen von Berlin nach Wien um. Diesmal hat Ihre Entwicklungsabteilung eine neuartige, völlig intuitiv bedienbare Kostenrechnungssoftware entwickelt, die wie damals bei der Buchhaltungssoftware auch ab sofort bei Ihnen im Unternehmen eingesetzt werden soll. Darf diese Software nach österreichischem UGB aktiviert werden?

Aufgabe 4.5

Ihr Vertriebschef ist stolz auf seine umfangreiche Kundendatenbank. Seiner Meinung nach ist diese Kundenliste Gold wert und sollte deshalb im Anlagevermögen aufgeführt werden. Dürfen Sie die Kundenliste nach deutschem HGB aktivieren?

Aufgabe 4.6

Sie kaufen eine kleine Firma zu. Der Kaufpreis beträgt 2,5 Millionen Euro, obwohl die Summe aller Vermögenswerte nur 1,8 Millionen Euro beträgt. Sie kaufen trotzdem, immerhin erhalten Sie so einen weiteren treuen Kundenstamm. Was passiert mit dem Differenzbetrag in Höhe von 700.000 Euro? Darf dieser aktiviert werden und falls ja, als was?

Sachanlagen

Sachanlagen kann man im Gegensatz zu immateriellen Vermögensgegenstände in die Hand nehmen oder ertasten. Die Klassiker sind Maschinen, Gebäude oder Fahrzeuge.

Aufgabe 4.7

Warum werden Grundstücke nicht abgeschrieben?

Aufgabe 4.8

Ein PC-Hersteller kauft eine Bestückungsmaschine und lässt zusätzlich die in der Fertigungslinie vorgelagerte Siebdruckmaschine in der Entwicklungsabteilung selbst fertigen. Müssen beide Maschinen aktiviert werden?

Aufgabe 4.9

Eine Bestückungsmaschine für PC-Platinen wird zwei Jahre nach dem Kauf nachträglich mit einem Zusatzmodul erweitert. Wie sind die Anschaffungskosten des Zusatzmoduls zu behandeln?

Aufgabe 4.10

Eine zwei Jahre alte Bestückungsmaschine für PC-Platinen ist in letzter Zeit ziemlich fehleranfällig und muss repariert werden. Müssen die Reparaturkosten aktiviert werden?

Aufgabe 4.11

Eine zwei Jahre alte Bestückungsmaschine für PC-Platinen bekommt eine neue Blechverkleidung, da die alte Verkleidung schon sehr ramponiert war. Wie müssen Sie die Kosten für die neue Verkleidung behandeln?

Aufgabe 4.12

Ursprünglich wollten Sie für eine zwei Jahre alte Bestückungsmaschine für PC-Platinen eine neue Blechverkleidung kaufen, da die alte schon arg ramponiert war. Sie haben es sich anders überlegt und kaufen doch keine neue Blechverkleidung für die Bestückungsmaschine wie geplant. Stattdessen erhält die Maschine nur einen neuen Anstrich. Stellen die Kosten für die Farbe nachträgliche Anschaffungskosten dar?

Finanzanlagen

Finanzanlagen kann man dem Anlage- oder dem Umlaufvermögen zuordnen. Sie werden dann ins Anlagevermögen gepackt, wenn sie dauerhaft und strategisch Ihrem Unternehmen dienen sollen. Kurzfristige oder spekulative Finanzanlagen kommen dagegen ins Umlaufvermögen. Man unterteilt in:

- ✔ Anteile an verbundenen Unternehmen
- ✔ Beteiligungen
- ✔ Wertpapiere

Aufgabe 4.13

Sie besitzen eine Softwareschmiede. Diese wirft im laufenden Geschäftsjahr gute Gewinne ab. Sie parken das Geld in Automobilaktien, da diese Branche derzeit sehr gut läuft. Kommen die Aktien ins Anlage- oder ins Umlaufvermögen?

Aufgabe 4.14

Sie besitzen eine Softwareschmiede. Diese besitzt Anteile an einem kalifornischen IT-Unternehmen, das dringend Liquidität benötigt. Sie helfen mit einem Darlehen aus. Gehört diese Ausleihung ins Anlage- oder ins Umlaufvermögen?

Umlaufvermögen

Im Gegensatz zum Anlagevermögen finden sich im Umlaufvermögen all jene Posten, die dem Unternehmen nicht dauerhaft dienen, sondern recht schnell verbraucht oder verarbeitet werden. Das Umlaufvermögen setzt sich aus folgenden durchlaufenden Posten zusammen:

- ✔ Vorräte
- ✔ Forderungen und sonstige Vermögensgegenstände
- ✔ Wertpapiere des Umlaufvermögens
- ✔ liquide Mittel

Aufgabe 4.15

In Ihrem Lager liegen Blechteile zur Weiterverarbeitung. Sind das Vorräte? In Ihrem Lager liegen zugleich bereits fertig produzierte Waren. Sind das ebenfalls Vorräte?

Aufgabe 4.16

Die Welt ist schlecht. Sie werden Ihre schönen Produkte nur noch los, indem Sie Ihren Kunden erlauben, zuerst einmal nur 20 Prozent des Kaufpreises anzuzahlen. Den Rest sehen Sie später. Wohin gehören die fehlenden 80 Prozent in der Bilanz?

Aktive Rechnungsabgrenzungsposten (ARAP)

Nun geht es um zeitliche Abgrenzungen. Ab und zu kommt es vor, dass Ihr Unternehmen im abgelaufenen Geschäftsjahr etwas bezahlt hat, obwohl es die Gegenleistung dafür eigentlich erst an einem bestimmten Datum nach dem Bilanzstichtag erhält. Hierfür bildet man aktive Rechnungsabgrenzungsposten.

Aufgabe 4.17

Die Marketingabteilung eines Kugelschreiberherstellers abonniert zahlreiche Fachzeitschriften. Das Abo muss bei den meisten Fachzeitschriften jährlich im Voraus bezahlt werden. So auch für die Zeitschrift »Golf & Wellness«. Für diese Zeitschrift muss am 1.10. eines jeden Jahres der volle Jahresbetrag über 600 Euro im Voraus bezahlt werden. Wie hoch fällt der zu bildende ARAP aus?

Die Passivseite

Nun geht's auf der Passivseite darum, wie die Vermögenswerte aus der Aktivseite finanziert werden. Die Passivseite ist aufgeteilt in:

- ✔ **Eigenkapital** – alles meins
- ✔ **Rückstellungen** – auf Nummer sicher gehen
- ✔ **Verbindlichkeiten** – Haste mal 'nen Euro?
- ✔ **Rechnungsabgrenzungsposten** – Periodengerechtigkeit Teil 2

Eigenkapital

Das Eigenkapital setzt sich zusammen aus:

- ✔ gezeichnetes Kapital
- ✔ Kapitalrücklage
- ✔ Gewinnrücklage
- ✔ Gewinnvortrag/Verlustvortrag
- ✔ Jahresüberschuss/Jahresfehlbetrag

Aufgabe 4.18

Was ist der Unterschied zwischen der Kapital- und der Gewinnrücklage? Oder: Woher stammt das Kapital bei der Kapitalrücklage und woher bei der Gewinnrücklage?

Aufgabe 4.19

Wie wird die Gewinnrücklage üblicherweise unterteilt?

Rückstellungen

Rückstellungen müssen nach HGB gebildet werden bei

- ✔ ungewissen Verbindlichkeiten,
- ✔ drohenden Verlusten aus unsicheren Geschäften,
- ✔ unterlassener Instandhaltung, falls diese innerhalb von drei Monaten nachgeholt wird.

Achtung! Hier legt die Gesetzgebung die Regeln fest. Wäre dies nicht der Fall, könnten Sie prima die Steuern umgehen: Rückstellungen sind Aufwand und Aufwand mindert den Gewinn. Und die Steuerlast Ihres Unternehmens richtet sich nun mal nach dem Gewinn. Das heißt: Je höher die Rückstellungen, desto niedriger der Gewinn.

Rückstellungen dienen dazu, Aufwand oder drohenden Aufwand, der zwar innerhalb des Geschäftsjahrs entstanden ist, für den aber bis zum Bilanzstichtag noch keine Rechnung ins Haus geflattert ist, gewinnmindernd zu berücksichtigen.

Aufgabe 4.20

Ihr Unternehmen ist in einen Prozess verwickelt. Es drohen hohe Schadensersatzforderungen. Dürfen hierfür Rückstellungen gebildet werden?

Aufgabe 4.21

Ihr Unternehmen hat für mehrere Fälle Rückstellungen gebildet. Gibt es ein gesondertes Verzeichnis, in dem diese Rückstellungen aufgelistet werden?

Verbindlichkeiten

Nun zum nächsten Verwandten der Rückstellungen: die Verbindlichkeiten. Rückstellungen bergen noch die eine oder andere Ungewissheit in sich. Bei den Verbindlichkeiten ist es dagegen amtlich, wie hoch die Aufwendungen sind und wann sie fällig werden. Verbindlichkeiten sind also das, was Ihr Unternehmen anderen schuldet. Hierbei kann es sich um langfristig geborgtes Fremdkapital handeln oder um kurzfristige Schulden. Verbindlichkeiten tauchen in der Bilanz mit dem Rückzahlungsbetrag auf.

Aufgabe 4.22

Welcher dieser Fälle zählt zu den Verbindlichkeiten?

- ✔ Sie haben einen Kredit bei Ihrer Hausbank aufgenommen.
- ✔ Ihr Firmenfahrzeug haben Sie geleast.
- ✔ Ihr Unternehmen hat Aktien herausgegeben.
- ✔ Ihr Unternehmen hat Unternehmensanleihen herausgegeben.

Passive Rechnungsabgrenzungsposten (PRAP)

Auf der Aktivseite konnten Sie Bekanntschaft mit den aktiven Rechnungsabgrenzungsposten schließen. Auf der Passivseite finden Sie das passende Gegenstück. Passive Rechnungsabgrenzungsposten dienen dazu, Erträge »zwischenzuparken«, die eigentlich nicht ins betrachtete Geschäftsjahr gehören.

Aufgabe 4.23

Der Zeitschriftenverlag Kiosk AG hat ein paar gut gehende und hochpreisige Magazine im Sortiment. Für die Zeitschrift »Golf & Wellness« wird der jährliche Abopreis von 600 Euro immer am 1.10. fällig. Aktuell abonnieren 5.000 Kunden die Zeitschrift. Der Verlag hat am 1.10. somit 3 Millionen Euro kassiert. Wie viel davon geht im aktuellen Jahr als Ertrag in die Gewinn-und-Verlust-Rechnung ein und wie hoch fällt der zu bildende PRAP aus?

Lösungen zu den Übungsaufgaben

Hier finden Sie die Lösungen zu den Aufgaben.

Lösung 4.1

- ✔ Briefmarken: Umlaufvermögen
- ✔ Maschinenhalle: Anlagevermögen
- ✔ Forderungen aus Warenlieferungen: Umlaufvermögen
- ✔ Lieferwagen: Anlagevermögen
- ✔ Rohstoffvorrat: Umlaufvermögen
- ✔ Bürogebäude: Anlagevermögen
- ✔ Schreibtische: Anlagevermögen
- ✔ Buchhaltungssoftware: Anlagevermögen
- ✔ Getränkeautomat: Anlagevermögen
- ✔ PC: Anlagevermögen

Lösung 4.2

Entgeltlich erworbene immaterielle Vermögensgegenstände müssen Sie selbstverständlich aktivieren.

Lösung 4.3

Bei selbst erstellten immateriellen Vermögensgegenständen besitzen Sie ein Wahlrecht nach HGB. Sie können aktivieren, müssen es aber nicht.

Lösung 4.4

Nach österreichischem UGB dürfen selbst erstellte immaterielle Vermögensgegenstände nicht aktiviert werden.

Lösung 4.5

Kundenlisten, selbst geschaffene Marken, Verlagsrechte oder ähnliche immaterielle Vermögensgegenstände dürfen nach deutschem Bilanzrecht nicht aktiviert werden.

Lösung 4.6

Die Differenz von 700.000 Euro muss Ihr Unternehmen in der Bilanz als *Geschäftswert* (oft auch *Firmenwert* genannt) ausweisen. Hierbei handelt es sich um einen immateriellen Vermögensgegenstand, der allerdings in der Bilanz gesondert erscheint.

Lösung 4.7

Da Grundstücke keiner Abnutzung unterliegen, müssen Sie nicht abgeschrieben werden.

Lösung 4.8

Beide Maschinen müssen dem Vollständigkeitsgebot des § 246 HGB folgend aktiviert werden. Die gekaufte Maschine wird dabei mit den Anschaffungskosten und die selbst erstellte Maschine mit den Herstellungskosten angesetzt.

Lösung 4.9

Die Anschaffungskosten des Zusatzmoduls sind nachträgliche Anschaffungskosten, die dem Restwert der bereits in Abschreibung befindlichen Maschine zugeschlagen werden müssen. Die Leistung der Maschine konnte mit dem Zusatzmodul ja verbessert werden.

Lösung 4.10

Nein, die Reparaturkosten sind nicht aktivierungsfähig. Es handelt sich um eine reine Instandhaltungsmaßnahme.

Lösung 4.11

Die Kosten für die ausgetauschte Blechverkleidung sind nicht aktivierungsfähig, da es sich nur um eine Instandhaltungsmaßnahme handelt. Die Leistungsfähigkeit der Maschine wurde hierdurch nicht verbessert oder erweitert.

Lösung 4.12

Hier handelt es sich nicht um nachträgliche Anschaffungskosten. Die Kosten für die Farbe gehören in die Welt der Wartung.

Lösung 4.13

Da Sie das Geld dort nur kurzfristig parken, gehören die Aktien ins Umlaufvermögen.

Lösung 4.14

Wenn Ihre Beteiligung an der kalifornischen Unternehmung dauerhaft ist, gehört die Ausleihung ins Anlagevermögen.

Lösung 4.15

Ja, beides zählt in der Bilanz zu den Vorräten.

Lösung 4.16

Die fehlenden 80 Prozent sind Forderungen aus Lieferungen und Leistungen und gehören zu den Forderungen.

Lösung 4.17

Es gehören lediglich drei Monate ins aktuelle Jahr. Für die restlichen neun Monate des Folgejahrs, also für 450 Euro, muss ein ARAP gebildet werden.

Lösung 4.18

Bei der Kapitalrücklage stammt das Kapital aus verkauften Unternehmensanteilen, wie zum Beispiel Aktien. Das, was beim Aktienverkauf über den Nennwert hinausgeht, kommt in die Kapitalrücklage. Bei der Gewinnrücklage stammt das Kapital dagegen aus den vom Unternehmen erwirtschafteten Gewinn.

Lösung 4.19

Unterteilen kann man die Gewinnrücklage in

- ✔ die gesetzliche Rücklage,
- ✔ die Rücklage für eigene Anteile,
- ✔ die satzungsmäßige Rücklage und
- ✔ andere Gewinnrücklagen.

Lösung 4.20

Ja, Sie dürfen hierfür Verbindlichkeitsrückstellungen bilden.

Lösung 4.21

Alle Rückstellungen werden in der Buchhaltung im sogenannten Rückstellungsspiegel erfasst. So hat man stets einen Überblick über die Rückstellungen.

Lösung 4.22

- ✔ Sie haben einen Kredit bei Ihrer Hausbank aufgenommen: Verbindlichkeit.
- ✔ Ihr Firmenfahrzeug haben Sie geleast: keine Verbindlichkeit.
- ✔ Ihr Unternehmen hat Aktien herausgegeben: keine Verbindlichkeit.
- ✔ Ihr Unternehmen hat Unternehmensanleihen herausgegeben: Verbindlichkeit.

Lösung 4.23

Es gehören lediglich drei Monate ins aktuelle Jahr, also drei mal 250.000 Euro. Für die restlichen neun Monate des Folgejahrs, also für neun mal 750.000 Euro, das macht nach Adam Riese 2,25 Millionen Euro, muss ein PRAP gebildet werden.

Teil II

Der Jahresabschluss: Bilanz und GuV erstellen

In diesem Teil ...

Am Ende des Jahres steht wieder einmal völlig überraschend ein Jahresabschluss ins Haus.

In diesem Teil gibt es Übungen rund um den Jahresabschluss. Zunächst geht es um die Inventur und das Inventar. Dann üben Sie den grundsätzlichen Aufbau einer Bilanz, die unterschiedlichen Bewertungsvorschriften sowie die Aktiv- und die Passivseite der Bilanz. Und auch dieser Teil hat einmal ein Ende. Und an selbigem steht die Gewinn-und-Verlust-Rechnung.

Ich hoffe, dieser Teil ist für Sie ebenfalls ein Gewinn.

Alles meins: Das Inventar

5

In diesem Kapitel

- Die Inventur als Bestandteil des Jahresabschlusses
- Das Inventar aufstellen

Am Anfang eines jeden unternehmerischen Traums steht die Inventur. Jeder buchführungspflichtige Selbstständige oder gewerbliche Unternehmer muss bei der Eröffnung seines Unternehmens eine Liste mit dem gesamten für das Unternehmen eingesetzten Hab und Gut erstellen.

Die Bestandsaufnahme wird *Inventur* und die Bestandsliste *Inventar* genannt. Hierin werden das gesamte Vermögen und sämtliche Schulden mengen- und wertmäßig erfasst.

Hier können Sie in den Übungen Rückrechnungen durchführen und Inventarlisten erstellen.

Jetzt wird gezählt: Die Inventurverfahren

Hier üben Sie

- ✔ die Stichtagsinventur und
- ✔ die zeitversetzte Inventur.

Wegen Inventur geschlossen: Die Stichtagsinventur

Wenige Tage um den Abschlussstichtag herum, der meist am Jahresende liegt, werden bei der Stichtagsinventur der gesamte Vermögensbestand sowie alle Schulden ermittelt und erfasst. Unter »wenige Tage« versteht der Gesetzgeber übrigens maximal zehn Tage.

Aufgabe 5.1

Was versteht man unter einer körperlichen Bestandsaufnahme? Was ist dagegen eine wertmäßige Bestandsaufnahme? Und noch eine Zusatzfrage: Müssen Sie im Lager jede Schraube und im Büro jede Büroklammer einzeln zählen?

Besser spät als nie: Die zeitversetzte Inventur

Manchmal kann es sein, dass so eine Inventur am Abschlussstichtag äußerst unpassend ist, weil vielleicht das benötigte Personal zu diesem Zeitpunkt nicht zur Verfügung steht. Kein Problem, es gibt ja noch die zeitversetzte Inventur. Nach § 241 Abs. 3 HGB kann die Inventur auch bis zu drei Monate vor oder zwei Monate nach dem Bilanzstichtag durchgeführt werden.

Bei dieser Methode dürfen Sie den ermittelten Bestand und Wert natürlich nicht einfach so in die Bilanz übernehmen. Sie müssen den Bestand vorher wertmäßig fortschreiben oder zurückrechnen, je nachdem, ob der Inventurstichtag vor oder nach dem Bilanzstichtag liegt.

Aufgabe 5.2

Sie führen ein Schreibwarengeschäft in siebter Generation. Die Altvorderen haben stets eine Stichtagsinventur durchgeführt. Nachdem Sie im letzten Jahr das Zepter übernommen haben, wollen Sie frischen Wind ins Unternehmen bringen und führen dieses Jahr erstmals in der langjährigen Geschichte des Schreibwarengeschäfts eine zeitversetzte Inventur durch. Der Familiensegen hängt mächtig schief, Sie konzentrieren sich dennoch auf das Gelingen der Inventur. Bilanzstichtag ist seit Schreibwarengeschäftsdenken der 31.12. Sie führen die Inventur erst am 1.2. durch, da Ihren Analysen zufolge das Geschäft hier am ruhigsten ist. Der ermittelte Gesamtwert des Schreibwarengeschäfts beläuft sich am 1.2. auf exakt 450.000 Euro. Zwischen dem Bilanzstichtag und dem Tag der Inventur hatten Sie Wertzugänge in Höhe von 65.000 Euro. Im selben Zeitraum gab es Wertabgänge in Höhe von 30.000 Euro. Wie hoch ist der Wert des Geschäfts am Bilanzstichtag? Führen Sie bitte die erforderliche Rückrechnung durch.

Aufgabe 5.3

Sie führen die Inventur bereits am 1.12. durch. Am Inventurstichtag ermitteln Sie einen Wert von 370.000 Euro. Für den Zeitraum zwischen der Inventur und dem Bilanzstichtag, den 31.12., ermitteln Sie Wertzugänge von 70.000 Euro und Wertabgänge von 20.000 Euro. Wie hoch ist der Wert des Geschäfts am Bilanzstichtag?

Erfasst: Das Inventar

Alle bei der Inventur ermittelten Bestände werden in einem Bestandsverzeichnis, dem sogenannten Inventar, festgehalten. Das Inventar kann grob in drei Teile untergliedert werden:

- ✔ Vermögen
- ✔ Schulden
- ✔ Eigenkapital beziehungsweise Reinvermögen

Aufgabe 5.4

In welcher Reihenfolge soll das Vermögen im Inventar gelistet werden? Ein kleiner Tipp: Die Reihenfolge orientiert sich an der Struktur der Aktivseite der Bilanz.

Aufgabe 5.5

Nach dem Vermögen folgen im Inventar die Schulden. Wie müssen Sie die Schulden im Inventar listen? Auch hier ein kleiner Tipp: Die Sortierung erfolgt nach demselben Muster wie beim Vermögen.

Im dritten Teil des Inventars werden die Schulden vom Vermögen abgezogen. Die Differenz nennt man *Eigenkapital* beziehungsweise *Reinvermögen*.

Aufgabe 5.6

Erstellen Sie bitte das Inventar eines Schreibwarengeschäfts. Zum Vermögen zählen:

- ✔ ein Firmenwagen im Wert von derzeit 9.500 Euro
- ✔ eine Ladeneinrichtung im Wert von 15.000 Euro
- ✔ Schreibwaren im Wert von 4.000 Euro
- ✔ Guthaben auf der Bank über 650 Euro
- ✔ Bundesschatzbriefe im Wert von 12.000 Euro
- ✔ Forderung an Frau Meier, die ihren Geldbeutel beim letzten Einkauf vergessen hat: 9 Euro
- ✔ eine Wechselkasse mit 300 Euro
- ✔ eine Immobilie: der eigene Laden im Wert von 360.000 Euro
- ✔ Bücher im Wert von 3.000 Euro

Schulden gibt es auch:

- ✔ eine noch zu zahlende Lieferantenrechnung über 500 Euro
- ✔ der Firmenwagen wurde finanziert: in den nächsten 36 Monaten müssen noch 12.000 Euro bezahlt werden

Nehmen Sie sich hierfür am besten ein leeres Blatt Papier zur Hand und malen Sie eine kleine Tabelle. Excel geht natürlich auch; dann sparen Sie sich den Taschenrechner.

Aufgabe 5.7

Erstellen Sie nun noch bitte das Inventar eines Fliesengeschäfts. Zum Vermögen zählen:

- ✔ Fliesen im Wert von 2.000 Euro
- ✔ Werkzeuge im Wert von 4.000 Euro
- ✔ Guthaben auf der Bank über 650 Euro
- ✔ Forderung an die letzten drei Kunden, die aus unterschiedlichen Gründen noch nicht gezahlt haben: 9.000 Euro
- ✔ ein Firmenwagen im Wert von derzeit 3.000 Euro

Schulden gibt es reichlich:

- ✔ eine noch zu zahlende Lieferantenrechnung über 8.000 Euro
- ✔ der Firmenwagen wurde finanziert: in den nächsten zwölf Monaten müssen noch 16.000 Euro bezahlt werden
- ✔ ein Bankdarlehen mit einer Laufzeit von fünf Jahren über 18.000 Euro

Nehmen Sie sich hierfür auch wieder am besten ein leeres Blatt Papier oder erstellen Sie das Inventar per Excel.

Lösungen zu den Übungsaufgaben

Hier finden Sie die Lösungen zu den Aufgaben.

Lösung 5.1

Das bewegliche Anlagevermögen, das Vorratsvermögen und Kassenbestände werden *körperlich*, das heißt mengenmäßig erfasst. Bei dieser mengenmäßigen Erfassung werden die Vermögensgegenstände gezählt, gewogen, gemessen oder im Notfall auch geschätzt, beispielsweise die Büroklammern im Büro oder die Schrauben im Lager. So etwas müssen Sie nicht einzeln zählen. Das unbewegliche Anlagevermögen sowie Forderungen, Guthaben und Schulden werden dagegen *wertmäßig*, das heißt in harten Franken oder Euro erfasst.

Lösung 5.2

Da Sie die Inventur nachträglich machen, müssen Sie eine Rückrechnung durchführen (siehe Tabelle 5.1):

Wert am Inventurstichtag 01.02.:	450.000 €
Wertzugänge 01.01. bis 31.01.:	– 65.000 €
Wertabgänge 01.01.–31.01.:	+ 30.000 €
Wert am Bilanzstichtag 31.12.:	= 420.000 €

Tabelle 5.1: Rückrechnung

Lösung 5.3

Wenn Sie die Inventur vor dem Bilanzstichtag durchführen, müssen Sie alle Wertzugänge, die bis dahin noch folgen, hinzuzählen und alle noch folgenden Wertabgänge abziehen (siehe Tabelle 5.2). Am Ende sollte bei beiden Varianten dasselbe Ergebnis herauskommen.

Wert am Inventurstichtag 01.12.:	370.000 €
Wertzugänge 01.12.–31.12.:	+ 70.000 €
Wertabgänge 01.12.–31.12.:	– 20.000 €
Wert am Bilanzstichtag 31.12.:	= 420.000 €

Tabelle 5.2: Zeitversetzte Inventur

Lösung 5.4

Das Vermögen wird im Inventar nach der Liquidität geordnet. Also nach der Möglichkeit, wie schnell die einzelnen Dinge zu Geld zu machen sind.

Lösung 5.5

Sie müssen die Schulden nach deren Fälligkeit ordnen. Zuerst werden die langfristigen Schulden aufgeführt und dann erst die kurzfristigen.

Lösung 5.6

Für das Schreibwarengeschäft sieht das Bestandsverzeichnis aus wie in Tabelle 5.3.

Inventar für das Schreibwarengeschäft		
1. Vermögen	**Wert**	**Gesamt**
1.1 Anlagevermögen		
1.1.1 Laden	360.000 €	
1.1.2 Ladeneinrichtung	15.000 €	
1.1.3 Firmenwagen	9.500 €	
1.1.4 Bundesschatzbriefe	12.000 €	396.500 €
1.2 Umlaufvermögen		
1.2.1 Schreibwaren	4.000 €	
1.2.2 Bücher	3.000 €	
1.2.3 Bankguthaben	650 €	
1.2.4 Forderung Frau Meier	9 €	
1.2.5 Wechselkasse	300 €	7.959 €
2. Schulden		
2.1 Finanzierung Kfz	12.000 €	
2.2 Lieferantenrechnung	500 €	12.500 €
3. Ermittlung Eigenkapital		
3.1 Summe Vermögen	404.459 €	
3.2 Summe Schulden	12.500 €	
3.3 Eigenkapital	391.959 €	

Tabelle 5.3: Bestandsverzeichnis Schreibwarengeschäft

Lösung 5.7

Für das Fliesengeschäft sieht das Bestandsverzeichnis wie in Tabelle 5.4 aus.

Inventar für das Fliesengeschäft		
1. Vermögen	**Wert**	**Gesamt**
1.1 Anlagevermögen		
1.1.1 Firmenwagen	3.000 €	
1.1.2 Werkzeuge	4.000 €	7.000 €
1.2 Umlaufvermögen		
1.2.1 Forderungen	9.000 €	
1.2.2 Fliesen	2.000 €	
1.2.3 Bankguthaben	650 €	11.650 €
2. Schulden		
2.1 Bankdarlehen	18.000 €	
2.2 Finanzierung Kfz	16.000 €	34.000 €
3. Ermittlung Eigenkapital		
3.1 Summe Vermögen	18.650 €	
3.2 Summe Schulden	34.000 €	
3.3 Eigenkapital	– 15.350 €	

Tabelle 5.4: Bestandsverzeichnis Fliesengeschäft

Unterschiedliche Bewertungsvorschriften

6

In diesem Kapitel

- Wozu man eine Steuerbilanz braucht
- Internationale Rechnungslegungsvorschrift IFRS

In diesem Kapitel geht es um die Vielfalt in der Welt der Bilanzen, also um die Frage, warum man neben der Handelsbilanz auch noch eine Steuerbilanz braucht. Last but not least geht es hier auch um die internationalen Rechnungslegungsvorschriften nach IFRS.

Maßgeblich: Handels- und Steuerbilanz

Eine Handelsbilanz basiert auf handelsrechtlichen Vorschriften. In Deutschland ist das zum Beispiel das HGB, in Österreich das UGB. Eine Steuerbilanz wird dagegen auf Basis steuerrechtlicher Vorschriften erstellt. In Deutschland findet man diese zum Beispiel im Einkommensteuergesetz, kurz EStG. Mit der Steuerbilanz wird der steuerpflichtige Gewinn ermittelt.

Das Maßgeblichkeitsprinzip

Die Steuerbilanz wird in aller Regel einfach aus der Handelsbilanz abgeleitet. Der Gesetzgeber hat hierzu das *Maßgeblichkeitsprinzip* entwickelt. Nach diesem Prinzip ist immer der Ansatz aus der Handelsbilanz für die Steuerbilanz maßgeblich. Von diesem Prinzip darf man in der Steuerbilanz nur abweichen, wenn man damit gegen steuerliche Vorschriften verstoßen würde. Die handelsrechtlichen Bilanzierungsgrundsätze besitzen durch das Maßgeblichkeitsprinzip somit eine steuerliche Bedeutung, da die Steuerbilanz ja aus der Handelsbilanz abgeleitet wird. Die Steuerbilanz wird deshalb manchmal auch als *abgeleitete Handelsbilanz* bezeichnet.

Durchbrochenes Maßgeblichkeitsprinzip

Wenn es im Steuerrecht jedoch andere, vom Handelsrecht abweichende Regeln gibt, muss man das Maßgeblichkeitsprinzip in der Steuerbilanz durchbrechen (*durchbrochenes Maßgeblichkeitsprinzip*). Das Steuerrecht lebt. Deshalb gibt es immer mehr steuerliche Vorschriften, die vom Handelsrecht abweichen. Das Maßgeblichkeitsprinzip wird so Jahr für Jahr Stück für Stück ausgehöhlt.

Aufgabe 6.1

Es geht um eine selbst erstellte Software im Wert von 5.000 Euro. Wie gehen Sie damit in der Handelsbilanz um, wenn Sie einen mit der Steuerbilanz identischen Wertansatz anstreben? Ein Hinweis: Das Steuerecht verbietet die Aktivierung selbst erstellter immaterieller Vermögenswerte.

Internationale Rechnungslegungsvorschriften: IFRS

Seit dem Jahr 2005 müssen alle kapitalmarktorientierten Unternehmen innerhalb der EU ihre Konzernabschlüsse nach IFRS erstellen.

Aufgabe 6.2

Der Fliesenlegermeister Bernhard Muskatewitz führt ein mittelständisches Familienunternehmen mit einem Jahresumsatz von etwa einer Million Euro. Am Kapitalmarkt ist er auch aktiv: Kürzlich hat er Aktien im Wert von 2.000 Euro über seinen Kreissparkassenberater gekauft. Obendrein hat er bei seiner Sparkasse einen Kredit über 100.000 Euro zur Erweiterung seiner Verkaufsräume aufgenommen. Nach welchen Vorschriften muss er seinen Jahresabschluss erstellen?

Aufgabe 6.3

Der Fliesenlegermeister Muskatewitz expandiert kräftig. Er kauft eine Inneneinrichtungskette auf. Es wird das erste Tochterunternehmen seines Fliesengeschäfts. Zur Finanzierung begibt er Unternehmensanleihen über seine Sparkasse. Nach welchen Vorschriften muss er seinen Jahresabschluss erstellen?

Aufgabe 6.4

Der stärkste Wettbewerber des Fliesenlegermeisters Herr Muskatewitz ist Herr Pacholke aus dem Nachbarort. Herr Pacholke ist ebenfalls schwer auf dem Kapitalmarkt aktiv: Er hat einige Aktien in seinem Depot, besitzt Staatsanleihen und zahlt in eine private Rentenversicherung ein. Das waren sämtliche Kapitalmarktaktivitäten. Herr Pacholke will expandieren. Dummerweise steht gerade kein Inneneinrichtungsunternehmen zum Verkauf, sodass Herr Pacholke mit tatkräftiger familiärer Unterstützung eine eigene Filialkette aus dem Boden stampft. Die neue Kette bildet nun das erste Tochterunternehmen seines neuen Konzerns. Nach welchen Vorschriften muss Herr Pacholke seinen Jahresabschluss erstellen?

Aufgabe 6.5

Der Psychotherapeut Stig de la Cour-Larson hat neben schwierigen Patienten auch Schwierigkeiten mit kaufmännischen Fragen. Der anfänglich hobbymäßig betriebene Auftritt in diversen deutsch-schwedischen Krimi-Koproduktionen sorgt für einen Boom im Praxisbetrieb. Mittlerweile erzielt er einen Jahresumsatz von über 600.000 Euro. Er fragt sich, nach welchen Vorschriften er eigentlich seinen Jahresabschluss erstellen muss.

Aufgabe 6.6

Das IASB veröffentlicht die IFRS. Wissen Sie, was IFRS bedeutet?

Aufgabe 6.7

Beim IFRS handelt es sich im Gegensatz zum deutschen HGB oder zum österreichischen UGB nicht um einen Gesetzestext. Welche Gesetze, Verordnungen oder sonstige Kodexe zwingen kapitalmarktorientierte Unternehmen in Deutschland, Österreich und in der Schweiz dazu, ihren Konzernabschluss nach IFRS zu erstellen?

Lösungen zu den Übungsaufgaben

Hier finden Sie die Lösungen zu den Aufgaben.

Lösung 6.1

In der Handelsbilanz besitzen Sie ein Wahlrecht, die selbst erstellte Software zu aktivieren oder gleich als Aufwand zu verbuchen. Das Steuerrecht verbietet die Aktivierung selbst erstellter immaterieller Vermögenswerte. Sie verzichten auf die handelsrechtliche Aktivierung, wenn Sie einen identischen Wertansatz anstreben.

Lösung 6.2

Da Herr Muskatewitz keine Wertpapiere seines Fliesenunternehmens auf geregelten Handelsplätzen anbietet, handelt es sich nicht um ein kapitalmarktorientiertes Unternehmen. Folglich muss er seinen Jahresabschluss in Deutschland nach Handelsrecht erstellen, da er die Umsatzgrenze zur Bilanzierungspflicht von einer halben Millionen Euro überschritten hat und der Jahresüberschuss dann und wann bei diesem Umsatz sicher auch die Grenze von 50.000 Euro überschritten hat. Aus dem handelsrechtlichen Abschluss heraus muss er noch seinen steuerpflichtigen Gewinn ableiten. Entspricht die Gewinnermittlung in der Handelsbilanz nicht den steuerrechtlichen Vorschriften, muss Herr Muskatewitz auch noch eine Nebenrechnung zur Erfassung der steuerrechtlichen Abweichungen erstellen oder gleich zusätzlich eine komplette Steuerbilanz erstellen. So weit die Pflicht. Zur Kür könnte er noch neben dem handelsrechtlichen Abschluss freiwillig einen Abschluss nach IFRS erstellen. Herr Muskatewitz dürfte aber noch Besseres mit seiner Zeit anzufangen wissen.

Lösung 6.3

Herr Muskatewitz hat zwei Schritte getätigt: Er hat einen Konzern gegründet und er hat Wertpapiere auf geregelten Kapitalmärkten angeboten. Somit muss er künftig einen Konzernabschluss nach IFRS erstellen und zusätzlich die Einzelabschlüsse des Fliesengeschäfts und des Innereinrichtungsunternehmens nach Handelsrecht erstellen und obendrein jeweils steuerrechtliche Nebenrechnungen oder gleich Steuerbilanzen erstellen. Wenn er will, kann er freiwillig auch neben den handelsrechtlichen Einzelabschlüsse noch Einzelabschlüsse nach IFRS erstellen. Wer es mag …

Lösung 6.4

Herr Pacholke hat nur eine Veränderung vorgenommen: Er hat einen Konzern gegründet. Da der neue Konzern aber weiterhin ein Familienunternehmen ist, handelt es sich nicht um ein kapitalmarktorientiertes Unternehmen. Herr Pacholke hat keine Unternehmensanleihen begeben, ist nicht an die Börse mit dem neuen Konzern und hat es offenbar auch nicht vor. Er muss somit einen Konzernabschluss nach HGB und die Einzelabschlüsse nach HGB erstellen und obendrein auch jeweils steuerrechtliche Nebenrechnungen oder gleich Steuerbilanzen erstellen.

Herr Pacholke besitzt die Möglichkeit, seinen Konzernabschluss nach IFRS zu erstellen. Dann ist er vom Konzernabschluss nach HGB befreit.

Lösung 6.5

Als Freiberufler ist Stig de la Cour-Larson fein raus. Er muss weder eine Handels- noch eine Steuerbilanz erstellen. Es genügt eine Ermittlung per Einnahmenüberschussrechnung.

Lösung 6.6

Das IASB, *International Accounting Standard Board,* veröffentlicht die *International Financial Reporting Standards*, kurz IFRS.

Lösung 6.7

- ✔ Im deutschen HGB gibt es einen Verweis auf die internationalen Rechnungslegungsstandards in § 315a. In diesem Paragrafen wird auf die Verordnung (EG) Nr. 1606/2002 des Europäischen Parlaments und des Rates vom 19. Juli 2002 betreffend die Anwendung internationaler Rechnungslegungsstandards verwiesen.
- ✔ Im österreichischen UGB ist es der § 245a, der auf diese Verordnung hinweist.
- ✔ In der Schweiz hat die Schweizer Börse IFRS zum Mindeststandard erklärt.

Aktiv bilanzieren: Das Anlagevermögen

7

In diesem Kapitel

- Anlagevermögen abschreiben
- Die Handhabung der geringwertigen Wirtschaftsgüter
- Den Umgang mit dem Niederstwertprinzip lernen
- Einen Anlagespiegel erstellen

Auf den nächsten Seiten schreiben Sie nach Herzenslust ab, lernen den Umgang mit geringwertigen Wirtschaftsgütern und erstellen einen Anlagespiegel. Daneben üben Sie noch die Anwendung des Niederstwert- und des Realisationsprinzips.

Abschreibungen

Sie bewerten das Anlagevermögen immer mit den Anschaffungskosten zuzüglich der Anschaffungsnebenkosten. Bei selbst produziertem Anlagevermögen nehmen Sie statt der Anschaffungskosten einfach die Herstellungskosten. Abnutzbares Anlagevermögen müssen Sie dann noch über die geplante Nutzungsdauer abschreiben.

Aufgabe 7.1

Bäckermeister Keim kauft sich einen neuen Transporter beim örtlichen Händler. Der Traum in Rot inklusive Firmenlogo und Werbung kostet laut Liste 15.900 Euro. Herr Keim erhält 20 Prozent Rabatt auf den Listenpreis, also 3.180 Euro. Transportkosten fallen auch an: 500 Euro. Der Autohändler gibt Herrn Keim 2 Prozent Skonto, 264,40 Euro, da er bar in großen Scheinen zahlt. Auf der Zulassungsstelle muss Herr Keim schließlich noch Zulassungsgebühren in Höhe von 30 Euro bezahlen. Wie hoch sind die Anschaffungskosten für das Fahrzeug?

Aufgabe 7.2

Vor zwei Wochen hatte sich Bäckermeister Keim einen neuen Transporter beim örtlichen Händler gekauft, gezahlt und verbucht. Der Wagen kostete 15.900 Euro abzüglich 3.180 Euro Rabatt. Transportkosten fielen auch an: 500 Euro. Der Autohändler gab Herrn Keim 2 Prozent Skonto, 264,40 Euro, da er bar in großen Scheinen gezahlt hatte. Auf der Zulassungsstelle musste Herr Keim schließlich noch Zulassungsgebühren in Höhe von 30 Euro bezahlen. Zwei Wochen nach seinem Fahrzeugkauf fällt Herrn Keim auf, dass er gerne ein Radio im Fahrzeug hätte. Sein Autohändler baut ihm das Radio ein und verlangt für das Radio 290 Euro und für den Einbau 55 Euro. Wie muss Herr Keim diese beiden letztgenannten Positionen behandeln?

Aufgabe 7.3

Handelt es sich bei einem Firmenfahrzeug um abnutzbares Anlagevermögen?

Aufgabe 7.4

Handelt es sich bei den folgenden Positionen um abnutzbare oder nicht abnutzbare Wirtschaftsgüter des Anlagevermögens?

- ✔ ein Gemälde von Picasso
- ✔ das neueste iPad
- ✔ eine Unternehmensbeteiligung
- ✔ drei Hektar besten Ackerlands
- ✔ eine neue CNC-Maschine
- ✔ 1.000 Liter Heizöl im Tank
- ✔ ein Originalbrief von Friedrich II. von Preußen an Voltaire gerahmt und aufgehängt
- ✔ das Verwaltungsgebäude
- ✔ ein Paket VW-Aktien
- ✔ der Geschäftswert des frisch gekauften Tochterunternehmens

Planmäßige Abschreibungen

Bei einem vorhersehbaren und planmäßigen Werteverzehr schreiben Sie Wirtschaftsgüter planmäßig ab. Grundlage hierfür ist der sogenannte Abschreibungsplan. Im Anschaffungsjahr des Anlageguts werden darin drei Elemente festgehalten:

- ✔ die Anschaffungs- oder Herstellungskosten – das Abschreibungsvolumen
- ✔ die geplante Nutzungsdauer
- ✔ die Abschreibungsmethode

Die Ermittlung der Anschaffungskosten haben Sie in diesem Kapitel ja bereits kurz geübt. Bleiben noch die Ermittlung der Nutzungsdauer und die Qual der Wahl bei der Abschreibungsmethode. Und schon kann der erforderliche Abschreibungsplan erstellt werden.

Die Nutzungsdauer

Die wirtschaftliche Nutzungsdauer muss nach Handelsrecht und IFRS abgeschätzt werden. Dabei verlangt die deutsche Steuergesetzgebung eine Absetzung entsprechend der betriebsgewöhnlichen Nutzungsdauer. Der deutsche Fiskus hat dazu eine umfangreiche amtliche AfA-Tabelle herausgegeben, in der die betriebsgewöhnliche Nutzungsdauer diverser Wirtschaftsgüter aufgelistet wird.

Diese AfA-Tabelle steht auf der Internetseite des Bundesfinanzministeriums (kurz BMF) als Download zur Verfügung. AfA ist übrigens die Abkürzung für Absetzung für Abnutzung. Da es in Österreich keine vergleichbare amtliche AfA-Tabelle gibt, darf die deutsche AfA-Tabelle hier ebenfalls zur Ermittlung der Nutzungsdauer herangezogen werden. In der Schweiz hat unter anderem die eidgenössische

Steuerverwaltung ein Merkblatt mit Abschreibungssätzen für diverse Anlagegüter herausgegeben.

Von den in der AfA-Tabelle vorgegebenen Werten dürfen Sie nur in begründeten Fällen abweichen.

Die Abschreibungsmethode

Das Abschreibungsvolumen in Form der Anschaffungskosten und die Nutzungsdauer haben Sie nun ermittelt. Jetzt müssen Sie sich überlegen, mit welcher Methode Sie abschreiben. Drei Methoden stehen grundsätzlich zur Auswahl:

- ✔ lineare Abschreibung
- ✔ leistungsabhängige Abschreibung
- ✔ degressive Abschreibung

Lineare Abschreibung

Bei dieser Methode teilen Sie das Abschreibungsvolumen durch die Nutzungsdauer und schon haben Sie den für alle Nutzungsjahre geltenden Abschreibungsbetrag.

Aufgabe 7.5

Bäckermeister Keim hat sich einen neuen Transporter gekauft. Schreiben Sie das Fahrzeug bitte linear ab. Die Anschaffungskosten des Fahrzeugs betragen 13.330,60 Euro. Ein Hinweis für Sie, falls Sie gerade nicht online sind und nicht auf die AfA-Tabelle des Bundesministeriums für Finanzen zugreifen können: Dieses Fahrzeug soll eine Nutzungsdauer von sechs Jahren haben.

Füllen Sie zur Lösung der Aufgabe am besten die vorbereitete Tabelle 7.1 aus.

Jahr	Buchwert 1.1.	Abschreibung	Buchwert 31.12.
1			
2			
3			
4			
5			
6			

Tabelle 7.1: Abschreibungsplan Transportfahrzeug

Aufgabe 7.6

Bäckermeister Keim hat sich eine Baumkuchenmaschine für 4.000 Euro gekauft. Diese hat gemäß AfA-Tabelle eine Nutzungsdauer von acht Jahren. Schreiben Sie die Maschine bitte linear ab.

Füllen Sie zur Lösung der Aufgabe am besten die vorbereitete Tabelle 7.2 aus.

Jahr	Buchwert 01.01.	Abschreibung	Buchwert 31.12.
1			
2			
3			
4			
5			
6			
7			
8			

Tabelle 7.2: Abschreibungsplan Baumkuchenmaschine

Aufgabe 7.7

Die für 4.000 Euro gekaufte Baumkuchenmaschine des Bäckermeisters Keim geht am Ende des dritten Nutzungsjahrs in Flammen auf. Am Ende des dritten Jahres besaß die Maschine einen Buchwert von 2.500 Euro. Bisher wurde die Maschine jährlich linear mit 500 Euro abgeschrieben. Der Bäckergeselle konnte durch seine Löschaktion Schlimmeres verhindern, nicht jedoch den Totalschaden an dieser Maschine. Welche Auswirkungen hat dieser Totalschaden auf die Bilanz der Bäckerei?

Aufgabe 7.8

Der Fischereibetrieb Jansen kauft einen Eiswagen für 95.200 Euro inklusive 19 Prozent Umsatzsteuer. Dieser Wagen ist gemäß AfA-Tabelle mit 20 Prozent abzuschreiben. Schreiben Sie ihn bitte linear ab.

Zur Lösung der Aufgabe gibt es diesmal nur den Tabellenkopf als Anhaltspunkt (siehe Tabelle 7.3). Die Tabelle dürfen Sie sich zur Abwechslung selbst erstellen.

Jahr	Buchwert 01.01.	Abschreibung	Buchwert 31.12.

Tabelle 7.3: Tabellenkopf zum Abschreibungsplan des Eiswagens

Leistungsabhängige Abschreibung

Bei der leistungsabhängigen Abschreibung müssen Sie die maßgebliche Einflussgröße des Werteverzehrs ermitteln. Bei einer Maschine können dies die Maschinenstunden sein, bei einem Fahrzeug sind dies in aller Regel die gefahrenen Kilometer. An die Stelle der Nutzungsdauer tritt bei der leistungsabhängigen Abschreibung die geschätzte Gesamtleistung des Wirtschaftsguts. Bei einem Fahrzeug können dies beispielsweise 200.000 Kilometer sein. Zusammen mit den Anschaffungskosten ergibt sich so die Abschreibung pro Leistungseinheit. Der Vorteil bei dieser Methode: Sie schreiben entsprechend der Beanspruchung ab.

Aufgabe 7.9

Sie sind stolzer Besitzer eines Eisenbahnunternehmens und wollen unbedingt den neuen Triebwagen ET 659 erwerben. Diese Baureihe ist gerade im Angebot und soll nur 2 Millionen Euro kosten. Sie schlagen sofort zu. Der Triebwagen besitzt eine geschätzte Lebensdauer von 30 Jahren mit einer jährlichen Laufleistung von 180.000 Kilometern. Der ET 659 wird somit eine Gesamtleistung von 5,4 Millionen Kilometern haben. In den ersten zehn Jahren wird das Schienenfahrzeug Ihrer Ansicht nach eine jährliche Kilometerleistung wie in Tabelle 7.4 angegeben zurücklegen.

Jahr	Geplante Kilometerleistung
1	120.000
2	250.000
3	300.000
4	260.000
5	220.000
6	180.000
7	150.000
8	150.000
9	150.000
10	140.000

Tabelle 7.4: Laufleistung ET 659

Erstellen Sie bitte für die ersten zehn Jahre einen Abschreibungsplan entsprechend den geschätzten Kilometern in Tabelle 7.5.

Jahr	Buchwert 01.01	Geplante Kilometer	Abschreibung	Buchwert 31.12.
1				
2				
3				
4				
5				
6				
7				
8				
9				
10				

Tabelle 7.5: Abschreibungsplan ET 659

Aufgabe 7.10

Die zentrale Verwaltung der Friseurkette Hairstylemax möchte die neuen Bedienungssessel künftig nicht mehr linear über zehn Jahre, sondern leistungsabhängig abschreiben. So erhofft sich die Zentrale eine schnellere Abschreibung. Hierzu sollen die Friseusen und Friseure in den Filialen genau protokollieren, wie viele Minuten pro Tag die neuen Sessel genutzt werden. Der Münchner Steuerberater Hofbichler wird von der Friseurkette beauftragt, für die neuen Bedienungssessel einen Abschreibungsplan zu erstellen. Übernehmen Sie bitte die Rolle von Herrn Hofbichler und erstellen Sie einen Abschreibungsplan für einen neuen Sessel. Die Anschaffungskosten für einen Sessel betragen 2.000 Euro. Werfen Sie dazu bitte zuvor noch einen Blick ins deutsche Einkommensteuergesetz § 7 Absatz 1 Satz 1.

> § 7 Absatz 1 Satz 1 EStG:
>
> *Bei beweglichen Wirtschaftsgütern des Anlagevermögens, bei denen es wirtschaftlich begründet ist, die Absetzung für Abnutzung nach Maßgabe der Leistung des Wirtschaftsguts vorzunehmen, kann der Steuerpflichtige dieses Verfahren statt der Absetzung für Abnutzung in gleichen Jahresbeträgen anwenden, wenn er den auf das einzelne Jahr entfallenden Umfang der Leistung nachweist.*

Aufgabe 7.11

Der Sprühdosenhersteller Treibgase AG kauft für die Fertigungslinie IV eine neue Maschine. Anschaffungskosten: 90.000 Euro. Skonto und Rabatt gab es danach auch noch in Höhe von insgesamt 3.500 Euro. Die Maschine soll leistungsabhängig nach Ausbringungseinheiten abgeschrieben werden. Die geschätzte Gesamtleistung beträgt eine Million Einheiten. Für die nächsten zehn Jahre werden Leistungseinheiten wie in Tabelle 7.6 angegeben unterstellt.

Jahr	Geplante Leistungseinheiten
1	200.000
2	150.000
3	100.000
4	100.000
5	150.000
6	180.000
7	80.000
8	20.000
9	10.000
10	10.000

Tabelle 7.6: Geplante Leistung der Maschine

Erstellen Sie bitte den Abschreibungsplan mithilfe von Tabelle 7.7.

Jahr	Buchwert 01.01	Geplante Einheiten	Abschreibung	Buchwert 31.12.
1				
2				
3				
4				
5				
6				
7				
8				
9				
10				

Tabelle 7.7: Abschreibungsplan der Maschine

Aufgabe 7.12

Das deutsche Steuerrecht erlaubt in § 7 die leistungsabhängige Abschreibung, sofern dies wirtschaftlich begründbar ist. Ist diese Abschreibungsmethode auch handelsrechtlich zulässig? Und darf man so auch nach IFRS abschreiben? Als kleine Hilfestellung hier für Sie die entsprechenden Stellen im HGB und IFRS:

> § 253 Absatz 3 HGB:
>
> *Bei Vermögensgegenständen des Anlagevermögens, deren Nutzung zeitlich begrenzt ist, sind die Anschaffungs- oder die Herstellungskosten um planmäßige Abschreibungen zu vermindern. Der Plan muss die Anschaffungs- oder Herstellungskosten auf die Geschäftsjahre verteilen, in denen der Vermögensgegenstand voraussichtlich genutzt werden kann.*
>
> IAS 16.62: Sachanlagen:
>
> *Für die planmäßige Abschreibung kommt eine Vielzahl an Methoden in Betracht, um den Abschreibungsbetrag eines Vermögenswerts systematisch über seine Nutzungsdauer zu verteilen. Zu diesen Methoden zählen die lineare und degressive Abschreibung sowie die leistungsabhängige Abschreibung. (…) Das Unternehmen wählt die Methode aus, die am genauesten den erwarteten Verlauf des Verbrauchs des künftigen wirtschaftlichen Nutzens des Vermögenswerts widerspiegelt. Diese Methode ist von Periode zu Periode stetig anzuwenden, es sei denn, dass sich der erwartete Verlauf des Verbrauchs jenes künftigen wirtschaftlichen Nutzens ändert.*

Die geometrisch-degressive Abschreibung

Die degressive Abschreibung ist nach HGB und IFRS erlaubt, sofern die Voraussetzungen erfüllt sind, es also wirtschaftlich begründbar ist. Im deutschen Steuerrecht ist die degressive Abschreibung nur ab und an erlaubt. Aktuell ist sie bei in den Jahren 2009 und 2010 angeschafften oder hergestellten Anlagegütern erlaubt. Dabei gelten jedoch folgende Einschränkungen:

- ✔ Der dabei anzuwendende Prozentsatz darf maximal das 2,5-Fache des linearen Abschreibungssatzes betragen.
- ✔ Der Prozentsatz ist auf maximal 25 Prozent gedeckelt.

Sie können später sogar von der degressiven zur linearen Abschreibung wechseln.

> § 7 Absatz 3 EStG
>
> *Der Übergang von der Absetzung für Abnutzung in fallenden Jahresbeträgen zur Absetzung für Abnutzung in gleichen Jahresbeträgen ist zulässig. In diesem Fall bemisst sich die Absetzung für Abnutzung vom Zeitpunkt des Übergangs an nach dem dann noch vorhandenen Restwert und der Restnutzungsdauer des einzelnen Wirtschaftsguts.*

Aufgabe 7.13

Sie haben sich im Jahr 2010 einen neuen Hubschrauber für 500.000 Euro geleistet und wollen diesen degressiv abschreiben. Die Nutzungsdauer eines Hubschraubers beträgt laut AfA-Tabelle 19 Jahre. Ermitteln Sie den steuerlich maximal erlaubten degressiven Abschreibungssatz und erstellen Sie für die ersten fünf Jahre einen Abschreibungsplan anhand von Tabelle 7.8.

Jahr	Buchwert 01.01.	Abschreibung	Buchwert 31.12.
1			
2			
3			
4			
5			

Tabelle 7.8: Abschreibungsplan des Hubschraubers

Aufgabe 7.14

Sie haben sich im Jahr 2010 einen neuen Hubschrauber für 500.000 Euro geleistet und wollen diesen degressiv abschreiben. Die Nutzungsdauer eines Hubschraubers beträgt laut AfA-Tabelle 19 Jahre. Bei genauer Betrachtung fällt Ihnen sicher auf, dass Sie mit der degressiven Methode ewig abschreiben können, da die Abschreibungsbeträge jedes Jahr kleiner werden. Irgendwann wird der degressive Abschreibungssatz den alternativen linearen Abschreibungssatz unterschreiten. Spätestens dann wird es Zeit für einen Wechsel der Abschreibungsmethode. Finden Sie den idealen Wechselzeitpunkt heraus. Dafür erhalten Sie mit Tabelle 7.9 eine passende Vorlage. In die Spalte »Check: lineare Abschreibung« tragen Sie jeweils den Restwert geteilt durch die Restnutzungsdauer ein.

Jahr	Buchwert 01.01.	Degressive Abschreibung	Buchwert 31.12.	Check: lineare Abschreibung
1				
2				
3				
4				
5				
6				
7				

Jahr	Buchwert 01.01.	Degressive Abschreibung	Buchwert 31.12.	Check: lineare Abschreibung
8				
9				
10				
11				
12				
13				
14				

Tabelle 7.9: Zwei Abschreibungsmethoden im Vergleich

Aufgabe 7.15

Im Jahre 2010 kaufen Sie sich einen PC im Wert von 1.200 Euro. Sie können das Laptop somit linear oder degressiv abschreiben. In diesem Jahr gelten bei der degressiven Abschreibung jedoch folgende Einschränkungen:

- ✔ Der dabei anzuwendende Prozentsatz darf maximal das 2,5-Fache des linearen Abschreibungssatzes betragen.
- ✔ Der Prozentsatz ist auf maximal 25 Prozent gedeckelt.

Die AfA-Tabelle gibt für dieses Anlagegut eine Nutzungsdauer von drei Jahren vor. Da Sie von der degressiven Abschreibung und deren Vorteilen so begeistert sind, wollen Sie den PC natürlich degressiv abschreiben. Erstellen Sie bitte anhand von Tabelle 7.10 den steuerrechtlichen Abschreibungsplan mit der höchstmöglichen Abschreibungsvariante für das erste Jahr.

Jahr	Buchwert 01.01.	Abschreibung	Buchwert 31.12.
1			

Tabelle 7.10: Abschreibungsplan Laptop

Geringwertige Wirtschaftsgüter

Geringwertige Wirtschaftsgüter (GWG) sind eine Schöpfung des deutschen Steuerrechts. Das sind Gegenstände des Anlagevermögens mit einem Wert zwischen 150 Euro und 1.000 Euro. Seit dem 1.1.2010 haben Sie die Wahl zwischen

- ✔ einer Abschreibung über die Nutzungsdauer,
- ✔ einer Sofortabschreibung im Jahr der Anschaffung oder Herstellung bei Wirtschaftsgütern im Wert zwischen 150 und 410 Euro und

- ✔ der Bildung eines sogenannten Sammelpostens bei Wirtschaftsgütern im Wert zwischen 150 und 1.000 Euro.

Eigenständig nutzbare Wirtschaftsgüter des Anlagevermögens bis zu einem Wert von 150 Euro müssen nicht erfasst und aktiviert werden. Diese können sofort als Aufwand verbucht werden. Wenn Sie aber unbedingt den administrativen Overkill wünschen, dürfen Sie diese Wirtschaftsgüter auch aktivieren und abschreiben. § 6 EStG bietet Ihnen hier ein Wahlrecht an.

Wirtschaftsgüter, die Sie in einen Sammelposten aufnehmen, müssen Sie ab dem Jahr der Anschaffung oder Herstellung gleichmäßig über fünf Jahre mit jeweils einem Fünftel abschreiben. Die tatsächliche Nutzungsdauer spielt hierbei keine Rolle.

Das Wahlrecht zur Bildung eines Sammelpostens muss pro Wirtschaftsjahr einheitlich für alle Wirtschaftsgüter im Wert von 150 Euro bis 1.000 Euro ausgeübt werden. Wenn Sie ein Wirtschaftsgut im Wert von beispielsweise 300 oder 500 Euro dem Sammelposten zuführen, müssen Sie dies bei alle anderen Wirtschaftsgütern im Wert von 150 Euro bis 1.000 Euro im betreffenden Jahr ebenfalls durchführen. Umgekehrt: Wenn Sie gegen den Sammelposten votieren und sich bei GWGs bis 410 Euro für die Sofortabschreibung entscheiden, müssen Sie im betreffenden Jahr alle Wirtschaftsgüter im Wert von über 410 Euro entsprechend der Nutzungsdauer abschreiben. Ein Sammelposten darf hierfür dann in diesem Jahr nicht mehr gebildet werden. Zusammengefasst:

- ✔ Wenn Sie die GWG-Sofortabschreibung bis 410 Euro nutzen, entfällt die Möglichkeit, andere Wirtschaftsgüter bis 1.000 Euro dem Sammelposten zuzuführen – oder:
- ✔ Sie nutzen die Poolabschreibung des Sammelpostens. Dann dürfen Sie die Sofortabschreibung für GWG bis 410 Euro nicht mehr in Anspruch nehmen.

Aufgabe 7.16

Sie kaufen einen Laptop im Wert von 900 Euro mit einer Nutzungsdauer von drei Jahren und wollen diesen steuerrechtlich so hoch wie eben möglich abschreiben. Welche der vorgeschlagenen Möglichkeiten wählen Sie?

- ✔ Zuführung in den Sammelposten
- ✔ lineare Abschreibung über drei Jahre

Aufgabe 7.17

Ihr Unternehmen plant dieses Jahr die folgenden Einkäufe im Bereich der potenziellen GWG (der Einfachheit halber alles gleich zu Jahresbeginn am 2. Januar):

- ✔ 50 Subnotebooks im Wert von je 300 Euro; Gesamtwert: 15.000 Euro
- ✔ 20 Laptops im Wert von je 900 Euro; Gesamtwert: 18.000 Euro

Sie möchten so schnell wie möglich gewinnmindernd abschreiben. Wie behandeln Sie diese Wirtschaftsgüter? Drei Varianten stehen zur Auswahl:

- Sie schreiben alles entsprechend der Nutzungsdauer über drei Jahre ab. Mit GWGs wollen Sie nichts zu tun haben.
- Sie führen die gesamte Anschaffung an geringwertigen Wirtschaftsgütern dem Sammelposten zu. Es geht ja nur entweder oder.
- Sie entscheiden sich für die 410-Euro-Regelung.

Noch ein Hinweis: Die Laptops und Subnotebooks haben laut AfA-Tabelle eine Nutzungsdauer von drei Jahren.

Aufgabe 7.18

Ihr Unternehmen plant im nächsten Jahr die folgenden Investitionen (der Einfachheit halber alles gleich zu Jahresbeginn am 2. Januar):

- zehn Laptops im Wert von je 1.200 Euro; Gesamtwert: 12.000 Euro
- zehn Mäuse im Wert von je 25 Euro für die neuen Laptops; Gesamtwert: 250 Euro
- zehn MS-Office-Pakete im Wert von je 300 Euro für die neuen Laptops; Gesamtwert: 3.000 Euro
- 30 Subnotebooks im Wert von je 300 Euro; Gesamtwert: 9.000 Euro
- Die Schreibtische und Bürostühle sollen dieses Jahr komplett ausgetauscht werden: 120 Schreibtische zu je 800 Euro; Gesamtwert: 96.000 Euro. 120 Bürostühle zu je 500 Euro; Gesamtwert: 60.000 Euro. Büromöbel haben laut AfA-Tabelle eine Nutzungsdauer von 13 Jahren.

Sie möchten so schnell wie möglich gewinnmindernd abschreiben. Wie behandeln Sie diese Wirtschaftsgüter? Drei Varianten stehen grundsätzlich zur Auswahl:

- Sie schreiben alles entsprechend der Nutzungsdauer ab. Mit GWGs wollen Sie nichts zu tun haben.
- Sie führen die gesamte Anschaffung der geringwertigen Wirtschaftsgüter dem Sammelposten zu. Es geht ja nur entweder oder.
- Sie entscheiden sich für die 410-Euro-Regelung.

Noch ein Hinweis: Die Laptops, Subnotebooks und die Office-Software haben laut AfA-Tabelle eine Nutzungsdauer von drei Jahren.

Aufgabe 7.19

Die Großgärtnerei Kuschelkiefer plant im nächsten Jahr folgende Investitionen (der Einfachheit halber alles gleich zu Jahresbeginn am 2. Januar):

- für die Verwaltung 50 Laptops im Wert von je 1.200 Euro; Gesamtwert: 60.000 Euro; Nutzungsdauer: drei Jahre

- für die Verwaltung 50 MS-Office-Professional-Pakete im Wert von je 600 Euro für die neuen Laptops; Gesamtwert: 30.000 Euro; Nutzungsdauer: drei Jahre
- für die Verwaltung zehn Subnotebooks im Wert von je 300 Euro; Gesamtwert: 3.000 Euro; Nutzungsdauer: drei Jahre
- 50 Erdbelüfter zu je 900 Euro; Gesamtwert: 45.000 Euro; Nutzungsdauer: vier Jahre
- 20 Rasenmäher zu je 800 Euro; Gesamtwert: 16.000 Euro; Nutzungsdauer: zwei Jahre.

Sie möchten so schnell wie möglich gewinnmindernd abschreiben. Wie behandeln Sie diese Wirtschaftsgüter? Drei Varianten stehen wieder grundsätzlich zur Auswahl:

- Sie schreiben alles entsprechend der Nutzungsdauer ab. Mit GWGs wollen Sie nichts zu tun haben.
- Sie führen die gesamte Anschaffung der Geringwertigen Wirtschaftsgüter dem Sammelposten zu. Es geht ja nur entweder oder.
- Sie votieren für die 410 Euro-Regelung.

Aufgabe 7.20

Sie haben sich vor zwei Jahren einen neuen Bürostuhl gegönnt. Kostenpunkt: 900 Euro. Diesen Stuhl hatten Sie dem Sammelposten zugeführt und schreiben ihn jährlich mit 180 Euro ab. Im dritten Jahr bricht das teure Stück zusammen und muss auf den Sperrmüll. Handelt es sich um eine dauerhafte Wertminderung, die eine außerplanmäßige Abschreibung erfordert?

Aufgabe 7.21

Sie hatten sich vor zwei Jahren einen neuen Schreibtisch im Wert von 900 Euro geleistet und dem Sammelposten zugeführt. Der Schreibtisch harmonierte mit einem inzwischen ausrangierten Bürostuhl. Der neue Bürostuhl will nun leider gar nicht zum alten Schreibtisch passen. Sie verkaufen den Schreibtisch an Ihre Nichte für einen Euro. Dürfen Sie in diesem Fall eine außerplanmäßige Abschreibung vornehmen? Immerhin befindet sich der Schreibtisch ja nicht mehr in Ihrem Betriebsvermögen.

Dauerhafte Wertminderung oder nicht

Bei einer kurzfristigen Wertminderung dürfen Sie das Anlagevermögen nach HGB grundsätzlich nicht außerplanmäßig abschreiben. Keine Regel ohne Ausnahme: Bei Finanzanlagen besteht im HGB das Wahlrecht, auch bei kurzfristigen Wertminderungen eine außerplanmäßige Abschreibung vorzunehmen.

Bei dauerhaften Wertminderungen müssen Sie nach HGB den niedrigeren Wert bilanzieren. Das sogenannte Niederstwertprinzip wird dann durch eine außerordentliche Abschreibung umgesetzt. Im IFRS wird dagegen nicht zwischen einer kurzfristigen und dauerhaften Wertminderung unterschieden. Hier müssen Sie dem Fair-Value-Modell entsprechend bei Wertminderungen immer eine außerordentliche Abschreibung vornehmen.

Es kann jedoch auch mal passieren, dass die gefallenen Marktpreise entgegen Ihren Erwartungen doch wieder steigen. In diesem Fall können Sie am nächsten Bilanzstichtag eine Wertaufholung vornehmen. Landläufig wird sie auch Zuschreibung genannt.

Die Obergrenze einer Wertaufholung bilden nach HGB immer die Anschaffungskosten abzüglich der planmäßigen Abschreibungen, die Sie bis zum Zeitpunkt der Zuschreibung vorgenommen hätten. Das nennt man auch fortgeführte Anschaffungskosten. Höher dürfen Sie nicht gehen. Dass die fortgeführten Anschaffungskosten die Obergrenze sind, haben Sie übrigens dem Realisationsprinzip zu verdanken.

Realisationsprinzip: Gewinne dürfen erst dann ausgewiesen werden, wenn Sie sie auch tatsächlich realisiert haben – sprich: dann, wenn das Geschäft auch tatsächlich über die Bühne ist.

Im IFRS gibt es diese Obergrenze beim Modell des beizulegenden Zeitwerts nicht. Getreu der Fair-Value-Methode muss dann jede Wertsteigerung bilanziert werden.

Österreichisches UGB: Die betreffenden Regelungen zur Wertminderung und Wertaufholung entsprechen den Regelungen des deutschen HGB.

Aufgabe 7.22

Die Immobilien- und Bauunternehmung Knack & Back AG kauft im Jahr 2013 ein Grundstück für eine Million Euro. Im Jahr 2014 flüchtet alles in Sachwerte; die Grundstückspreise explodieren. Das Grundstück ist nun 1,5 Millionen Euro wert. Im Jahr 2015 bildet die Grundstücksblase ihren Höhepunkt; das Grundstück könnte jetzt locker für 1,8 Millionen Euro verkauft werden. Ein Jahr später stabilisieren sich die Finanzmärkte; die Grundstücksblase platzt. Das Grundstück besitzt nun nur noch einen Wert von 0,8 Millionen Euro. Kurze Zeit später stabilisiert sich der Grundstücksmarkt schon wieder. Das Grundstück ist im Jahr 2017 bereits wieder 1 Million Euro wert. Stellen Sie bitte den Zeitwert des Grundstücks nach HGB und IFRS bei Anwendung des Modells des beizulegenden Zeitwerts dar. Als Hilfestellung gibt es Tabelle 7.11.

Jahr	Wert nach HGB	IFRS Fair Value
2013		
2014		
2015		
2016		
2017		

Tabelle 7.11: Zeitwert des Grundstücks

Aufgabe 7.23

Das Luftschiffunternehmen Zeppelini AG hat im Jahr 2013 ein neues Luftschiff im Wert von 800.000 Euro gekauft. Die Nutzungsdauer eines Luftschiffs beträgt acht Jahre. Im Jahr 2014 steigt die Nachfrage nach Luftschiffen sprunghaft an. Selbst gebrauchte Luftschiffe steigen im Wert. Das Luftschiff wäre nun für 950.000 Euro veräußerbar. Im Jahr 2015 bricht die Nachfrage nach Luftschiffen nach einem Unglück leider abrupt ein. Die gesamte Branche wird wohl über Jahre massive Umsatzprobleme haben. Das Luftschiff besitzt nunmehr einen Marktwert von 500.000 Euro. Stellen Sie bitte anhand von Tabelle 7.12 den Zeitwert des Luftschiffs nach HGB und IFRS bei Anwendung des Modells des beizulegenden Zeitwerts dar.

Jahr	Wert nach HGB	IFRS Fair Value
2013		
2014		
2015		

Tabelle 7.12: Zeitwert des Luftschiffs

Der Anlagenspiegel

Das Gesetz verpflichtet Kapitalgesellschaften und bestimmte Personengesellschaften dazu, die Entwicklung ihres Anlagevermögens in der Bilanz oder im Anhang in einem Anlagenspiegel beziehungsweise Anlagengitter darzustellen. Allen anderen Rechtsformen bis hin zum Freiberufler schadet ein Überblick über die eigenen Vermögensverhältnisses übrigens auch nicht.

Im Anlagespiegel wird für jeden Anlagenposten wie zum Beispiel Maschinen, Fuhrpark, Wertpapiere oder Software die Wertentwicklung in folgender Weise dargestellt:

- ✔ **Ursprüngliche Anschaffungs- oder Herstellungskosten:** Hier müssen die ehemaligen Anschaffungs- oder Herstellungskosten des Bestands zu Beginn des Geschäftsjahrs eingetragen werden.
- ✔ **Zugänge:** Hier tragen Sie die Neuzugänge des laufenden Jahres mit ihren Anschaffungs- oder Herstellungskosten ein.
- ✔ **Abgänge:** Hier tragen Sie die Abgänge des laufenden Jahres mit ihren Anschaffungs- oder Herstellungskosten ein; nicht nur mit ihrem Zeitwert!
- ✔ **Umbuchungen** zu Anschaffungs- oder Herstellungskosten im laufenden Jahr: Hier werden Umgliederungen innerhalb des Anlagenspiegels erfasst. Beispiel: Eine im Bau befindliche Maschine, zuerst als »Anlagen im Bau« erfasst, wird nach ihrer Fertigstellung bei den Maschinen erfasst.
- ✔ **Zuschreibungen:** Falls frühere Abschreibungen aus Vorjahren korrigiert werden.
- ✔ **Abschreibungen** aus Vorjahren
- ✔ **Abschreibungen** des laufenden Jahres

- **Abschreibungen** gesamt
- **Buchwert** zum Ende des Geschäftsjahrs

Aufgabe 7.24

Die Pension Schönblick möchte gerne einen Anlagenspiegel erstellen. Helfen Sie bitte anhand von Tabelle 7.13 dabei. Der Pensionswirt hat das Haus gepachtet und das Mobiliar von einer Möbelbaufirma gemietet. Zum Anlagevermögen gehören somit lediglich

- der Firmenwagen, ein gebraucht gekaufter Ford Fiesta Baujahr 1997, damalige Anschaffungskosten: 12.900 DM, umgerechnet 6.595,67 Euro. Die Nutzungsdauer betrug vier Jahre, der Restwert beläuft sich seit einigen Jahren auf 1 Euro. Dieses Jahr stellte sich heraus, dass der kasachische Präsident mit dem Papst damit einmal in den Urlaub nach Südfrankreich gefahren ist. Das Fahrzeug besitzt deshalb einen Wert von allermindestens 1.000 Euro.
- die dieses Jahr gekaufte Klimaanlage im Wert von 3.000 Euro. Diese besitzt eine Nutzungsdauer von elf Jahren.

Anlagevermögen	Fahrzeug	Klimaanlage
Historische Anschaffungskosten Bestand 01.01.		
Zugänge		
Abgänge		
Umbuchungen		
Zuschreibungen		
Abschreibungen aus den Vorjahren		
Abschreibungen laufendes Jahr		
Abschreibungen gesamt		
Wert am 31.12.		

Tabelle 7.13: Anlagenspiegel

Lösungen zu den Übungsaufgaben

Hier finden Sie die Lösungen zu den Aufgaben.

Lösung 7.1

Alle in der Aufgabe genannten Positionen zählen zu den Anschaffungskosten. Diese betragen nach Adam Riese 12.985,60 Euro.

Lösung 7.2

Bei beiden Positionen handelt es sich um nachträgliche Anschaffungskosten, da die Funktion des Wirtschaftsguts damit erweitert wird. Er muss die 345 Euro zu den 12.985,60 Euro addieren.

Lösung 7.3

Ein Firmenwagen ist nicht unbegrenzt nutzbar; er altert und nutzt sich ab. Deshalb handelt es sich um abnutzbares Anlagevermögen.

Lösung 7.4

Ist das Wirtschaftsgut nur begrenzt nutzbar, handelt es sich um ein abnutzbares Gut. Ist die Nutzungsdauer dagegen zeitlich unbegrenzt, handelt es sich um ein nicht abnutzbares Gut.

- ✔ ein Gemälde von Picasso: nicht abnutzbares Anlagevermögen, da das Gemälde unbegrenzt nutzbar ist
- ✔ das neueste iPad: abnutzbares Anlagevermögen
- ✔ eine Unternehmensbeteiligung: nicht abnutzbares Anlagevermögen
- ✔ drei Hektar besten Ackerlands: nicht abnutzbares Anlagevermögen
- ✔ eine neue CNC-Maschine: abnutzbares Anlagevermögen
- ✔ 1.000 Liter Heizöl im Tank: Roh-, Hilfs- und Betriebsstoffe zählen nicht zum Anlagevermögen, sondern zum Umlaufvermögen
- ✔ ein Originalbrief von Friedrich II. von Preußen an Voltaire gerahmt und aufgehängt: nicht abnutzbares Anlagevermögen
- ✔ das Verwaltungsgebäude: abnutzbares Anlagevermögen
- ✔ ein Paket VW-Aktien: nicht abnutzbares Anlagevermögen
- ✔ der Geschäftswert des frisch gekauften Tochterunternehmens: abnutzbares Anlagevermögen

Lösung 7.5

Die Anschaffungskosten des Fahrzeugs betragen 13.330,60 Euro und stellen den anfänglichen Buchwert dar. Jedes Jahr muss ein Sechstel der Anschaffungskosten abgeschrieben werden. Am Ende beträgt der Buchwert 0,00 Euro (siehe Tabelle 7.14).

Jahr	Buchwert 01.01.	Abschreibung	Buchwert 31.12.
1	13.330,60 €	2.221,77 €	11.108,83 €
2	11.108,83 €	2.221,77 €	8.887,06 €
3	8.887,06 €	2.221,77 €	6.665,29 €
4	6.665,29 €	2.221,77 €	4.443.52 €
5	4.443.52 €	2.221,77 €	2.221,75 €
6	2.221,75 €	2.221,75 €	0,00 €

Tabelle 7.14: Abschreibungsplan

Lösung 7.6

Tabelle 7.15 zeigt den Abschreibungsverlauf der Baumkuchenmaschine.

Jahr	Buchwert 01.01.	Abschreibung	Buchwert 31.12.
1	4.000 €	500 €	3.500 €
2	3.500 €	500 €	3.000 €
3	3.000 €	500 €	2.500 €
4	2.500 €	500 €	2.000 €
5	2.000 €	500 €	1.500 €
6	1.500 €	500 €	1.000 €
7	1.000 €	500 €	500 €
8	500 €	500 €	0 €

Tabelle 7.15: Abschreibungsplan

Lösung 7.7

Sie müssen die Baumkuchenmaschine außerplanmäßig auf null abschreiben. Im Falle einer außergewöhnlichen und dauernden Wertminderung eines Vermögensgegenstands des Anlagevermögens müssen Sie diese Wertminderung in einer sogenannten außerplanmäßigen Abschreibung berücksichtigen.

Am Ende des dritten Jahres besaß die Maschine einen Buchwert von 2.500 €. Die außerplanmäßige Abschreibung entspricht genau diesem Wert. Somit wurde die Maschine planmäßig über 500 Euro und außerplanmäßig über 2.500 Euro abgeschrieben.

Lösung 7.8

Der Eiswagen muss über fünf Jahre abgeschrieben werden (siehe Tabelle 7.16). Die Anschaffungskosten betragen 80.000 Euro netto.

Jahr	Buchwert 01.01.	Abschreibung	Buchwert 31.12.
1	80.000 €	16.000 €	64.000 €
2	64.000 €	16.000 €	48.000 €
3	48.000 €	16.000 €	32.000 €
4	32.000 €	16.000 €	16.000 €
5	16.000 €	16.000 €	0 €

Tabelle 7.16: Abschreibungsplan

Lösung 7.9

Der elektrische Triebwagen kostet 2 Millionen Euro und besitzt eine Gesamtleistung von 5,4 Millionen Kilometern. Die Abschreibung pro Leistungseinheit beträgt somit 0,37 Euro (Abschreibungsplan siehe Tabelle 7.17).

Jahr	Buchwert 01.01	Geplante Kilometer	Abschreibung	Buchwert 31.12.
1	2.000.000 €	120.000	44.400 €	1.955.600 €
2	1.955.600 €	250.000	92.500 €	1.863.100 €
3	1.863.100 €	300.000	111.000 €	1.752.100 €
4	1.752.100 €	260.000	96.200 €	1.655.800 €
5	1.655.800 €	220.000	81.400 €	1.574.400 €
6	1.574.400 €	180.000	66.600 €	1.507.800 €
7	1.507.800 €	150.000	55.500 €	1.452.300 €
8	1.452.300 €	150.000	55.500 €	1.396.800 €
9	1.396.800 €	150.000	55.500 €	1.341.300 €
10	1.341.300 €	140.000	51.800 €	1.289.500 €

Tabelle 7.17: Abschreibungsplan

Lösung 7.10

Tja, ist es wirtschaftlich begründbar, die Bediensessel nach Maßgabe der Leistung abzuschreiben oder nicht? Schwankt die Beanspruchung der Sessel stark oder ist sie im Zeitablauf eher gleichmäßig? Im Falle der Bediensessel gelangt der Münchner Steuerberater Hofbichler schnell zu der Ansicht, dass hier keine leistungsabhängige Abschreibung vorgenommen werden kann. Der oder die neuen Sessel sollten linear abgeschrieben werden, da die Abnutzung eher gleichmäßig über die Zeit erfolgt. Der Abschreibungsplan sieht damit so aus: Der Sessel muss über zehn Jahre abgeschrieben werden. Die Anschaffungskosten betragen 2.000 Euro netto, die jährliche Abschreibung damit 200 Euro (siehe Tabelle 7.18).

Jahr	Buchwert 01.01.	Abschreibung	Buchwert 31.12.
1	2.000 €	200 €	1.800 €
2	1.800 €	200 €	1.600 €
3	1.600 €	200 €	1.400 €
4	1.400 €	200 €	1.200 €
5	1.200 €	200 €	1.000 €
6	1.000 €	200 €	800 €
7	800 €	200 €	600 €
8	600 €	200 €	400 €
9	400 €	200 €	200 €
10	200 €	200 €	0 €

Tabelle 7.18: Abschreibungsplan

Lösung 7.11

Die Maschine kostet 86.500 Euro und besitzt eine Gesamtleistung von einer Million Einheiten. Die Abschreibung pro Leistungseinheit beträgt somit 0,0865 Euro (siehe Tabelle 7.19).

Jahr	Buchwert 01.01	Geplante Leistungseinheiten	Abschreibung	Buchwert 31.12.
1	86.500 €	200.000	17.300 €	69.200 €
2	69.200 €	150.000	12.975 €	56.225 €
3	56.225 €	100.000	8.650 €	47.575 €
4	47.575 €	100.000	8.650 €	38.925 €

Jahr	Buchwert 01.01	Geplante Leistungseinheiten	Abschreibung	Buchwert 31.12.
5	38.925 €	150.000	12.975 €	25.950 €
6	25.950 €	180.000	15.570 €	10.380 €
7	10.380 €	80.000	6.920 €	3.460 €
8	3.460 €	20.000	1.730 €	1.730 €
9	1.730 €	10.000	865 €	865 €
10	865 €	10.000	865 €	0 €

Tabelle 7.19: Abschreibungsplan

Lösung 7.12

Das deutsche HGB geht nicht konkret auf die zu wählende Abschreibungsmethode ein. Hauptsache die Anschaffungs- oder Herstellungskosten werden auf die Jahre verteilt, in denen das Wirtschaftsgut genutzt wird. Es spricht also nichts gegen die Anwendung der leistungsabhängigen Abschreibung nach HGB, sofern die dort genannte Voraussetzung erfüllt wird.

Das IFRS wird im Gegensatz hierzu sehr konkret und beschreibt in IAS, dem International Accounting Standard Nummer 16.62 die möglichen Methoden sehr genau. Nach IFRS können Sie somit ebenfalls leistungsabhängig abschreiben, sofern es dem Verlauf des Verbrauchs entspricht.

Lösung 7.13

Der maximal mögliche Abschreibungssatz beträgt das 2,5-Fache von 5,26 Prozent (1/19 bei 19 Jahren Nutzungsdauer), das heißt, Sie dürfen den Hubschrauber mit maximal 13,16 Prozent degressiv abschreiben. Den Maximalsatz in Höhe von 25 Prozent dürfen Sie leider nicht ausschöpfen.

Jahr	Buchwert 01.01.	Abschreibung	Buchwert 31.12.
1	500.000,00 €	65.800,00 €	434.200,00 €
2	434.200,00 €	57.141,72 €	377.059,28 €
3	377.059,28 €	49.621,00 €	327.438,28 €
4	327.438,28 €	43.090,88 €	284.347,40 €
5	284.347,40 €	37.420,12 €	246.927,28 €

Tabelle 7.20: Abschreibungsplan

Lösung 7.14

Sie erweitern den Abschreibungsplan einfach um einige Jahre und fügen eine Spalte für den »Was-wäre-wenn-Fall« an. Ab dem dreizehnten Jahr ist es vorteilhafter, den Hubschrauber linear abzuschreiben. Der Restwert in Höhe von 91.961,86 Euro wird über die verbleibenden sieben Jahre linear abgeschrieben: Das ergibt nach Adam Riese 13.137,41 Euro pro Jahr. Die degressive Abschreibung bringt im dreizehnten Jahr dagegen nur noch schlappe 12.102,18 Euro (siehe Tabelle 7.21).

Jahr	Buchwert 01.01.	degressive Abschreibung	Buchwert 31.12.	Check: lineare Abschreibung
1	500.000,00 €	65.800,00 €	434.200,00 €	24.122,22 €
2	434.200,00 €	57.141,72 €	377.059,28 €	22.179,96 €
3	377.059,28 €	49.621,00 €	327.438,28 €	20.464,89 €
4	327.438,28 €	43.090,88 €	284.347,40 €	18.956,49 €
5	284.347,40 €	37.420,12 €	246.927,28 €	17.637.66 €
6	246.927,28 €	32.495,63 €	214.431,65 €	16.494,74 €
7	214.431,65 €	28.219,21 €	186.212,44 €	15.517,70 €
8	186.212,44 €	24.505,56 €	161.706,88 €	14.700,63 €
9	161.706,88 €	21.280,62 €	140.426,25 €	14.042,63 €
10	140.426,25 €	18.480,10 €	121.946,15 €	13.549,57 €
11	121.946,15 €	16.048,11 €	105.898,04 €	13.237,26 €
12	105.898,04 €	13.936,18 €	91.961,86 €	13.137,41 €
13	91.961,86 €	**12.102,18 €**	79.859,68 €	**13.309,95 €**

Tabelle 7.21: Zwei Abschreibungspläne im Vergleich

Lösung 7.15

Da Sie bei der degressiven Abschreibung mit maximal 25 Prozent abschreiben dürfen, ist die Wahl der degressiven Methode in diesem Fall nachteilig. Linear hätten Sie jedes Jahr ein Drittel, also 400 Euro statt 300 Euro, abschreiben können.

Jahr	Buchwert 01.01.	Abschreibung	Buchwert 31.12.
1	1.200 €	400 €	800 €

Tabelle 7.22: Abschreibungsplan

Lösung 7.16

Da die lineare Abschreibung eindeutig höher ist als die des Sammelpostens, schreiben Sie den Laptop natürlich ganz normal ab und behandeln es nicht als GWG.

Lösung 7.17

Die Auflösung:

✔ Bei Variante 1 schreiben Sie die gesamte Technik über drei Jahre ab. 33.000 Euro geteilt durch drei ergibt 11.000 Euro Abschreibungen per anno.

✔ Bei Variante 2 führen Sie den gesamten Kauf über 33.000 Euro dem Sammelposten zu und schreiben ihn über fünf Jahre ab: Das sind 6.600 Euro per anno.

✔ Bei Variante 3 fallen die Subnotebooks unter die 410-Euro-Regelung und können im Jahr der Anschaffung sofort voll abgeschrieben werden. Das sind schon einmal 15.000 Euro Abschreibung. Dazu kommt die nutzungsabhängige Abschreibung der Laptops: Ein Drittel von 18.000 Euro sind 6.000 Euro. In Summe können Sie bei dieser Variante im ersten Jahr 21.000 Euro abschreiben.

Der Sammelposten ist nur bei den wenigen Fällen im Wert von weniger als 1.000 Euro mit zugleich längerer Nutzungsdauer als die besagten fünf Jahre vorteilhaft. Dies ist in diesem Beispiel nicht der Fall. Die Variante mit der Zuführung zum Sammelposten ist damit die schlechteste Alternative. Sie erzielen die höchste Abschreibung durch Ausnutzung der Sofortabschreibung bei Wirtschaftsgütern bis 410 Euro.

Wenn Sie in Ihrem Unternehmen die Möglichkeit besitzen, die Anschaffungen innerhalb der GWG-Grenzen für das bevorstehende Wirtschaftsjahr einigermaßen sicher planen zu können, sollten Sie dieser Analyse ein wenig Zeit gönnen, da hier einiges beeinflusst werden kann.

Lösung 7.18

Bei Variante 1 schreiben Sie alles entsprechend der Nutzungsdauer ab (siehe Tabelle 7.23). Die Mäuse sind nicht eigenständig nutzbar und müssen zusammen mit den Laptops aktiviert und abgeschrieben werden.

Wirtschaftsgut	Anschaffungskosten	Nutzungsdauer	Abschreibung per anno
10 Laptops inklusive der Mäuse	12.250,00 €	3 Jahre	4.083,33 €
10 MS-Office-Pakete	3.000,00 €	3 Jahre	1.000,00 €
30 Subnotebooks	9.000,00 €	3 Jahre	3.000,00 €
120 Tische und Stühle	156.000,00 €	13 Jahre	12.000,00 €
Abschreibung im ersten Jahr:			**20.083,33 €**

Tabelle 7.23: Abschreibungsplan

Bei Variante 2 können Sie alle Anschaffungen bis auf die Laptops und die Mäuse dem Sammelposten zuführen und über fünf Jahre abschreiben (siehe Tabelle 7.24). Die Laptops kosten mehr als 1.000 Euro und sind deshalb keine geringwertigen Wirtschaftsgüter.

Wirtschaftsgut	Anschaffungskosten	Nutzungsdauer bzw. Dauer Abschreibung	Abschreibung per anno
10 Laptops inklusive der Mäuse	12.250,00 €	3 Jahre	4.083,33 €
10 MS Office	3.000,00 €	5 Jahre	600,00 €
30 Subnotebooks	9.000,00 €	5 Jahre	1.800,00 €
120 Tische und Stühle	156.000,00 €	5 Jahre	31.200,00 €
Abschreibung im ersten Jahr:			**37.683,33 €**

Tabelle 7.24: Abschreibungsplan

Bei Variante 3 müssen Sie die Laptops inklusive der Mäuse wie bei den beiden anderen Varianten über drei Jahre abschreiben, da es sich hierbei nicht um Geringwertige Wirtschaftsgüter handelt. Bei den MS-Office-Paketen und den Subnotebooks können Sie die 410-Euro-Regelung anwenden und diese sofort im Jahr der Anschaffung voll abschreiben. Die Möbel kosten jeweils mehr als 410 Euro und können deshalb nicht sofort voll abgeschrieben werden.

Die Möbel dürfen Sie jetzt aber nicht mehr dem Sammelposten zuführen, da Sie in diesem Jahr für die 410-Euro-Regelung votiert haben. Somit werden die Möbel über 13 Jahre abgeschrieben (siehe Tabelle 7.25).

Wirtschaftsgut	Anschaffungskosten	Nutzungsdauer bzw. Dauer Abschreibung	Abschreibung per anno
10 Laptops inklusive der Mäuse	12.250,00 €	3 Jahre	4.083,33 €
10 MS-Office-Pakete	3.000,00 €	Sofortabschreibung	3.000,00 €
30 Subnotebooks	9.000,00 €	Sofortabschreibung	9.000,00 €
120 Tische und Stühle	156.000,00 €	13 Jahre	12.000,00 €
Abschreibung im ersten Jahr:			**28.083,33 €**

Tabelle 7.25: Abschreibungsplan

Mit der Variante 2, der Zuführung zum Sammelposten, können Sie bei diesen geplanten Einkäufen im ersten Jahr am meisten abschreiben.

Lösung 7.19

Bei Variante 1 schreiben Sie alles entsprechend der Nutzungsdauer ab (siehe Tabelle 7.26).

Wirtschaftsgut	Anschaffungs-kosten	Nutzungsdauer	Abschreibung per anno
50 Laptops	60.000,00 €	3 Jahre	20.000,00 €
50 MS-Office-Pro-Pakete	30.000,00 €	3 Jahre	10.000,00 €
10 Subnotebooks	3.000,00 €	3 Jahre	1.000,00 €
50 Erdbelüfter	45.000,00 €	4 Jahre	11.250,00 €
20 Rasenmäher	16.000,00 €	2 Jahre	8.000,00 €
Abschreibung im ersten Jahr:			**50.250,00 €**

Tabelle 7.26: Abschreibungsplan

Bei Variante 2 können Sie alle Anschaffungen bis auf die Laptops dem Sammelposten zuführen und über fünf Jahre abschreiben (siehe Tabelle 7.27). Die Laptops kosten mehr als 1.000 Euro und sind deshalb keine geringwertigen Wirtschaftsgüter.

Wirtschaftsgut	Anschaffungs-kosten	Nutzungsdauer bzw. Dauer Abschreibung	Abschreibung per anno
50 Laptops	60.000 €	3 Jahre	20.000 €
50 MS-Office-Pro-Pakete	30.000 €	5 Jahre	6.000 €
10 Subnotebooks	3.000 €	5 Jahre	600 €
50 Erdbelüfter	45.000 €	5 Jahre	9.000 €
20 Rasenmäher	16.000 €	5 Jahre	3.200 €
Abschreibung im ersten Jahr:			**38.800 €**

Tabelle 7.27: Abschreibungsplan

Bei Variante 3 können lediglich die Subnotebooks sofort voll abgeschrieben werden. Alle anderen Wirtschaftsgüter kosten mehr als 410 Euro und sind deshalb über deren Nutzungsdauer abzuschreiben (siehe Tabelle 7.28). Eine Zuführung zum Sammelposten ist ja durch die Wahl der Sofortabschreibung ausgeschlossen.

Wirtschaftsgut	Anschaffungskosten	Nutzungsdauer bzw. Dauer Abschreibung	Abschreibung per anno
50 Laptops	60.000 €	3 Jahre	20.000 €
50 MS Office Pro	30.000 €	3 Jahre	10.000 €
10 Subnotebooks	3.000 €	Sofortabschreibung	3.000 €
50 Erdbelüfter	45.000 €	4 Jahre	11.250 €
20 Rasenmäher	16.000 €	2 Jahre	8.000 €
Abschreibung im ersten Jahr:			**52.250 €**

Tabelle 7.28: Abschreibungsplan

Die Wahl fällt natürlich auf die dritte Variante. Hier kann im ersten Jahr am meisten abgeschrieben werden.

Lösung 7.20

Der Gesetzgeber kennt bei den Sammelposten kein Pardon. Die Anschaffungskosten sind dort über fünf Jahre abzuschreiben; komme was wolle. Eine außerplanmäßige Abschreibung ist bei geringwertigen Wirtschaftsgütern nicht erlaubt.

Lösung 7.21

Nein, auch in diesem Fall kennt der Gesetzgeber keine Gnade. Selbst ein mittlerweile verkauftes Wirtschaftsgut lebt im Sammelposten die gesamten fünf Jahre weiter.

Lösung 7.22

Da im HGB das Realisationsprinzip zum Schutz der Gläubiger gilt, dürfen sämtliche Wertsteigerungen, die den Anschaffungspreis übersteigen, nicht bilanziert werden, solange sie nicht durch Verkauf realisiert wurden. Kurzfristige Wertminderungen dürfen ebenfalls nicht berücksichtigt werden, da es sich hier ja nicht um eine Finanzanlage handelt. Das Grundstück wird deshalb über den gesamten Ablauf mit einer Millionen Euro bilanziert.

Nach IFRS werden getreu dem Fair-Value-Prinzip alle Wertänderungen bilanziert. Die Bilanz verändert sich jährlich (siehe Tabelle 7.29).

Jahr	Wert nach HGB	IFRS Fair Value
2013	1 Mio. Euro	1,0 Mio. Euro
2014	1 Mio. Euro	1,5 Mio. Euro
2015	1 Mio. Euro	1,8 Mio. Euro
2016	1 Mio. Euro	0,8 Mio. Euro
2017	1 Mio. Euro	1,0 Mio. Euro

Tabelle 7.29: Zeitwert des Grundstücks

Lösung 7.23

Das Jahr 2014: Nach HGB darf die Wertsteigerung über den Anschaffungspreis gemäß des Realisationsprinzips nicht bilanziert werden. Das Luftschiff wird stur linear jährlich mit 100.000 Euro abgeschrieben und nach dem ersten Jahr mit 700.000 Euro bilanziert.

Nach IFRS wird das Luftschiff in diesem Jahr dagegen mit 950.000 Euro bilanziert. Das Unternehmen weist durch diese Zuschreibung nach IFRS außerordentliche Erträge aus. Die Börse jubelt.

Das Jahr 2015: Nach HGB wird das Luftschiff wieder linear mit 100.000 Euro abgeschrieben. Zusätzlich wird die dauerhafte Wertminderung in Höhe der weiteren 100.000 Euro berücksichtigt. Das Luftschiff steht nun mit 500.000 Euro in den Büchern.

Nach IFRS erlebt die Zeppelini AG ein desaströses Jahr. Im letzten Jahr konnten ja noch außerordentliche Erträge gefeiert werden. Die Gesellschaft war der Liebling der Börse. Dieses Jahr nun der jähe Absturz: Hohe außerordentliche Abschreibungen lassen das Ergebnis der Zeppelini AG in den Keller rutschen (siehe Tabelle 7.30).

Jahr	Wert nach HGB	IFRS Fair Value
2013	800.000 Euro	800.000 Euro
2014	700.000 Euro	950.000 Euro
2015	500.000 Euro	500.000 Euro

Tabelle 7.30: Zeitwert des Luftschiffs

Lösung 7.24

Die Lösung finden Sie in Tabelle 7.31.

Anlagevermögen	Fahrzeug	Klimaanlage
Historische Anschaffungskosten Bestand 01.01.	6.595,67 €	0,00 €
Zugänge	0,00 €	3.000,00 €
Abgänge	0,00 €	0,00 €
Umbuchungen	0,00 €	0,00 €
Zuschreibungen	999,00 €	0,00 €
Abschreibungen aus den Vorjahren	6.594,67 €	0,00 €
Abschreibungen laufendes Jahr	0,00 €	272,73 €
Abschreibungen gesamt	5.595,67 €	272,73 €
Wert am 31.12.	1.000,00 €	2.727,27 €

Tabelle 7.31: Anlagespiegel

Aktiv bilanzieren: Das Umlaufvermögen

8

In diesem Kapitel

- Bilanzierung von Vorräten
- Sammelbewertungen durchführen
- Bilanzierung von Forderungen

In diesem Kapitel üben Sie die Bilanzierung von Vorräten und Forderungen und den Umgang mit langfristigen Fertigungsaufträgen. Wie Sie vielleicht schon oder noch wissen, gehört zum Umlaufvermögen alles, was dem Unternehmen nur vorübergehend dient. Das sind neben den

- ✔ Vorräten sowie
- ✔ Forderungen und sonstigen Vermögensgegenständen

auch noch

- ✔ kurzfristige Finanzanlagen und
- ✔ liquide Mittel.

Die Bewertung von Vorräten

Zur Erinnerung: Zu den Vorräten zählen aus bilanzieller Sicht

- ✔ Roh-, Hilfs- und Betriebsstoffe,
- ✔ unfertige Erzeugnisse und Leistungen,
- ✔ fertige Erzeugnisse und Waren sowie
- ✔ geleistete Anzahlungen.

Sie bewerten die Vorräte mit den jeweiligen Anschaffungs- beziehungsweise Herstellungskosten. Und dies immer

- ✔ abzüglich der Anschaffungspreisminderungen und
- ✔ zuzüglich der Anschaffungsnebenkosten.

Jedes Wirtschaftsgut soll dabei einzeln bewertet werden. Dieses Bewertungsprinzip kennen Sie ja bereits aus der Bewertung des Anlagevermögens. So weit die Regel. Später folgt hier im Kapitel die große Ausnahme mit den Sammelbewertungen.

Ähnlich wie beim Anlagevermögen spielt auch beim Umlaufvermögen das Niederstwertprinzip eine Rolle. Beim Umlaufvermögen ist die Anwendung des Niederstwertprinzips jedoch etwas strenger geregelt. Hier müssen Sie nämlich immer den niedrigeren beizulegenden Wert verwenden, wenn der Börsen- oder Marktpreis am Bilanzstichtag unter den Wert des Vermögensgegenstands in der Bilanz rutscht. Und dies unabhängig davon, ob die Wertminderung von Dauer zu sein scheint oder nicht. Zudem müssen Sie stets eine Wertaufholung vornehmen, wenn der Preis am nächsten Bilanzstichtag wieder über den außerordentlich abgeschriebenen Wert aus der Vorjahresbilanz steigt.

Der Grund für das Hin und Her: Das Umlaufvermögen verbleibt üblicherweise nicht lange im Unternehmen, sodass deshalb auch kurzfristige Wertschwankungen berücksichtigt werden müssen.

Diese Art des Niederstwertprinzips nennt man strenges Niederstwertprinzip. Es gilt für alle Unternehmen und ist unabhängig von der jeweiligen Rechtsform.

Aufgabe 8.1

Welche Zwecke verfolgt das strenge Niederstwertprinzip? Zur Abwechslung zwischendurch mal eine Multiple-Choice-Frage. Alle Antworten, die dem Zweck des strengen Niederstwertprinzips entsprechen, dürfen Sie mit einem Ja versehen, den traurigen Rest mit einem Nein.

- ✔ Das strenge Niederstwertprinzip sorgt für eine zeitnahe und der Wertentwicklung möglichst schnell folgenden Bewertung des Anlagevermögens.
- ✔ Mit dem strengen Niederstwertprinzip sollen die Rohstoffbörsen gefördert werden, indem deren tägliche Bepreisungen nicht nur beim Kauf und Verkauf von Rohstoffen, sondern auch bei der Bewertung vorhandener Vorräte beachtet werden müssen.
- ✔ Mit dem strengen Niederstwertprinzip soll das Umlaufvermögen möglichst realistisch bewertet werden.
- ✔ Das strenge Niederstwertprinzip dient dem Gläubigerschutz.

Aufgabe 8.2

Welche der folgenden Positionen zählen zum Umlaufvermögen?

- ✔ das Notebook des Abteilungsleiters eines Automobilherstellers
- ✔ das Notebook des Geschäftsführers eines Notebookherstellers
- ✔ das Notebook im Auslieferungslager eines Notebookherstellers
- ✔ ein VW Golf, der Firmenwagen des Abteilungsleiters eines Automobilherstellers
- ✔ ein zum Verkauf stehender VW Golf im Schaufenster eines VW-Händlers
- ✔ ein zum Verkauf stehender Ford Fiesta im Schaufenster eines VW-Händlers
- ✔ ein VW Phaeton, der ausrangierte Firmenwagen des Geschäftsführers einer Unternehmensberatung; der Wagen wird von der Unternehmensberatung im Internet zum Verkauf angeboten
- ✔ das Heizöl im Tank der Zentralheizung des Bürogebäudes der Unternehmensberatung
- ✔ das Heizöl im Tank der Heizölhandlung

- ✔ eine Autohandlung kauft Wertpapiere mit der Absicht, diese innerhalb der nächsten zwölf Monate wieder zu verkaufen
- ✔ eine Autohandlung kauft Wertpapiere mit der Absicht, diese mindestens zwölf Monate zu behalten

Sammelbewertung von Vorräten

Bekanntlich müssen Sie jeden Vermögensgegenstand einzeln bewerten. Beim Umlaufvermögen gibt es aber eine Ausnahme: Bei gleichartigen beweglichen Vermögensgegenständen dürfen Sie auch Sammelbewertungsverfahren anwenden.

Die bekanntesten Verfahren:

- ✔ die Durchschnittsmethode
- ✔ die FIFO-Methode: FIFO steht für »First In – First Out«, zu Deutsch »zuerst drinnen – zuerst draußen«. Bei dieser Methode geht man davon aus, dass das, was zuerst im Lager war, auch zuerst verarbeitet wurde.
- ✔ die LIFO-Methode: LIFO steht für »Last In – First Out«. Das, was zuletzt ins Lager kam, wird zuerst verbraucht.
- ✔ die HIFO-Methode: »HIFO steht für Highest In – First Out«. Die teuersten Einkäufe werden zuerst verbraucht.

Das HGB erlaubt die Bewertung mit dem gewogenen Durchschnitt, die FIFO- und die LIFO-Methode. Nach IFRS sind nur die Durchschnittsmethode und FIFO zulässig. Im deutschen Steuerrecht ist wiederum nur die LIFO-Methode zulässig.

Die Durchschnittsmethode

Bei der Durchschnittsmethode zählen Sie den Gesamtwert aller Lieferungen zusammen und teilen diesen Wert durch die Anzahl aller im Jahr gelieferten Produkte. Sie bilden somit einfach den Durchschnittspreis aller Lieferungen.

Aufgabe 8.3

Die Gärtnerei Lupine GmbH Co. KG hat einen großen Bedarf an Düngemitteln. Im vergangenen Jahr hat sie den Universaldünger Ammoniextrasuper wie in Tabelle 8.1. dargestellt eingekauft.

Anfangsbestand	01.01.	2.000 kg	zu 10 €/kg
Zugang	01.03.	4.000 kg	zu 12 €/kg
Zugang	01.05.	5.000 kg	zu 14 €/kg
Zugang	01.06.	7.000 kg	zu 12 €/kg
Zugang	01.07.	5.000 kg	zu 15 €/kg

Tabelle 8.1: Einkäufe der Gärtnerei

Verbraucht wurden 20.000 kg. Wie müssen die restlichen 3.000 kg Düngemittel nach der Durchschnittsmethode bewertet werden?

Aufgabe 8.4

Der Fruchtsafthersteller Liquid Food AG kauft für seinen Kirsch-Bananennektar tonnenweise Bananenmus ein. Im vergangenen Jahr hat die Liquid Food AG wie in Tabelle 8.2 dargestellt eingekauft.

Anfangsbestand	01.01.	2 Tonnen	zu 500 €/Tonne
Zugang	01.05.	5 Tonnen	zu 700 €/Tonne
Zugang	01.07.	3 Tonnen	zu 600 €/Tonne
Zugang	01.08.	5 Tonnen	zu 700 €/Tonne
Zugang	01.10.	2 Tonnen	zu 400 €/Tonne

Tabelle 8.2: Einkäufe der Liquid Food AG

Verbraucht wurden 14 Tonnen. Wie müssen die restlichen 3 Tonnen Bananenmus nach der Durchschnittsmethode bewertet werden?

Aufgabe 8.5

Die Autokarosseriewerkstatt Schmidtke KG hat im letzten Jahr Kotflügel wie in Tabelle 8.3 dargestellt eingekauft.

Anfangsbestand	01.01.	2 Kotflügel VW Golf	zu 300 €/Stk
Zugang	01.03.	2 Kotflügel Ford Fiesta	zu 200 €/Stk
Zugang	01.05.	4 Kotflügel Porsche 911	zu 800 €/Stk
Zugang	01.08.	6 Kotflügel E-Klasse	zu 700 €/Stk
Zugang	01.10.	2 Kotflügel Opel Corsa	zu 200 €/Stk

Tabelle 8.3: Einkäufe der Schmidtke KG

Verbraucht wurden zwölf Kotflügel. Wie müssen die restlichen vier Kotflügel bewertet werden?

Die FIFO-Methode

FIFO steht für »First In – First Out«. Bei der FIFO-Methode unterstellt man, dass das, was zuerst im Lager war, auch zuerst verbraucht wurde.

Aufgabe 8.6

Die Murmelgroßhändlerin Frau Runde verwendet bei der Bewertung ihrer Murmeln die FIFO-Methode, da sie stets die zuerst angelieferten Murmeln weiterverkauft. Frau Runde handelt übrigens nur mit einer bestimmten Art von Glasmurmeln, die jedoch bei der Farbgebung ab und an ein wenig variieren. Frau Runde kauft und verkauft kiloweise (siehe Tabelle 8.4).

Anfangsbestand	01.01.	20 kg	zu 15 €/kg
Zugang	01.03.	30 kg	zu 16 €/kg
Zugang	01.04.	50 kg	zu 13 €/kg
Zugang	01.05.	10 kg	zu 12 €/kg
Zugang	01.09.	20 kg	zu 13 €/kg

Tabelle 8.4: Einkäufe der Murmelgroßhändlerin Frau Runde

Von den eingekauften 130 kg Murmeln sind am Jahresende noch 30 kg übrig. Bitte bewerten Sie den Schlussbestand nach der FIFO-Methode.

Aufgabe 8.7

Die Papierhandtuchgroßhandlung Rau & Grün KG möchte die immer gleichen grünen Papierhandtücher per FIFO-Verfahren bewerten. Das letzte Jahr gestaltete sich wie in Tabelle 8.5 dargestellt. Am Jahresende kostete ein Karton übrigens 17 Euro auf dem Markt.

Anfangsbestand	01.01.	2.000 Kartons	zu 10 €/Karton
Zugang	01.03.	1.500 Kartons	zu 11 €/Karton
Zugang	01.04.	1.000 Kartons	zu 16 €/Karton
Zugang	01.05.	300 Kartons	zu 13 €/Karton
Zugang	01.09.	100 Kartons	zu 15 €/Karton

Tabelle 8.5: Einkäufe der Papierhandtuchgroßhandlung Rau & Grün KG

Von den 4.900 Kartons sind am Jahresende noch 500 Kartons auf Lager. Bitte bewerten Sie den Schlussbestand nach der FIFO-Methode.

Aufgabe 8.8

Die Murmelgroßhändlerin Frau Runde möchte den im vergangenen Jahr entstanden Aufwand für ihre Murmeleinkäufe mit der FIFO-Methode ermitteln. Von den eingekauften 130 kg Murmeln sind am Jahresende noch 30 kg übrig. Bitte ermitteln Sie den Aufwand für die verkauften 100 Kilogramm Murmeln mit der FIFO-Methode.

Anfangsbestand	01.01.	20 kg	zu 15 €/kg
Zugang	01.03.	30 kg	zu 16 €/kg
Zugang	01.04.	50 kg	zu 13 €/kg
Zugang	01.05.	10 kg	zu 12 €/kg
Zugang	01.09.	20 kg	zu 13 €/kg

Tabelle 8.6: Einkäufe der Murmelgroßhändlerin Frau Runde

Aufgabe 8.9

Die Papierhandtuchgroßhandlung Rau & Grün KG möchte die verkauften grünen Papierhandtücher per FIFO-Verfahren bewerten. Das letzte Jahr gestaltete sich wie in Tabelle 8.7 dargestellt.

Anfangsbestand	01.01.	2.000 Kartons	zu 10 €/Karton
Zugang	01.03.	1.500 Kartons	zu 11 €/Karton
Zugang	01.04.	1.000 Kartons	zu 16 €/Karton
Zugang	01.05.	300 Kartons	zu 13 €/Karton
Zugang	01.09.	100 Kartons	zu 15 €/Karton

Tabelle 8.7: Einkäufe der Papierhandtuchgroßhandlung Rau & Grün KG

Von den 4.900 Kartons sind am Jahresende noch 500 Kartons auf Lager. Bitte bewerten Sie die verkauften 4.400 Kartons Papierhandtücher mit der FIFO-Methode.

Aufgabe 8.10

Das Unternehmen Verfilzt und Zugenäht GmbH bewertet den Rohstoff »Wollfilz schwarzgrau« mit der FIFO-Methode. Bewerten Sie bitte den Schlussbestand von 7 Metern »Wollfilz schwarzgrau«. Am Jahresende kostete der laufende Meter übrigens 14 Euro.

Anfangsbestand	01.01.	2 Meter	zu 15 €/Meter
Zugang	01.02.	5 Meter	zu 16 €/Meter
Zugang	01.03.	5 Meter	zu 18 €/Meter
Zugang	01.05.	5 Meter	zu 20 €/Meter
Zugang	01.07.	5 Meter	zu 17 €/Meter
Zugang	01.09.	5 Meter	zu 15 €/Meter
Zugang	01.11.	7 Meter	zu 15 €/Meter

Tabelle 8.8: Einkäufe der Verfilzt und Zugenäht GmbH

Aufgabe 8.11

Der Zigarrenhersteller Paff KG bewertet den Tabak mit der FIFO-Methode. Bewerten Sie bitte den Schlussbestand von 300 Kilogramm Tabak. Am Jahresende kostete der Tabak übrigens 80 Euro das Kilo.

Anfangsbestand	01.01.	120 kg	zu 90 €/kg
Zugang	01.02.	150 kg	zu 95 €/kg
Zugang	01.03.	200 kg	zu 95 €/kg
Zugang	01.05.	100 kg	zu 90 €/kg
Zugang	01.07.	50 kg	zu 70 €/kg
Zugang	01.09.	50 kg	zu 90 €/kg
Zugang	01.11.	100 kg	zu 80 €/kg

Tabelle 8.9: Einkäufe der Paff KG

Die LIFO-Methode

LIFO steht für »Last In – First Out«: Das, was zuletzt ins Lager kam, wird zuerst verbraucht; so die Annahme bei dieser Methode.

Aufgabe 8.12

Der Kohlenhändler Brikettnix wendet die LIFO-Methode zur Bewertung der gehandelten Kohle an. Und das nicht ohne Grund: Schließlich verkauft er tatsächlich stets die zuletzt eingekaufte Kohle. Die ganz unten im Kohlehaufen liegende Kohle wird erst verkauft, wenn der Haufen komplett abgetragen wurde. Bitte bewerten Sie den Schlussbestand von 3.000 Kilogramm Kohle mit der LIFO-Methode. Der Anfangsbestand und die Zugänge finden Sie in Tabelle 8.10. Übrigens: Ein Kilo Kohle kostet am Jahresende 0,30 Euro.

Anfangsbestand	01.01.	10.000 kg	zu 0,25 €/kg
Zugang	01.04.	20.000 kg	zu 0,28 €/kg
Zugang	01.09.	15.000 kg	zu 0,29 €/kg
Zugang	01.10.	30.000 kg	zu 0,30 €/kg

Tabelle 8.10: Einkäufe des Kohlenhändlers Brikettnix

Aufgabe 8.13

Der Sandkastensandhandel »Sandmännchen und Sterne AG« wendet die LIFO-Methode zur Bewertung des gehandelten Sands an, schließlich verkauft der Händler tatsächlich stets den zuletzt eingekauften Sand. Bitte bewerten Sie den Schlussbestand von 200 Tonnen Sand mit der LIFO-Methode. Den Anfangsbestand und die Zugänge finden Sie in Tabelle 8.11. Übrigens: Eine Tonne Sand kostet am Jahresende 10 Euro.

Anfangsbestand	01.01.	80 Tonnen	zu 9 €/Tonne
Zugang	01.03.	150 Tonnen	zu 10 €/kg
Zugang	01.04.	200 Tonnen	zu 11 €/kg
Zugang	01.05.	200 Tonnen	zu 10 €/kg

Tabelle 8.11: Einkäufe des Sandkastensandhandels Sandmännchen und Sterne AG

Aufgabe 8.14

Der Kohlenhändler Brikettnix wendet die LIFO-Methode zur Bewertung der gehandelten Kohle an. Bitte bewerten Sie den Schlussbestand von 3.000 Kilogramm Kohle mit der LIFO-Methode. Der Anfangsbestand und die Zugänge finden Sie in Tabelle 8.12. Übrigens: Ein Kilo Kohle kostet am Jahresende 0,30 Euro.

Anfangsbestand	01.01.	1.000 kg	zu 0,25 €/kg
Zugang	01.04.	4.000 kg	zu 0,35 €/kg
Zugang	01.09.	10.000 kg	zu 0,25 €/kg
Zugang	01.10.	10.000 kg	zu 0,30 €/kg

Tabelle 8.12: Einkäufe des Kohlenhändlers Brikettnix

Aufgabe 8.15

Die Murmelgroßhändlerin Frau Runde möchte einen möglichst niedrigen Gewinn ausweisen. Soll sie die LIFO- oder die FIFO-Methode bei der Bewertung ihres Aufwands verwenden?

Und hier die benötigten Daten: Von den eingekauften 130 kg Murmeln sind am Jahresende noch 30 kg übrig. Der Marktpreis für ein Kilogramm Murmeln beträgt am Jahresende übrigens 26 Euro.

Anfangsbestand	01.01.	20 kg	zu 10 €/kg
Zugang	01.03.	30 kg	zu 14 €/kg
Zugang	01.04.	50 kg	zu 18 €/kg
Zugang	01.05.	10 kg	zu 22 €/kg
Zugang	01.09.	20 kg	zu 26 €/kg

Tabelle 8.13: Einkäufe der Murmelgroßhändlerin Frau Runde

Die HIFO-Methode

HIFO bedeutet »Highest In – First Out«. Das heißt, die am teuersten eingekaufte Ware geht als Erstes in die Produktion. Da diese Methode in einigen Ländern erlaubt ist, gibt es hierzu auch ein paar Übungen.

Aufgabe 8.16

Die Großkonditorei Willi Süß & Söhne will den Wert des Schlussbestands des Rohstoffs Zucker mit der HIFO-Methode ermitteln. Unterstützen Sie die Konditoren bei der Arbeit:

Hier die benötigten Daten: Von den eingekauften 8.000 Kilogramm Zucker sind am Jahresende noch 3.000 Kilogramm übrig. Der Marktpreis für ein Kilogramm Zucker beträgt am Jahresende übrigens 1,80 Euro.

Anfangsbestand	01.01.	600 kg	zu 0,80 €/kg
Zugang	01.02.	2.000 kg	zu 1,50 €/kg
Zugang	01.05.	5.000 kg	zu 1,10 €/kg
Zugang	01.06.	1.000 kg	zu 1,60 €/kg

Tabelle 8.14: Einkäufe der Großkonditorei Willi Süß & Söhne

Aufgabe 8.17

Die Großkonditorei Willi Süß & Söhne will den Schlussbestand des Rohstoffs Sahne mit der HIFO-Methode ermitteln. Unterstützen Sie die Konditoren bei der Arbeit:

Hier die benötigten Daten: Von den 9.200 Litern Sahne sind am Jahresende noch 100 Liter übrig.

Anfangsbestand	01.01.	200 Liter	zu 0,90 €/Liter
Zugang	01.02.	1.000 Liter	zu 0,80 €/Liter
Zugang	01.05.	1.000 Liter	zu 0,80 €/Liter
Zugang	01.06.	1.000 Liter	zu 0,80 €/Liter
Zugang	01.07.	1.000 Liter	zu 0,80 €/Liter
Zugang	01.08.	1.000 Liter	zu 0,80 €/Liter
Zugang	01.09.	1.000 Liter	zu 0,80 €/Liter
Zugang	01.10.	1.000 Liter	zu 0,80 €/Liter
Zugang	01.11.	1.000 Liter	zu 0,80 €/Liter
Zugang	01.12.	1.000 Liter	zu 0,80 €/Liter

Tabelle 8.15: Einkäufe der Großkonditorei Willi Süß & Söhne

Forderungen sortieren

Forderungen entstehen, wenn ein Unternehmen eine Leistung erbracht hat und dafür noch Geld erhalten soll. Solcherlei Ansprüche oder Forderungen verbucht man auf der Aktivseite der Bilanz. Forderung ist jedoch nicht gleich Forderung. Sie werden in drei verschiedene Töpfchen einsortiert. Die drei Aschenputteltöpfchen sind:

Töpfchen 1 – einwandfreie Forderungen: Hier landen alle Forderungen, die wohl mit Sicherheit beglichen werden. Einwandfreie Forderungen sind später mit dem Nennwert zu bilanzieren.

Töpfchen 2 – zweifelhafte Forderungen: Hier kommen alle Forderungen rein, bei denen Zweifel angebracht sind. Wurde etwa schon vergeblich gemahnt, kann man von einer zweifelhaften Forderung sprechen.

Töpfchen 3 – uneinbringliche Forderungen: Der Topf für die hoffnungslosen Fälle.

Aufgabe 8.18

Der Hausrenovierer »Piekfein KG« hat ein volles Auftragsbuch und viele bereits abgeschlossene Projekte. Helfen Sie dem kaufmännischen Leiter der Piekfein KG bei der Einordnung von acht abgeschlossenen Projekten in eines der drei Töpfchen einwandfreie, zweifelhafte und uneinbringliche Forderungen.

- ✔ Projekt 1: Der Automobilzulieferer Plastics AG hat an den Automobilhersteller Soob vor einem Jahr 20.000 Formteile »Aschenbecher 0815« geliefert. Der Automobilhersteller existiert nicht mehr, das Insolvenzverfahren wurde mangels Masse eingestellt.
- ✔ Projekt 2: Bei Herrn Übele wurde das Hausdach vor zwei Monaten erneuert. Die Rechnung über 20.000 Euro wurde bislang nicht bezahlt. Vor einer Woche ging bereits die zweite Mahnung raus. Herr Übele meldet sich nicht.
- ✔ Projekt 3: Beim Großprojekt »Sanierung des Wohngebiets Waldwiese VIII« hat die Piekfein KG vor einem halben Jahr für den Bauträger Schlayr 18 Wohneinheiten renoviert. Der Bauträger hat vor drei Monaten Insolvenz angemeldet. Wie es mit der Firma Schlayr weitergeht, steht derzeit in den Sternen.
- ✔ Projekt 4: Die Piekfein KG hat bei Familie Bader im letzten Monat das Bad renoviert. Die Rechnung über 11.900 Euro wurde von Familie Bader bereits bezahlt.
- ✔ Projekt 5: Bei Familie Fischle wurde das Bad renoviert. Dummerweise wurden nicht weiße, sondern schwarze Fliesen verlegt. Zudem kam bei der Planung irgendetwas durcheinander. Die Installationen befinden sich nicht an den geplanten Orten. Seitdem kommuniziert Familie Fischle nur noch über einen Rechtsanwalt mit der Piekfein KG und fordert Schadensersatz. Von der Bezahlung der Rechnung ist derzeit keine Rede.
- ✔ Projekt 6: Die Piekfein KG hat in einem Systemgastronomiebetrieb vor einem Jahr die Sanitäranlagen renoviert. Der Gastronomiebetrieb ist seitdem geschlossen; der Auftraggeber ist unbekannt verreist.
- ✔ Projekt 7: Bei Familie Wudtke wurde letzte Woche das Bad renoviert. Die Rechnung über 9.000 Euro ging heute per Post an Familie Wudtke.

- ✔ Projekt 8: In der Hauptstätter Straße 24 wurden in einem Mehrfamilienhaus vor zwei Monaten die Wasserleitungen erneuert. Die Hausverwaltung verweigert stoisch die Begleichung der Rechnung. Begründung: An fünf Stellen tropfe seit der Renovierung Wasser durchs Mauerwerk in Wohnungen und ins Kellergeschoss.

Umgang mit langfristigen Fertigungsaufträgen

Wenn ein Staudamm, eine künstliche Insel oder ein unterirdischer Bahnhof gebaut werden soll, handelt es sich um einen langfristigen Fertigungsauftrag. Die bilanzielle Behandlung solcher langfristigen Fertigungsaufträge ist nach IFRS völlig anders als nach HGB.

Nach IFRS werden Umsätze und Gewinne entsprechend dem Leistungsfortschritt mittels *Percentage-of-Completion-Methode* bilanziert. Es findet also eine Gewinnrealisierung entsprechend dem Baufortschritt statt. Egal ob es Teilabnahmen und Erlöse gab oder nicht. Nach HGB wandern die Umsätze und Gewinne erst nach der Realisierung in die Bilanz. Hier spricht man von der *Completed-Contract-Methode*.

Aufgabe 8.19

Auch nach IFRS dürfen langfristige Fertigungsaufträge nicht völlig willkürlich bilanziert werden. Nennen Sie bitte drei Kriterien, die erfüllt sein müssen. Ein kleiner Tipp: Wenn Sie das Buch *Bilanzen erstellen und lesen für Dummies* gerade verliehen haben und vergleichbare Literatur nicht vorhanden ist, werfen Sie doch einen Blick in die IFRS-Vorschrift IAS 11.

Aufgabe 8.20

Sie bauen für die Bundesregierung einen neuen Dreischluchtenstaudamm inklusive Großwasserkraftwerk an der Ems zwischen Leer und Emden. Hunderttausende Einwohner müssen hierzu umgesiedelt werden, die Bauzeit wird auf 20 Jahre geschätzt. Sie konnten folgende Konditionen mit der Bundesregierung aushandeln und vertraglich fixieren: Bezahlung von 3,5 Milliarden Euro nach Fertigstellung und Abnahme, also ein Festpreisvertrag. Sie schätzen die Aufwendungen für dieses Projekt auf 3 Milliarden Euro, die sich über die 20 Jahre ziemlich genau gleich verteilen werden, also auf jährlich etwa 150 Millionen Euro.

Im ersten Jahr nach Vertragsabschluss und gleichzeitiger Aufnahme der Bautätigkeiten sind Ihnen bereits Aufwendungen in Höhe von 800 Millionen Euro entstanden, da beim Start ein paar Missgeschicke unterliefen. Durch noch höhere Effizienz und weitere Kosteneinsparungen soll dies aber in den Folgejahren wieder reingeholt werden. Wie bilanzieren Sie das Projekt nach HGB und wie nach IFRS?

Lösungen zu den Übungsaufgaben

Hier finden Sie die Lösungen zu den Aufgaben.

Lösung 8.1

Die beiden ersten Antworten sind falsch. Das strenge Niederstwertprinzip gilt nicht für das Anlagevermögen und der Gesetzgeber hatte sicherlich nicht die Förderung der Rohstoffbörsen im Blick. Die beiden letzten Antworten sind hingegen richtig.

Lösung 8.2

Und hier die Auflösung:

- ✔ Das Notebook des Abteilungsleiters eines Automobilherstellers zählt nicht zum Umlaufvermögen, da es dem Unternehmen dauerhaft dient und nicht in der Automobilproduktion weiterverarbeitet oder gar verbraucht wird.
- ✔ Das Notebook des Geschäftsführers eines Notebookherstellers zählt nicht zum Umlaufvermögen, da es dem Unternehmen dauerhaft dient.
- ✔ Das Notebook im Auslieferungslager eines Notebookherstellers zählt zum Umlaufvermögen, da es ein fertiges Erzeugnis ist, das nun verkauft werden soll.
- ✔ Ein VW Golf, der Firmenwagen des Abteilungsleiters eines Automobilherstellers, zählt nicht zum Umlaufvermögen, da es dem Unternehmen dauerhaft dient.
- ✔ Ein zum Verkauf stehender VW Golf im Schaufenster eines VW-Händlers zählt zum Umlaufvermögen, da es sich um Ware handelt, die ein- und verkauft wird.
- ✔ Ein zum Verkauf stehender Ford Fiesta im Schaufenster eines VW-Händlers zählt zum Umlaufvermögen, da es sich um Ware handelt, die ein- und verkauft wird.
- ✔ Ein VW Phaeton, der ausrangierte Firmenwagen des Geschäftsführers einer Unternehmensberatung, der von der Unternehmensberatung im Internet zum Verkauf angeboten wird, zählt nicht zum Umlaufvermögen, da er dem Unternehmen dauerhaft diente.
- ✔ Das Heizöl im Tank der Zentralheizung des Bürogebäudes der Unternehmensberatung, also ein Betriebsstoff, zählt zum Umlaufvermögen.
- ✔ Das Heizöl im Tank der Heizölhandlung zählt zum Umlaufvermögen, unabhängig davon, ob es sich um Heizöl für die eigene Heizung oder um Heizöl zum Weiterverkauf handelt. In beiden Fällen dient das Öl nicht dauerhaft, also nicht mehr als ein Jahr, dem Unternehmen.
- ✔ Eine Autohandlung kauft Wertpapiere mit der Absicht, diese innerhalb der nächsten zwölf Monate wieder zu verkaufen. Entscheidend ist die Verkaufsabsicht. Sollen die Wertpapiere innerhalb der nächsten zwölf Monate bereits wieder verkauft werden, zählen sie zum Umlaufvermögen.
- ✔ Eine Autohandlung kauft Wertpapiere mit der Absicht, diese mindestens zwölf Monate zu behalten. Entscheidend ist die Verkaufsabsicht. Sollen die Wertpapiere nicht innerhalb der nächsten zwölf Monate bereits wieder verkauft werden, zählen sie zum Anlagevermögen.

Lösung 8.3

Im ersten Schritt berechnen Sie den Durchschnittswert des Düngers in einer neuen Spalte ganz rechts in Tabelle 8.16.

Anfangsbestand	01.01.	2.000 kg	zu 10 €/kg	20.000 €
Zugang	01.03.	4.000 kg	zu 12 €/kg	48.000 €
Zugang	01.05.	5.000 kg	zu 14 €/kg	70.000 €
Zugang	01.06.	7.000 kg	zu 12 €/kg	84.000 €
Zugang	01.07.	5.000 kg	zu 15 €/kg	75.000 €
Gesamtwert:		23.000 kg		297.000 €

Tabelle 8.16: Ermittlung Durchschnittswert des Düngers

Im zweiten Schritt berechnen Sie den durchschnittlichen Kilopreis, indem Sie die 297.000 Euro durch die 23.000 Kilogramm teilen. Das ergibt 12,91 Euro.

Im dritten Schritt prüfen Sie, ob der mit der Durchschnittsmethode ermittelte Wert mit dem strengen Niederstwertprinzip vereinbar ist. Zuletzt kostete das Düngemittel 15 Euro. Der mit der Durchschnittsmethode ermittelte Wert ist niedriger und darf deshalb angewendet werden.

Im vierten und letzten Schritt multiplizieren Sie die 12,91 Euro mit dem Restbestand von 3.000 Kilogramm. Der Restbestand besitzt somit einen Wert von 38.730 Euro.

Lösung 8.4

Im ersten Schritt berechnen Sie den Durchschnittswert in einer neuen Spalte ganz rechts in Tabelle 8.17.

Anfangsbestand	01.01.	2 Tonnen	zu 500 €/T	1.000 €
Zugang	01.03.	5 Tonnen	zu 700 €/T	3.500 €
Zugang	01.05.	3 Tonnen	zu 600 €/T	1.800,€
Zugang	01.06.	5 Tonnen	zu 700 €/T	3.500 €
Zugang	01.07.	2 Tonnen	zu 400 €/T	800 €
Gesamtwert:		17 Tonnen		10.600 €

Tabelle 8.17: Ermittlung Durchschnittswert des Düngers

Im zweiten Schritt berechnen Sie den durchschnittlichen Tonnenpreis, indem Sie die 10.600 Euro durch die 17 Tonnen teilen. Das ergibt 623,53 Euro.

Im dritten Schritt prüfen Sie, ob der mit der Durchschnittsmethode ermittelte Wert mit dem strengen Niederstwertprinzip vereinbar ist. Zuletzt kostete das Mus 400 Euro. Der mit der Durchschnittsmethode ermittelte Wert ist höher und darf deshalb nicht angewendet werden.

Im vierten und letzten Schritt multiplizieren Sie den Restbestand von 3 Tonnen mit dem zuletzt geltenden Marktwert von 400 Euro. Der Restbestand besitzt somit einen Wert von 1.200 Euro.

Lösung 8.5

Da es sich bei den Kotflügeln nicht um gleichartige Vermögensgegenstände handelt, darf die Durchschnittsmethode nicht angewendet werden. Ein Ford-Fiesta-Kotflügel kann beispielsweise nicht für die Reparatur eines Porsche 911 verwendet werden.

Lösung 8.6

Der Wert des Schlussbestands errechnet sich aus den letzten Zugängen. Der letzte Zugang mit 20 Kilogramm und der vorletzte Zugang mit 10 Kilogramm ergeben zusammen den Schlussbestand von 30 Kilogramm. Der Anfangsbestand und die älteren Zugänge wurden ja gemäß dem Prinzip »First In – First Out« verkauft.

Somit besitzt der Schlussbestand nach FIFO einen Wert von 260 + 120 = 380 Euro. Zu guter Letzt müssen Sie noch prüfen, ob dieser Wertansatz mit dem strengen Niederstwertprinzip vereinbar ist. Der letzte, feststellbare Marktwert beläuft sich auf 13 Euro das Kilogramm. Der Schlussbestand wurde nach FIFO mit 12,67 Euro das Kilo bewertet. Somit kann die Bewertung nach FIFO vorgenommen werden; es besteht kein Grund zu einer Wertminderung.

Lösung 8.7

Den Wert des Schlussbestands errechnen Sie aus den letzten Zugängen von unten nach oben, bis Sie auf 500 Kartons kommen. Der letzte Zugang mit 100 Kartons ist 1.500 Euro wert und der vorletzte Zugang mit 300 Kartons ist 3.900 Euro wert. Jetzt fehlen noch 100 Kartons aus der drittletzten Lieferung. Hier wurde ein Karton zu 16 Euro eingekauft, das ergibt 1.600 Euro. Der Schlussbestand ist nach FIFO somit 7.000 Euro wert. Zum Schluss noch die Prüfung, ob die Bewertung mit dem strengen Niederstwertprinzip vereinbar ist: Nach FIFO ist ein Karton 14 Euro wert. Am Abschlussstichtag kostet ein Karton jedoch stolze 17 Euro. Da der mit FIFO ermittelte Anschaffungspreis unter dem aktuellen Marktwert liegt, erübrigt sich eine Wertminderung; der FIFO-Wert darf verwendet werden.

Sie dürfen beim Schlussbestand in diesem Übungsfall auch keine Zuschreibung vornehmen, da der Anschaffungspreis bekanntlich die Obergrenze bildet. Das Vorsichtsprinzip verbietet eine höhere Bewertung. Wenn der Händler später beim Verkauf höhere Verkaufspreise erzielt, gehen die realisierten Gewinne noch früh genug in die Bilanz ein.

Lösung 8.8

Sie ermitteln die Höhe des Aufwands, indem Sie den Wert der Murmeln von oben beginnend summieren, bis Sie 100 Kilogramm zusammenhaben (siehe Tabelle 8.18).

20 kg × 15 €	= 300 €
30 kg × 16 €	= 480 €
50 kg × 13 €	= 650 €
Summe	1.430 €

Tabelle 8.18: Ermittlung des Aufwands für die Murmeln

Lassen Sie sich von solchen Aufgaben nicht unnötig verwirren. Es ist ganz einfach: Wenn Sie beim FIFO-Verfahren den Schlussbestand bewerten sollen, berechnen Sie diesen, indem Sie sich in der Tabelle von unten nach oben bewegen. Werden Sie nach dem Wert der verbrauchten oder verkauften Wirtschaftsgüter gefragt, arbeiten Sie sich von oben nach unten durch, bis Sie die geforderte Menge erreicht haben.

Lösung 8.9

Sie arbeiten sich bei der Beantwortung der Frage einfach in Tabelle 8.19 von oben nach unten durch, bis Sie die gesamten 4.400 Kartons bewertet haben.

Anfangsbestand	01.01.	2.000 Kartons	10 €	20.000 €
Zugang	01.03.	1.500 Kartons	11 €	16.500 €
Zugang	**01.04.**	**900 Kartons**	**16 €**	**14.400 €**
Zugang	**01.04.**	**100 Kartons**	**16 €**	
Zugang	01.05.	300 Kartons	13 €	
Zugang	01.09.	100 Kartons	15 €	

Tabelle 8.19: Ermittlung des Aufwands für die verkauften Papierhandtücher

Der Zugang vom 01.04. über 1.000 Kartons geht mit 900 Kartons in Ihre Berechnung ein. Die restlichen 100 Kartons wurden nicht verkauft.

Lösung 8.10

Der letzte Zugang ist rein zufällig auch der Schlussbestand über 7 Meter. Nach FIFO sind die 7 Meter mit 15 Euro pro Meter zu bewerten. Das ergibt 105 Euro. Da der Marktpreis am Jahresende mit 14 Euro für 1 Meter jedoch unter dem ermittelten Wert liegt, greift das strenge Niederstwertprinzip. Sie müssen die 7 Meter mit 1 Euro pro Meter wertmindern, also von den 105 Euro 7 Euro abschreiben. Der Schlussbestand ist danach noch 98 Euro wert.

Lösung 8.11

Die letzten vier Zugänge ergeben zusammen 300 Kilogramm. Tabelle 8.20 zeigt den Gesamtwert dieser 300 Kilogramm.

100 kg	zu 90 €/kg	9.000 €
50 kg	zu 70 €/kg	3.500 €
50 kg	zu 90 €/kg	4.500 €
100 kg	zu 80 €/kg	8.000 €
Summe		125.000 €

Tabelle 8.20: Ermittlung des Schlussbestands über 300 Kilogramm Tabak

Ein Kilogramm des Schlussbestands ist nach FIFO somit 83,33 Euro wert. Da dieser Wert über dem aktuellen Marktwert liegt, greift das strenge Niederstwertprinzip. Sie müssen den Tabak um 3,33 Euro pro Kilo im Wert mindern: 3,33 Euro × 300 Kilogramm = 999 Euro. Der Schlussbestand ist danach nur noch 24.001 Euro wert.

Lösung 8.12

Der Schlussbestand wird bei der LIFO-Methode aus der Tabelle von oben nach unten gehend ermittelt. Die verbliebenen 3.000 Kilogramm stammen noch aus dem Anfangsbestand und sind mit 0,25 Euro pro Kilogramm zu bewerten. Das ergibt 750 Euro. Der Wert liegt unter dem aktuellen Marktpreis und verstößt damit nicht gegen das strenge Niederstwertprinzip.

Lösung 8.13

Der Schlussbestand wird bei der LIFO-Methode aus der Tabelle von oben beim Anfangsbestand beginnend ermittelt. Die restlichen 200 Tonnen Sand stammen aus dem Anfangsbestand über 80 Tonnen und aus dem ersten Zugang des Jahres: 120 Tonnen aus der 150 Tonnen umfassenden Lieferung sind bei der Berechnung zu berücksichtigen (siehe Tabelle 8.21).

80 Tonnen	zu 9 €/Tonne	720 €
120 Tonnen	zu 10 €/Tonne	1.200 €
Summe		1.920 €

Tabelle 8.21: Ermittlung des Schlussbestands Sand

Der Schlussbestand ist nach der LIFO-Methode somit 1.920 Euro wert. Pro Tonne ergibt dies einen Wert von 9,60 Euro. Da der Marktpreis am Jahresende darüber liegt, darf der LIFO-Wert verwendet werden.

Lösung 8.14

Der Schlussbestand wird bei der LIFO-Methode aus der Tabelle von oben nach unten gehend ermittelt. Die verbliebenen 3.000 Kilogramm setzen sich aus dem Anfangsbestand mit 1.000 Kilogramm und aus der ersten Lieferung am 1.4. mit 2.000 Kilogramm zusammen (siehe Tabelle 8.22).

1.000 kg	zu 0,25 €/kg	250 €
2.000 kg	zu 0,35 €/kg	700 €
Summe		950 €

Tabelle 8.22: Ermittlung des Schlussbestands Sand

950 Euro für 3.000 Kilogramm entsprechen einem Kilopreis von 0,32 Euro. Da der Marktpreis aktuell bei 0,30 Euro liegt, muss der Schlussbestand wegen des strengen Niederstwertprinzips noch im Wert um 0,02 Euro pro Kilogramm gemindert werden. Der Schlussbestand ist damit 890 Euro wert.

Lösung 8.15

Bei der FIFO-Methode ermitteln Sie die Höhe des Aufwands, indem Sie den Wert der Murmeln von oben beginnend summieren, bis Sie 100 Kilogramm zusammenhaben (siehe Tabelle 8.23).

20 kg × 10 €	= 200 €
30 kg × 14 €	= 420 €
50 kg × 18 €	= 900 €
Summe	1.520 €

Tabelle 8.23: Ermittlung des Aufwands

Bei der LIFO-Methode ermitteln Sie die Höhe des Aufwands, indem Sie den Wert der Murmeln von unten beginnend summieren, bis Sie 100 Kilogramm zusammenhaben (siehe Tabelle 8.24).

20 kg × 26 €	= 520 €
10 kg × 22 €	= 220 €
50 kg × 18 €	= 900 €
20 kg × 14 €	= 280 €
Summe	1.920 €

Tabelle 8.24: Ermittlung des Aufwands

Sowohl der mit der FIFO- als auch der mit der LIFO-Methode ermittelte Wert liegt unter dem aktuellen Marktpreis. Beide Werte wären grundsätzlich erlaubt. Bei der LIFO-Methode ist der Aufwand 400 Euro höher als mit der FIFO-Methode; der Gewinn damit entsprechend niedriger. Frau Runde sollte also die LIFO-Methode wählen, wenn sie einen möglichst niedrigen Gewinn ausweisen möchte.

Die LIFO-Methode liefert bei steigenden Preisen immer einen höheren Aufwand als die FIFO-Methode.

Lösung 8.16

Bei der HIFO-Methode ermitteln Sie den Wert des Schlussbestands am einfachsten, indem Sie die verschiedenen Lieferungen nach den Stückpreisen sortieren. Sie beginnen mit den teuersten Lieferungen (siehe Tabelle 8.25).

Zugang	01.06.	1.000 kg	zu 1,60 €/kg
Zugang	01.02.	2.000 kg	zu 1,50 €/kg
Zugang	01.05.	5.000 kg	zu 1,10 €/kg
Anfangsbestand	01.01.	600 kg	zu 0,80 €/kg

Tabelle 8.25: Wert des Schlussbestands

Die beiden obersten Lieferungen ergeben bereits die 3.000 Kilogramm. Der Schlussbestand besitzt nach der HIFO-Methode einen Wert von 4.600 Euro. Das entspricht einem Kilopreis von 1,53 Euro.

Lösung 8.17

Bei der HIFO-Methode ermitteln Sie den Wert des Schlussbestands am einfachsten, indem Sie die verschiedenen Lieferungen nach den Stückpreisen sortieren. Sie beginnen mit den teuersten Lieferungen. Bei dieser Aufgabe können Sie sich diese Arbeit jedoch sparen. Alle Lieferungen hatten stets den gleichen Preis. Lediglich der Anfangsbestand aus dem Vorjahr war 10 Cent teurer. Somit besitzt der Schlussbestand von 100 Litern Sahne einen Wert von 90 Euro. Die HIFO-Methode scheint in diesem Fall jedoch nicht die geeignete Methode zu sein. Hoffentlich wurde die Vorjahressahne aus dem Anfangsbestand bereits vor einem Jahr verbraucht.

Lösung 8.18

- ✔ Projekt 1: Hier besteht keine Aussicht auf Zahlung. Die Forderung muss als uneinbringlich eingestuft werden.
- ✔ Projekt 2: Hier sind gewisse Zweifel an der Begleichung der Rechnung angebracht. Dieser Fall gehört ins Töpfchen »zweifelhafte Forderungen«.

- ✔ Projekt 3: Hier sind erhebliche Zweifel an der Begleichung der Rechnung angebracht. Dieser Fall gehört auf jeden Fall ins Töpfchen zweifelhafte Forderungen. Hoffentlich landet dieser Fall demnächst nicht im Töpfchen »uneinbringliche Forderungen«.
- ✔ Projekt 4: Da die Forderung bereits beglichen wurde, gehört dieser Fall in keinen der drei Töpfe. Es besteht ja keine Forderung mehr.
- ✔ Projekt 5: Dieser Fall gehört wohl in den Topf »uneinbringliche Forderungen«. Hier ist so viel schiefgelaufen, dass niemand ernsthaft von der Begleichung der Rechnung ausgehen kann.
- ✔ Projekt 6: Optimisten ordnen diesen Fall in den Topf »zweifelhafte Forderungen« ein, Realisten tendieren zum Topf »uneinbringliche Forderungen«.
- ✔ Projekt 7: Dieser Fall gehört in den Topf »einwandfreie Forderungen«.
- ✔ Projekt 8: Da der Ausgang dieses Falls äußerst ungewiss ist, sollte er in den Topf »zweifelhafte Forderungen« einsortiert werden. Sehr wahrscheinlich wird nicht der volle Rechnungsbetrag vereinnahmt werden.

Lösung 8.19

Nach IFRS müssen folgende Kriterien erfüllt sein:

- ✔ Die gesamten Erlöse und Aufwendungen können sicher ermittelt werden.
- ✔ Aus dem Auftrag wird wahrscheinlich ein wirtschaftlicher Nutzen entstehen.
- ✔ Der Fertigungsgrad kann seriös ermittelt werden.

Lösung 8.20

Nach HGB wandern 800 Millionen Euro Aufwendungen in Ihre Bücher. Umsatzerlöse oder gar Gewinne gab es keine, sodass Sie getreu dem Realisationsprinzip auch diesbezüglich nichts verbuchen können. Nach HGB dürfte dieses Projekt in diesem Geschäftsjahr, so wie in den nächsten 19 Geschäftsjahren, auf die Bilanz desaströse Auswirkungen haben, da nur Aufwendungen bilanziert werden können.

Für die Bilanzierung nach IFRS prüfen Sie zunächst, ob die Kriterien des IAS 11 erfüllt sind:

- ✔ Die gesamten Erlöse und Aufwendungen können sicher ermittelt werden: Ja, das ist bei Ihnen der Fall. Sie gehen weiterhin von 3 Milliarden Euro Gesamtaufwand aus und wissen, dass Sie bei Fertigstellung 3,5 Milliarden Euro Erlöse erzielen werden.
- ✔ Aus dem Auftrag wird wahrscheinlich ein wirtschaftlicher Nutzen entstehen: Ja, Sie sind von Ihrem Projekt überzeugt. Aus den hohen Aufwendungen im Anfangsjahr ziehen Sie unendlich viele Erkenntnisse für den weiteren Baufortschritt. Noch höhere Effizienz und Kosteneinsparungen werden den Gesamtkostenrahmen sichern. Zudem ist das Projekt eines der bestgeplantesten Projekte aller Zeiten.
- ✔ Der Fertigungsgrad kann seriös ermittelt werden. Diese Frage beantworten Ihre Projektleiter alle mit einem eindeutigen Ja. Der Projektfortschritt im ersten Jahr beträgt wie geplant 5 Prozent. Ihre Projektleiter dürfen sich ob eines solchen Erfolgs auf hohe Erfolgsprämien freuen.

Nach IFRS bilanzieren Sie somit 800 Millionen Euro Aufwand und 934 Millionen Euro Erlöse im ersten Jahr (entsprechen dem Verhältnis von 3,5 Milliarden Euro Erlöse zu 3 Milliarden Euro Aufwand). Aus dem Projekt hat Ihr Unternehmen somit im ersten Jahr bereits 134 Millionen Euro Gewinn erwirtschaftet. Viel mehr als ursprünglich geplant.

IFRS ermöglicht hier mit seinen sehr hohen Ermessensspielräumen den Ausweis von Teilgewinnen, die den Bilanzadressaten im schlimmsten Fall täuschen können. Auch wenn IAS 11.30 zur Ermittlung der Fertigungsgrade mehrere umfangreiche Methoden vorsieht, besteht hier immer eine Gefahr der Bilanztäuschung.

Passiv bilanzieren: Das Eigenkapital

9

In diesem Kapitel

- Das Eigenkapital von Einzelunternehmen
- Personengesellschaften und das Eigenkapital
- Eigenkapital bei Kapitalgesellschaften

In diesem Kapitel gibt es Übungsaufgaben rund um das Thema Eigenkapital. Aus bilanzieller Sicht besteht das Eigenkapital aus den in das Unternehmen eingebrachten Vermögen abzüglich des Fremdkapitals. Je nach Rechtsform eines Unternehmens wird das Eigenkapital dabei unterschiedlich dargestellt. Was Sie bei der Bilanzierung von Eigenkapital bei Einzelunternehmen, Personengesellschaften und Kapitalgesellschaften beachten müssen, können Sie hier üben.

Eigenkapital bei Einzelunternehmen

Kleine Gewerbetreibende oder Handwerker sind zumeist Einzelunternehmer. Diese Rechtsform ist die einfachste Form der Unternehmensgründung. Der Haken an der Sache: Ein Einzelunternehmer haftet mit seinem gesamten Privatvermögen.

Bei einem Einzelunternehmen ergibt sich das Eigenkapital aus dem Saldo der Einlagen und Gewinne und der Entnahmen und Verluste. Dabei werden die Einlagen und Entnahmen bei Einzelunternehmen und Personengesellschaften auf einem sogenannten Privatkonto verbucht.

Aufgabe 9.1

Der Einzelunternehmer Anton Schub betreibt eine Drogeriemarktkette. Zu Jahresbeginn hatte das Unternehmen noch Eigenkapital in Höhe von 10 Millionen Euro. Im Februar entnimmt Anton Schub für eine kleine private Anschaffung 200.000 Euro. Ende März stellt ein Mitarbeiter fest, dass das Unternehmen im ersten Quartal 120 Millionen Euro Verlust gemacht hat. Wie hoch ist das Eigenkapital des Unternehmens am Ende des ersten Quartals?

Aufgabe 9.2

Herr Huber betreibt als Einzelunternehmer eine kleine Pension. Beim letzten Jahresabschluss hat das Unternehmen ein Eigenkapital von 120.000 Euro ausgewiesen. Im Januar hat er mit der Pension einen Gewinn von 12.000 Euro erwirtschaftet, im Februar waren es 9.000 Euro und im März 2.000 Euro Gewinn. Im April hatte er einen Verlust von 6.000 Euro und im Mai und Juni jeweils einen Gewinn von 5.000 Euro. Herr Huber hat in diesem Halbjahr jeden Monat 5.000 Euro aus dem Unternehmen entnommen. Wie hoch ist das Eigenkapital Ende Juni?

Aufgabe 9.3

Die Dekoladenbesitzerin Frau Staubanfällig verkauft in ihrem Laden auch schöne Kerzen. Bei Geschäftsschluss nimmt sie aus ihrem Laden ein Pack Kerzen mit. Diese will sie heute Abend auf einer Geburtstagsfeier verschenken. Der Einkaufspreis der Kerzen beträgt 4,80 Euro. Verändert sich das Eigenkapital des Einzelunternehmens hierdurch?

Aufgabe 9.4

Die selbstständige Seminarleiterin Sabine Brügge ist beruflich viel unterwegs. Ihre Seminare werden von den großen Unternehmen gerne gebucht. Damit die berufliche Weiterbildung den Seminarteilnehmern auch Spaß macht, finden die Seminare meist in schönen Hotels statt. Der Firmenwagen von Frau Brügge wird so fast ausschließlich für berufliche Zwecke genutzt. Dennoch gibt es auch dann und wann eine Privatfahrt mit dem Wagen. Im vergangenen Jahr fuhr Frau Brügge mit dem Wagen 30.000 Kilometer. Dafür entstanden Kosten in Höhe von 20.000 Euro. Von den 30.000 Kilometern waren 5.000 Kilometer privater Natur. Welche Auswirkungen hat diese Privatnutzung auf die Bilanz des Einzelunternehmens?

Eigenkapital bei Personengesellschaften

Wenn mindestens zwei Personen ein Unternehmen gründen, entsteht eine Personengesellschaft. Die häufigste Rechtsform ist hier die Gesellschaft bürgerlichen Rechts, kurz GbR.

In Österreich kürzt man die Gesellschaft bürgerlichen Rechts mit GesbR ab. In der Schweiz bezeichnet man die einfachste Form der Personengesellschaft als »Einfache Gesellschaft«.

Es müssen aber nicht immer natürliche Personen wie Sie und ich sein, die eine Personengesellschaft gründen. Auch juristische Personen wie zum Beispiel eine Kommanditgesellschaft, kurz KG, können sich an Personengesellschaften beteiligen.

Bei Personengesellschaften wird das Eigenkapital für jeden Gesellschafter gesondert ausgewiesen. Hierfür wird für jeden Gesellschafter ein Privatkonto geführt. Das Privatkonto ist das Unterkonto des jeweiligen Kapitalkontos eines Gesellschafters.

Wie beim Einzelunternehmer haften bei einer Personengesellschaft alle Teilhaber mit ihrem gesamten Vermögen; also auch mit ihrem Privatvermögen. Einzige Ausnahme: Beteiligt sich eine juristische Person in Form einer KG, haftet der dortige Kommanditist nur mit dem in die KG eingelegten Kapital.

Aufgabe 9.5

Abends beim Stammtisch im Ochsen kam den Ingenieurinnen Daniela Schulte, Melanie Finkenstein und Nesrin Yilmaz die Idee. Sie werden ihr schlecht bezahltes Praktikantendasein beenden und eine Ingenieurberatungsfirma gründen. Als Gesellschaftsform wählen sie die Gesellschaft bürgerlichen Rechts. Jede Gesellschafterin bringt 2.000 Euro Startkapital in die Unternehmung ein. Sie vereinbaren eine Gewinn- und Verlustbeteiligung nach Köpfen. Ein Jahr später: Die Firma kann sich vor Aufträgen nicht mehr retten. Im ersten Jahr erwirtschaftete die Firma einen Gewinn von 180.000 Euro. Da alle drei vor lauter Arbeit kaum zum Geldausgeben kamen, halten sich die Privatentnahmen in Grenzen: Daniela Schulte entnahm 10.000 Euro, Melanie Finkenstein 11.000 Euro und Nesrin Yilmaz 10.000 Euro. Wie hoch ist das Eigenkapital des Unternehmens nach dem ersten Jahresabschluss? Und welche Salden weisen die drei Privatkonten am Jahresende aus?

Aufgabe 9.6

Ben Lange und Felix Lorenz sind schon seit ein paar Jahren auf einer Internetplattform miteinander befreundet. Letztes Jahr haben sie nun selbst eine Internetplattform auf Basis einer Personengesellschaft gegründet. Sie vereinbaren, die Gewinne und Verluste nach Köpfen zu teilen. Ben Lange hat hierzu 50.000 Euro und Felix Lorenz 30.000 Euro Startkapital eingebracht. Die Gesellschaft bürgerlichen Rechts hat im ersten Jahr einen Verlust von 150.000 Euro erwirtschaftet. Ben Lange hat in diesem Zeitraum keine Privatentnahmen getätigt, Felix Lorenz hat ebenfalls nichts entnommen. Wie hoch ist das Eigenkapital des Unternehmens am Jahresende?

Aufgabe 9.7

Martin Sommerkorn, Alexa Hofmann und Peter Strohmeier führen eine Personengesellschaft. Im Gesellschaftervertrag wurde vereinbart, dass Gewinne und Verluste zwischen den Dreien im Verhältnis 5:3:2 aufgeteilt werden. Zu Jahresbeginn befanden sich auf den Privatkonten:

- ✔ Martin Sommerkorn: 50.000 Euro
- ✔ Alexa Hofmann: 40.000 Euro
- ✔ Peter Strohmeier: 20.000 Euro

Das Unternehmen hat im abgelaufenen Geschäftsjahr einen Gewinn von 100.000 Euro erwirtschaftet.

Alle Gesellschafter haben im letzten Jahr jeweils 50.000 Euro aus dem Unternehmen entnommen. Wie hoch ist das Eigenkapital des Unternehmens am Jahresende und wie sieht es auf den jeweiligen Privatkonten aus?

Eigenkapital bei Kapitalgesellschaften

Im Unterschied zu Einzelunternehmen und Personengesellschaften gibt es bei Kapitalgesellschaften detaillierte gesetzliche Vorgaben, wie das Eigenkapital auszuweisen ist.

In Deutschland regelt dies § 272 HGB, in Österreich ist es der § 224 UGB und in der Schweiz das Obligationenrecht Art. 663a. In der Rechnungslegung nach IFRS wird der Ausweis des Eigenkapitals im IAS 1.78 geregelt.

Zur Auffrischung hier für Sie die Zusammensetzung des Eigenkapitals bei Kapitalgesellschaften:

- **Gezeichnetes Kapital:** Hier wird das Grundkapital einer AG beziehungsweise das Stammkapital einer GmbH ausgewiesen.
- **Kapitalrücklage:** Hier kommt das rein, was beim Verkauf von Anteilen über den Nennwert hinausgeht.
- **Gewinnrücklage:** Das ist die hohe Kante für schlechte Tage.
- **Gewinn-/Verlustvortrag:** Hier kommen die Anteile vom Gewinn rein, die weder an die Aktionäre ausgeschüttet noch in die Gewinnrücklagen gesteckt werden. Bei Verlusten können Sie diese auch auf mehrere Jahre verteilen.
- **Jahresüberschuss/Jahresfehlbetrag:** Falls die Bilanz erstellt wird, bevor geklärt ist, was mit dem Ergebnis gemacht werden soll, muss der Gewinn oder der Verlust hier zwischengeparkt werden.

Aufgabe 9.8

Die Dumiau AG hat im abgelaufenen Geschäftsjahr einen Gewinn von 250 Millionen Euro erzielt. Wo wird der Gewinn ausgewiesen, bis auf der Hauptversammlung entschieden wird, was damit gemacht werden soll?

Aufgabe 9.9

Die Dumiau AG hatte im abgelaufenen Geschäftsjahr einen Gewinn von 250 Millionen Euro erzielt. Auf der Jahreshauptversammlung wurde beschlossen, 50 Millionen Euro im Unternehmen zu belassen und den Rest an die Aktionäre auszuschütten. Wo landen die einbehaltenen 50 Millionen Euro?

Unterteilung der Gewinnrücklagen

Nur zur Auffrischung: Bei Aktiengesellschaften werden die Gewinnrücklagen noch weiter unterteilt in

- **die gesetzliche Rücklage:** Hier müssen stets 5 Prozent des Jahresüberschusses eingestellt werden. Dies allerdings nur so lange, bis die gesetzliche Rücklage und die Kapitalrücklage 10 Prozent des gesamten Grundkapitals umfasst.
- **die Rücklage für eigene Anteile:** Falls eine Aktiengesellschaft eigene Aktien hält, muss derselbe Betrag, mit dem die Aktien auf der Aktivseite erscheinen, in die Rücklage für eigene Anteile eingestellt werden.
- **die satzungsmäßigen Rücklagen:** Im Gesellschaftsvertrag kann geregelt werden, dass stets ein bestimmter Gewinnanteil auf die Seite gelegt werden muss. Diese Gewinnanteile kommen dann hier rein.
- **andere Gewinnrücklagen:** Wie es der Name schon erahnen lässt, kommen hier alle Gewinnrücklagen hinein, die nicht zu den ersten drei Kategorien gehören. Ein klassisches Sammelbecken also.

Der § 150 des Aktiengesetzes, kurz AktG, regelt dies. Dort wird auch der Umgang mit eventuellen Verlusten geregelt: Gibt es einen Verlustvortrag aus dem Vorjahr, ist dieser vom Jahresüberschuss abzuziehen, bevor man die abzuführenden 5 Prozent für die gesetzliche Rücklage ermittelt. Wurde gar im aktuellen Jahr statt eines Gewinns ein Verlust erwirtschaftet, darf dieser mit den vorhandenen Rücklagen ausgeglichen werden. Dabei darf man erst an die Kapitalrücklagen und gesetzlichen Rücklagen, wenn andere Rücklagen verbraucht sind.

Aufgabe 9.10

Die Vielwindumgeld AG hat im vergangenen Jahr einen Gewinn von 10 Millionen Euro erzielt. Wie viel davon kann maximal an die Aktionäre ausgeschüttet werden? Wie viel muss in die gesetzliche Rücklage eingestellt werden? Die zur Beantwortung benötigten Angaben finden Sie in dem in Tabelle 9.1 beigefügten Bilanzausschnitt.

A	Eigenkapital	Euro
	I. Grundkapital	50.000.000
	II. Kapitalrücklage	0
	III. Gewinnrücklagen	
	1. Gesetzliche Rücklage	0
	2. Rücklage für eigene Anteile	0
	3. Satzungsmäßige Rücklage	0
	4. Andere Gewinnrücklage	0
	IV. Gewinnvortrag/Verlustvortrag	0
	V. Jahresüberschuss	10.000.000

Tabelle 9.1: Bilanzausschnitt der Vielwindumgeld AG

Aufgabe 9.11

Die Geldspeicher AG hat im vergangenen Jahr einen Gewinn von 250 Millionen Euro erzielt. Wie viel davon kann maximal an die Aktionäre ausgeschüttet werden? Wie viel muss in die gesetzliche Rücklage eingestellt werden? Die zur Beantwortung benötigten Angaben finden Sie in dem in Tabelle 9.2 beigefügten Bilanzausschnitt.

A	Eigenkapital	Euro
	I. Grundkapital	5.000.000.000
	II. Kapitalrücklage	300.000.000
	III. Gewinnrücklagen	
	1. Gesetzliche Rücklage	100.000.000
	2. Rücklage für eigene Anteile	0
	3. Satzungsmäßige Rücklage	0
	4. Andere Gewinnrücklage	0
	IV. Gewinnvortrag/Verlustvortrag	0
	V. Jahresüberschuss	250.000.000

Tabelle 9.2: Bilanzausschnitt der Geldspeicher AG

Aufgabe 9.12

Die eCar AG hat im vergangenen Jahr einen Gewinn von 5 Millionen Euro erzielt. Wie viel davon kann maximal an die Aktionäre ausgeschüttet werden? Wie viel muss in die gesetzliche Rücklage eingestellt werden? Die zur Beantwortung benötigten Angaben finden Sie in dem in Tabelle 9.3 beigefügten Bilanzausschnitt.

A	Eigenkapital	Euro
	I. Grundkapital	20.000.000
	II. Kapitalrücklage	1.500.000
	III. Gewinnrücklagen	
	1. Gesetzliche Rücklage	300.000
	2. Rücklage für eigene Anteile	0
	3. Satzungsmäßige Rücklage	0
	4. Andere Gewinnrücklage	0
	IV. Gewinnvortrag/Verlustvortrag	0
	V. Jahresüberschuss	5.000.000

Tabelle 9.3: Bilanzausschnitt der eCar AG

Aufgabe 9.13

Die Solarion AG hat im vergangenen Jahr einen Gewinn von 30.000 Euro erzielt. Aus dem Vorjahr gibt es einen Verlustvortrag von 10.000 Euro. Wie viel vom verbleibenden Überschuss kann maximal an die Aktionäre ausgeschüttet werden? Wie viel muss in die gesetzliche Rücklage eingestellt werden? Die zur Beantwortung benötigten Angaben finden Sie in dem in Tabelle 9.4 beigefügten Bilanzausschnitt.

A	Eigenkapital	Euro
	I. Grundkapital	1.000.000
	II. Kapitalrücklage	90.000
	III. Gewinnrücklagen	
	1. Gesetzliche Rücklage	9.000
	2. Rücklage für eigene Anteile	0
	3. Satzungsmäßige Rücklage	0
	4. Andere Gewinnrücklage	0
	IV. Gewinnvortrag/Verlustvortrag	0
	V. Jahresüberschuss	30.000

Tabelle 9.4: Bilanzausschnitt der Solarion AG

Aufgabe 9.14

Die Moneyprint AG will ihre Eigenkapitalbasis verbreitern und gibt neue Aktien aus. Es wurden 50.000 neue Aktien für eine Million Euro verkauft. Der Nennwert je Aktie beträgt 5 Euro. In dem in Tabelle 9.5 beigefügten Bilanzausschnitt finden Sie die Situation vor der Aktienausgabe und eine leere Spalte, in der Sie die Eigenkapitalwerte nach der Herausgabe der neuen Aktien eintragen können.

		Vorher	Nachher
A	Eigenkapital	Euro	Euro
	I. Grundkapital	15.000.000	
	II. Kapitalrücklage	800.000	
	III. Gewinnrücklagen		
	1. Gesetzliche Rücklage	300.000	

		Vorher	Nachher
A	Eigenkapital	Euro	Euro
	2. Rücklage für eigene Anteile	0	
	3. Satzungsmäßige Rücklage	0	
	4. Andere Gewinnrücklage	0	
	IV. Gewinnvortrag/ Verlustvortrag	0	
	V. Jahresüberschuss	700.000	

Tabelle 9.5: Bilanzausschnitt der Moneyprint AG

Lösungen zu den Übungsaufgaben

Hier finden Sie die Lösungen zu den Aufgaben.

Lösung 9.1

Das Unternehmen hat Ende März ein negatives Eigenkapital in Höhe von 110,2 Millionen Euro. Wenn kein Wunder passiert, muss Insolvenz angemeldet werden.

Lösung 9.2

Das Eigenkapital beträgt Ende Juni 117.000 Euro. Zu Jahresbeginn waren es 120.000 Euro, dazu kommt der erwirtschaftete Gewinn über 33.000 Euro abzüglich 6.000 Euro Verlust im April und abzüglich der Entnahme über 30.000 Euro. Herr Huber entnimmt somit immer in etwa so viel, wie seine Pension erwirtschaftet.

Lösung 9.3

Bei der Entnahme der Kerzen handelt es sich um eine Privatentnahme. Das Eigenkapital des Unternehmens verringert sich um die Wiederbeschaffungskosten in Höhe von 4,80 Euro.

Lösung 9.4

Die private Nutzung ist eine Nutzungsentnahme und muss wie eine Sachentnahme behandelt werden. Pro gefahrenen Kilometer entstanden Kosten von 0,67 Euro. Das bedeutet, dass eine Nutzungsentnahme in Höhe von 3.333,33 Euro stattgefunden hat. Das Eigenkapital verringert sich um diesen Betrag.

Lösung 9.5

Das Unternehmen startete mit einem Eigenkapital von 6.000 Euro. Im ersten Jahr wurde ein Gewinn von 180.000 Euro erwirtschaftet. Hiervon entnahmen die Gesellschafterinnen 31.000 Euro. Somit verfügt das Unternehmen über ein Eigenkapital von 155.000 Euro. Dieses teilt sich auf die drei Privatkonten wie folgt auf:

- ✔ Privatkonto von Daniel Schulte: 2.000 Euro plus 60.000 Euro Gewinnanteil abzüglich 10.000 Euro Privatentnahme ergibt 52.000 Euro.
- ✔ Privatkonto von Melanie Finkenstein: 2.000 Euro plus 60.000 Euro Gewinnanteil abzüglich 11.000 Euro Privatentnahme ergibt 51.000 Euro.
- ✔ Privatkonto von Nesrin Yilmaz: 2.000 Euro plus 60.000 Euro Gewinnanteil abzüglich 10.000 Euro Privatentnahme ergibt 52.000 Euro.

Lösung 9.6

Das Unternehmen weist ein negatives Eigenkapital von 70.000 Euro aus. Wenn keine stillen Rücklagen von wenigstens 70.000 Euro vorhanden sind, ist das Unternehmen überschuldet. Stille Rücklagen können unterbewertete Sachanlagen oder unterbewertete immaterielle Wirtschaftsgüter sein.

Lösung 9.7

Das Unternehmen verfügte zu Jahresbeginn über ein Eigenkapital in Höhe von 110.000 Euro:

- ✔ 50.000 Euro von Herrn Sommerkorn
- ✔ 40.000 Euro von Frau Hofmann
- ✔ 20.000 Euro von Herrn Strohmeier

Der Gewinn über 100.000 Euro wurde im Verhältnis 5:3:2 aufgeteilt. Und jeder Gesellschafter hat 50.000 Euro entnommen. Das Ergebnis:

- ✔ Herr Sommerkorn: 50.000 Euro + 50.000 Euro Gewinn – 50.000 Entnahme = 50.000 Euro
- ✔ Frau Hofmann: 40.000 Euro + 30.000 Euro Gewinn – 50.000 Entnahme = 20.000 Euro
- ✔ Herr Strohmeier: 20.000 Euro + 20.000 Euro Gewinn – 50.000 Entnahme = – 10.000 Euro.

Am Jahresende verfügt das Unternehmen somit über Eigenkapital in Höhe von 60.000 Euro; das Unternehmen erlitt also einen Substanzverlust, da mehr entnommen als erwirtschaftet wurde.

Lösung 9.8

Der Gewinn landet solange in der Position Jahresüberschuss.

Lösung 9.9

Die 50 Millionen Euro werden in die Gewinnrücklage eingestellt.

Lösung 9.10

Es müssen 5 Prozent des Gewinns in die gesetzliche Rücklage eingestellt werden, bis die Kapitalrücklage und die gesetzliche Rücklage zusammen 10 Prozent des Grundkapitals ausmachen. Weder in die Kapitalrücklage noch in der gesetzlichen Rücklage wurde bislang etwas eingestellt. Somit genügt ein Blick auf die Positionen Grundkapital und Jahresüberschuss. 5 Prozent des Jahresüberschusses, also 500.000 Euro, müssen in die gesetzliche Rücklage eingestellt werden. Die restlichen 9,5 Millionen Euro können an die Aktionäre ausgeschüttet werden. Damit sind die geforderten 10 Prozent des Grundkapitals, also 5 Millionen Euro Rücklage, noch lange nicht erreicht. Somit muss auch nächstes Jahr wieder Gewinn in die gesetzliche Rücklage abgeführt werden.

Lösung 9.11

Es müssen 5 Prozent des Gewinns in die gesetzliche Rücklage eingestellt werden, bis die Kapitalrücklage und die gesetzliche Rücklage zusammen 10 Prozent des Grundkapitals ausmachen; das wären hier 500 Millionen Euro. In der Kapitalrücklage befinden sich bereits 300 Millionen Euro, in der gesetzlichen Rücklage bereits 100 Millionen Euro. Es fehlen somit noch 100 Millionen Euro. Die gesamten 5 Prozent des Jahresüberschusses, also 12,5 Millionen Euro, müssen dieses Jahr in die gesetzliche Rücklage eingestellt werden. Die restlichen 237,5 Millionen Euro Gewinn können an die Aktionäre ausgeschüttet werden.

Lösung 9.12

Von den gesetzlich geforderten 10 Prozent des Grundkapitals, in diesem Fall sind das 2 Millionen Euro, wurden bereits 1,8 Millionen Euro den Rücklagen zugeführt. Vom diesjährigen Gewinn in Höhe von 5 Millionen Euro müssen die vollen 5 Prozent, das wären 250.000 Euro, nicht in die gesetzlichen Rücklagen abgeführt werden. Es fehlen ja nur noch 200.000 Euro. Ebendiese sind in die gesetzliche Rücklage einzustellen.

Lösung 9.13

Von den gesetzlich geforderten 10 Prozent des Grundkapitals, in diesem Fall sind das 100.000 Euro, wurden bereits 99.000 Euro den Rücklagen zugeführt. Vom diesjährigen Gewinn in Höhe von 30.000 Euro muss zuerst der Verlustvortrag abgezogen werden. 5 Prozent aus den verbleibenden 20.000 Euro sind 1.000 Euro. Das sind genau die in der gesetzlichen Rücklage noch fehlenden 1.000 Euro. Die Aktionäre erhalten dieses Jahr 19.000 Euro und in die gesetzliche Rücklage werden die 1.000 Euro eingestellt.

Lösung 9.14

Die Herausgabe von 50.000 Aktien mit einem Nennwert von je 5 Euro erhöht das Grundkapital um 250.000 Euro. Die restlichen 750.000 Euro aus dem Verkaufserlös von einer Million Euro wandern in die Kapitalrücklage.

		Vorher	Nachher
A	Eigenkapital	Euro	Euro
	I. Grundkapital	15.000.000	15.250.000
	II. Kapitalrücklage	800.000	1.550.000
	III. Gewinnrücklagen		
	1. Gesetzliche Rücklage	300.000	300.000
	2. Rücklage für eigene Anteile	0	0
	3. Satzungsmäßige Rücklage	0	0
	4. Andere Gewinnrücklage	0	0
	IV. Gewinnvortrag/Verlustvortrag	0	0
	V. Jahresüberschuss	700.000	700.000

Tabelle 9.6: Bilanzausschnitt der Moneyprint AG

Passiv bilanzieren: Rückstellungen und Verbindlichkeiten

10

In diesem Kapitel

- Wann Rückstellungen gebildet werden dürfen
- Übungen rund um die Verbindlichkeiten

In diesem Kapitel geht es um die Unwägbarkeiten des Lebens. Hier üben Sie, wann Rückstellungen gebildet, verbraucht oder auch aufgelöst werden müssen. Anschließend lernen Sie noch die Verbindlichkeiten kennen.

Die Rückstellungen

Bei Rückstellungen wissen Sie im Gegensatz zu Verbindlichkeiten nicht, wann eine mögliche Zahlung fällig wird. Neben dem ungewissen Zeitpunkt ist bei Rückstellungen auch die Zahlungshöhe ungewiss. Und manchmal weiß man nicht einmal, ob sie überhaupt fällig wird; die angenommene Verpflichtung sollte jedoch schon wahrscheinlich sein. Sie dürfen keine Rückstellungen für Sachverhalte bilden, die offensichtlich nicht sehr wahrscheinlich zu Verpflichtungen führen werden. Die Merkmale einer Rückstellung noch mal in der Übersicht:

- ✔ Die Höhe ist ungewiss.
- ✔ Der Zeitpunkt ist ungewiss.
- ✔ Der Rückstellungsgrund ist ungewiss, aber wahrscheinlich.

Es gibt zwei Arten von Rückstellungen:

- ✔ Rückstellungen mit rechtlichen oder wirtschaftlichen Verpflichtungen gegenüber Dritten (Außenverpflichtungen): Rückstellungen für ungewisse Verbindlichkeiten und für drohende Verluste
- ✔ Rückstellungen aus innerbetrieblichen Gründen (Innenverpflichtungen): Aufwandsrückstellungen

Für die Rückstellung muss die Ursache im abgelaufenen Geschäftsjahr liegen; sie muss also vor dem Jahresabschluss verursacht worden sein.

Im deutschen Handelsrecht werden die Rückstellungen im § 249 HGB geregelt. Danach sind Rückstellungen zu bilden für:

- ✔ **Rückstellungen für ungewisse Verbindlichkeiten** wie etwa Garantierückstellungen oder Rückstellungen für Serviceleistungen oder Nacharbeiten; auch auf Kulanzbasis. Steuer- und Pensionsrückstellungen zählen ebenfalls zu dieser Kategorie.

- **Rückstellungen für drohende Verluste** aus schwebenden Geschäften oder Bürgschaften
- **Aufwandsrückstellungen: Rückstellungen für unterlassene Aufwendungen für Instandhaltung**, sofern sie im folgenden Geschäftsjahr innerhalb von drei Monaten nachgeholt werden, oder für Abraumbeseitigung, sofern sie im folgenden Geschäftsjahr nachgeholt werden.

Rückstellungen nach IFRS, österreichischem UGB und Schweizer Obligationenrecht

Die Handhabung von Rückstellungen wird nach IFRS im Wesentlichen in IAS 19 und IAS 37 geregelt. Der wesentliche Unterschied zur Bilanzierung nach HGB: Nach IFRS dürfen Rückstellungen nur dann gebildet werden, wenn die Eintrittswahrscheinlichkeit einer Zahlung höher als 50 Prozent ist und die Betragshöhe zuverlässig geschätzt werden kann. Nach HGB müssen Rückstellungen dagegen in den in § 249 HGB genannten Fällen auch bei einer niedrigeren Wahrscheinlichkeit gebildet werden. Dies dient dem Gläubigerschutz und entspricht dem Vorsichtsprinzip.

Im österreichischen Unternehmensrecht werden die Rückstellungen im § 198 (8) UGB geregelt. Die Regelungen für ungewisse Verbindlichkeiten und drohende Verluste entsprechen den Regelungen des HGB. Einen Unterschied gibt es bei wahrscheinlichen Aufwendungen. Hier besteht in Österreich nach UGB ein Wahlrecht zur Bildung von Rückstellungen. Das deutsche HGB kennt hier kein Wahlrecht und lässt nur den oben im dritten Punkt aufgeführten Sachverhalt als Rückstellungsgrund zu.

Im Schweizer Obligationenrecht sind die Rückstellungen in OR 958a ff geregelt. Auch hier entsprechen die Regelungen für ungewisse Verbindlichkeiten und drohende Verluste den Regelungen des deutschen HGB. Zusätzlich dürfen nach Schweizer Recht Rückstellungen auch zu Wiederbeschaffungszwecken vorgenommen werden.

Bei Rückstellungen für Rückbauten werden die Rückstellungen zeitanteilig über die Jahre in gleichen Raten angesammelt. Die angesammelten Rückstellungen sind abzuzinsen. Nach § 253 Absatz 2 HGB müssen Rückstellungen mit einer Restlaufzeit von mehr als einem Jahr mit dem ihrer Restlaufzeit entsprechenden durchschnittlichen Marktzinssatz der vergangenen sieben Geschäftsjahre abgezinst werden.

Bei der Bewertung von Rückstellungen müssen Sie möglichst realistische Werte ansetzen; künftige Preissteigerungen müssen dabei berücksichtigt werden. Langjährige Verpflichtungen müssen Sie abzinsen.

Und was passiert mit einer gebildeten Rückstellung? Ganz einfach: Sie wird aufgelöst, wenn der Grund hierfür entfallen ist oder wenn der Sachverhalt eingetroffen ist. Waren die Aufwendungen exakt so hoch wie die gebildete Rückstellung, spricht man von einer erfolgsneutralen Auflösung. Waren die Aufwendungen niedriger oder gab es gar keine Aufwendungen, spricht man von einer erfolgswirksamen Auflösung. Im Jahr der Auflösung wird in diesem Fall ein Ergebnis erzielt.

Typische Beispiele für Rückstellungen sind:

- ✔ Rückstellungen für gesetzliche Garantieleistungen
- ✔ Kulanzrückstellungen: es besteht zwar keine rechtliche Verpflichtung; dem Unternehmen entstehen jedoch wirtschaftliche Nachteile, wenn es sich nicht kulant zeigt
- ✔ Rückstellungen für Schadensersatzleistungen
- ✔ Urlaubsrückstellungen
- ✔ Pensionsrückstellungen für die Pensionsansprüche der Mitarbeiter gegenüber dem Unternehmen
- ✔ Steuerrückstellungen für zu wenig gezahlte Steuern

Die nach HGB erlaubte Bildung von Rückstellungen für drohende Verluste aus schwebenden Geschäften ist im deutschen Steuerrecht nicht erlaubt. Die Handels- und Steuerbilanz weichen in solchen Fällen voneinander ab.

Aufgabe 10.1

Beim Versicherungsunternehmen Securitat AG erhalten die meisten Angestellten neben einem festen Grundgehalt auch flexible Zahlungen. Diese sind von der individuellen Zielerreichung des Mitarbeiters und der Geschäftsentwicklung der Unternehmung abhängig. Das Controlling schätzt am Jahresende, dass die Zielprämien wie im Vorjahr wieder 30 Prozent der im laufenden Jahr gezahlten Grundentgelte ausmachen wird. Die Grundentgelte des zu Ende gehenden Geschäftsjahrs betragen 6 Millionen Euro. Die Zielprämie soll im Folgejahr wie immer im März ausbezahlt werden, nachdem im Januar die Mitarbeitergespräche und die Beurteilungen stattgefunden haben. Muss für diesen Sachverhalt nach HGB eine Rückstellung gebildet werden? Und falls ja, um was für eine Art von Rückstellung handelt es sich und in welcher Höhe ist diese zu bilden? Bitte klären Sie abschließend auch, wie dieser Sachverhalt nach IFRS behandelt werden muss.

Aufgabe 10.2

Der Automobilhersteller Nobelhobel AG verkauft seit fünf Jahren auch Kompaktwagen. Leider hapert es etwas an der Qualität. Innerhalb des ersten Jahres fallen bei jedem zehnten Wagen die Türen ab. Kostenpunkt pro Tür: 2.000 Euro. Im nächsten Jahr wird die Nobelhobel AG vermutlich 30.000 Türen auf Garantie reparieren müssen. Darf eine Rückstellung gebildet werden? Falls ja, in welcher Höhe?

Aufgabe 10.3

Herr Daune ist ein friedliebender Mensch und mit seiner Bettenmanufaktur sehr erfolgreich. Schlaflose Menschen bevölkern samstags seine Schauräume neben der Manufaktur. Seine Betten verkaufen sich fantastisch, da sie eine himmlische Nachtruhe bieten. Herr Daune selbst ist sich dabei nicht zu schade, auch ab und an ein Beratungsgespräch zu führen. An einem Samstag im Mai verlief ein Kundengespräch jedoch äußerst seltsam. Der Kunde wechselte ständig sein Interesse, sodass Herr Daune nach geschlagenen sechs Stunden eigentlich seine gesamte Geschäftsstrategie, seine Ideen und seine zukünftigen Pläne ausgebreitet hatte. Fünf Monate später entdeckte der Sohn von Herrn Daune im Internet einen Anbieter, der nicht nur das bestehende Produktprogramm von Herrn Daune kopiert hat und etwas günstiger anbietet, sondern auch noch die bei Herrn Daune erst in der Entwicklung befindlichen Produkte bereits anbietet. Herr Daune schäumt vor Wut, als sein Sohn ihm davon erzählt. Eine Stunde später hat Herr Daune eine Presseerklärung an alle Medien herausgegeben, in der er den Internetanbieter der Produktpiraterie beschuldigt. Einige Medien springen drauf an und veröffentlichen die Geschichte. Der Internetanbieter, Herr Paste, fühlt sich zu Unrecht öffentlich verunglimpft und verklagt Herrn Daune im November wegen geschäftsschädigenden Handelns auf einen Schadensersatz in Höhe von 1 Million Euro. Der erste Gerichtstermin wurde auf den 15. Februar terminiert. Wie muss Herr Daune diese unglaubliche Geschichte bilanziell handhaben?

Aufgabe 10.4

Der Nahrungsergänzungsmittelhersteller Sunshine AG vertreibt Multivitaminpräparate über das Internet. Geschäfte im Internet sind mit gewissen Risiken verbunden. Der Vorstandschef der Sunshine AG, Herr Halbschatten, hat viel über das Abmahnungswesen im Internet gehört. Scheinbar leben ganze Scharen von Juristen allein von diesen Abmahnungen. Herr Halbschatten hat die allgemeinen Geschäftsbedingungen und den gesamten Internetauftritt zwar von einem Juristen prüfen lassen, doch sicher kann man sich schließlich nie sein. Er bittet deshalb den Leiter des Rechnungswesens, Herrn Schönfärber, am Jahresende darum, für mögliche Abmahnungen wenigstens eine Rückstellung über 100.000 Euro bilden zu lassen. Einen Wettbewerber hatte es nämlich kürzlich arg getroffen. Er musste für Abmahnungen wegen einer kleinen falschen Fußnote in den AGB 250.000 Euro Abmahngebühren bezahlen. Was meinen Sie, darf eine Rückstellung gebildet werden? Falls ja, in welcher Höhe?

Aufgabe 10.5

Der Nahrungsergänzungsmittelhersteller Sunshine AG vertreibt Multivitaminpräparate über das Internet. Obwohl der Vorstandschef Herr Halbschatten den gesamten Internetauftritt von einem Juristen hat prüfen lassen, erdreistet sich eine Anwaltskanzlei aus Krautheim doch tatsächlich, ihm eine Abmahnung wegen angeblich irreführender allgemeiner Geschäftsbedingungen zuzustellen. Herr Halbschatten will die geforderten 600.000 Euro nicht zahlen und kontaktiert seinen Anwalt. Wochen später landet der Streitfall vor Gericht. Der erste Gerichtstermin ist für den 20. März nächsten Jahres terminiert. Darf Herr Halbschatten für diese Abmahnung eine Rückstellung bilden? Und wenn ja, wie hoch darf sie sein?

Aufgabe 10.6

In der Fabrik des Leuchtenherstellers Friedrich Lampe KG mussten die Mitarbeiter in den letzten Monaten Sonderschichten fahren. An Urlaub war dabei gar nicht zu denken. Zum Jahresabschluss hat sich ein riesiger Berg von Resturlaubstagen angesammelt. Die Mitarbeiter werden 500 Urlaubstage mit in das nächste Jahr nehmen. Der Resturlaub ist dann bis spätestens 30.04. zu nehmen, was zu 100 Prozent auch immer so geschieht. Ein Urlaubstag wird mit 160 Euro bewertet. Muss für die Resturlaubsansprüche eine Rückstellung gebildet werden? Falls ja, wie hoch fällt die Rückstellung aus?

Aufgabe 10.7

Am Montag hatte Herr Francke seinen ersten Tag als Automobilverkäufer beim Autohaus Blank. Einarbeitungspläne und Arbeitsanweisungen gibt es beim Autohaus Blank nicht. Herr Francke wurden weitreichende Befugnisse eingeräumt, die Verkaufskonditionen darf er nach seinem gesunden wirtschaftlichen Verstand gestalten; immerhin ist Herr Francke studierter Betriebswirt.

Am Mittwochmorgen beschließt die Spediteurin Frau Simmler, das Autohaus Blank aufzusuchen, um sich einen neuen Kastenwagen zu kaufen. Kaum angekommen, steuert Herr Francke auf Frau Simmler zu. Frau Simmler ist eine erfahrene Geschäftsfrau, die ihr Ansinnen zunächst nur vage formuliert. Sie erzählt Herrn Francke von einem Reinvestitionsbedarf in ihrem Fuhrpark, lässt den Umfang jedoch noch offen. Herr Francke präsentiert den neuen Kasten GTL, der in der gewünschten Ausstattung laut Liste 24.900 Euro kosten würde. Da Frau Simmler ihre Bereitschaft signalisiert hat, künftig den gesamten Fuhrpark auf die Automarke des Autohauses Blank umzustellen, bietet Herr Francke nicht nur die üblichen 15 Prozent Rabatt, sondern 40 Prozent Rabatt, wenn Frau Simmler zehn Kasten GTL kauft. Frau Simmler stimmt dem mit einer Bedingung zu: Sie kauft jetzt im Dezember einen Kasten GTL und die restlichen neun Kasten GTL im März und Juni nächsten Jahres zu diesen Konditionen. Herr Francke druckt die Verträge für alle zehn Fahrzeuge gleich aus und bringt das gesamte Geschäft mit seiner und Frau Simmlers Unterschrift unter Dach und Fach.

Danach bringt Herr Francke die zehn Verträge in die Buchhaltung. Herr Kontorius begibt sich nach Lektüre der Verträge sofort in den Schnappatmungsmodus. Pro Fahrzeug wird das Autohaus Blank einen Verlust von 4.980 Euro machen, da der Verkaufspreis 20 Prozent unter dem Einkaufspreis liegt. Wie muss der drohende Verlust für das nächste Jahr aus diesem schwebenden Geschäft in der Bilanz erfasst werden?

Aufgabe 10.8

Das Einrichtungshaus Aufmöbeln AG hatte ein gutes Jahr. Die Steuerberatungskanzlei ermittelt zum Jahresabschluss die vermutlich für dieses Geschäftsjahr zu zahlende Steuer. Diese beträgt 800.000 Euro. Das Einrichtungshaus hat im abgelaufenen Geschäftsjahr jedoch nur Abschlagszahlungen in Höhe von 600.000 Euro geleistet. Was passiert mit den fehlenden 200.000 Euro im Jahresabschluss?

Aufgabe 10.9

Das Einrichtungshaus Aufmöbeln AG hat mit einer Bäckereikette einen Vertrag über die Einrichtung von 100 neuen Filialen abgeschlossen. Für jede eingerichtete Filiale soll die Aufmöbeln AG 45.000 Euro erhalten. Alle 100 neuen Filialen sollen im nächsten Jahr eröffnen, 50 Filialen gleich im ersten Quartal, weitere 25 Filialen im dritten Quartal und 25 Filialen im vierten Quartal.

Die Aufmöbeln AG hat für diesen Auftrag hart kalkuliert und macht nur zwei Prozent Gewinn mit diesem Auftrag. Nach Vertragsabschluss wird bekannt, dass sich die Tarifparteien der Möbelindustrie auf eine Entgeltsteigerung von 5 Prozent ab dem 1.4. nächsten Jahres geeinigt haben. Der personalkostenintensive Auftrag rutscht damit in die Verlustzone. Für jede nach dem 1.4. eingerichtete Filiale wird die Aufmöbeln AG einen Verlust von 2.000 Euro erzielen. Eine Ausgleichsmöglichkeit durch Kosteneinsparungen besteht nicht.

Aufgabe 10.10

Stefan Schnapp ist sich sicher: Das Geld liegt auf der Straße; warum also nicht einfach zugreifen. In der Energiewende sieht er große Gewinnchancen. Da seiner Meinung nach das mit den neuen Stromleitungen und Windkraftanlagen sowieso alles nichts wird, kauft er kurz entschlossen ein fast neues Atomkraftwerk mit einer Restlaufzeit von 20 Jahren. Dieses soll für teures Geld Strom an die Industrie und Privathaushalte liefern, wenn das letzte Kohlekraftwerk verschrottet und alle alten Atomkraftwerke abgeschaltet wurden. Da alles ganz schnell über die Bühne gehen soll, vertraut er beim Vertragsabschluss seinem alten Jugendfreund und Investmentbanker Herrn Vielsag. Innerhalb weniger Stunden ist der Deal für 1,5 Milliarden Euro unter Dach und Fach. Stefan Schnapp gründet für den Deal eine Aktiengesellschaft, die Energy AG, und finanziert den Kaufpreis mit einem Kredit. Wenige Wochen später rauscht der Aktienkurs der Energy AG in den Keller, als bekannt wird, dass die Gewinnaussichten wohl doch nicht so gut sind. Der Kredit für den hohen Kaufpreis drückt das Ergebnis in die Verlustzone. Obendrein entdeckt der neue kaufmännische Leiter der Energy AG auch noch, dass in der Vergangenheit für das Atomkraftwerk keine ausreichenden Rückstellungen für den Rückbau gebildet wurden. Seiner Ansicht nach müssen weitere 200 Millionen Euro Rückstellungen für den in 20 Jahren fälligen Rückbau gebildet werden. Nach einem ersten Schock erklärt der kaufmännische Leiter Herrn Schnapp, dass sich dies schlimmer anhört, als es in Wirklichkeit sei. Er verweist auf § 253 Absatz 2 HGB. Unterstützen Sie den kaufmännischen Leiter, indem Sie den Plan für die in den kommenden zwanzig Jahren zu bildenden Rückstellungen erstellen. Der Zinssatz soll 5,5 Prozent betragen. Als kleine Hilfe finden Sie in Tabelle 10.1 das Standardtemplate der Energy AG und die Formel zur Berechnung des Barwerts.

$$Barwert = Nominalwert \times (1 + i)^{-n}$$

Jahr	Nomineller Rückstellungsbetrag	Barwert des Rückstellungsbetrags
1	10.000.000	
2	10.000.000	
3	10.000.000	
4	10.000.000	
5	10.000.000	
6	10.000.000	
7	10.000.000	
8	10.000.000	
9	10.000.000	
10	10.000.000	

Jahr	Nomineller Rückstellungsbetrag	Barwert des Rückstellungsbetrags
11	10.000.000	
12	10.000.000	
13	10.000.000	
14	10.000.000	
15	10.000.000	
16	10.000.000	
17	10.000.000	
18	10.000.000	
19	10.000.000	
20	10.000.000	

Tabelle 10.1: Rückstellungstemplate für die Energy AG

Aufgabe 10.11

Die Werbeagentur Quader & Lustig GmbH mietet für fünf Jahre ein Bürogebäude an und baut die Büroräume nach ihren Erfordernissen um. Im Mietvertrag wurde vereinbart, dass die Werbeagentur das Bürogebäude am Ende der Mietzeit wieder in seinen Ursprungszustand zurückversetzen muss. Für diesen Rückbau veranschlagt die Werbeagentur 500.000 Euro. Erstellen Sie bitte den Plan mit den erforderlichen Rückstellungsbeträgen. Der Zinssatz soll 3,0 Prozent betragen. Als kleine Hilfe finden Sie in Tabelle 10.2 das Standardtemplate der Werbeagentur und die Formel zur Berechnung des Barwerts.

$$Barwert = Nominalwert \times (1 + i)^{-n}$$

Jahr	Nomineller Rückstellungsbetrag	Barwert des Rückstellungsbetrags
1		
2		
3		
4		
5		

Tabelle 10.2: Rückstellungstemplate für die Werbeagentur Quader & Lustig GmbH

Aufgabe 10.12

Clara Crystal produziert in dritter Generation Weihnachtsbaumkugeln. Da die Trends immer kurzlebiger werden, wird im zweiten Halbjahr Tag und Nacht durchproduziert. Notwendige Instandhaltungsmaßnahmen können nicht mehr durchgeführt werden, da dies zu Produktionsausfällen führen würde. Die Instandhaltungsmaßnahmen wurden deshalb auf Anfang April des Folgejahrs terminiert. Darf für die unterlassenen Aufwendungen für Instandhaltung eine Rückstellung gebildet werden?

Die Verbindlichkeiten

Bei einer Verbindlichkeit wissen Sie im Unterschied zu einer Rückstellung am Bilanzstichtag genau, welchen Betrag Sie wann zurückzahlen müssen. Gemäß § 253 HGB müssen Verbindlichkeiten zu ihrem Erfüllungsbetrag, also dem Rückzahlungsbetrag, angesetzt werden.

Manchmal gibt es eine Differenz zwischen Auszahlungs- und Rückzahlungsbetrag. Diesen Abschlag bezeichnet man als Disagio. Das HGB bietet allen bilanzierenden Unternehmen in § 250 HGB an, dieses Disagio entweder sofort voll als Aufwand ergebnismindernd zu erfassen oder alternativ als Rechnungsabgrenzungsposten zu aktivieren und anschließend über die Laufzeit des Kredits abzuschreiben.

Aufgabe 10.13

Felix Meiers hat die Internetplattform perfect-holidays für Urlaubsreisen aufgebaut. Seine Firma hat die Internetplattform von einer Gruppe junger Existenzgründer programmieren lassen. Kostenpunkt: 25.000 Euro. Felix Meiers zögert mit der Bezahlung, da er gehört hat, dass die Programmierer dann und wann vergessen, auf die Begleichung einer Rechnung zu bestehen. Wie muss die Leistung bilanziert werden?

Aufgabe 10.14

Die Metallbau Schlosser GmbH möchte eine neue Maschine kaufen. Für die Maschine werden inklusive Anschaffungsnebenkosten 80.000 Euro benötigt. Die Hausbank ist so freundlich und gewährt dafür ein Darlehen über 85.000 Euro. Ausgezahlt werden jedoch nur 80.000 Euro. Die fehlenden 5.000 Euro, auch Disagio genannt, kann Herr Schlosser in seiner Bilanz unterschiedlich behandeln. Welche zwei Möglichkeiten besitzt er? Welche Variante würden Sie ihm empfehlen, wenn er aktuell einen möglichst hohen Gewinn ausweisen möchte?

Lösungen zu den Übungsaufgaben

Hier finden Sie die Lösungen zu den Aufgaben.

Lösung 10.1

Für die im Folgejahr auszuzahlenden Zielprämien muss nach HGB eine Rückstellung für ungewisse Verbindlichkeiten gebildet werden. Die Höhe der Zielprämie ist relativ gut abschätzbar, im Beispielfall werden 2 Millionen Euro zurückgestellt. Da die Eintrittswahrscheinlichkeit deutlich über 50 Prozent liegt, dürfte auch nach IFRS hierfür eine Rückstellung gebildet werden.

Lösung 10.2

Es muss eine Rückstellung für ungewisse Verbindlichkeiten in Höhe von 60 Millionen Euro gebildet werden, da die Nobelhobel AG verpflichtet ist, innerhalb der Garantiezeit den Schaden zu beheben.

Lösung 10.3

Wenn der Anwalt von Herrn Daune den Erfolg der Klage von Herrn Paste als realistisch einschätzt, darf Herr Daune für diesen Sachverhalt eine Rückstellung für ungewisse Verbindlichkeiten bilden. Bei der Höhe der Rückstellung sollte sich Herr Daune ebenfalls am juristischen Rat seines Anwalts orientieren. Herr Daune kann auf jeden Fall die Kosten für seinen Anwalt und die Gerichtskosten zurückstellen.

Lösung 10.4

Da bis zum Jahresabschluss keine Abmahnung eingegangen ist, beruht die Rückstellung lediglich auf einer vagen Annahme. Dies genügt nicht für die Bildung einer Rückstellung. Herr Schönfärber muss den Wunsch von Herrn Halbschatten, eine Rückstellung über 100.000 Euro zu bilden, deshalb ablehnen.

Lösung 10.5

Herr Halbschatten darf für das laufende Gerichtsverfahren eine Rückstellung für das nächste Jahr bilden. Er darf für die Gerichts- und Anwaltskosten und die vermutete Strafzahlung eine Rückstellung bilden.

Lösung 10.6

Für die Resturlaubsansprüche muss eine Rückstellung gebildet werden, da eine rechtliche Verpflichtung gegenüber den Mitarbeitern besteht. Sie haben Anspruch darauf, den Resturlaub im Folgejahr bis zum 30.04. nehmen zu können. Da der Resturlaub in der Vergangenheit immer zu 100 Prozent genommen wurde, sollte der Gesamtwert von 500 Urlaubstagen multipliziert mit 160 Euro, also 80.000 Euro, zurückgestellt werden.

Lösung 10.7

Für drohende Verluste aus schwebenden Geschäften muss nach HGB eine Rückstellung gebildet werden. Im nächsten Jahr wird das Autohaus Blank aufgrund der bestehenden Verträge für die neun Fahrzeuge einen Verlust von 44.820 Euro erwirtschaften. In dieser Höhe muss eine Rückstellung gebildet werden, da der Verlust im laufenden Jahr verursacht wurde.

Lösung 10.8

Für die erwartete Steuernachzahlung in Höhe von 200.000 Euro muss eine Rückstellung gebildet werden.

Lösung 10.9

Für drohende Verluste aus schwebenden Geschäften muss nach HGB eine Rückstellung gebildet werden. Nach dem 1.4. muss die Aufmöbeln AG 50 Filialen einrichten. Somit muss eine Rückstellung über 100.000 Euro gebildet werden.

Lösung 10.10

Gemäß § 253 HGB müssen Rückstellungen für Rückbauten zeitanteilig in gleichen Raten angesammelt werden. Dabei sind die Raten abzuzinsen. Die erste Rate ist über 19 Jahre abzuzinsen und bei der letzten Rate entspricht der Nominalwert dem Barwert. Die Berechnung der ersten Rate sieht so aus:

$$\textit{Barwert} = 10.000.000 \times (1{,}055)^{-19} = 3.615.790{,}56 \text{ Euro}$$

Mit anderen Worten: Wenn die Energy AG im ersten Jahr 3,6 Millionen Euro zurückstellt und diesen Rückstellungsbetrag so anlegt, dass sie jährlich 5,5 Prozent Zinsen dafür erhält, stehen ihr in 20 Jahren aus dieser Rückstellungsrate 10 Millionen Euro für den Rückbau zur Verfügung.

Die letzte Rate muss mit 0 Jahren abgezinst werden, hier sieht die Formel so aus:

$$\textit{Barwert} = 10.000.000 \times (1{,}055)^{-0} = 10.000.000 \text{ Euro}$$

Tabelle 10.3. zeigt Ihnen, wie der Plan aussieht.

Jahr	Nomineller Rückstellungsbetrag	Barwert des Rückstellungsbetrags
1	10.000.000	3.615.790,56
2	10.000.000	3.814.659,04
3	10.000.000	4.024.465,29
4	10.000.000	4.245.810,88
5	10.000.000	4.479.330,48
6	10.000.000	4.725.693,66
7	10.000.000	4.985.606,81
8	10.000.000	5.259.815,18
9	10.000.000	5.549.105,02
10	10.000.000	5.854.305,79

Jahr	Nomineller Rückstellungsbetrag	Barwert des Rückstellungsbetrags
11	10.000.000	6.176.292,61
12	10.000.000	6.515.988,71
13	10.000.000	6.874.368,09
14	10.000.000	7.252.458,33
15	10.000.000	7.651.343,54
16	10.000.000	8.072.167,43
17	10.000.000	8.516.136,64
18	10.000.000	8.984.524,16
19	10.000.000	9.478.672,99
20	10.000.000	10.000.000,00

Tabelle 10.3: Rückstellungsplan für die Energy AG

Dummerweise steigen die jährlich zurückzustellenden Beträge schlichter mathematischer Gesetzmäßigkeit folgend ständig an, sodass Herr Schlapp und seine Energy AG es sehr schwer haben dürften, jemals aus der Verlustzone herauszukommen.

Lösung 10.11

Gemäß § 253 HGB müssen Rückstellungen für Rückbauten zeitanteilig in gleichen Raten angesammelt werden. Dabei sind die Raten abzuzinsen. Die erste Rate ist über vier Jahre abzuzinsen und bei der letzten Rate entspricht der Nominalwert dem Barwert. Die Berechnung der ersten Rate sieht so aus:

$$Barwert = 100.000 \times (1{,}03)^{-4} = 88.848{,}70 \text{ Euro}$$

Mit anderen Worten: Wenn die Quader & Lustig GmbH im ersten Jahr 88.848,70 Euro zurückstellt und diesen Rückstellungsbetrag so anlegt, dass sie jährlich 3,0 Prozent Zinsen dafür erhält, stehen ihr in vier Jahren aus dieser Rückstellungsrate 100.000 Euro für den Rückbau zur Verfügung.

Die letzte Rate muss mit null Jahren abgezinst werden, hier sieht die Formel so aus:

$$Barwert = 100.000 \times (1{,}03)^{-0} = 100.000 \text{ Euro}$$

Tabelle 10.4. zeigt Ihnen, wie der Plan aussieht.

Jahr	Nomineller Rückstellungsbetrag	Barwert des Rückstellungsbetrags
1	100.000	88.848,70
2	100.000	91.514,17
3	100.000	94.259,59
4	100.000	97.087,38
5	100.000	100.000,00

Tabelle 10.4: Rückstellungsplan der Quader & Lustig GmbH

Lösung 10.12

Rückstellungen für unterlassene Aufwendungen für Instandhaltung dürfen nur gebildet werden, wenn sie im folgenden Geschäftsjahr innerhalb der ersten drei Monate nachgeholt werden. Da Frau Crystal aber erst Anfang April dazu kommt, darf sie hierfür keine Rückstellung bilden.

Lösung 10.13

Felix Meiers muss die gesamten 25.000 Euro als Verbindlichkeit passivieren. Ein Gerücht begründet keine andere bilanzielle Handhabung.

Lösung 10.14

Herr Schlosser kann das Disagio über 5.000 Euro als Rechnungsabgrenzungsposten aktivieren und über die Laufzeit des Darlehens abschreiben oder er erfasst das Disagio sofort voll als Aufwand. Wenn er aktuell einen möglichst hohen Gewinn ausweisen möchte, sollte er die erste Variante wählen.

Jetzt wird abgerechnet: Die GuV

11

In diesem Kapitel

- Die Vorschriften zur GuV
- Gesamtkosten- und Umsatzkostenverfahren

In der Gewinn-und-Verlust-Rechnung, kurz GuV, tragen Sie alle Aufwendungen und Erträge eines Geschäftsjahrs zusammen; sie zeigt Ihnen den Periodenerfolg. Sind die Erträge größer als die Aufwände, gab es einen Gewinn. Den umgekehrten Fall können Sie sich denken ...

Die Vorschriften für die Erfolgsrechnung

Für die Gewinn-und-Verlust-Rechnung gibt es natürlich jede Menge Spielregeln. Los geht es mit den Vorschriften des HGB, gefolgt von weiteren Rechnungslegungsvorschriften wie dem IFRS. Last but not least geht es um die Regelungen der E-Bilanz.

Die Vorschriften des HGB

In § 242 HGB finden Sie die Aufforderung, am Ende des Geschäftsjahrs die Aufwendungen und Erträge in einer Erfolgsrechnung gegenüberzustellen. Der Paragraf schließt mit der Feststellung, dass auch die Gewinn-und-Verlust-Rechnung Bestandteil des Jahresabschlusses sei. Wesentliche Regelungen des HGB sind:

- ✔ Sie müssen die GuV nach dem Bruttoprinzip erstellen. Das bedeutet, dass Sie Aufwendungen und Erträge nicht miteinander aufsaldieren dürfen.
- ✔ Für Kapitalgesellschaften und bestimmte Personengesellschaften (die mit begrenzter Haftung) gibt es ab § 275 weitere Vorschriften zur GuV. So darf die GuV von diesen Gesellschaften nur in Staffelform erstellt werden. Die eher unpraktischere Kontoform darf lediglich von Einzelunternehmern und Personengesellschaften verwendet werden.
- ✔ Es besteht ein Wahlrecht zwischen der GuV nach dem Gesamtkostenverfahren und der GuV nach dem Umsatzkostenverfahren.

Aufgabe 11.1

Hannes Lohr betreibt ein kleines Immobilienunternehmen. Er vermietet Büroräume an andere Unternehmen. Er selbst hat für sein kleines Unternehmen neuerdings Büroräume angemietet, da es in seinem eigenen Haus langsam zu eng wurde. Im letzten Jahr hat er für diese Büroräume 8.000 Euro Miete bezahlen müssen. Mit der Vermietung von Büroflächen hat er Mieteinnahmen von 60.000 Euro erzielt. Für den Jahresabschluss zückt er seinen Taschenrechner und zieht die 8.000 Euro von den 60.000 Euro ab und will die verbleibenden 52.000 Euro als Mieterträge in die GuV aufnehmen. Ist das so richtig?

Aufgabe 11.2

Die Elektronikhandelskette Elektro-Hanse GmbH hat diese Woche eine Aktion gestartet. Auf alle Fernseher gibt es anlässlich der Olympischen Spiele 50 Prozent Rabatt. In der Aktionswoche wurden Fernseher im Wert von 30.000 Euro verkauft. Die Buchhaltung verbucht die Umsatzerlöse nach Abzug des Rabatts in Höhe von 50 Prozent, also 15.000 Euro. Der Rabatt taucht somit nicht in der GuV auf. Ist das richtig?

Die Vorschriften in Österreich und in der Schweiz

Das österreichische Unternehmensgesetzbuch (UGB)

In Österreich schreiben die § 195 und § 200 UGB erst einmal allgemein den Inhalt der GuV vor. In § 231 UGB wird dann die Staffelform fest vorgeschrieben. Wie im deutschen HGB folgt auch hier im UGB eine detaillierte Beschreibung der Mindestgliederung. Wesentliche Regelungen des UGB sind:

✔ Es ist nur das Bruttoprinzip erlaubt.

✔ Es besteht ein Wahlrecht zwischen dem Gesamtkosten- und dem Umsatzkostenverfahren.

Das Schweizer Obligationenrecht

In der Schweiz ist das Obligationenrecht maßgeblich. Hier finden Sie in Artikel 959b seit 2013 eine relativ ausführliche Gliederung für die Erfolgsrechnung. Die wesentlichen Regelungen sind:

✔ Sie haben hier die Wahl zwischen einer Produktionserfolgsrechnung (Gesamtkostenverfahren) und einer Absatzerfolgsrechnung (Umsatzkostenverfahren).

✔ Sie haben die Wahl zwischen der Konto- und der Staffelform. Nur Banken sind gesetzlich zur Staffelform verpflichtet.

Aufgabe 11.3

Gilt das Handelsgesetzbuch auch in der Schweiz?

Aufgabe 11.4

Der Einzelhandelskonzern Billi 3000 AG ist in Deutschland, Österreich und in der Schweiz aktiv. Die deutsche Konzernzentrale schreibt den Rechtseinheiten in der Schweiz und Österreich vor, die GuV nach dem Bruttoprinzip und dem Gesamtkostenverfahren zu erstellen. Ist das möglich oder geraten die Schweizer und österreichischen Rechtseinheiten damit in Konflikt mit dem jeweils geltenden nationalen Recht?

Aufgabe 11.5

Ihr Unternehmen zieht von Köln nach Linz um. Bisher haben Sie in der GuV streng das Bruttoprinzip befolgt und die GuV in der Staffelform erstellt. Müssen Sie beim Wechsel vom HGB zum UGB etwas ändern?

Die Regeln nach IFRS

In IAS 1 finden Sie die wesentlichen Vorschriften zur Gewinn-und-Verlust-Rechnung nach IFRS. Wesentliche Bestandteile sind hier:

- ✔ Es ist nur das Bruttoprinzip erlaubt.
- ✔ Die Staffelform ist üblich.
- ✔ Neben dem Umsatzkostenverfahren ist auch das Gesamtkostenverfahren erlaubt. Das Umsatzkostenverfahren wird aber lieber gesehen.

Aufgabe 11.6

Das bislang völlig eigenfinanzierte Familienunternehmen Fischerglas sieht sich in der siebten Generation gezwungen, an die Börse zu gehen. Herr Fischer möchte so die dringend nötige Unternehmenserweiterung finanzieren. Damit wird aus Fischerglas ein kapitalmarktorientiertes Unternehmen. Damit wird bekanntlich auch ein IFRS-Abschluss nötig. Fischerglas hat die GuV bislang nach dem Gesamtkostenverfahren erstellt. Muss das Unternehmen auf das Umsatzkostenverfahren umstellen?

Gesamtkostenverfahren oder Umsatzkostenverfahren

Egal ob nach HGB, UGB, OR oder IFRS oder mit der E-Bilanz: Sie können bei jeder dieser Rechnungslegungsvorschriften wählen, ob Sie die GuV nach dem Gesamt- oder dem Umsatzkostenverfahren erstellen wollen. Gut, nach IFRS sollten Sie sich lieber für das Umsatzkostenverfahren entscheiden.

Da in einem Geschäftsjahr nie gleich viel Produkte verkauft wie hergestellt werden (wenige Ausnahmen bestätigen sicher die Regel), bezieht sich

- ✔ der Umsatz also auf eine Menge X an verkauften Produkten und
- ✔ die Kosten auf eine Menge Y an hergestellten Produkten.

Beide Verfahren der GuV versuchen nun, auf unterschiedliche Art und Weise mit dieser unangenehmen Tatsache umzugehen.

Der Unterschied zwischen den beiden Verfahren

- ✔ **Das Gesamtkostenverfahren** betrachtet alle Kosten, daher Gesamtkosten. Und dies unabhängig davon, ob alle in einer Periode hergestellten Produkte bereits verkauft wurden oder nicht. Diesen werden die Umsätze und die Bestandsveränderungen (Lageraufbau oder Lagerabbau) gegenübergestellt.
- ✔ **Beim Umsatzkostenverfahren** werden vom Umsatz nur die dafür entstandenen Kosten abgezogen, das heißt, die Kosten der bereits hergestellten, aber noch nicht verkauften Produkte bleiben unberücksichtigt.

Bei der elektronischen Bilanz, kurz E-Bilanz, können Sie selbstverständlich auch zwischen den beiden Verfahren wählen. Die Taxonomie, also die vorgegebene Datengliederung zur Bilanz und GuV, bietet beide Varianten an. Lassen Sie sich bloß nicht von dem dortigen Datenumfang abschrecken! Sie müssen nicht alle Felder befüllen; nicht einmal alle Mussfelder: Nur die Mussfelder, die aus Ihrer Buchführung abgeleitet werden können. So sollte die GuV auch in der E-Bilanz denselben Umfang wie Ihre bisherige GuV haben.

Das ermittelte Ergebnis muss übrigens immer gleich sein; egal mit welchem Verfahren Sie es ermittelt haben.

Aufgabe 11.7

Sie sind mittlerweile sicherlich so fit im Thema Bilanzierung, dass Sie aus dem Stand heraus sagen können, auf welche Position die Umsatzerlöse beim Gesamtkostenverfahren und beim Umsatzkostenverfahren hingehören. Ein kleiner Hinweis: Das Gesamtkostenverfahren besteht aus 20 Positionen, das Umsatzkostenverfahren aus 19 Positionen. Bei beiden Verfahren bildet der »Jahresüberschuss/Jahresfehlbetrag« die letzte Position, also Position 20 beziehungsweise Position 19.

Aufgabe 11.8

Der erfolgreiche Werkzeughersteller Buchholz in Bad Kreuznach beschäftigt mittlerweile 200 Mitarbeiter. Darunter auch einen Buchhalter, Herrn Kibelius. Herr Kibelius erhält in letzter Zeit viel Post von diversen Unternehmensberatungen und Seminaranbietern. Der Grundtenor: Die E-Bilanz kommt – und zwar sehr schnell! Nur eine rechtzeitige Umstellung kann vor einem Desaster retten. Dabei helfen die informierenden Unternehmen gerne. Herr Kibelius hat die Post in einem gesonderten Körbchen gesammelt und in die Ecke gestellt. Der Firmeninhaber Herr Buchholz entdeckt eines Abends die Post und ist entsetzt, dass Herr Kibelius nicht schon längst Heerscharen von Beratern engagiert hat, um das drohende Desaster abzuwenden; schließlich kann man vom Fiskus generell nichts Gutes erwarten.

Dazu die Frage: Warum hat Herr Kibelius nicht sofort reagiert und eine Unternehmensberatung mit der Umstellung der Buchhaltung auf die E-Bilanz beauftragt?

Die GuV nach dem Umsatzkostenverfahren

Nun geht es Schritt für Schritt durch die GuV nach dem Umsatzkostenverfahren.

Schritt 1: Die Umsatzerlöse

Im ersten Schritt erfassen Sie sämtliche Umsatzerlöse aus der »gewöhnlichen Geschäftstätigkeit«. Also nur jene Erlöse, die mit Ihrem Kerngeschäft zusammenhängen. Von diesen Erlösen müssen Sie die Umsatzsteuer und alle Erlösschmälerungen wie etwa gewährte Rabatte, Skonti, Boni oder Rücknahmen abziehen.

Bitte beachten Sie bei der Ermittlung der Umsatzerlöse stets das *Realisationsprinzip*. Danach erfolgt die Gewinnrealisierung bei Leistungserbringung. Hierbei ist es egal, ob Sie für die Ware bereits eine Zahlung erhalten haben oder nicht.

Aufgabe 11.9

Der Schallplattenhändler Sloksnat handelt mit Soul- und Jazzplatten. Gestern hat er einem Sammler zehn Platten verkauft. Die Platten hätten ursprünglich zusammen 225 Euro gekostet. Herr Sloksnat hat dem Kunden bei Abnahme von zehn Platten einen Rabatt von 25 Euro gewährt.

Wie hoch sind die Umsatzerlöse aus diesem Geschäft? Und: Wo wird der gewährte Rabatt in Höhe von 25 Euro in der GuV erfasst?

Aufgabe 11.10

Die Gemüsehändlerin Frau Chang hat im Dezember an Herrn Turner Obst und Gemüse im Wert von 140 Euro verkauft. Herr Turner hat die Einkäufe anschreiben lassen, da er erst im Januar bezahlen kann. Wie viel Euro kann Frau Chang aus dem Geschäft mit Herrn Turner in die GuV als Umsatzerlöse aufnehmen?

Aufgabe 11.11

Das Möbelhaus Piepenschrank verkauft seine Möbel nur nach vorheriger Anzahlung in Höhe von 10 Prozent des Verkaufspreises. Im Dezember hat das Möbelhaus folgende Verkäufe getätigt:

- ✔ Eine Schrankwand für 8.000 Euro. Der Kunde hat das Ausstellungsstück sofort bar bezahlt und sich am selben Tag nach Hause liefern lassen.
- ✔ Eine Couchgarnitur für 5.000 Euro. Der Kunde hat 10 Prozent, also 500 Euro, angezahlt und möchte die Couchgarnitur am 20. Januar geliefert bekommen.
- ✔ Eine Küchenzeile für 12.000 Euro. Der Kunde hat die geforderten 10 Prozent, also 1.200 Euro angezahlt. Die Küchenzeile konnte noch vor Weihnachten an den Kunden ausgeliefert werden. Der Kunde hat den Restbetrag in Höhe von 10.800 Euro aber trotz Zahlungserinnerung noch immer nicht beglichen.
- ✔ Einen ausrangierten Möbeltransporter für 7.000 Euro. Der Käufer hat die 7.000 Euro bar bezahlt und das Fahrzeug gleich mitgenommen.

Wie hoch sind die Umsatzerlöse des Möbelhauses Piepenschrank im Monat Dezember? Gehen Sie in Ihrer Antwort bitte auf jeden Geschäftsfall ein und begründen Sie Ihre Entscheidung.

Aufgabe 11.12

Das Busreiseunternehmen Ziegler veranstaltet Städtereisen. Bevorzugte Ziele sind Dresden, Hamburg und München. Das Geschäftsmodell fußt auf drei Säulen:

- ✔ auf den Erlösen aus den Reisen,
- ✔ auf den Provisionen für die auf den Reisen stattfindenden Verkaufsveranstaltungen durch Fremdfirmen sowie
- ✔ auf den Umsatzbeteiligungen der bei den Reisen angefahrenen Gaststätten.

Sie dürfen nun alle im Dezember angefallenen Geschäftsfälle prüfen. Was zählt zu den Umsatzerlösen und was nicht? Bitte begründen Sie Ihre Entscheidungen gegenüber Frau Ziegler. Wie hoch waren die Umsatzerlöse im Dezember?

✔ Die Busreise am 10. Dezember nach Dresden hatten 40 Kunden verbindlich gebucht und bezahlt. Die Reise kostete 169 Euro pro Person. 37 Kunden haben letztlich teilgenommen. Von den drei unentschuldigt fehlenden Nichtteilnehmern hat Frau Ziegler nie wieder etwas gehört

✔ Mitte Dezember versendet Frau Ziegler die Prospekte für das neue Jahr an ihre Stammkunden. 22 Buchungen gehen daraufhin noch im Dezember ein; inklusive Vorauszahlung des vollen Reisepreises. In Summe vereinnahmt Frau Ziegler hierdurch 4.400 Euro.

✔ Die allseits beliebte Gaststätte Ochsen liegt ungemein geschickt auf dem Weg nach München. Frau Ziegler kehrt dort mit ihren Kunden auf dieser Tour regelmäßig ein. Die Wirtin der Gaststätte Ochsen, Frau Öbinger, freut sich jedes Mal über die Stippvisite von Frau Ziegler. Beide genießen dann zusammen das leckere Essen und am Ende überreicht Frau Öbinger 50 Euro als Dankeschön dafür, dass Frau Ziegler mit ihren Kunden bei ihr Rast macht. Im Dezember war dies dreimal der Fall.

✔ Zum Programm der Reise nach Hamburg gehört auch ein Zwischenstopp bei Hannover. In einem Hinterzimmer des Hotels Post werden den Kunden die Vorteile qualitativ hochwertiger Matratzen erläutert. Darüber hinaus wird den Kunden die einmalige Chance geboten, diese Matratzen auch käuflich zu erwerben. Ein Kunde hat dieses einmalige Angebot im Dezember wahrgenommen und eine Matratze für 990 Euro gekauft. Frau Löffler erhält aus den Matratzenverkäufen eine Provision von 5 Prozent. Das Verkaufsunternehmen überweist die Provision einmal jährlich im Juli.

✔ Frau Ziegler unterhält für ihre Busreisen auch ein kleines Verkaufsbüro im Bahnhof. Dieses Büro hat sie nun schicker eingerichtet. Den alten Schreibtisch hat sie im Dezember für 100 Euro an ihren Nachbarn verkauft. Der Nachbar hat bar bezahlt.

Schritt 2: Herstellungskosten der zur Erzielung der Umsatzerlöse erbrachten Leistungen

Für alle, die es doch glatt vergessen haben: Im deutschen Handelsrecht definiert § 255 HGB die Herstellungskosten.

Beim Umsatzkostenverfahren dürfen hier im zweiten Schritt nur die Kosten der verkauften Waren und Dienstleistungen den Umsatzerlösen gegenübergestellt werden. Kosten für auf Lager produzierte Ware werden hier nicht berücksichtigt. Deshalb ist auch oft die Rede von den *Herstellungskosten des Umsatzes*.

In Österreich und in der Schweiz werden die Herstellungskosten im UGB beziehungsweise Swiss GAAP FER geregelt. In Österreich gilt der § 203 UGB. Im Schweizer Obligationenrecht gibt es keine Definition der Herstellungskosten. Im Swiss GAAP FER 17 dagegen schon. Es besitzt aber keinen Gesetzescharakter. Und im IFRS werden die Bestandteile in IAS 2 definiert.

Aufgabe 11.13

Der Weckerhersteller Zwitscher-Alarm AG stellt Wecker mit Vogelgezwitscher her. Um an möglichst authentische Vogelstimmen für die Wecktöne zu gelangen, wurde der berühmte Ornithologe Prof. Dr. Johannes Thienemann engagiert. Prof. Dr. Johannes Thienemann hat für sein Engagement einige Bedingungen gestellt: Er benötigt für eine erfolgreiche Arbeit ein High-End-Aufnahmeequipment und ein gewisses Reisekostenbudget, da nun mal nicht alle Vogelarten, deren Stimmen als Weckton erfasst werden sollen, auf dem Firmengelände nisten. Zusätzlich bat er um einen Forschungsetat zur weiteren Erforschung des Kommunikationsverhaltens der Krähen.

Die Zwitscher-Alarm AG ging auf sämtliche Forderungen ein und hat für 100.000 Euro das erforderliche Equipment gekauft und Prof. Dr. Johannes Thienemann für die Dauer des Projekts ein Reisekostenbudget von 60.000 Euro zur Verfügung gestellt. Daneben erhält das Institut des Professors einen Forschungsetat in Höhe von 60.000 Euro, damit man endlich herausbekommt, was die Krähen sich den lieben langen Tag erzählen.

Prüfen Sie bitte die folgenden Sachverhalte. Was gehört nach HGB zu den Herstellungskosten der Wecker und was nicht? Seien Sie so nett und geben Sie jeweils auch mit an, um was für einen Bestandteil es sich handelt, zum Beispiel um Materialgemeinkosten, und in welcher Höher dieser in die Herstellungskosten einfließt.

- ✔ Um das Rufen des Bandfinkenmännchens in natürlicher Umgebung aufnehmen zu können, musste Prof. Dr. Thienemann eine Woche nach Äthiopien reisen. Die erfolgreiche Safari kostete 2.500 Euro.
- ✔ Um das sündhaft teure Aufnahmeequipment bezahlen zu können, hat die Zwitscher-Alarm AG bei ihrer Hausbank einen Kredit aufgenommen. Die Laufzeit des Kredits entspricht exakt der Zeitdauer des Projekts, nämlich zwei Jahre. Jedes Jahr werden dafür 6.000 Euro Zinsen fällig.
- ✔ Die Zwitscher-Alarm AG legt jedem Wecker in der Verkaufsverpackung zwei Batterien bei. Eine Batterie kostet im Einkauf 0,50 Euro.
- ✔ Für die Mitarbeiter der Zwitscher-Alarm AG gibt es eine betriebliche Altersvorsorge. Im laufenden Jahr fielen hierfür Aufwendungen in Höhe von 20.000 Euro an.
- ✔ Im März hat die Zwitscher-Alarm AG dem Institut des Professors die 60.000 Euro Forschungsetat zur weiteren Erforschung des Kommunikationsverhaltens der Krähen überwiesen.
- ✔ Das Marketing hatte im laufenden Jahr Aufwendungen in Höhe von 8.000 Euro.
- ✔ Dr. Piepenbronck, der Vorstandsvorsitzende der Zwitscher-Alarm AG, hat nicht nur ein Herz für Vogelstimmen, sondern auch ein Herz für Bildung. Deshalb veranlasst er jedes Jahr eine Spende über 10.000 Euro an die Bildungsorganisation Arbeiterkind.de.
- ✔ Das Aufnahmeequipment wird über fünf Jahre linear abgeschrieben. Da die Gerätschaft im April des laufenden Jahres gekauft wurde, werden dieses Jahr nicht die vollen 20.000 Euro abgeschrieben, sondern nur 9/12. Abgeschrieben wird bekanntlich immer monatsgenau.

- Im laufenden Jahr wurde für die Herstellung der Wecker Material in Höhe von 15.000 Euro verbraucht.
- Der Wecker »Birdy 3.0« besitzt einen Touchscreen und sagt auf Wunsch nach dem Wecken gleich das Wetter an. Dabei wird der Mobilfunkstandard UMTS genutzt. Ein südkoreanischer Technologiekonzern behauptet, dass diese Art der Datenübertragung eine alte koreanische Tradition sei, die der Technologiekonzern schon vor Jahrzehnten habe patentieren lassen. Den ersten Prozess gewinnt das südkoreanische Unternehmen und setzt eine jährliche Lizenzzahlung von 5 Euro pro verkauften Wecker der Baureihe »Birdy 3.0« durch.

Schritt 3: Bruttoergebnis vom Umsatz

Das Bruttoergebnis vom Umsatz ergibt sich aus Umsatzerlöse (Schritt 1) minus Herstellungskosten (Schritt 2).

Aufgabe 11.14

Der Gießkannenhersteller Gewässert & Co KG stellt nur ein einziges Produkt her: die Zinkgießkanne Rosengarten. Im abgelaufenen Geschäftsjahr hat der Hersteller 2.000 Gießkannen produziert und seinen Lagerbestand von 0 auf 50 gesteigert, da er nur 1.950 Gießkannen verkaufen konnte. Eine Gießkanne brachte 20 Euro Umsatzerlöse ein. Der Aufwand je Gießkanne beträgt 18 Euro. Wie hoch ist das Bruttoergebnis vom Umsatz?

Aufgabe 11.15

Der Postkartenhersteller Bunt & Antiquiert KG hatte im abgelaufenen Geschäftsjahr Umsatzerlöse in Höhe von 55.000 Euro und außerordentliche Erträge in Höhe von 7.000 Euro. Die Herstellungskosten betragen 25.000 Euro. Wie hoch ist das Bruttoergebnis vom Umsatz?

Schritt 4: Vertriebskosten

Zu den Vertriebskosten gehört nicht nur das Gehalt des Vertriebsleiters und seiner Mitarbeiter. Hier kommen alle Aufwendungen hin, die mit dem Vertrieb zu tun haben. Dazu gehören zuerst einmal die Vertriebseinzelkosten wie etwa Verpackungskosten, Provisionen oder Transportkosten. Außerdem gehören alle Gemeinkosten des Vertriebs hierher.

Aufgabe 11.16

Beim Verkehrsschilderhersteller Bosenheimer wird gerade die GuV erstellt. Was meinen Sie, welche der genannten Sachverhalte müssen den Vertriebskosten zugeordnet werden:

- Der Vertriebsleiter hat sich im letzten Jahr auf Rechnung der Firma ein schickes Smartphone gekauft, damit er auch mobil arbeiten kann. Kostenpunkt: 300 Euro.
- Der Hausmeister hat ebenfalls, obwohl er gar keines wollte, ein Smartphone bekommen. So soll er immer erreichbar sein. Kostenpunkt für die Firma: 220 Euro.
- Im letzten Jahr fielen für den Versand der verkauften Schilder Verpackungskosten in Höhe von 4.000 Euro an.

Schritt 5: Allgemeine Verwaltungskosten

Sämtliche Kosten der indirekten Bereiche kommen hierher, sofern es sich um Kosten aus

✔ der gewöhnlichen Geschäftstätigkeit handelt

und sie nicht

✔ zu den GuV-Positionen Herstellungskosten, Vertriebskosten, sonstige betriebliche Aufwendungen, Abschreibungen, Zinsaufwendungen und Steuern

gehören.

So weit die Negativabgrenzung. Andersrum formuliert: Alles, was zu den Verwaltungskosten gehört, wie zum Beispiel die Kosten für die Geschäftsleitung, die Buchhaltung oder den Hausmeister. In der Praxis werden Sie sicherlich dann und wann Grenzfälle finden, die Sie je nach Stimmungslage der einen oder der anderen GuV-Position zuordnen können. Versuchen Sie dabei einfach möglichst objektiv zu urteilen; dann liegen Sie in aller Regel richtig.

Aufgabe 11.17

Bitte beurteilen Sie nun, welche der Sachverhalte Sie den allgemeinen Verwaltungskosten zuordnen würden:

✔ Der Hauspostbriefträger verursacht jährliche Kosten in Höhe von 35.000 Euro. Es wird kolportiert dass er zu über 90 Prozent damit beschäftigt ist, Hauspostbriefumschläge zwischen Frau Havenstock von der Vertriebsniederlassung Neubrandenburg und Herrn Häberle von der Vertriebszentrale in Stuttgart zu befördern. Gehören diese Kosten nun zu den Vertriebskosten oder zu den allgemeinen Verwaltungskosten?

✔ Die Buchhaltung verursachte Kosten in Höhe von 250.000 Euro.

✔ Der Dienstwagen des Geschäftsführers kostet monatlich 700 Euro.

✔ Der private Zweitwagen des Geschäftsführers kostet monatlich 199 Euro.

Schritt 6: Sonstige betriebliche Erträge

Unverhofft kommt oft. Alle regelmäßig anfallenden Erträge, die nicht zu den Umsatzerlösen oder den Erträgen aus Beteiligungen und Wertpapieren gehören und zusätzlich nicht den außerordentlichen Erträgen zuzuordnen sind, sind den sonstigen betrieblichen Erträgen zuzuordnen.

Die Zuordnung von Geschäftsfällen zu den Umsatzerlösen und den Erträgen aus Beteiligungen und Wertpapieren ist noch recht einfach. Die Unterscheidung zwischen den sonstigen betrieblichen Erträgen und den außerordentlichen Erträgen kann dagegen manchmal ganz schön kniffelig sein. Packen Sie alle Erträge zu den sonstigen Erträgen, wenn sie regelmäßig wiederkehren, jedoch nicht zum normalen Hauptgeschäft gehören, wie zum Beispiel Mietererträge einer Schlosserei durch Untervermietung einer Garage. Zu den außerordentlichen Erträgen gehört hingegen alles, was nur sehr selten Erträge beschert. Wenn Sie zum Beispiel eine Filiale aufgeben und das Inventar verkaufen, gehören diese Erträge zu den außergewöhnlichen Erträgen.

Aufgabe 11.18

Welche der folgenden Sachverhalte würde Sie den sonstigen betrieblichen Erträgen zuordnen?

- Der Maschinenbaubetrieb Schnyder hat eine wunderschöne Kantine. Neben den eigenen Mitarbeitern dürfen auch Mitarbeiter aus anderen Betrieben hier essen; natürlich nicht so begünstigt wie die eigenen Mitarbeiter. Im letzten Monat erzielte die Kantine durch den Essensverkauf an Dritte Erträge in Höhe von 5.000 Euro.
- Die Druckerei Farbiger verkauft regelmäßig ausrangierte Maschinen. Letzten Monat hat sie mal wieder eine Maschine für 20.000 Euro verkauft.
- Eine im Vorjahr gebildete Rückstellung wird dieses Jahr nun doch nicht benötigt und deshalb aufgelöst. Hierdurch fallen Erträge in Höhe von 75.000 Euro an.
- Bei der Konservenfabrik hat es im alten, ungenutzten Lagerschuppen gebrannt. Für den in der Bilanz schon seit Jahrzehnten abgeschriebenen Schuppen hat die Versicherung 55.000 Euro ausgezahlt.

Schritt 7: Sonstige betriebliche Aufwendungen

Hier gehören alle Aufwendungen hin, die nicht zu den nachfolgenden Positionen gehören:

- Schritt 2: Herstellungskosten
- Schritt 4: Vertriebskosten
- Schritt 5: Allgemeinen Verwaltungskosten
- Schritt 11: Abschreibungen auf Finanzanlagen und auf Wertpapiere des Umlaufvermögens
- Schritt 12: Zinsen und ähnliche Aufwendungen

Aufgabe 11.19

Welche Sachverhalte gehören zu den sonstigen betrieblichen Aufwendungen?

- Die Gärtnerei Laubenholz hatte vor einigen Monaten bei der Firma Financecheck AG die Grünanlage auf Vordermann gebracht. Die Rechnung über 6.000 Euro wurde nie von der Financecheck AG beglichen. Zwischenzeitlich wurde diese Firma mangels Masse abgewickelt. Die Gärtnerei muss die Forderung über 6.000 Euro abschreiben.
- Für die Reparatur des Firmentransporters fielen Aufwendungen in Höhe von 1.800 Euro an.
- Das hinterste Gewächshaus stand direkt an einem Abhang. Beim letzten Gewitter hat ein Erdrutsch das Gewächshaus den Abhang heruntergerissen. Versichert war die Gärtnerei gegen so etwas nicht. Es entstand ein Schaden in Höhe von 250.000 Euro.

Schritte 8 bis 10: Erträge aus Beteiligungen, Wertpapieren, Ausleihungen und sonstigen Zinsen

In die GuV-Positionen 8, 9 und 10 kommen alle Erträge aus Finanzgeschäften hinein.

Aufgabe 11.20

Frau Schön entwirft, produziert und verkauft Handtaschen. Da Frau Schön ziemlich erfolgreich ist, schwimmt sie in Geld. Bitte ordnen Sie die einzelnen Fälle den GuV-Positionen 8, 9 und 10 zu.

- ✔ Frau Schön hat im letzten Jahr liquide Mittel ihrer Firma auf dem Tagesgeldkonto ihrer Hausbank zwischengelagert. Hieraus gab es Zinserträge in Höhe von 5.000 Euro.
- ✔ Ihre Hausbank, eine kleine Privatbank, war vor ein paar Jahren auf der Suche nach einem Investor, der sich mit zwei Millionen Euro an der Bank beteiligt. Frau Schön nutzte die Gelegenheit und hat sich bei ihrer Hausbank eingekauft. Nach einigen verlustreichen Jahren hat die Bank endlich einmal Gewinne erzielt. Frau Schön erhält eine Dividendenzahlung über 150.000 Euro.
- ✔ Da Frau Schön nicht ihr gesamtes Geld in die Hausbank stecken wollte, hat sie zusätzlich in Aktienfonds investiert. Hieraus erzielte Frau Schön dieses Jahr Erträge in Höhe von 80.000 Euro.

Schritte 11 und 12: Abschreibungen auf Finanzanlagen und auf Wertpapiere des Umlaufvermögens und Zinsen und ähnliche Aufwendungen

Nachdem Sie in den Schritten 9 bis 10 die Ertragsseite aus Finanzgeschäften kennengelernt haben, geht es nun um den Gegenpart, die Aufwandsseite. Verluste aus Finanzgeschäften und Zinsaufwendungen kommen in diese beiden Positionen.

Aufgabe 11.21

Herr Fliege betreibt einen Schlachtereibetrieb und hat in letzter Zeit kein glückliches Händchen mit seinen Finanzgeschäften. Er hatte die Gewinne aus dem Schlachtereibetrieb in erfolgversprechende US-amerikanische Wertpapiere angelegt. Die Subprime-Krise vernichtete jedoch die gesamte Finanzanlage. Herr Fliege musste seine Investition über 500.000 Euro komplett abschreiben. Zu allem Unglück musste er nun auch noch für die Renovierung des Kühlhauses einen Kredit über 200.000 Euro aufnehmen, da er das gesamte Finanzvermögen seiner Schlachterei verspekuliert hat. Dafür musste er 5.000 Euro Zinsen bezahlen. Das neue Sofa für das Wohnzimmer daheim hat Herr Fliege ebenfalls per Kredit finanziert. Dafür musste er 90 Euro Zinsen bezahlen.

Welcher Sachverhalt gehört zur Position 11 und welcher zur Position 12?

Schritte 14 und 15: Außerordentliche Erträge und Aufwendungen

Jetzt geht es um außerordentliche Ereignisse. Also um alles, was nicht zur normalen Geschäftstätigkeit gehört, unregelmäßig vorkommt und das Jahresergebnis erheblich beeinflusst.

Aufgabe 11.22

Der Uhrenhersteller Tick & Tack AG ist mit seinen hochpreisigen Armbanduhren der Marke Stilecht sehr erfolgreich. Das Sortiment des Herstellers besteht aus je zehn Herren- und Damenarmbanduhren. Im abgelaufenen Geschäftsjahr gab es folgende Ereignisse, die möglicherweise in die GuV-Positionen 14 und 15 gehören. Bitte unterstützen Sie den Uhrenhersteller bei der Beurteilung, ob die Fälle in die Position 14 oder 15 gehören.

- ✔ Der Einkaufspreis für Leder ist stark gestiegen. Gegenüber der ursprünglichen Planung entstand ein Mehraufwand von 6.000 Euro.
- ✔ Beim Aufbau des Messestands kam es zu unerwarteten Komplikationen. Daraufhin musste ein Spezialist beauftragt werden, der das Problem auf die Schnelle beheben konnte. Kostenpunkt: 3.500 Euro.
- ✔ Der Uhrenhersteller betreibt auch einen Fabrikverkauf in Metzingen. In die dortigen Verkaufsräume wurde eingebrochen; die gesamten dort ausgestellten Armbanduhren wurden entwendet. Es entstand ein Schaden in Höhe von 150.000 Euro. Da niemand mit so etwas gerechnet hatte, war man auch nicht versichert.
- ✔ Für die neueste Armbanduhr wurde der Uhrenhersteller mit einem Designpreis ausgezeichnet. Dem Vorstandschef wurde bei der Preisverleihung eine schöne Skulptur und ein Scheck über 5.000 Euro überreicht.
- ✔ Das Vorstandsbüro musste endlich mal renoviert werden. Kostenpunkt: 35.000 Euro.

Schritte 17 und 18: Steuern vom Einkommen und vom Ertrag, sonstige Steuern

Last but not least geht es um die Steuern in der GuV. In Schritt 17 werden alle einkommens- und ertragsabhängigen Steuern erfasst. Im vorletzten Schritt erfassen Sie dann noch die sonstigen Steuern wie zum Beispiel die Versicherungssteuer oder die Grundsteuer.

Aufgabe 11.23

Der Sportartikelhersteller Pandabär AG ist mit seiner GuV fast fertig. Es fehlen nur noch die Schritte 17 und 18. Hier für Sie einige Fälle, die diesen Steuerposten nahestehen. Bitte ordnen Sie die Fälle den richtigen GuV-Positionen zu. Wie immer gilt: Nur zur Übung …

- ✔ Das Finanzamt fordert 60.000 Euro Körperschaftsteuer.
- ✔ Die Vorstandchefin der Pandabär AG, Frau Wahlschneider, hat geerbt. Dummerweise konnte sich der entfernte Verwandte, ein Herr Barthels, nicht bereits zu Lebzeiten für Schenkungen begeistern. Das Finanzamt verlangt für das vererbte Vermögen von Frau Wahlschneider 35.000 Euro Erbschaftsteuer. Da Frau Wahlschneider das Verhältnis zu Herrn Barthels als rein geschäftlich betrachtet, Familiensonntage fanden nie statt, und Herr Barthels auch bei der Pandabär AG beschäftigt war, ist es aus Ihrer Sicht nur konsequent, diese Steuer in der GuV anzusetzen.
- ✔ Die örtliche Gemeindeverwaltung zieht wie immer quartalsweise die Grundsteuer für das im Eigentum der Pandabär AG befindliche Firmengebäude ein. Pro Jahr sind das 5.000 Euro.

- ✔ Die Pandabär AG hat für ihr Exportgeschäft Ausfuhrzölle in Höhe von 10.000 Euro bezahlen müssen.
- ✔ Der Vertriebsleiter der Pandabär AG ist ein passionierter Raucher. Er hat für die Buchhaltung kurz vor dem Jahresabschluss sämtliche Belege seiner diesjährigen Zigarrenkäufe zusammengestellt und dabei handschriftlich vermerkt, welche Havanna-Zigarren er während der Arbeitszeit konsumiert hat. Zusätzlich hat er die jeweils darin enthaltene Tabaksteuer statistisch ermittelt. Er hat damit während seiner Arbeitszeit sage und schreibe im Jahr 600 Euro Tabaksteuer bezahlt.

Die GuV mit dem Gesamtkostenverfahren

Lediglich die Positionen 2 und 3 sowie 5 bis 8 des Gesamtkostenverfahrens unterscheiden sich vom Umsatzkostenverfahren. Ansonsten sind die beiden Verfahren völlig identisch. Ganz exklusiv für Sie hier nun Aufgaben für die vom Umsatzkostenverfahren abweichenden Schritte.

Schritt 2: Erhöhung oder Verminderung des Bestands an fertigen und unfertigen Erzeugnissen

Beim Gesamtkostenverfahren müssen Sie die mengen- und wertmäßigen Bestandsveränderungen bei allen fertigen und unfertigen Produkten ermitteln, weil sich hier die Leistung eines Unternehmens nicht nur nach den verkauften Produkten bemisst, sondern nach der gesamten Produktion. Deshalb werden bei diesem Verfahren alle Kosten betrachtet, die für die Produktion angefallen sind.

Die Bestandsveränderungen werden beim Gesamtkostenverfahren mit den Herstellungskosten bewertet.

Aufgabe 11.24

Die Nährmittel GmbH & Co KG produziert Fertigmahlzeiten für Schulen und Kindergärten. Bestandsveränderungen sind bei dieser Firma ein wichtiges Thema. Werfen Sie bitte auch einen Blick mit ins Lager der Nährmittel GmbH & Co KG. Ihre Hilfe wird bei Schritt 2, den Bestandsveränderungen, dringend benötigt. Welche der Fälle müssen wie in der GuV berücksichtigt werden?

- ✔ Der Bestand an Erdbeerdesserts hat sich im letzten Geschäftsjahr erhöht. Zum Jahresabschluss liegen 5.000 Erdbeerdesserts mehr als im Vorjahr auf Lager. Die Herstellungskosten betragen pro Dessert 0,25 Euro.
- ✔ Der Heizölbestand für die Heizung und die Thunfischsalate hat sich gegenüber dem Vorjahr um 6.000 Liter erhöht. Der Liter Heizöl hat 0,70 Euro gekostet.
- ✔ Der Bestand an Fertigmenüs der Sorte Kohlroulade mit Kartoffelbrei hat sich gegenüber dem Vorjahr um 500 Einheiten verringert. Die Herstellungskosten betragen pro Menü 1,35 Euro.

Schritt 3: Andere aktivierte Eigenleistungen

Zu den anderen aktivierten Eigenleistungen zählen selbst gebaute Maschinen oder zum Beispiel selbst durchgeführte Reparaturen oder Instandsetzungen.

Aufgabe 11.25

Die Nährmittel GmbH & Co KG produziert Fertigmahlzeiten für Schulen und Kindergärten. Der im Unternehmen in der Forschung beschäftigte Lebensmittelchemiker Dr. Vira-Baktus hat ein geniales Verfahren zur Wiederherstellung bereits verdorbener Lebensmittel entdeckt. Mithilfe einer eigens dafür entworfenen Maschine kann die Nährmittel GmbH & Co KG nun verdorbene Lebensmittel wiederaufbereiten. Die Kosten für die eingekauften Rohstoffe reduzieren sich hierdurch erheblich. Die Kosten für die Maschine betragen im betreffenden Geschäftsjahr 10.000 Euro. Dürfen diese Kosten hier in der GuV aufgeführt werden? Und: Kaum ist die Maschine im Einsatz, geht das Hauptaggregat kaputt. Die Reparatur kostet 8.000 Euro. Wohin mit diesen Kosten in der GuV?

Schritte 5 und 6: Material- und Personalaufwand

In Schritt 5 werden alle Aufwendungen für Roh-, Hilfs- und Betriebsstoffe und für bezogene Waren erfasst. Egal, wofür sie im Unternehmen angefallen sind. In Schritt 6 werden dann die Bruttoentgelte der Mitarbeiter erfasst.

Aufgabe 11.26

Das Theaterhaus Todernst KG wird von den Behörden auch zur Abgabe eines Jahresabschlusses gezwungen. Hier ein paar Fälle, die eventuell in die Positionen 5 und 6 der GuV passen könnten. Beurteilen Sie bitte jeden Fall. Gehört er in Position 5 oder in Position 6 oder zu einer ganz anderen GuV-Position oder hat er gar nichts in der GuV zu suchen?

- ✔ Die Theaterkasse hat bei der örtlichen Druckerei Eintrittskarten drucken lassen. Kostenpunkt: 400 Euro.
- ✔ Die Plakate für das Open-Air-Theater haben 800 Euro gekostet.
- ✔ Der Intendant arbeitet sehr viel von daheim. Für seine kreativen Höhepunkte bedarf es den Einsatz diverser Süßwaren. Die Kassenbelege summieren sich auf 87,39 Euro.
- ✔ Die Tonmischerin hatte einen genialen Einfall, der dem Theater dauerhaft viel Geld spart. Im letzten Monat hat sie dafür eine Prämie über 500 Euro erhalten.
- ✔ Die Jahresabrechnung für den verbrauchten Strom beträgt 8.500 Euro.
- ✔ Letztes Jahr hatte der fest angestellte Schauspieler Herr Meyer auf der Bühne mitten in der Aufführung von »Die Firma dankt« einen Herzinfarkt erlitten. Die Wiederbelebungsversuche scheiterten. Herr Meyer hinterließ eine Ehefrau und drei Kinder. Das Theater hat hierfür im abgelaufenen Geschäftsjahr auf Initiative der Belegschaft eine Hinterbliebenenversorgung in Höhe von 6.000 Euro ausbezahlt.
- ✔ Die Putzfrau musste mal wieder Allesreiniger nachkaufen. Sie hat den Kassenbeleg beim Buchhalter abgegeben. Kostenpunkt: 1,95 Euro.
- ✔ Die Bühnenbilder haben Holz und Farben in Höhe von 6.500 Euro eingekauft.

Schritt 7: Abschreibungen

Hier werden die Abschreibungen auf immaterielle Wirtschaftsgüter und Sachanlagen und auf Wirtschaftsgüter des Umlaufvermögens, soweit Letztere die üblichen Abschreibungen überschreiten, erfasst.

Aufgabe 11.27

Das Theater Todernst KG musste in letzter Zeit viel abschreiben. Was davon kommt in die Position 7?

- ✔ Der Intendant hat die Hoffnung auf einen fähigen Hauptdarsteller für »Dantons Tod« endgültig abgeschrieben.
- ✔ Der Vorrat an Kunstschnee für die nächsten zwei Vorstellungen von »Drei Nüsse für Aschenbrödel« ist aufgrund fehlerhafter Lagerung völlig vergammelt. Kostenpunkt: 2.000 Euro.

Schritt 8: Sonstige betriebliche Aufwendungen

Zu guter Letzt zum Besenwagen der Aufwendungen. Hier erfassen Sie alle Aufwendungen aus der gewöhnlichen Geschäftstätigkeit, die Sie bis hierher noch nirgends zuordnen konnten.

Aufgabe 11.28

Die freie Kfz-Werkstatt Gutbrod KG musste die neue Hebebühne kreditfinanzieren. Dafür fielen Zinsen in Höhe von 900 Euro an. Gehören diese Zinszahlungen hierher? Im letzten Monat musste ein Stammkunde auch noch Insolvenz anmelden: Gegenüber dem Taxiunternehmen Drubke sind noch Rechnungen in Höhe von 3.500 Euro offen. Das Insolvenzverfahren wurde mangels Masse eingestellt. Darf Frau Gutbrod die Abschreibungen auf diese Forderung hier unterbringen?

Lösungen zu den Übungsaufgaben

Hier finden Sie die Lösungen zu den Aufgaben.

Lösung 11.1

Nach HGB darf nur das Bruttoprinzip angewendet werden. Das heißt, dass Herr Lohr die Mietaufwendungen nicht mit seinen Mieterträgen verrechnen darf. Die 8.000 Euro Mietaufwand wandern gesondert in die GuV, ebenso die 60.000 Euro Mieterträge. So wird die Wirklichkeit besser in der GuV abgebildet.

Lösung 11.2

Das HGB sieht es in ein paar Punkten nicht ganz so eng mit dem Bruttoprinzip. Umsatzerlöse sollen nach Abzug von Erlösschmälerungen, wie zum Beispiel Rabatte, ausgewiesen werden.

Lösung 11.3

Nein, das Handelsgesetzbuch gilt ausschließlich in Deutschland. In der Schweiz gilt das Obligationenrecht.

Lösung 11.4

Da das nationale Recht in allen drei Ländern das Bruttoprinzip nicht verbietet und die Wahl zwischen dem Gesamt- und dem Umsatzkostenverfahren ermöglicht, kann die deutsche Konzernzentrale ruhig so eine Vorgabe machen. Die Schweizer und die österreichische Tochtergesellschaft müssen dabei aber immer zuallererst die nationale Gesetzgebung der Schweiz und Österreichs beachten. Vorgaben der Zentrale dürfen sie nur befolgen, wenn diese mit der nationalen Gesetzgebung übereinstimmen.

Lösung 11.5

Nein, HGB und UGB weichen hier nicht voneinander ab.

Lösung 11.6

IFRS erlaubt auch eine GuV nach dem Gesamtkostenverfahren. International üblich ist jedoch das Umsatzkostenverfahren. Vielleicht sollte die Fischerglas AG anlässlich des Börsengangs den großen Wurf wagen und auf das Umsatzkostenverfahren umstellen.

Lösung 11.7

Die GuV startet bei beiden Verfahren mit den Umsatzerlösen. Somit finden Sie die Umsatzerlöse immer in Position 1.

Lösung 11.8

Natürlich kann es nie schaden, bei Veränderungen rechtzeitig zu reagieren. Da Herr Kibelius aber nach den ersten Schreiben zunächst einmal die Informationen zur E-Bilanz in Ruhe studiert hat, weiß er, dass es sich nicht um eine buchhalterische Revolution handelt. Die bestehenden Kontenrahmen und GuV-Verfahren können beibehalten werden.

Lösung 11.9

In Position 1 der GuV dürfen nur die Umsatzerlöse nach Abzug der gewährten Rabatte, Skonti und Boni erfasst werden: Herr Sloksnat erfasst für diesen Geschäftsfall also 200 Euro Umsatzerlöse. Der gewährte Rabatt in Höhe von 25 Euro wird nirgends in der GuV erfasst. Hier durchbricht das Handelsrecht das Bruttoprinzip und verzichtet auf eine Erfassung solcher Details.

Lösung 11.10

Frau Chang kann die gesamten 140 Euro als Umsatzerlöse erfassen, da sie die Leistung ja bereits erbracht hat.

Lösung 11.11

Das Möbelhaus Piepenschrank hat im Dezember Umsatzerlöse in Höhe von 20.000 Euro erzielt.

- ✔ Die verkaufte Schrankwand für 8.000 Euro zählt zu den Umsatzerlösen, da der Gewinn realisiert wurde: Die Leistung wurde erbracht.
- ✔ Die verkaufte Couchgarnitur für 5.000 Euro gehört nicht in die Umsatzerlöse. Die Leistung wird ja erst im Januar erbracht. Die erhaltene Anzahlung über 500 Euro kommt zu den Verbindlichkeiten, bis die Couchgarnitur ausgeliefert wird.
- ✔ Die Küchenzeile für 12.000 Euro wurde dem Kunden geliefert; die Leistung wurde erbracht. Somit dürfen die 12.000 Euro zu den Umsatzerlösen gepackt werden. Der fehlende Zahlungseingang in Höhe von 10.800 Euro gehört zu den Forderungen.
- ✔ Der Erlös aus dem Verkauf des ausrangierten Möbeltransporters über 7.000 Euro zählt nicht zu den Umsatzerlösen, da es kein Erlös aus gewöhnlicher Geschäftstätigkeit ist. Die 7.000 Euro gehören zu den sonstigen betrieblichen Erträgen.

Lösung 11.12

Die Busreiseveranstalterin Ziegler hat im Dezember Umsatzerlöse in Höhe von 6.959,50 Euro erzielt.

- ✔ Aus der Busreise am 10. Dezember nach Dresden hat Frau Ziegler 6.760 Euro Umsatzerlöse erzielt. Die Leistung wurde erbracht. Die Einnahmen von den drei Reisenden, die nicht an der Reise teilgenommen haben, zählen zu den Umsatzerlösen.
- ✔ Die Einnahmen aus Buchungen für Reisen des Folgejahrs zählen nicht zu den aktuellen Umsatzerlösen, da die Leistung ja noch nicht erbracht wurde. Diese Einnahmen gehören bis dahin zu den Verbindlichkeiten.
- ✔ Die von Frau Öbinger erhaltene Umsatzbeteiligung in Höhe von 150 Euro gehört zu den Umsatzerlösen, da die vereinbarte Leistung erbracht wurde.
- ✔ Auch wenn die Provision erst im Juli des Folgejahrs ausgezahlt wird: Die 5 Prozent aus 990 Euro zählen zu den Umsatzerlösen, da die Leistung erbracht wurde.
- ✔ Die Einnahmen aus dem Verkauf des gebrauchten Schreibtischs zählen nicht zu den Umsatzerlösen, da dieser Verkauf keine gewöhnliche Geschäftstätigkeit ist. Der Verkauf gebrauchten Inventars kann keinem der drei in der Aufgabe genannten Geschäftsfelder zugeordnet werden. Frau Ziegler muss die 150 Euro stattdessen zu den sonstigen betrieblichen Erträgen packen.

Lösung 11.13

Was gehört nun zu den Herstellungskosten und was nicht:

- ✔ Die Kosten für die Reise nach Äthiopien über 2.500 Euro zählen zu den Herstellungskosten, genauer gesagt zu den Fertigungsgemeinkosten, da die Zwitscher-Alarm AG nicht nur ein Weckermodell herstellt, dem die Reisekosten zu 100 Prozent zugeordnet werden könnten. Hier wird deshalb unterstellt, dass die aufgenommene Vogelstimme für mehrere

Weckermodelle verwendet werden soll. Würde sie nur für ein Modell verwendet werden, würde es sich um Fertigungseinzelkosten handeln.

- ✔ Die für den Kredit gezahlten 6.000 Euro Zinsen können Sie zu den Herstellungskosten packen, und zwar zu den fertigungsbezogenen Fremdkapitalzinsen. Hier besitzen Sie ein Wahlrecht, ob Sie diese Zinsen hier dazuzählen wollen oder lieber in der GuV später in Punkt 12 Zinsen und ähnliche Aufwendungen hineinpacken wollen.
- ✔ Die Zwitscher-Alarm AG legt jedem Wecker in der Verkaufsverpackung zwei Batterien bei. Eine Batterie kostet im Einkauf 0,50 Euro: Das sind klassische Materialeinzelkosten, also Herstellungskosten.
- ✔ Für die Mitarbeiter der Zwitscher-Alarm AG gibt es eine betriebliche Altersvorsorge. Die Aufwendungen in Höhe von 20.000 Euro können Sie zu den Herstellungskosten packen; Sie müssen es aber nicht, es besteht ein Wahlrecht. Wenn Sie diese Aufwendungen nicht den Herstellungskosten zuordnen wollen, kommen sie in der GuV zur Position 7, den sonstigen betrieblichen Aufwendungen.
- ✔ Die im März dem Institut des Professors überwiesenen 60.000 Euro zur weiteren Erforschung des Kommunikationsverhaltens der Krähen gehören nicht zu den Herstellungskosten. Aufwendungen für Forschung dürfen ausdrücklich nicht in die Herstellungskosten gepackt werden. Damit kommen diese Aufwendungen in die Position 7, zu den sonstigen betrieblichen Aufwendungen.
- ✔ Die Aufwendungen des Marketings im laufenden Jahr in Höhe von 8.000 Euro können so nicht den fertigungsbezogenen Verwaltungskosten zugeordnet werden. Dafür fehlt die Angabe eines Fertigungsbezugs. Deshalb müssen diese Aufwenden in der GuV dem fünften Punkt, den allgemeinen Verwaltungskosten, zugeordnet werden.
- ✔ Die Spende über 10.000 Euro zählt definitiv nicht zu den Herstellungskosten. Das ist Aufwand für außerbetriebliche Zwecke, der mit dem Betriebszweck nichts zu tun hat. Betriebsfremder Aufwand wird in der GuV entweder als sonstiger betrieblicher Aufwand oder als außerordentlicher Aufwand ausgewiesen. Diese Spende hier dürfte eher dem außerordentlichen Aufwand zuordenbar sein. Wenn die Verbindung zwischen Unternehmen und Spendenempfänger jedoch weiter geht, indem zum Beispiel hierüber geförderte Kinder später als Auszubildende oder Hochschulabsolventen bevorzugt eingestellt werden, könnte man die Spenden dem sonstigen betrieblichen Aufwand zuordnen.
- ✔ Das Aufnahmeequipment wird über fünf Jahre linear abgeschrieben. Der Abschreibungsbetrag über 15.000 Euro wird den Materialgemeinkosten zugeordnet, da mit dem Aufnahmeequipment sicher nicht nur Material für einen Wecker aufgenommen werden soll.
- ✔ Das im laufenden Jahr für die Herstellung der Wecker verbrauchte Material in Höhe von 15.000 Euro gehört zu den Materialgemeinkosten.
- ✔ Die jährliche Lizenzzahlung von 5 Euro pro verkauften Wecker der Baureihe »Birdy 3.0« sind Sondereinzelkosten der Fertigung, also Herstellungskosten.

Lösung 11.14

Der Gießkannenhersteller hat Umsatzerlöse in Höhe von 39.000 Euro erzielt. Dem stehen Aufwendungen in Höhe von 35.100 Euro gegenüber: 1.950 verkaufte Gießkannen mit einem Aufwand von jeweils 18 Euro.

Lösung 11.15

Es wurde ein Bruttoergebnis von 30.000 Euro erzielt. Die außerordentlichen Erträge haben hier nichts zu suchen.

Lösung 11.16

Vorhang auf für die Zuordnung zu den Vertriebskosten:

- ✔ Die Kosten für das Smartphone des Vertriebsleiters zählen ganz klar zu den Vertriebskosten.
- ✔ Die Kosten für das Smartphone des Hausmeisters gehören nicht zu den Vertriebskosten, sondern zu den allgemeinen Verwaltungskosten.
- ✔ Die Verpackungskosten gehören zu den Vertriebskosten.

Lösung 11.17

Hier die Auflösungen zu den Fällen rund um die allgemeinen Verwaltungskosten:

- ✔ Die Kosten für den Hauspostbriefträger in Höhe von 35.000 Euro gehören zu den allgemeinen Verwaltungskosten; auch dann, wenn die Gerüchteküche recht haben sollte. Der Hauspostbriefträger ist nun einmal für die gesamte Hauspost zuständig.
- ✔ Die Kosten für die Buchhaltung gehören glasklar zu den allgemeinen Verwaltungskosten.
- ✔ Die Kosten für den Dienstwagen des Geschäftsführers gehören natürlich auch zu den allgemeinen Verwaltungskosten.
- ✔ Die Kosten für den privaten Zweitwagen des Geschäftsführers haben in der GuV nichts zu suchen. Es handelt sich um das Privatvergnügen des Geschäftsführers.

Lösung 11.18

Die folgenden Sachverhalte gehören zu den sonstigen betrieblichen Erträgen.

- ✔ Die Erträge aus dem Essensverkauf fallen regelmäßig an, gehören jedoch nicht zum Kerngeschäft. Deshalb können Sie diese Erträge den sonstigen betrieblichen Erträgen zuordnen.
- ✔ Da regelmäßig alte Maschinen verkauft werden, können Sie die Erträge den sonstigen betrieblichen Erträgen zuordnen. Hier kommt es ganz darauf an, was unter regelmäßig verstanden wird.
- ✔ Erträge aus der Auflösung von Rückstellungen sollten immer den sonstigen betrieblichen Erträgen zugeordnet werden.

Nicht zu den sonstigen betrieblichen Erträgen gehört:

- Die Auszahlung der Versicherung fällt hoffentlich nicht regelmäßig an. Und selbst in diesem Fall gilt hier: Das sind unvorhersehbare und außergewöhnliche Ereignisse und somit außerordentliche Erträge.

Lösung 11.19

Zu den sonstigen betrieblichen Aufwendungen gehören:

- Die Abschreibungen auf Forderungen.
- Die Aufwendungen für Reparaturen und Instandhaltungen.

Nicht zu den sonstigen betrieblichen Aufwendungen gehören dagegen Aufwendungen aus höchst seltenen und auch aus nicht vorhersehbaren Ereignissen wie der Erdrutsch aus dieser Aufgabe.

Lösung 11.20

Hier die Auflösung:

- Die Zinserträge vom Tagesgeldkonto kommen in die Position 10.
- Bei der Dividendenzahlung über 150.000 Euro aus der Beteiligung an ihrer Hausbank handelt es sich eindeutig um Erträge aus Beteiligungen (Position 8).
- Die Erträge aus dem Aktienfonds gehören zu Position 9.

Lösung 11.21

Hier die Auflösung:

Die Abschreibung auf Finanzanlagen in Höhe von 500.000 Euro gehört in die Position 11. Die Zinsen für den Kredit zur Renovierung des Kühlhauses über 5.000 Euro gehören zur Position 12. Die Zinsen für das neue Sofa daheim bei Herrn Fliege in dessen Wohnzimmer sind reines Privatvergnügen und haben nichts in der GuV zu suchen.

Lösung 11.22

Was gehört nun zu den außerordentlichen Erträgen und Aufwendungen und was nicht; hier die Auflösung:

- Der Mehraufwand für das Leder gehört zur normalen Geschäftstätigkeit und zwar zu den Herstellungskosten. Der Mehraufwand wird dort auch nicht gesondert erfasst; der gesamte Materialaufwand für das eingekaufte Leder fließt dort ein, egal ob in dieser Höhe geplant oder nicht.
- Die Kosten für einen Messestand sind der normalen Geschäftstätigkeit zuzuordnen, genauer gesagt den Vertriebskosten. Unerwartete Aufwendungen sind hier nur dann den außerordentlichen Aufwendungen zuzuordnen, wenn sie das Ergebnis erheblich beeinflussen. Bei 3.500 Euro ist das bei einem Uhrenhersteller sicher nicht der Fall.

- Der unversicherte Einbruchsschaden gehört zu den außerordentlichen Aufwendungen, da er das Ergebnis erheblich beeinflusst.
- Der Preis über 5.000 Euro sollte eher den sonstigen betrieblichen Erträgen zugeordnet werden. Für eine Zuordnung zu den außerordentlichen Erträgen sind die 5.000 Euro doch eher unerheblich für das Jahresergebnis.
- Die Renovierung des Vorstandsbüros für 35.000 Euro ist kein außerordentlicher Vorgang. Die Kosten gehören zu den allgemeinen Verwaltungskosten.

Lösung 11.23

Welcher Sachverhalt gehört nun in die GuV und falls ja, wohin?

- Die vom Finanzamt geforderten 60.000 Euro Körperschaftsteuer gehören zu Position 17. Es handelt sich bei der Körperschaftsteuer ja um eine Ertragsteuer.
- Die von Frau Wahlschneider zu zahlende Erbschaftsteuer ist rein privater Natur und hat nichts in der GuV verloren. Würde ein geschäftlicher Bezug bestehen, wäre die Erbschaftsteuer in Position 18, den sonstigen Steuern, gelandet.

  Die Grundsteuer ist bekanntlich nicht ertrags- oder einkommensabhängig. Deshalb gehört sie zur Position 18, den sonstigen Steuern.
- Bei den bezahlten Ausfuhrzöllen handelt es sich um Verkehrssteuern, die nicht vom Einkommen oder Ertrag abhängig sind. Deshalb gehören sie zur Position 18, den sonstigen Steuern.
- Die vom Vertriebsleiter der Pandabär AG statistisch ermittelte Tabaksteuer hat in der GuV nichts verloren. Nicht nur, weil sie rein statistisch ermittelt wurde, sondern deshalb, weil das Zigarrenrauchen ein Privatvergnügen ist.

Lösung 11.24

Ob Sie richtig lagen oder nicht, zeigt Ihnen nun nicht das Licht, sondern diese Auflösung:

- Der erste Fall gehört ganz klar zu Schritt 2 der GuV. Die Bestandserhöhung bei den aktuell leider fast unverkäuflichen Erdbeerdesserts wird hier in Höhe von 1.250 Euro berücksichtigt.
- Die Bestandserhöhung beim Heizöl gehört nicht hierher, da es sich beim Heizöl weder um ein fertiges noch um ein unfertiges Erzeugnis handelt. Der Thunfischsalat wäre ein fertiges Erzeugnis; eine leere Schale mit ein paar Tropfen Heizöl ist dagegen sicherlich noch kein unfertiges Thunfischsalaterzeugnis. Das Heizöl ist ein schlichter Roh-, Hilfs- oder Betriebsstoff, der zum Materialaufwand gehört, also zu Schritt 5.
- Die Bestandverringerung beim äußerst erfolgreichen Fertigmenü der Sorte Kohlroulade mit Kartoffelbrei gehört zu Schritt 2, und zwar mit minus 675 Euro.

Lösung 11.25

Die anteiligen Kosten für die Maschine und die Kosten für die Großreparatur gehören beide hier in die Position 3.

Lösung 11.26

Hier die Lösungen zu den Fällen aus der Theaterwelt:

- ✔ Die Druckkosten für die Eintrittskarten gehören zum Materialaufwand.
- ✔ Die Kosten für die Plakate gehören zum Materialaufwand.
- ✔ Die Kosten für die Süßwaren sind wohl eher ein Privatvergnügen. Der Manager, der täglich zwei Schachteln Zigaretten benötigt, damit er den Tag bewältigen kann, muss die Kosten nun mal auch privat tragen.
- ✔ Die an die Tonmischerin ausbezahlte Prämie kommt zum Personalaufwand.
- ✔ Die Stromkosten gehören zum Materialaufwand.
- ✔ Die Hinterbliebenenversorgung gehört zum Personalaufwand. Hätte es sich dagegen um eine Spende gehandelt, hätte man den Aufwand in Position 8, den sonstigen betrieblichen Aufwendungen, erfassen müssen.
- ✔ Die Kosten für den Reiniger gehören zum Materialaufwand.
- ✔ Die Kosten für das Bühnenbild gehören zum Materialaufwand.

Lösung 11.27

Welche Abschreibungen gehören nun zu Position 7 der GuV:

- ✔ Die Abschreibung des Intendanten ist zwar äußerst geschäftskritisch, findet aber trotzdem keinen Platz in der GuV.
- ✔ Die Abschreibung des Vorrats an Kunstschnee gehört auf jeden Fall hierher.

Lösung 11.28

Beide Sachverhalte gehören zur GuV-Position »Sonstige betriebliche Aufwendungen«.

Teil III

Konzernabschluss und Berichte erstellen

In diesem Teil …

Im dritten Teil geht es schon wieder um das Thema Jahresabschluss, genauer um den Konzernabschluss. Außerdem gibt es hier Übungen zum Geschäftsbericht, zum Anhang, zum Lagebericht und zu den Zwischenberichten.

12 Ganz global: Der Konzernabschluss

In diesem Kapitel

- Was einen Konzern ausmacht
- Übungen zum Konzernabschluss
- Konsolidieren, was das Zeug hält

Bislang haben Sie die Bilanzierung bei einzelnen Unternehmen kennengelernt. In den Übungsaufgaben waren alle Unternehmen selbstständig und mit keinem anderen Unternehmen rechtlich miteinander verknüpft. In diesem Kapitel geht es um die Frage, was Sie bei der Bilanzierung beachten müssen, wenn es sich nicht mehr um ein einfaches Einzelunternehmen, sondern um einen Konzern handelt.

Ganz groß: Der Konzern

Ein Konzern besteht aus mehreren rechtlich selbstständigen Unternehmen. Beispiele dafür sind die Siemens AG mit Rechtseinheiten in ungefähr 190 Ländern, die ABB Ltd. mit rund 300 Tochterunternehmen oder die OMV, die in 13 Ländern Tankstellen unterhält. Der Begriff *Konzern* wird im Gesetz übrigens genau beschrieben.

Im deutschen Aktiengesetz wird der Begriff Konzern so definiert: Sind ein herrschendes und ein oder mehrere abhängige Unternehmen unter der einheitlichen Leitung des herrschenden Unternehmens zusammengefasst, so bilden sie einen Konzern; die einzelnen Unternehmen sind Konzernunternehmen. Im Schweizer Aktienrecht wird der Konzern in Artikel 663 OR ähnlich definiert.

Meistens ist so ein Konzern hierarchisch organisiert. Man spricht dann von einem Unterordnungskonzern. Abbildung 12.1 zeigt ein Beispiel.

Aufgabe 12.1

Der Metzgermeister Kurt Kuhmeister expandiert. Im Nachbarort eröffnet er eine Filiale. Mit seinem Hauptgeschäft und dem Imbissstand beim Supermarkt führt sein Unternehmen, die Kurt Kuhmeister GmbH, damit drei Geschäfte. Handelt es sich bei der Kuhmeister GmbH um einen Konzern?

Aufgabe 12.2

Der Metzgermeister Kurt Kuhmeister führt mit seiner Kurt Kuhmeister GmbH drei Geschäfte. Zwei Metzgereien und einen Imbissstand. Sein Nachbar, der Bäcker Gernod Bauer, möchte seinen Bäckereibetrieb altershalber verkaufen. Kurt Kuhmeister kauft die Bäckerei auf. Künftig wird die von Herrn Kuhmeister gegründete Kurtis Bäck GmbH die Bäckerei betreiben. Die Kurtis Bäck GmbH ist eine hundertprozentige Tochter der Kurt Kuhmeister GmbH. Hat Herr Kuhmeister damit bereits einen Konzern gegründet?

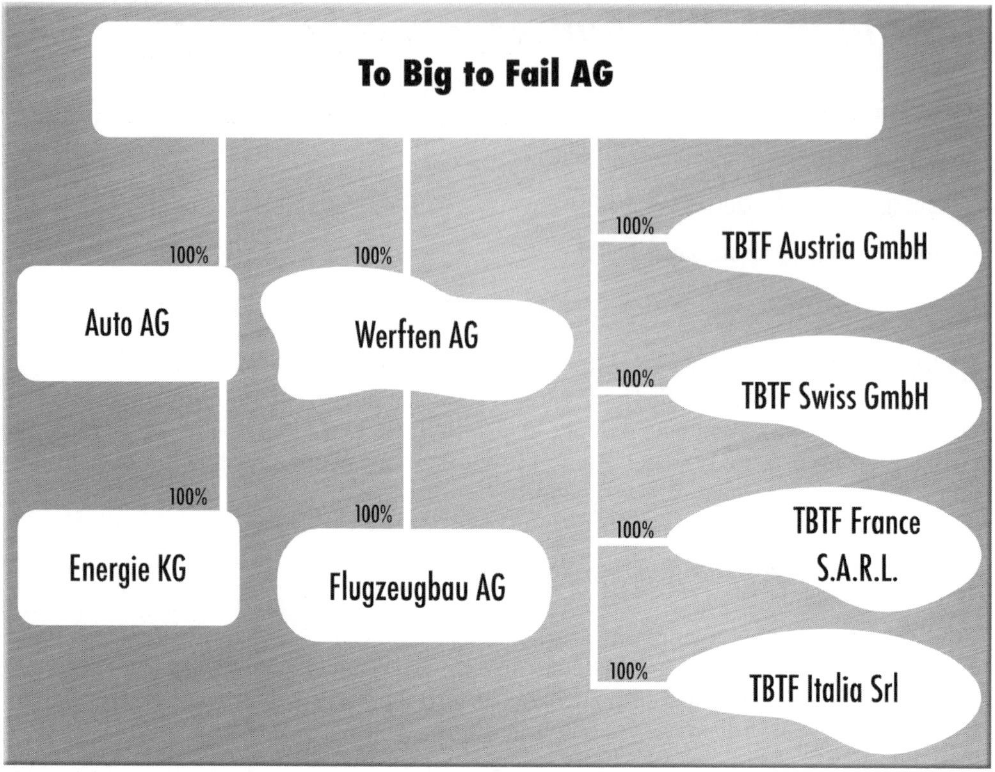

Abbildung 12.1: Die Struktur eines Konzerns

Aufgabe 12.3

Was gibt es eigentlich für Gründe, einen Konzern zu gründen?

Konsolidiert: Der Konzernabschluss

Es gibt eine Vielzahl rechtlicher Regelungen zum Konzernabschluss. In Österreich regelt das UGB die Pflicht zur Aufstellung eines Konzernabschlusses. In der Schweiz ist es der Artikel 663e des Obligationenrechts und in Deutschland finden Sie im HGB und im Publizitätsgesetz zugehörige Regeln. Und: Natürlich finden Sie auch Regeln nach IFRS zum Konzernabschluss.

Aufgabe 12.4

Nach HGB, UGB und Obligationenrecht gibt es größenabhängige Kriterien zur Befreiung vom Konzernabschluss. Der in Essen ansässige Konzern Stahl & Movie AG hat Umsatzerlöse in Höhe von 50 Millionen Euro erzielt. Er beschäftigt 200 Mitarbeiter und die Bilanzsumme aller Tochterunternehmen beträgt 21 Millionen Euro. Muss ein Konzernabschluss nach HGB erstellt werden?

Aufgabe 12.5

Nach HGB, UGB und Obligationenrecht gibt es größenabhängige Kriterien zur Befreiung vom Konzernabschluss. Der in Wien ansässige Ölhandelskonzern Oeler AG hat Umsatzerlöse in Höhe von 45 Millionen Euro erzielt. Er beschäftigt 260 Mitarbeiter und die Bilanzsumme aller Unternehmen im Konzern beträgt 22 Millionen Euro. Muss ein Konzernabschluss nach UGB erstellt werden?

Vorbereitung des Konzernabschlusses

Damit so ein Konzernabschluss überhaupt erstellt werden kann, muss im Vorfeld bereits einiges in den einzelnen Tochterunternehmen beachtet werden. Dazu gehören

- ✔ ein einheitlicher Bilanzstichtag,
- ✔ ein einheitlicher Kontenplan,
- ✔ eine einheitliche Bewertung,
- ✔ einheitliche Wechselkurse.

Aufgabe 12.6

Die Allesaufkauf AG hat den Fensterglasbauer Isoglas AG mit Sitz in Jena aufgekauft. Das Geschäftsjahr der Isoglas AG geht bisher vom 1.7. bis zum 30.6. Das Geschäftsjahr der Allesaufkauf AG entspricht dagegen dem Kalenderjahr. Die Allesaufkauf AG arbeitet mit einem individuellen Kontenplan, die Isoglas AG dagegen bisher mit dem Industriekontenrahmen. Muss bei den genannten Punkten etwas im Hinblick auf den zu erstellenden Konzernabschluss unternommen werden? Und falls ja, was? Und: Könnte es über die hier dargestellten Themen hinaus noch Punkte geben, die bei der Integration des neuen Tochterunternehmens im Hinblick auf den Konzernabschluss betrachtet werden müssen?

Konsolidierung der Einzelabschlüsse

Nachdem alles vorbereitet ist, können alle Einzelbilanzen und Erfolgsrechnungen der Tochtergesellschaften für den Konzernabschluss konsolidiert werden.

Die Konsolidierung besteht aus

- ✔ der Kapitalkonsolidierung,
- ✔ der Schuldenkonsolidierung,
- ✔ der Konsolidierung der Erfolgsrechnungen,
- ✔ der Zwischenergebniseliminierung.

Die Kapitalkonsolidierung

Bei der Kapitalkonsolidierung werden Kapitalverflechtungen wie zum Beispiel die Forderungen und Verbindlichkeiten der einzelnen Konzerntöchter untereinander herausgerechnet.

Damit werden Doppelerfassungen eliminiert. Das Eigenkapital der Tochterunternehmen kann theoretisch mit zwei Methoden angesetzt werden. Entweder mit der *Buchwertmethode* oder mit der *Neubewertungsmethode*.

Aufgabe 12.7

Bei der Erwerbsmethode gibt es grundsätzlich zwei Varianten. Nennen Sie diese. Dürfen beide Varianten uneingeschränkt angewendet werden?

Aufgabe 12.8

Wie wird bei einer Erstkonsolidierung das Eigenkapital bei der Buchwertmethode angesetzt? Und wie werden bei der Neubewertungsmethode Vermögensgegenstände bewertet?

Aufgabe 12.9

Die Erstkonsolidierung ist fast geschafft. Nachdem mithilfe der Erwerbsmethode das Eigenkapital bewertet wurde, verbleibt ein aktiver Unterschiedsbetrag. Mit anderen Worten: Für das Unternehmen wurde mehr bezahlt, als jetzt bei der Bewertung der einzelnen Positionen herauskam. Wie muss dieser aktive Unterschiedsbetrag behandelt werden? Und was drückt dieser Betrag aus?

Aufgabe 12.10

Manchmal kann es bei einer Erstkonsolidierung auch einen passiven Unterschiedsbetrag geben. Welche Gründe kann es dafür geben? Und wo muss dieser Betrag in der Bilanz ausgewiesen werden?

Aufgabe 12.11

Nachdem die Erstkonsolidierung geschafft ist, betritt in den Folgejahren die Folgekonsolidierung die Bühne. Was passiert in der Folgekonsolidierung, wenn bei der Erstkonsolidierung ein Goodwill gebildet wurde? Hat das einen Einfluss auf das Ergebnis der Folgejahre?

Aufgabe 12.12

Unternehmen, die zu 100 Prozent einem Konzern angehören, werden im Rahmen des Konzernabschlusses vollständig konsolidiert. Man spricht hier deshalb von der Vollkonsolidierung. Was aber, wenn dies nicht der Fall ist und ein Unternehmen nur zu gewissen Teilen zum Konzern gehört? Welche Methoden der Konsolidierung stehen dann zur Verfügung?

Die Schuldenkonsolidierung

Nach der Kapitalkonsolidierung geht es an die konzerninternen Verflechtungen. Zuerst sind mit der Schuldenkonsolidierung die gegenseitigen Forderungen und Verbindlichkeiten dran. Alle konzerninternen Schuldverhältnisse müssen nach der Schuldenkonsolidierung beseitigt sein.

Aufgabe 12.13

Der Automobilhersteller myCar AG unterhält auch eine Produktionsstätte in China. Dort werden die Achsen für den Kompaktwagen Ocean13 produziert. Die Achsen werden ans Stammwerk in Frankfurt geliefert und dort eingebaut. Die chinesische Produktionsstätte hat dem Stammwerk in Frankfurt für die gelieferten Achsen 1,7 Millionen Euro in Rechnung gestellt. Das Stammwerk hat aufgrund von IT-Problemen die Rechnung nicht bezahlen können, sondern lediglich als Verbindlichkeit in seine Bücher aufnehmen können. Bei der chinesischen Produktionsstätte wird der Posten als Forderung verbucht. Ist das ein Fall für die Konsolidierung?

Aufgabe 12.14

Der Konzerntochter in Island geht es derzeit gar nicht gut. Die Zentrale stellt der isländischen Tochter deshalb einen in besseren Zeiten zurückzuzahlenden Betrag in Höhe von 10 Millionen Euro zur Verfügung. Wie muss die Hilfestellung im Konzernabschluss berücksichtigt werden?

Aufgabe 12.15

Der Konzern Designfood AG besteht aus einer Konzernzentrale in Zürich und einer deutschen Tochtergesellschaft in Freiburg im Breisgau. Zwischen den beiden Konzerngesellschaften besteht ein Schuldverhältnis: Die Freiburger Tochter schuldet der Zentrale 5 Millionen Schweizer Franken. Vor Konsolidierung dieses Sachverhalts beläuft sich die Bilanzsumme des Konzerns auf 250 Millionen Schweizer Franken. Wie hoch ist die Bilanzsumme nach der Konsolidierung?

Aufgabe 12.16

Nachfolgend finden Sie einige Posten rund um die Schuldenkonsolidierung. Aus welcher Seite der Bilanz stammen diese Posten? Bitte ordnen Sie die Posten der zugehörigen Aktiv- und Passivseite der Bilanz zu.

- ✔ eine geleistete Anzahlung für eine konzerninterne Warenlieferungen
- ✔ eine Vorauszahlung für später in Anspruch zu nehmende konzerninterne Dienstleistungen
- ✔ eine Verbindlichkeit aus einer erhaltenen konzerninternen Lieferung

Konsolidierung der Erfolgsrechnungen

Bei der Konsolidierung der Erfolgsrechnungen werden alle konzerninternen Aufwände und Erträge und Zwischenergebnisse eliminiert. Am Ende stehen nur noch die Erträge und Aufwendungen in der Konzernerfolgsrechnung, die mit fremden Unternehmen getätigt wurden. Fertig ist die Konsolidierung der Erfolgsrechnung.

Aufgabe 12.17

Die Konsolidierung der Erfolgsrechnung besteht aus zwei Elementen. Bitte nennen Sie diese.

Aufgabe 12.18

Was steckt hinter der Konsolidierung der Erfolgsrechnung, sprich der jeweiligen Konzern-GuV?

Aufgabe 12.19

Die Konzernzentrale des Strickwarenherstellers Schaf AG hat der Produktionstochter in Bangladesch eine Strickmaschine im Wert von 350.000 Euro verkauft. Im Gegenzug hat die Produktionstochter Strickpullover im Wert von 100.000 Euro an die Konzernzentrale geliefert. Die Konzernzentrale hat diese Strickpullover für 600.000 Euro an diverse Handelsketten in Europa verkauft. Wie müssen die drei Sachverhalte im Konzernabschluss bei der Konsolidierung der Erfolgsrechnung berücksichtigt werden?

Die Zwischenergebniseliminierung

Die Eliminierung von Zwischenergebnissen ist im Gegensatz zur Konsolidierung von konzerninternen Lieferungen und Leistungen nicht erfolgsneutral. Warum? Ganz einfach: Hat ein Tochterunternehmen Gewinne durch die Belieferung eines anderen Tochterunternehmens erzielt, sind diese Gewinne so lange nur ein Papiertiger, bis die belieferte Unternehmung diese Gewinne auch im Außenverhältnis realisiert. Alles klar? Falls nicht, kein Problem. Hier ein paar Übungsaufgaben zur Zwischenergebniskonsolidierung:

Aufgabe 12.20

Der Getränkekonzern Abfüll AG füllt mit Kohlensäure angereichertes Leitungswasser in schicke Plastikflaschen ab und verkauft das Wasser mit einem Gewinnaufschlag von 5.000 Prozent unter dem Markennamen Blue Aqua. Die schicken Plastikflaschen werden von der Konzerntochter in Metz produziert und an die Zentrale in Plochingen geliefert. Da sich die Controller in Metz etwas verkalkuliert haben, erzielt die Konzerntochter in Metz mit jeder an Plochingen gelieferten Plastikflasche einen Gewinn von 0,05 Euro. Die Konzerntochter erzielte im letzten Jahr dadurch einen Gewinn von 200.000 Euro. Die Konzernzentrale konnte diese 200.000 Euro jedoch nicht an die Kunden weitergeben; sie blieb auf dem erhöhten Aufwand sitzen. Was passiert nun mit dem Gewinn der Konzerntochter?

Aufgabe 12.21

Was hat das Realisationsprinzip mit der Zwischenergebniseliminierung zu tun?

Lösungen zu den Übungsaufgaben

Hier finden Sie die Lösungen zu den Aufgaben.

Lösung 12.1

Da es sich weiterhin nur um eine Rechtseinheit handelt, der Kurt Kuhmeister GmbH, handelt es sich um keinen Konzern.

Lösung 12.2

Da es unter der Kurt Kuhmeister GmbH nun eine abhängige Tochterunternehmung gibt, handelt es sich um einen Konzern. Eine kleine Feinheit dazu: Im Übungsbeispiel ist das herrschende Unternehmen eine GmbH. Auch wenn die Gesetzesdefinition aus dem Aktiengesetz stammt: Sie wird auch auf eine GmbH angewendet.

Lösung 12.3

Durch Zukäufe wächst ein Konzern oftmals organisch. Die aufgekauften Unternehmen, sprich Rechtseinheiten, gehen meist nicht in das aufkaufende Unternehmen auf. Es wird als Tochterunternehmung fortgeführt. Der Aufwand für diese Variante erscheint dann geringer. Zudem ist ein rechtlich selbstständiges Tochterunternehmen zur Not auch wieder einfacher verkauft.

Lösung 12.4

Nach § 293 HGB ist ein Unternehmen vom Konzernabschluss befreit, wenn mindestens zwei der drei folgenden Kriterien erfüllt sind:

- ✔ Die Summe der Bilanzsummen aller Unternehmen im Konzern übersteigt 23,1 Millionen Euro nicht.
- ✔ Die Umsatzerlöse aller infrage kommenden Unternehmen betragen maximal 46,2 Millionen Euro.
- ✔ Es werden nicht mehr als 250 Mitarbeiter beschäftigt.

Die Stahl & Movie AG erfüllt zwei der drei Kriterien und muss deshalb keinen Konzernabschluss erstellen.

Lösung 12.5

Nach § 244 UGB ist ein Unternehmen vom Konzernabschluss befreit, wenn mindestens zwei der drei folgenden Kriterien erfüllt sind (Werte vor Konsolidierung):

- ✔ Die Summe der Bilanzsummen aller Unternehmen im Konzern übersteigt 21 Millionen Euro nicht.
- ✔ Die Umsatzerlöse aller infrage kommenden Unternehmen betragen maximal 42 Millionen Euro.
- ✔ Es werden nicht mehr als 250 Mitarbeiter beschäftigt.

Die Oeler AG erfüllt keine der drei Kriterien und muss deshalb einen Konzernabschluss erstellen.

Lösung 12.6

Nach § 299 HGB muss der Konzernabschluss einheitlich am Stichtag des Jahresabschlusses des Mutterunternehmens aufgestellt werden. Die Isoglas AG wird ihr Geschäftsjahr deshalb auf das Kalenderjahr umstellen müssen. Eine einheitliche Verbuchung von Geschäftsfällen hilft bei der Erstellung des Konzernabschlusses ungemein. Deshalb wird die Isoglas AG nicht umhinkommen, auf den Kontenplan der Allesaufkauf AG umzustellen. Darüber hinaus sollten die Konzernrichtlinien zur Bewertung und zum Umgang mit Fremdwährungen künftig auch bei der Isoglas AG angewendet werden.

Lösung 12.7

Es gibt die Neubewertungsmethode und die Buchwertmethode. Die Neubewertungsmethode darf uneingeschränkt angewendet werden. Die Buchwertmethode ist nur noch dann zulässig, wenn sie bei dem entsprechenden Tochterunternehmen schon vor dem Jahr 2010 bei der Konsolidierung angewendet wurde, also vor der Bilanzrechtsreform.

Lösung 12.8

Bei der Buchwertmethode wird das Eigenkapital mit dem Betrag angesetzt, der dem Buchwert der aufzunehmenden Vermögensgegenstände, Schulden und so weiter entspricht. Bei der Neubewertungsmethode werden die Vermögensgegenstände bei der Erstkonsolidierung neu bewertet.

Lösung 12.9

Aktive Unterschiedsbeträge müssen auf der Aktivseite als Geschäfts- oder Firmenwert, sprich Goodwill, ausgewiesen werden. Die erwarteten zukünftigen Geschäftschancen spiegeln sich in diesem Betrag wider.

Lösung 12.10

Ein passiver Unterschiedsbetrag ergibt sich, wenn der Kaufpreis niedriger als die Summe der bewerteten Bilanzpositionen ist. Meist drückt dieser Badwill negative Erwartungen aus. Der Badwill muss auf der Passivseite der Bilanz unter dem Posten Unterschiedsbetrag aus der Kapitalkonsolidierung nach dem Eigenkapital ausgewiesen werden. Er kann mit einer Rückstellung für zukünftige Risiken verglichen werden.

Lösung 12.11

Ein bei der Erstkonsolidierung gebildeter Goodwill muss in den Folgejahren abgeschrieben werden. Somit entsteht Aufwand, der das Unternehmensergebnis der Folgejahre belastet.

Lösung 12.12

Bei Unternehmen, die nicht voll konsolidiert werden müssen, stehen je nach Art der Beteiligung zwei Methoden zur Auswahl:

- ✔ Quotenkonsolidierung
- ✔ Equity-Methode

Lösung 12.13

Die Forderung der chinesischen Produktionsstätte muss mit der Verbindlichkeit des Stammwerks verrechnet werden, da es sich nicht um eine Forderung und Verbindlichkeit gegenüber Dritten handelt.

Lösung 12.14

Die Forderung der Konzernzentrale in Höhe von 10 Millionen Euro und die entsprechende Verbindlichkeit müssen konsolidiert werden: Im Konzernabschluss fliegen beide Positionen heraus.

Lösung 12.15

Sinn und Zweck einer Konsolidierung ist das Herausrechnen interner Beziehungen aus dem Konzernabschluss. Würde es sich um eine einfache Unternehmung handeln, bei der die eine Abteilung der anderen Geld schuldet, würde dies auch nicht im Jahresabschluss auftauchen. Nach Konsolidierung weist der Konzern somit eine Bilanzsumme in Höhe von 245 Millionen Euro aus.

Lösung 12.16

Die beiden ersten Fälle gehören zur Aktivseite der Bilanz. Der dritte Fall stammt aus der Passivseite.

Lösung 12.17

Die Konsolidierung der Erfolgsrechnung besteht im Wesentlichen aus der Berichtigung von

- ✔ konzerninternen Lieferungen und Leistungen sowie
- ✔ Zwischenergebnissen.

Die Konsolidierung konzerninterner Lieferungen und Leistungen erfolgt erfolgsneutral, da dieselben Beträge einmal im Soll und einmal im Haben gestrichen werden.

Lösung 12.18

Die Konzern-GuV soll nur noch Erträge und Aufwendungen enthalten, die aus Geschäften mit externen Unternehmen stammen.

Lösung 12.19

Die Erträge aus dem Verkauf der Maschine an die Produktionstochter und aus dem Verkauf der Pullover an die Konzernzentrale sind klassische konzerninterne Geschäftsvorfälle, die bei der Erstellung der Konzernbilanz herausfallen. Bei beiden Vorgängen wurden aus Konzernsicht keine Erträge erzielt. Es handelt sich lediglich um interne Geschäfte getreu dem Prinzip: linke Tasche, rechte Tasche. Erst der Verkauf der Strickpullover an fremde Handelsketten sorgt für eigentliche Erträge.

Lösung 12.20

Der Verrechnungspreis für die Plastikflaschen war zu hoch. Die leistende Konzerntochter weist somit einen nicht realisierten Gewinn aus. Dieses Zwischenergebnis muss bei der Erstellung des Konzernabschlusses eliminiert werden.

Lösung 12.21

Das Realisationsprinzip besagt, dass Gewinne erst dann ausgewiesen werden dürfen, wenn das Geschäft tatsächlich getätigt wurde. Bei konzerninternen Geschäften wurden nun mal noch keine echten Gewinne realisiert. Die Zwischenergebniseliminierung sorgt somit für die Einhaltung des Realisationsprinzips.

Berichtspflichten: Anhang und Lagebericht

13

In diesem Kapitel

- Sinn und Zweck des Anhangs und des Lageberichts
- Berichtspflichten und Inhalte der Berichte

Mit der Erstellung der Bilanz und der GuV ist der Jahresabschluss bei einer Kapitalgesellschaft noch lange nicht fertig. Erst mit der Erstellung des Anhangs ist der Jahresabschluss komplett. Das heißt aber noch lange nicht, dass die Mitarbeiter dann in ihren wohlverdienten Weihnachtsurlaub gehen können. Dummerweise verlangt das Handelsrecht darüber hinaus auch noch einen Lagebericht.

Berichtsumfang in Size S, M und L

Beim Umfang der Publizitätspflicht wird nach Unternehmensgröße unterschieden. Und danach, ob es sich um eine Kapitalgesellschaft oder um eine Personengesellschaft handelt. Die Publizitätspflicht wächst bei beiden Unternehmensformen grob gesagt letztlich mit der Unternehmensgröße. Der Gesetzgeber hat nicht lange gefackelt und die Kapitalgesellschaften schlicht in drei Größen unterteilt: in S, M und L. Es stehen nicht einmal die Größen XS oder XXL zur Auswahl. Bei den Personengesellschaften gibt es diese Unterteilung nicht. Werden die im Publizitätsgesetz festgelegten Größenkriterien überschritten, wird die Personengesellschaft publizitätspflichtig; hopp oder topp.

Aufgabe 13.1

Anhand welcher Kriterien unterscheidet das Handelsrecht zwischen den drei Unternehmensgrößen?

Aufgabe 13.2

Der Hartplastikfabrikant Ringburg GmbH & Co. KG erzielte einen Jahresumsatz von 10 Millionen Euro, beschäftigt 125 Mitarbeiter und weist eine Bilanzsumme von 22 Millionen Euro aus. In welche Größenklasse fällt der Hartplastikfabrikant? In »Klein«, »Mittel« oder »Groß«?

Aufgabe 13.3

Der Türenhersteller Schnörkel KG erzielte einen Umsatz von 40 Millionen Euro, beschäftigt 400 Mitarbeiter und weist eine Bilanzsumme von 30 Millionen Euro aus. Ist der Türenhersteller publizitätspflichtig beziehungsweise in welche Größenklasse fällt der Türenhersteller? In »Klein«, »Mittel« oder »Groß«?

Aufgabe 13.4

Der Lebensmitteldiscounter Adelbert & Sieglinde Alsch OHG verfügt mittlerweile über 700 Filialen. Der Lebensmitteldiscounter beschäftigt über 6.000 Mitarbeiter in Voll- und Teilzeit. Der Jahresumsatz beläuft sich auf 110 Millionen Euro, die Bilanzsumme beträgt 64 Millionen Euro. Ist der Lebensmitteldiscounter publizitätspflichtig? In »Klein«, »Mittel« oder »Groß«?

Aufgabe 13.5

Die Kapitalgesellschaft Immocapital AG mit Sitz in Köln beschäftigt zehn Mitarbeiter, erzielte einen Umsatz von 120 Millionen Euro und weist eine Bilanzsumme von 60 Millionen Euro aus. Ist die Immocapital AG publizitätspflichtig und falls ja, welchen Umfang nimmt die Publizitätspflicht ein? Bitte nennen Sie dann auch den erforderlichen Umfang wie Bilanz, Bericht des Aufsichtsrats oder Anhang.

Aufgabe 13.6

Dem Tapetenhersteller Bayreuth GmbH geht es in den letzten Jahren gar nicht gut. Der Trend weg von der Raufasertapete hin zur Vliestapete wurde, sagen wir es ungeschminkt, schlicht verpennt. Der Jahresumsatz beträgt gerade noch 6 Millionen Euro, die Bilanzsumme beträgt 3 Millionen Euro. Und nach der letzten Entlassungswelle beschäftigt die Bayreuth GmbH gerade noch 39 Mitarbeiter. Ist die Bayreuth GmbH nach diesem Desaster noch publizitätspflichtig und falls ja, welchen Umfang nimmt die Publizitätspflicht ein? Bitte nennen Sie dann auch den erforderlichen Umfang wie Bilanz, Bericht des Aufsichtsrats oder Anhang.

Externe Berichtspflichten nach IFRS, UGB und Obligationenrecht

Nach der deutschen Nabelschau nun zu den internationalen Regeln nach IFRS und den Regeln in Österreich und in der Schweiz. Bei IFRS gibt es keine größenabhängigen Erleichterungen in puncto externe Berichtspflichten. Wer seine Bücher nach IFRS führt, muss unabhängig von der Unternehmensgröße und Rechtsform

- ✔ die Bilanz,
- ✔ die Erfolgsrechnung,
- ✔ die Eigenkapitalveränderungsrechnung,
- ✔ die Kapitalflussrechnung,
- ✔ den Anhang

veröffentlichen. Sollte das Unternehmen an der Börse notiert sein, muss zusätzlich eine Segmentberichterstattung veröffentlicht werden.

Im österreichischen UGB wird ähnlich wie im deutschen Handelsrecht nach Unternehmensgröße und Rechtsform unterschieden. In der Schweiz geht es dagegen etwas verschwiegener zu. Hier müssen nur börsennotierte Aktiengesellschaften ihre Jahresrechnung im Handelsamtblatt veröffentlichen. Alle anderen Aktiengesellschaften müssen nur Gläubigern, die ein schutzwürdiges Interesse nachweisen, Einsicht gewähren.

Aufgabe 13.7

Die börsennotierte Schiffhandelsgesellschaft Hanse Global AG mit Sitz in Lübeck muss, da kapitalmarktorientiert, bekanntlich auch Abschlüsse nach IFRS erstellen. Der Jahresumsatz beträgt 40 Millionen Euro, die Bilanzsumme beläuft sich auf 30 Millionen Euro. Und es werden 2.000 Mitarbeiter beschäftigt. Was muss die Hanse Global AG alles veröffentlichen?

Aufgabe 13.8

Die Tunnelbau AG mit Sitz in Solothurn erzielte einen Jahresumsatz in Höhe von 500 Millionen Schweizer Franken, beschäftigt 850 Mitarbeiter und weist eine Bilanzsumme von 200 Millionen Euro aus. Die Aktien der Unternehmung befinden sich ausschließlich in Familienbesitz; das Unternehmen ist komplett eigenfinanziert. Was muss die Tunnelbau AG veröffentlichen?

Alles ganz schön bunt hier: Geschäftsberichte

Die meisten größeren Unternehmen veröffentlichen einen sogenannten Geschäftsbericht. Darin informiert das Unternehmen über die Lage des Unternehmens. In den Geschäftsberichten finden Sie neben den vom Gesetz geforderten Inhalten meist noch weitere, freiwillige Angaben zum Geschäftsverlauf des Unternehmens.

Aufgabe 13.9

Mit der Veröffentlichung eines Geschäftsberichts erfüllt ein Unternehmen die gesetzlichen Veröffentlichungserfordernisse. Welchem Zweck dient so ein Geschäftsbericht außerdem?

Aufgabe 13.10

Welche Bestandteile sollte ein Geschäftsbericht auf jeden Fall enthalten?

Aufgabe 13.11

Der neue Vorstandsreferent soll dieses Jahr die Erstellung des Geschäftsberichts koordinieren. Die Suche nach dem diesjährigen Thema hat viel Zeit gekostet. Schließlich wurde der Vorstandsreferent zusammen mit dem Marketing fündig: eine Fotoserie über die Megacitys. Megatrends und Megacitys sind dieses Jahr das Hauptthema. Zwei Stunden vor der allerletzten Deadline geht die Vorlage des Geschäftsberichts endlich an die Druckerei. Bitte prüfen Sie, ob auch nichts vergessen wurde. Sie haben ja immerhin noch zwei Stunden Zeit, grobe Schnitzer korrigieren zu lassen.

Der Geschäftsbericht startet mit der Fotoserie über die Megacitys und einem Beitrag über Megatrends. Es folgen der Brief an die Aktionäre und ein schöner Jahresrückblick, danach der Jahresabschluss mit Bilanz, Kapitalflussrechnung, Eigenkapitalentwicklung, Segmentberichterstattung und Gewinnverwendungsbeschluss.

Im letzten Drittel folgen der Bericht des Aufsichtsrats und der Lagebericht. Am Schluss finden Sie ein Glossar und ein Stichwortverzeichnis.

Brief an die Aktionäre

So ein Geschäftsbericht beginnt meist mit dem »Brief an die Aktionäre«. In den Brief gehören Dinge wie ein Rückblick auf das vergangene Geschäftsjahr und die Mitteilung, wie viel Dividende es für die Aktionäre gibt. Ein Ausblick auf künftige Entwicklungen sollte auch drin sein.

Aufgabe 13.12

Die Vorstandsvorsitzende des Gartengeräteherstellers Landtechnik AG hat gerade den Brief an die Aktionäre verfasst. Können Sie den Brief bitte kurz gegenlesen; kann der Brief so veröffentlicht werden?

> *Brief an die Aktionäre*
>
> *Sehr geehrte Aktionärinnen und Aktionäre,*
>
> *unser Firmengründer, Theodor Land, war ein visionärer Mann. Bereits vor über hundert Jahren sah er einen stets steigenden Bedarf an Gartengeräten. Er führte die Landtechnik AG durch schwere und durch gute Zeiten. Früh erkannte er auch den Bedarf an kleinen und leichten elektrisch betriebenen Geräten. Mit diesen Geräten wurde die Landtechnik AG ein Partner des Vertrauens für viele Hobbygärtner. Auch im vergangenen Jahr hat sich das über Jahrzehnte aufgebaute Vertrauen wieder für die Landtechnik AG bezahlt gemacht. In vielen Bereichen konnten wir so die Forschung und Entwicklung neuer Produkte vorantreiben.*
>
> *Unser Umsatz stieg auf etwa 800 Millionen Euro. Damit haben wir den Vorjahresumsatz um 6 Prozent übertroffen. Der Auftragseingang wuchs um 20 Prozent auf etwa 500 Millionen Euro. Das Ergebnis lag mit 180 Millionen Euro um 12 Prozent über dem Vorjahreswert.*
>
> *Im vergangenen Geschäftsjahr gab es den bislang größten Auftrag in der Geschichte der Landtechnik AG: Wir sollen die Stadtgärtnerei der Stadt Shanghai mit zehntausend Akkuheckenscheren ausstatten. Damit sind wir auf dem größten Wachstumsmarkt der Welt prominent vertreten. Dieser Auftrag zeigt zweierlei: Uns wird bei großen Projekten vertraut. Und wir setzen uns als verantwortungsvoller, global präsenter Partner gegen unsere Wettbewerber durch; überall auf der Welt. Insbesondere im Bereich der Akkuheckenscheren.*
>
> *Auch am Aktienmarkt lief es im abgelaufenen Geschäftsjahr sehr gut. Zwar stürzte die Aktie etwas ab, sie entwickelte sich dabei aber immer noch besser als der deutsche Aktienindex DAX. Sie, liebe Aktionärinnen und Aktionäre, wollen wir auch dieses Jahr wieder mit einer hohen Dividende an unseren tollen Erfolgen teilhaben lassen.*
>
> *Das wirtschaftliche Umfeld wird auch in Zukunft schwierig bleiben, auch für die Landtechnik AG. Auf dem Weg in die Zukunft gehen wir weiterhin mit Optimismus und Selbstvertrauen voran.*
>
> *Heidrun Land Vorsitzende des Vorstands der Landtechnik AG*

Bericht des Aufsichtsrats

Im Bericht des Aufsichtsrats sollten Sie Informationen über die Beratungen des Aufsichtsrats mit dem Vorstand finden. Eine Angabe über die Anzahl der stattgefundenen Aufsichtsratssitzungen wäre auch nicht schlecht.

Aufgabe 13.13

Im Bericht des Aufsichtsrats sollten neben den Informationen darüber, wie oft man getagt hat, auch noch Informationen über die Arbeit der Ausschüsse zu finden sein. Aus welchen Ausschüssen kann denn etwas berichtet werden? Bitte nennen Sie mindestens drei Ausschüsse.

Endlich Inhalte: Der Anhang

Da die Bilanz und GuV eigentlich nur aus Zahlen bestehen, können Sie nicht erkennen, welche Wahlrechte wahrgenommen oder welche Bewertungsgrundsätze gewählt wurden. Diese Erläuterungen finden im Anhang statt. Zudem müssen hier auch Dinge erläutert werden, die weder in der Bilanz noch in der Erfolgsrechnung stehen.

Aufgabe 13.14

Womit zusammen bildet der Anhang bei Kapitalgesellschaften den Jahresabschluss?

Aufgabe 13.15

Aus welchen vier Teilen besteht der Anhang?

Aufgabe 13.16

Im ersten Teil mit den allgemeinen Angaben zum Jahresabschluss sollen die Grundlagen, die Konsolidierungsgrundsätze, eventuelle Anpassungen von Vorjahreszahlen, Angaben zur Währungsumrechnung und die Bilanzierungs- und Bewertungsmethoden erläutert werden. Welche der folgenden Informationen müssen hier in den ersten Teil des Anhangs hinein?

- ✔ Die Fassbrause AG hat ihren Jahresabschluss nach HGB und IFRS erstellt.
- ✔ Bei selbst erstellten immateriellen Wirtschaftsgütern hat die Fassbrause AG stets das Aktivierungswahlrecht nach HGB wahrgenommen.
- ✔ Die Ehefrau des Vorstandsvorsitzenden der Fassbrause AG hat im letzten Jahr die Scheidung eingereicht.
- ✔ Letztes Jahr hat die Fassbrause AG den dänischen Gloggproduzenten Glogg A/S aufgekauft.

Aufgabe 13.17

Im zweiten Teil des Anhangs werden die nackten Zahlen der Erfolgsrechnung, sprich der GuV, erläutert. Hier können die Unternehmen dem geneigten Leser und Kapitalanleger erklären, warum sich die Umsatzerlöse in die eine oder andere Richtung entwickelt haben oder wie sich der Materialaufwand zusammensetzt. Neben diesen beiden Beispielen müssen noch einige weitere Punkte der Erfolgsrechnung erläutert oder zumindest erwähnt werden. Bitte zählen Sie diese auf.

Aufgabe 13.18

Die Fassbrause AG verzeichnete im vergangen Jahr ein Umsatzwachstum von 17 Prozent. Der Zukauf der Glogg A/S spielte dabei keine so große Rolle. Über 70 Prozent des Umsatzwachstums ist allein der gestiegenen Nachfrage nach Fassbrause geschuldet. Sollen diese Informationen in den Anhang? Und falls ja, wohin dort?

Aufgabe 13.19

Welche der folgenden Verpflichtungen und Verbindlichkeiten müssen im Anhang ausgewiesen werden?

- ✔ Ihr Unternehmen hat den neuesten Dienstwagen über die Autobank finanziert. Der Kredit soll über drei Jahre laufen.
- ✔ Die neue Lagerhalle wurde zum Teil mit einem Bankdarlehen finanziert. Das Darlehen hat eine Laufzeit von zehn Jahren.
- ✔ Die drei Maschinen in der neuen Produktionslinie wurden geleast. Es handelt sich um ein sogenanntes Operate-Leasing mit einer Laufzeit von vier Jahren.

Aufgabe 13.20

Nach der Erläuterung der Erfolgsrechnung folgt im Anhang die Erläuterung der Bilanz. Die Fassbrause AG weist in ihrem Jahresabschluss Rückstellungen über 12 Millionen Euro aus. Diese setzen sich wie folgt zusammen:

- ✔ 5 Millionen Euro Rückstellungen für Altersteilzeit
- ✔ 2 Millionen Euro für eine geplante Werksschließung
- ✔ 5 Millionen Euro für Betriebsrentenansprüche
- ✔ 25.000 Euro wegen einer laufenden Rechtsstreitigkeit mit einem Anwohner
- ✔ 40.000 Euro wegen einer unterlassenen Instandhaltung, die im Januar nachgeholt werden soll

Wie würden Sie die Rückstellungen im Anhang erläutern?

Aufgabe 13.21

Im Anhang muss auch eine Entsprechenserklärung zum Corporate Governance Kodex erfolgen. Was ist das und auf Grundlage welchen Gesetzes müssen Unternehmen diese Erklärung abgeben?

Der Lagebericht

Der Anhang bewegt sich eher auf der operativen Ebene. Dagegen hebt der Lagebericht ein wenig vom Boden ab und betrachtet das Unternehmen aus der Vogelperspektive. Das Gesamtbild des Unternehmens soll dargestellt werden.

Aufgabe 13.22

Der Haushaltsscherenhersteller Schnipp & Schnapp AG hat seinen Geschäftsbericht veröffentlicht. Im ersten Teil des Lageberichts geht der Scherenhersteller auf die gesamtwirtschaftlichen Rahmenbedingungen wie folgt ein:

> *Die Weltwirtschaft wuchs im letzten Jahr um 5 Prozent. Einige asiatische Länder wuchsen dabei überdurchschnittlich. Im Vergleich zur Plastiktütenindustrie konnte die Schnipp & Schnapp AG ein höheres Wachstum erzielen. Die Umsätze in der Plastiktütenindustrie wuchsen um 1,4 Prozent; der Umsatz der Schnipp & Schnapp AG wuchs dagegen um stolze 2,1 Prozent.*

Welcher Fehler wurde bei diesem Lagebericht gemacht?

Aufgabe 13.23

Der Haushaltsscherenhersteller Schnipp & Schnapp AG ist durch diverse Zukäufe mittlerweile zu einem Mischkonzern herangewachsen. Neben Haushaltsscheren gibt es die folgenden Geschäftsfelder: Plastiktütenherstellung, Flechtkorbvertrieb und Stromerzeugung. Der Mischkonzern hat seinen Geschäftsbericht veröffentlicht. Im ersten Teil des Lageberichts geht er auf die gesamtwirtschaftlichen Rahmenbedingungen wie folgt ein:

> *Die Weltwirtschaft wuchs im letzten Jahr um 5 Prozent. Einige südamerikanische Länder wuchsen dabei überdurchschnittlich. Im Vergleich zur Plastiktütenindustrie konnte die Schnipp & Schnapp AG im Geschäftsfeld Haushaltsscheren ein höheres Wachstum erzielen. Die Umsätze in der Plastiktütenindustrie wuchsen um 1,4 Prozent; der Umsatz der Schnipp & Schnapp AG im Geschäftsfeld Haushaltsscheren wuchs dagegen um stolze 2,1 Prozent. Die Umsätze im Geschäftsfeld Flechtkorbvertrieb brachen dagegen um 20 Prozent ein, was durch das Umsatzwachstum bei der Stromerzeugung wieder ausgeglichen werden konnte. Die Umsatzentwicklung im Flechtkorbvertrieb spiegelt die schlechte Lage der Branche wider. So musste die Gesamtbranche Flechtkorbvertrieb im letzten Jahr einen Umsatzrückgang von über 23 Prozent beklagen.*

Wurden in diesem Lagebericht Fehler gemacht?

Lösungen zu den Übungsaufgaben

Hier finden Sie die Lösungen zu den Aufgaben.

Lösung 13.1

Im Handelsrecht werden die Kapitalgesellschaften nach § 267 in S, M und L anhand von den drei folgenden Merkmalen unterteilt:

- ✔ Bilanzsumme
- ✔ Umsatzerlöse
- ✔ Zahl der Mitarbeiter

Lösung 13.2

Im ersten Schritt prüfen Sie, ob es sich um eine Kapitalgesellschaft oder um eine Personengesellschaft handelt. Bei einer GmbH & Co. KG handelt es sich um eine Kapitalgesellschaft. Somit kommen die Größenkriterien nach HGB für Kapitalgesellschaften zur Anwendung. Die Ringburg GmbH & Co. KG gehört in die Mitte.

Lösung 13.3

Im ersten Schritt prüfen Sie, ob es sich um eine Kapitalgesellschaft oder um eine Personengesellschaft handelt. Bei der Schnörkel KG handelt es sich um eine Personengesellschaft. Somit kommen die Größenkriterien nach dem Publizitätsgesetz zur Anwendung. Die Schnörkel KG überschreitet keine der dort genannten Kriterien und ist deshalb nicht publizitätspflichtig.

Lösung 13.4

Im ersten Schritt prüfen Sie, ob es sich um eine Kapitalgesellschaft oder um eine Personengesellschaft handelt. Beim Lebensmitteldiscounter Adelbert & Sieglinde Alsch OHG handelt es sich um eine Personengesellschaft. Somit kommen die Größenkriterien nach dem Publizitätsgesetz für zur Anwendung. Die Adelbert & Sieglinde Alsch OHG überschreitet lediglich eine der dort genannten Kriterien und ist deshalb nicht publizitätspflichtig. Erst wenn zwei der drei Kriterien erfüllt sind, würde die Adelbert & Sieglinde Alsch OHG der Publizitätspflicht unterliegen.

Lösung 13.5

Bei der Immocapital AG handelt es sich zweifelsfrei um eine Kapitalgesellschaft. Damit gelten die Kriterien des HGB. Zwei von drei der Kriterien für eine große Kapitalgesellschaft sind erfüllt. Die Immocapital AG erzielt einen Jahresumsatz größer als 38,5 Millionen Euro und weist eine Bilanzsumme von über 19,25 Millionen Euro aus. Damit umfasst der Umfang der Publizitätspflicht folgende Positionen:

- ✔ die Hauptbestandteile des Jahresabschlusses: Bilanz, GuV, Anhang, Lagebericht,
- ✔ den Bericht des Aufsichtsrats,
- ✔ den Gewinnverwendungsbeschluss sowie
- ✔ den Prüfungsbericht des Jahresabschlusses und Lageberichts durch Wirtschaftsprüfer.

Lösung 13.6

Bei der Bayreuth GmbH handelt es sich trotz verfehlter Geschäftspolitik weiterhin um eine Kapitalgesellschaft; die Rechtsform der GmbH besteht ja weiter. Damit gelten die Kriterien des HGB. Drei von drei Kriterien für eine kleine Kapitalgesellschaft sind erfüllt. Die Bayreuth GmbH erzielt einen Jahresumsatz von weniger als 9,8 Millionen Euro, eine Bilanzsumme von weniger als 4,84 Millionen Euro. Damit sind zwei der drei erforderlichen Kriterien bereits erfüllt. Darüber hinaus erfüllt der erfolglose Tapetenhersteller mittlerweile auch noch das dritte Kriterium für kleine Kapitalgesellschaften. In diesem Fall umfasst der Umfang der Publizitätspflicht folgende Positionen:

- ✔ lediglich die Bilanz und den Anhang sowie
- ✔ den Gewinnverwendungsbeschluss.

Angaben zur GuV müssen nicht veröffentlicht werden, geschweige denn ein Lagebericht.

Lösung 13.7

Nach HGB handelt es sich bei der Hanse Global AG um eine große Kapitalgesellschaft. Deshalb müssen folgende Positionen veröffentlicht werden:

- ✔ die Hauptbestandteile des Jahresabschlusses: Bilanz, GuV, Anhang, Lagebericht,
- ✔ der Bericht des Aufsichtsrats,
- ✔ der Gewinnverwendungsbeschluss sowie
- ✔ der Prüfungsbericht des Jahresabschlusses und des Lageberichts durch Wirtschaftsprüfer.

Damit sind eigentlich auch schon fast alle Veröffentlichungspflichten nach IFRS erfüllt. Es fehlen nur noch

- ✔ die Eigenkapitalveränderungsrechnung und
- ✔ die Kapitalflussrechnung.

Lösung 13.8

Da die Tunnelbau AG kein börsennotiertes Unternehmen ist und keine Gläubiger existieren, muss das Schweizer Unternehmen nichts veröffentlichen.

Lösung 13.9

So ein Geschäftsbericht dient natürlich auch der Imagepflege. Nicht umsonst finden Sie in den meisten Geschäftsberichten neben trockenen Zahlen auch viele tolle Fotos.

Lösung 13.10

Ein Geschäftsbericht sollte damit zumindest folgende Bestandteile enthalten:

- ✔ Brief an die Aktionäre,
- ✔ redaktionell gehaltener Jahresrückblick,

- Bericht des Aufsichtsrats,
- Jahresabschluss mit Bilanz, GuV, Kapitalflussrechnung, Eigenkapitalentwicklung, Segmentberichterstattung und Anhang sowie Gewinnverwendungsbeschluss,
- Bestätigungsvermerk der Abschlussprüfer,
- Lagebericht sowie
- Glossar, Kalender und Stichwortverzeichnis.

Lösung 13.11

Im Geschäftsbericht fehlen leider die Erfolgsrechnung und der Bestätigungsvermerk des Abschlussprüfers. Diese beiden Bestandteile müssen unbedingt noch aufgenommen werden.

Lösung 13.12

Der Brief umfasst einen Rückblick auf das vergangene Geschäftsjahr und einen Ausblick auf künftige Entwicklungen. So weit, so gut. Das Thema Dividende wird zwar kurz angeschnitten, eine Mitteilung, wie viel Dividende es für die Aktionäre gibt, fehlt jedoch. Das muss noch ergänzt werden.

Lösung 13.13

In der Regel gibt es folgende Ausschüsse:

- Präsidialausschuss
- Personalausschuss
- Finanz- und Prüfungsausschuss
- Vermittlungsausschuss

Lösung 13.14

Zusammen mit der Bilanz und der GuV bildet der Anhang den Jahresabschluss. So steht es in § 264 Abs. 1 HGB.

Lösung 13.15

Der Anhang besteht aus vier Teilen:

- allgemeine Angaben zum Inhalt und zur Gliederung von Bilanz und GuV
- Erläuterungen zur GuV
- Erläuterungen zur Bilanz
- sonstigen Erläuterungen

Lösung 13.16

- ✔ Die Fassbrause AG hat ihren Jahresabschluss nach HGB und IFRS erstellt.
- ✔ Bei selbst erstellten immateriellen Wirtschaftsgütern hat die Fassbrause AG stets das Aktivierungswahlrecht nach HGB wahrgenommen.
- ✔ Die Ehefrau des Vorstandsvorsitzenden der Fassbrause AG hat im letzten Jahr die Scheidung eingereicht.
- ✔ Letztes Jahr hat die Fassbrause AG den dänischen Gloggproduzenten Glogg A/S aufgekauft.

Die Information darüber, nach welchen Rechnungslegungsvorschriften der Jahresabschluss erstellt wurde, gehört in den Grundlagenteil. Die Information über die Wahrnehmung des Aktivierungswahlrechts bei selbst erstellten immateriellen Wirtschaftsgütern kommt in die Bilanzierungs- und Bewertungsmethoden. Die Scheidung des Vorstandsvorsitzenden ist kein Thema für den Anhang. Der Unternehmenszukauf gehört in den Abschnitt Konsolidierungskreis und Konsolidierungsgrundsätze.

Lösung 13.17

Neben der Erläuterung der Umsatzerlöse und des Materialaufwands werden in diesem Abschnitt zusätzlich noch folgende Positionen erläutert:

- ✔ aktivierte Eigenleistungen
- ✔ sonstige betriebliche Erträge und Aufwendungen
- ✔ Personalaufwand
- ✔ Abschreibungen
- ✔ sonstiges Finanzergebnis
- ✔ Ertragsteuern
- ✔ das Ergebnis

Lösung 13.18

Die Informationen über die gestiegene Nachfrage nach Fassbrause und die Rolle des Unternehmenszukaufs beim Umsatzwachstum gehören auf jeden Fall in den Anhang und zwar in die Erläuterung der Erfolgsrechnung am besten unter den Punkt Umsatzerlöse.

Lösung 13.19

Da im Anhang nur Verbindlichkeiten mit einer Restlaufzeit von mehr als fünf Jahren ausgewiesen werden müssen, muss nur das Bankdarlehen für die neue Lagerhalle dort ausgewiesen werden. Operate-Leasing-Vorgänge müssten auch aufgenommen werden, wenn deren Restlaufzeit mehr als fünf Jahre beträgt. Das ist beim Leasing der drei Maschinen nicht der Fall.

Lösung 13.20

Es genügt, wenn Sie im Anhang Details zu den großen Positionen nennen. Die beiden kleineren Positionen können Sie zusammenfassen. So zum Beispiel: Für sonstige Zwecke wurden 0,065 Millionen Euro zurückgestellt.

Lösung 13.21

Vorstand und Aufsichtsrat von börsennotierten Aktiengesellschaften müssen gemäß § 161 AktG eine Entsprechenserklärung zum Corporate-Governance-Kodex abgeben. Darin müssen sie erklären, wie sie den Vorgaben zum Kodex entsprochen haben. Der Kodex macht Vorschläge zu ethischen und moralischen Fragestellungen bei der Unternehmensführung, wie zum Beispiel zur Unabhängigkeit des Aufsichtsrats oder zur Vergütung der Vorstände und Aufsichtsräte.

Lösung 13.22

Im ersten Teil des Lageberichts sollen die gesamtwirtschaftlichen Rahmenbedingungen und die Branchenentwicklung dargestellt werden. Die Entwicklung der Plastiktütenindustriebranche ist hier nicht von Interesse. Der Vergleich der Umsatzentwicklung sagt nichts aus.

Lösung 13.23

Im ersten Teil des Lageberichts sollen die gesamtwirtschaftlichen Rahmenbedingungen und die Branchenentwicklung dargestellt werden. Im hier gezeigten Lagebericht wird beim Branchenvergleich wild gemixt. Zudem fehlt der Branchenvergleich beim Geschäftsfeld Stromerzeugung gänzlich.

Zwischenberichte und Abschlussprüfung

14

In diesem Kapitel

- Der Inhalt von Zwischenberichten
- Eine Abschlussprüfung bestehen

Wenn Sie meinen, dass mit der Veröffentlichung des Geschäftsberichts sämtliche Berichterstattungspflichten erledigt wären, haben Sie sich geschnitten. Für einige Unternehmen bestehen noch weitere, unterjährige Berichtspflichten.

Die Zwischenberichterstattung

Die Kapitalanleger geben sich nicht mit jährlich veröffentlichten Geschäftsberichten zufrieden. Über die jährliche Berichtspflicht hinaus gibt es auch noch die Zwischenberichterstattung.

Aufgabe 14.1
Der Tiernahrungshersteller Pansen & Farbe AG überlegt sich, ob er an die Börse gehen soll. Welche Zwischenberichte müsste er im schlimmsten Fall erstellen?

Aufgabe 14.2
Drei Fragen auf einmal: Welches Gesetz verlangt in Deutschland von börsennotierten Unternehmen die Veröffentlichung eines Halbjahresberichts? Wie oft im Jahr muss so ein Halbjahresbericht veröffentlicht werden? Was ist der Zweck dieses Berichts?

Aufgabe 14.3
Aus welchen Bestandteilen besteht so ein Halbjahresbericht?

Der Prime Standard und Quartalsberichte

Bei der Frankfurter Börse ist die Zulassung zum Prime Standard eine Grundvoraussetzung für die Aufnahme in deren Auswahlindizes wie zum Beispiel den DAX oder TecDAX. Die Frankfurter Börse fordert hierzu in ihrer Börsenverordnung Quartalsberichte. Die im General oder Entry Standard notierten Unternehmen bleiben von Quartalsberichten verschont. Nun dürfen Sie Ihr Wissen über die unterschiedlichen Standards auf die Probe stellen.

Aufgabe 14.4

An der Börse wird zwischen zwei Märkten unterschieden: zwischen dem Freiverkehr und dem regulierten Markt. Was meinen Sie, welches der beiden Segmente ist eher für kleine und mittlere Unternehmen gedacht?

Aufgabe 14.5

Der regulierte Markt wird an der Frankfurter Börse in zwei Segmente geteilt. Welche sind das?

Aufgabe 14.6

Im Prime Standard gibt es recht anspruchsvolle Anforderungen. Nennen Sie bitte mindestens drei Anforderungen des Prime Standard, die über das gesetzlich geforderte Maß hinausgehen.

Zwischenmitteilung der Geschäftsführung

Das Wertpapierhandelsgesetz fordert von allen Unternehmen, die Aktien herausgegeben haben, zweimal jährlich eine Zwischenmitteilung.

Aufgabe 14.7

Bei der Ostseefähren AG gab es im letzten Winterhalbjahr einige wichtige Ereignisse. Welche davon sollten in die Zwischenmitteilung aufgenommen werden?

- ✔ Die Fähre »Gotland« hat bei einem spektakulären Wendemanöver versehentlich eine Kaimauer in Kopenhagen gerammt. Der entstandene Schaden: 6.500 Euro für drei zu ersetzende Steine.
- ✔ Der Fährbetrieb musste im Januar und Februar aufgrund widriger Wetterverhältnisse erheblich eingeschränkt werden. Dadurch entstanden Umsatzeinbußen in Höhe von etwa 400.000 Euro.
- ✔ Die Fähre »Rügen« musste an ein paar Stellen neu gestrichen werden. Kostenpunkt 20.000 Euro.
- ✔ Im Dezember konnte ein neuer Kunde gewonnen werden: die weißrussische Holzhandelsgesellschaft NEMAN. In einem Rahmenvertrag wurde ein Auftragsvolumen von knapp 1 Million Euro vereinbart.

Aufgabe 14.8

Der neue Leiter Finance, Herr Follkorräkt, muss erstmals eine Zwischenmitteilung erstellen. Natürlich nicht er persönlich, sondern seine Mitarbeiter, zuvorderst seine Führungskräfte. Er beauftragt seine Mitarbeiter mit der Erstellung einer Zwischenbilanz und GuV und eines ausführlichen Verbalteils über die wichtigsten Informationen. Überstunden wurden unbegrenzt genehmigt. Nachdem der Leiter der Task Force »Rote Zahlen waren gestern – heute wird gespart«, kurz RZWGHWG, von diesen Aktivitäten Wind bekommt, setzt er eine Untersuchungskommission ein, die die stark gestiegenen Personalkosten, insbesondere die Auszahlung von Überstunden in den unproduktiven Bereichen, untersuchen soll. Wird diese Untersuchungskommission fündig werden?

Ad-hoc-Mitteilungen

Da sich das Geschäftsleben nicht nach den vorgeschriebenen Berichtsintervallen richtet, wurden Ad-hoc-Mitteilungen erfunden. Es kann nun mal dann und wann Anlässe geben, die eine kurzfristige Berichterstattung erfordern.

Aufgabe 14.9

Nach § 15 des Wertpapierhandelsgesetzes müssen börsennotierte Unternehmen wichtige Informationen, die den Aktienkurs beeinflussen können, sofort veröffentlichen.

Der börsennotierte Automobilhersteller Töff AG hat in den letzten Jahren erheblich an Marktanteilen verloren. Die Fachpresse sieht den Hauptgrund hierfür im fürchterlichen Design. Das zuständige Vorstandsmitglied gab auf der Vorstandssitzung in kleiner vertraulicher Runde bekannt, dass er in den vorzeitigen Ruhestand gehen möchte, um seine pflegebedürftige Schwiegermutter betreuen zu können. Ist das eine Ad-hoc-Meldung wert?

Aufgabe 14.10

Der Tiefkühlpizzaproduzent Dr. Marinara AG hat gerade seinen Zwischenbericht ordnungsgemäß veröffentlicht. Drei Tage später gelingt endlich der Aufkauf des größten Wettbewerbers, der Americana-Pizza AG. Damit wird der Tiefkühlpizzaproduzent 80 Prozent des europäischen und amerikanischen Marktes beherrschen. Reicht es, wenn diese Information mit dem nächsten planmäßigen Bericht veröffentlicht wird, oder sollte eine Ad-hoc-Mitteilung herausgegeben werden?

Aufgabe 14.11

Was passiert eigentlich, wenn börsennotierte Unternehmen kursrelevante Informationen nicht veröffentlichen?

Methoden zur unterjährigen Erfolgsermittlung

Im Rahmen von Halbjahres- oder Quartalsberichten müssen leider auch Zwischenabschlüsse erstellt werden.

Aufgabe 14.12

Mit welchen Methoden kann man den unterjährigen Erfolg grundsätzlich ermitteln? Bitten nennen Sie diese.

Aufgabe 14.13

Die Käserei Gutmilch AG muss den Quartalsbericht mit Zwischenabschluss für das zweite Quartal erstellen. Dabei geht sie wie folgt vor: Es werden nur jene Geschäftsfälle erfasst, die zwischen April und Juni angefallen sind. Das sind die in diesem Zeitraum erzielten Umsatzerlöse, die Vergütungen an die Milchbauern und der Heizöleinkauf. Weitere Aufwände gibt es im zweiten Quartal traditionell nicht. Nach welchem Verfahren ermittelt die Käserei ihren Zwischenabschluss?

Prüfungsstress

Endlich ist der Jahresabschluss und Lagebericht erstellt. Doch damit nicht genug; nun will der Gesetzgeber diese auch noch durch einen externen Abschlussprüfer geprüft haben.

Aufgabe 14.14

Was ist ein Testat?

Aufgabe 14.15

Neulich bei Ihrem Anlageberater: Mit der gesetzliche Rente allein droht Ihnen anscheinend ein karges Leben im Alter. Ihr Anlageberater rät daher dringend zur privaten Altersvorsorge. Zufällig kann er Ihnen heute, aber auch nur heute, exklusiv die Anlage in Anleihen des Unternehmens Atommüllendlager Salzschwemme AG anbieten. Der aktuelle Jahresabschluss hat ein Testat erhalten. Damit ist die Geldanlage todsicher. Stimmt das?

Lösungen zu den Übungsaufgaben

Hier finden Sie die Lösungen zu den Aufgaben.

Lösung 14.1

Wenn der Tiernahrungshersteller Pansen & Farbe AG an die Börse geht, wird er zusätzlich zu seinen jährlichen Berichtspflichten auf jeden Fall auch Halbjahresberichte und Zwischenmitteilungen erstellen müssen. Wenn etwas Besonderes passiert, sind auch noch Ad-hoc-Meldungen fällig. Sollte der Tiernahrungshersteller in Frankfurt im Prime Standard notiert werden, darf er auch noch Quartalsberichte veröffentlichen.

Lösung 14.2

Das Wertpapierhandelsgesetz verlangt von allen Unternehmen, die Aktien oder andere Schuldtitel herausgeben, die Veröffentlichung eines Halbjahresberichts. Der Halbjahresbericht muss einmal jährlich erstellt werden. Mit dem Halbjahresbericht sollen alle Berichtsadressaten zeitnah die Möglichkeit erhalten, bereits unterjährig Informationen über das erste Halbjahr zu erhalten. So muss niemand ein ganzes Jahr warten, um zu erfahren, wie das Geschäft so läuft.

Lösung 14.3

Der Halbjahresbericht besteht aus:

- ✔ einem verkürzten Abschluss mit Bilanz, GuV und Anhang
- ✔ einem Zwischenlagebericht
- ✔ einem Bilanzeid: die gesetzlichen Vertreter bekunden, dass der Bericht die Wahrheit enthält
- ✔ sofern nicht von Abschlussprüfern geprüft, muss dies vermerkt werden

Lösung 14.4

Da der Freiverkehr lediglich von den Börsen selbst reguliert wird, sind keine zusätzlichen Vorschriften einzuhalten. So soll vor allem kleinen und mittleren Unternehmen der Zugang zu den Börsen ermöglicht werden. Der Freiverkehr findet an der Frankfurter Börse im sogenannten Entry Standard statt.

Lösung 14.5

An der Frankfurter Börse wird der regulierte Markt in die beiden Segmente

- ✔ General Standard und
- ✔ Prime Standard

aufgeteilt.

Lösung 14.6

Die Anforderungen des Prime Standard gehen über das gesetzlich geforderte Maß hinaus. Unternehmen, die diesen Standard erfüllen wollen, müssen neben dem Jahresabschluss einen Halbjahresfinanzbericht und einen Quartalsbericht veröffentlichen. Die Berichte müssen in Deutsch und Englisch abgefasst werden und einen verkürzten Abschluss sowie einen Zwischenlagebericht enthalten. Das bedeutet, dass auch Quartalsbilanzen und Quartalserfolgsrechnungen erstellt werden müssen.

Lösung 14.7

In die Zwischenmitteilung sollten nur relevante Informationen aufgenommen werden. Ein Schaden an einer Kaimauer in Höhe von 6.500 Euro gehört sicherlich nicht in eine Zwischenmitteilung. Die Kosten für den neuen Anstrich der Fähre Rügen gehören ebenfalls nicht hinein. Die beiden Vorgänge spielen für die Geschäftsentwicklung keine besondere Rolle.

Die witterungsbedingten Einschränkungen gehören dagegen in die Zwischenmitteilung. So erfährt der interessierte Anleger, warum der Umsatz in diesen Monaten unter den Erwartungen lag. Der Rahmenvertrag mit dem neuen Kunden ist auch eine Meldung im Zwischenbericht wert. Immerhin geht es um ein Auftragsvolumen von knapp 1 Million Euro.

Lösung 14.8

Die Antwort auf die Frage, ob die von der Task Force RZWGHWG eingesetzte Untersuchungskommission fündig wird, lässt sich nicht pauschal beantworten. Das hängt ganz davon ab, wie gut die Kommission arbeiten wird. Arbeitet sie halbwegs vernünftig, wird sie schnell auf die sinnlose Erstellung des Zwischenabschlusses im Bereich Finance stoßen. Denn in einer Zwischenmitteilung muss im Unterschied zu einem Quartals- oder Halbjahresbericht kein Zwischenabschluss erstellt werden. Die ausbezahlten Überstunden sind somit Geldverschwendung.

Lösung 14.9

Die Pflegebedürftigkeit der Schwiegermutter ist keine Ad-hoc-Meldung wert. Der vorzeitige Abgang des Vorstandsmitglieds dagegen auf jeden Fall. Möglicherweise erlebt die Aktie nach Bekanntgabe Kurssprünge, sofern ein Mensch mit einigermaßen Geschmack als Nachfolger in Sicht ist.

Lösung 14.10

Das Wertpapierhandelsgesetz schreibt vor, kursrelevante Sachverhalte unverzüglich bekannt zu geben. So sollen alle Anleger gleichzeitig informiert und Insiderhandel verhindert werden. Dieser Unternehmenskauf ist auf jeden Fall kursrelevant.

Lösung 14.11

Der Gesetzgeber droht bei Nichteinhaltung der Veröffentlichungsregelung mit saftigen Strafen von bis zu einer Million Euro. Auch wenn bislang nur verhältnismäßig geringe Strafen verhängt wurden, sollte man diese Pflicht schon ernst nehmen.

Lösung 14.12

Im Laufe der Zeit haben sich drei Methoden zur unterjährigen Erfolgsermittlung herausgebildet:

- ✔ der integrative Ansatz
- ✔ der eigenständige beziehungsweise diskrete Ansatz
- ✔ der kombinierte Ansatz

Lösung 14.13

Die Käserei ermittelt ihren unterjährigen Erfolg mit dem eigenständigen beziehungsweise diskreten Ansatz. Nach dieser Methode wird das betrachtete Quartal als eigenständige Abrechnungsperiode angesehen. Bei diesem Ansatz kommen nur Geschäftsfälle in den Zwischenbericht, die in diesen drei Monaten angefallen sind. Es gibt keinerlei Abschätzungen für den Rest des Kalenderjahrs.

Lösung 14.14

Nach einer erfolgreichen, also bestandenen Prüfung des Jahresabschlusses erhält das Unternehmen ein sogenanntes Testat. Das ist ein sogenannter Bestätigungsvermerk. Damit darf der Jahresabschluss als *festgestellt* bezeichnet werden.

Lösung 14.15

Wenn ein Jahresabschluss ein Testat erhält, bedeutet das lediglich, dass bei der Erstellung alle Gesetze und Rechnungslegungsvorschriften eingehalten wurden. Die wirtschaftliche Perspektive des Unternehmens spielt bei der Prüfung jedoch keine Rolle. Bitte gehen Sie niemals davon aus, dass Sie in ein Unternehmen Kapital investieren können, nur weil der Jahresabschluss geprüft wurde.

Teil IV

Die Bilanzpolitik

In diesem Teil …

Auf den folgenden Seiten dreht sich alles um das Thema Bilanzpolitik. Zuerst geht es um die Grundlagen und Ziele der Bilanzpolitik. Danach geht es um die Möglichkeiten der Bilanzpolitik, national wie international. Am Ende dieses Teils gibt es dann Übungen zu den möglichen Auswirkungen der Bilanzpolitik.

Grundlagen der Bilanzpolitik

15

In diesem Kapitel

- Konservative und progressive Bilanzpolitik
- Formelle und materielle Bilanzpolitik

Manch einer erstarrt vor Ehrfurcht bei der Fülle der Gesetze und Rechnungslegungsvorschriften rund um den Jahresabschluss. Man könnte fast auf die Idee kommen, dass es bei der Erstellung einer Bilanz oder einer Gewinn-und-Verlust-Rechnung eigentlich keine Freiräume für Bilanzpolitik mehr gäbe. Dem ist jedoch nicht ganz so. Das kleine Wörtchen Politik verrät nämlich schon, dass es auch bei Bilanzen durchaus den einen oder anderen Gestaltungsspielraum gibt.

Wenn Sie mitspielen wollen oder künftig besser erkennen wollen, ob Bilanzpolitik betrieben wurde – in diesem Kapitel finden Sie zunächst Übungen rund um die gröbsten Rahmenbedingungen und Einordnungen der Bilanzpolitik.

Darstellungsfrage

Ein Jahresabschluss ist letztlich eine Momentaufnahme, die Sie mithilfe gesetzlicher Wahlrechte und Spielräume so gestalten können, dass er für Ihre Zwecke am besten »aussieht«. Da das Aussehen bekanntlich eine Geschmacksfrage ist, kann es sein, dass ein Unternehmen möglichst schlecht aussehen möchte und ein anderes mit seinem Jahresabschluss glänzen möchte.

Aufgabe 15.1

Es gibt grundsätzlich zwei Arten der Bilanzpolitik. Bitte nennen Sie diese.

Die konservative Bilanzpolitik

Bei der konservativen Bilanzpolitik sollen die Spielräume beim Jahresabschluss so genutzt werden, dass die Ertrags- und Vermögenslage des Unternehmens kurzfristig möglichst *schlecht* dargestellt wird.

Aufgabe 15.2

Welche Ziele verfolgt ein Unternehmen in aller Regel, wenn es eine konservative Bilanzpolitik verfolgt? Bitte nennen Sie mindestens zwei Ziele.

Die progressive Bilanzpolitik

Bei der progressiven Bilanzpolitik wird Bilanzpolitik betrieben, um die Ertrags- und Vermögenslage des Unternehmens zunächst mal möglichst gut darzustellen.

Aufgabe 15.3

Welche Ziele verfolgt ein Unternehmen in aller Regel, wenn es eine progressive Bilanzpolitik verfolgt? Nennen Sie bitte zwei Ziele.

Aufgabe 15.4

Der Onlinemöbelhändler myDesign möchte bald an die Börse gehen. Empfehlen Sie der my-Design in dieser Phase eher eine progressive oder eher eine konservative Bilanzpolitik?

Aufgabe 15.5

Das letzte Jahr lief für die Bleischwer AG gar nicht gut. So wie es aussieht, wird das Unternehmen das Jahr mit einem leichten Verlust abschließen. Schlechte Stimmung auf der nächsten Hauptversammlung ist also garantiert. Der Aktienkurs wird ebenfalls etwas sinken. Der Vorstandschef möchte bei dieser Gelegenheit gleich alle weiteren Leichen aus dem Keller holen, damit er im nächsten Geschäftsjahr bessere Gewinnaussichten hat. Welche Bilanzpolitik sollten Sie in diesem Falle ausüben? Eine konservative oder eine progressive Bilanzpolitik?

Eingerahmt: Möglichkeiten der Bilanzpolitik

Bei der Bilanzpolitik handelt es sich eigentlich um nichts anderes als um die Ausnutzung gesetzlich gewährter Freiräume.

Aufgabe 15.6

In welche zwei Arten kann die Bilanzpolitik aufgeteilt werden?

Formelle Bilanzpolitik

Unter formeller Bilanzpolitik versteht man alles, was sich auf die äußere Gestaltung, die Präsentation und die Veröffentlichung des Jahresabschlusses bezieht.

Aufgabe 15.7

Freiräume und Wahlrechte, die sich auf die äußere Gestaltung, also auf die Präsentation und die Veröffentlichung des Jahresabschlusses beziehen, werden als formelle Bilanzpolitik bezeichnet. Nennen Sie bitte mindestens drei Wahlrechte, die zur formellen Bilanzpolitik gehören. Erläutern Sie diese Wahlrechte bitte auch kurz. In der Lösung dieser Aufgabe werden fünf Wahlrechte erläutert.

Materielle Bilanzpolitik

Bei der materiellen Bilanzpolitik geht es im Gegensatz zur formellen Bilanzpolitik um den Inhalt. Also um Freiräume und Wahlrechte, die direkte Auswirkungen auf die Zahlen im Jahresabschluss haben.

Aufgabe 15.8

Bei der materiellen Bilanzpolitik gibt es einige Wahlrechte. Grundsätzlich wird zwischen Ermessensspielräumen, Ansatzwahlrechten, Bewertungswahlrechten und der Sachverhaltsgestaltung unterschieden. Ordnen Sie die drei nachfolgenden Fälle bitte jeweils einem der vier genannten Wahlrechte zu.

✔ Der Schokoladenfabrikant Weihnachtshase AG verschiebt die längst überfällige Wartung der Produktionsmaschinen von November auf Januar, damit die Produktion im Weihnachtsgeschäft nicht behindert wird.

✔ Das Verlagshaus Mode & Aktuell AG hat eine Software entwickelt, die künftige Modetrends zielsicher vorausberechnen kann und dazu zeitlich passend Zeitschriftenbeiträge vollautomatisch erstellt. Damit liegt das Verlagshaus künftig stets am Puls der Zeit und spart darüber hinaus auch noch 90 Prozent der Redaktion ein. Die selbst erstellte Software wird nicht aktiviert, sondern gleich voll als Aufwand verbucht.

✔ Die Spedition Ruß & Bremsstaub AG hat ihr Logistikzentrum Nordwest an einen kanadischen Immobilienfonds verkauft. Falls Sie jetzt daraus schlussfolgern sollten, dass die Spedition ihr Nordwest-Geschäft aufgegeben hätte, haben Sie sich mächtig geschnitten. Die Ruß & Bremsstaub AG hat bei den Verkaufsverhandlungen zeitgleich auch die Mietkonditionen für das Logistikzentrum verhandelt. Rein äußerlich ändert sich nichts: Die Ruß & Bremsstaub AG nutzt weiterhin das Logistikzentrum Nordwest. Sie ist jedoch nicht mehr die Eigentümerin des Logistikzentrums, sondern lediglich die Mieterin.

Lösungen zu den Übungsaufgaben

Hier finden Sie die Lösungen zu den Aufgaben.

Lösung 15.1

Grob wird zwischen zwei möglichen Ausrichtungen der Bilanzpolitik unterschieden:

✔ konservative Bilanzpolitik

✔ progressive Bilanzpolitik

Lösung 15.2

Ziele einer konservativen Bilanzpolitik können sein:

✔ **Die Gewinnausschüttung minimieren:** Das Unternehmen möchte möglichst wenig an die Anteilseigner ausschütten. Die Ausschüttungen orientieren sich nun mal am Gewinn. Wenn ein niedrigerer Gewinn ausgewiesen wird, er also geringer ausfällt, muss logischerweise auch weniger ausgeschüttet werden.

- **Die Steuerzahlungen minimieren:** Ein Unternehmen möchte seine Steuerbelastung, die sich aus dem Gewinn errechnet, minimieren. Meist bedeutet das jedoch nur eine Verschiebung der Steuerzahlungen auf folgende Jahre. Wäre sonst ja auch zu einfach ...
- **Die Liquidität erhöhen:** Bei der konservativen Bilanzpolitik bleibt das Geld im Unternehmen, da weniger an die Anteilseigener ausgeschüttet werden muss und auch an den Fiskus zunächst weniger Steuern bezahlt werden müssen. Das erhöht zugleich die Liquidität des Unternehmens.

Lösung 15.3

Ziele einer progressiven Bilanzpolitik können sein:

- **Tolle Kennzahlen ausweisen:** Wenn ein Unternehmen möglichst gute Kennzahlen ausweisen möchte, betreibt es eher eine progressive Bilanzpolitik. Kunden, Anteilseigner, Geldgeber und Mitarbeiter finden Unternehmen mit glänzenden Kennzahlen und Abschlüssen auf den ersten Blick einfach besser.
- **Ergebnisglättung:** Ein Unternehmen möchte nach einem desaströsen Geschäftsjahr nicht auch noch einen desaströsen Jahresabschluss hinlegen. Panik nützt nun mal niemandem. Schlechte Zahlen sollen mittels Bilanzpolitik in die Folgejahre verschoben werden, damit der aktuelle Ausschlag nach unten nicht ganz so heftig ausfällt. So soll Schaden nach außen hin begrenzt werden. Nach dem Prinzip Hoffnung können die ergebnisbelastenden Verschiebungen in die Folgejahre durch dann bessere Geschäfte wieder ausgeglichen werden.

Lösung 15.4

Ehrliche Gemüter könnten versucht sein, der myDesign kurz vor einem Börsengang eher eine konservative Bilanzpolitik zu empfehlen. Ehrlichkeit zahlt sich am Ende bekanntlich aus. Dumm nur, dass die Gemeinde der Kapitalanleger eine solche Bilanzpolitik wahrscheinlich nicht honorieren wird. Vor einem Börsengang empfiehlt sich entweder eine progressive oder neutrale Bilanzpolitik; je nach individueller Situation.

Lösung 15.5

Bei einer konservativen Bilanzpolitik wird das Unternehmen schlechter dargestellt. Und genau dies will der Vorstandschef. So muss er nur in diesem Jahr schlecht gelaunte Aktionäre auf der Hauptversammlung ertragen. Das nächste Geschäftsjahr wird durch diese Maßnahmen entlastet. Eine solche Bilanzpolitik wird von Unternehmen in schlechten Jahren gerne ausgeübt; dann ist man alle schlechten Nachrichten und Zahlen auf einmal los.

Lösung 15.6

Die Bilanzpolitik kann grundsätzlich aufgeteilt werden in die

- formelle Bilanzpolitik und die
- materielle Bilanzpolitik.

Lösung 15.7

Die folgenden Wahlrechte gehören zur formellen Bilanzpolitik:

- ✔ **Ausweiswahlrecht:** Hier können Sie entscheiden, ob Sie bestimmte Sachen in der Bilanz, GuV oder im Anhang darstellen wollen. Den Anlagespiegel können Sie zum Beispiel entweder in die Bilanz oder in den Anhang packen.
- ✔ **Erläuterungswahlrecht:** Bei bestimmten Informationen dürfen Sie bestimmen, ob Sie diese im Jahresabschluss preisgeben möchten oder nicht. Beispielsweise die detaillierte Zusammensetzung der »sonstigen betrieblichen Erträge«.
- ✔ **Gliederungswahlrecht:** Das bekannteste Gliederungswahlrecht besteht sicherlich in der Freiheit, die GuV nach dem Gesamtkosten- oder nach dem Umsatzkostenverfahren erstellen zu dürfen. Der Wechsel zwischen diesen beiden genannten Verfahren ist jedoch nicht so leicht zu bewerkstelligen und trägt eher zur Verwirrung Ihrer Adressaten bei.
- ✔ **Bilanzstichtag:** Was ist Ihnen lieber: Wollen Sie das Geschäftsjahr im März oder im Juni enden lassen oder erst beim Knallen der Sektkorken im Dezember? Hier können viele Faktoren die individuelle Entscheidung über den Bilanzstichtag beeinflussen, beispielsweise die Unternehmenshistorie oder branchenspezifische Faktoren.
- ✔ **Layout und Präsentation:** Wird der Jahresabschluss kostenbewusst in Schwarz-Weiß mit viel Text und nüchternen Zahlen oder bunt auf hochwertigem Papier mit vielen tollen Grafiken erstellt? Je nach Unternehmen kann die erste oder die zweite Variante sinnvoll sein.

Lösung 15.8

Hier erfahren Sie, welcher Fall zu welchem materiellen Wahlrecht gehört.

- ✔ Bei der verschobenen Wartung der Produktionsmaschinen bei der Schokoladenfabrik Weihnachtshase AG handelt es sich um eine Sachverhaltsgestaltung. Der Sachverhalt Wartung der Produktionsmaschinen wird nach unternehmerischem Interesse zeitlich terminiert.
- ✔ Bei der Qual der Wahl, ob die selbst entwickelte Software im Verlagshaus Mode & Aktuell AG aktiviert werden soll oder nicht, handelt es sich um das Ansatzwahlrecht.
- ✔ Der Verkauf des Logistikzentrums Nordwest der Spedition Ruß & Bremsstaub AG an einen kanadischen Immobilienfonds mit anschließendem Zurückmieten stellt ein klassisches Sale-and-lease-back-Geschäft dar. Mit aktivem Handeln wurde ein Sachverhalt gestaltet. Darum handelt es sich hier um eine Sachverhaltsgestaltung.

Die Spielräume der Bilanzpolitik

16

In diesem Kapitel

- Legale und illegale Bilanzpolitik
- Gliederungs- und Bewertungswahlrechte
- Gewinnausweis und Ausschüttungspolitik
- Rechtliche Grenzen und Ermessensspielräume

Mithilfe der Bilanzpolitik kann das Ergebnis eines Unternehmens ziemlich stark beeinflusst werden. In diesem Kapitel finden Sie Übungen rund um die illegale und legale Bilanzpolitik und rund um die verschiedenen Wahlrechte. Scherz beiseite: Übungen zur illegalen Bilanzpolitik gibt es natürlich nicht. Aber vielleicht können Sie nach diesem Kapitel illegale Bilanzpolitik leichter erkennen.

Legale und illegale Bilanzpolitik

Man kann grundsätzlich zwischen zwei Arten von Bilanzpolitik unterscheiden, zwischen

- ✔ legaler Bilanzpolitik und
- ✔ illegaler Bilanzpolitik.

Im Buch *Bilanzen erstellen und lesen für Dummies* finden Sie im Top-Ten-Teil ein Kapitel mit zehn Beispielen für illegale Bilanzpolitik. Wenn Sie meinen, dass diese Fälle alle ja bereits mindestens ein paar Jahre zurückliegen und mit den heutigen strengen Vorschriften so etwas nicht mehr passieren kann, haben Sie sich mächtig getäuscht. Als Beleg für Sie der neueste Fall aus der Schublade milliardenschwere Bilanzfälschung:

Kennen Sie zufällig die Firma Hewlett-Packard? Das ist so ein PC-Hersteller, der zwar schon bessere Tage gesehen hat, aber immer noch zu den größeren Playern in der IT-Branche zählt. Im Jahr 2011 kaufte Hewlett-Packard die britische Softwareschmiede Autonomy für über 10 Milliarden Dollar auf. Damit sollte HP vom Hardwarehersteller zum Softwarehersteller umgebaut werden. Ein Jahr später entpuppte sich der Milliardendeal als Fehlschlag. Das HP-Management beschuldigte das damalige Autonomy-Management, die Bilanz illegal geschönt zu haben. HP musste deshalb Ende 2012 eine Sonderabschreibung über knapp 9 Milliarden Dollar vornehmen. Die US-Börsenaufsicht SEC hat zwischenzeitlich das FBI und die britischen Ermittlungsbehörden mit den weiteren Ermittlungen beauftragt. Gepaart mit dem nötigen Talent können Sie nach der Lektüre dieses Buches ja vielleicht einmal bei diesen Ermittlungsbehörden mitarbeiten und weitere Fälle aufdecken und so den Bilanzfälschern das Fürchten lehren.

Aufgabe 16.1

Was versteht man unter Windowdressing?

Aufgabe 16.2

Adventszeit. Es ist 19 Uhr, in den Büros brennt nur noch da und dort ein Licht, der kaufmännische Leiter fährt gerade seinen Rechner herunter. Just in diesem Moment betritt der Vorstandsvorsitzende persönlich dessen Büro mit der Floskel: »Ich hoffe, ich störe nicht …« Der kaufmännische Leiter müsste eigentlich um 20 Uhr daheim aufschlagen; zehn Gäste, eine kleine Familienfeier. Die Ehefrau hat ein aufwendiges Essen geplant. Seine Antwort: »Sie stören nie.« Der Vorstandsvorsitzende nimmt in der Besprechungsecke des Büros Platz und druckst zunächst mit etwas Wortgewalt um seinen Gesprächsanlass herum. Es geht um den Verkauf der ungeliebten Tochter, der Ökoenergy. Die Chinesen und die Bundesregierung machten alle EBIT-Träume zunichte. Die Tochter sollte doch etwas zurechtgemacht werden, bevor sie zum Verkauf angeboten wird. So der Vorstandsvorsitzende. Der kaufmännische Leiter sieht leider wenig Möglichkeiten; die Lage sei nun einmal trist. Der Vorstandsvorsitzende verbittet sich ein solch im Operativen verhaftetes Denken und fordert mehr Entrepreneurship ein.

Nun die Frage an Sie: Hat der Vorstandsvorsitzende den kaufmännischen Leiter damit aufgefordert, illegale Bilanzpolitik zu betreiben?

Unterschiedliche Ziele mit der Bilanzpolitik verfolgen

Jeden Tag wird eine andere Sau durchs Dorf gejagt. Gestern ging es um einen möglichst geringen Gewinnausweis, um das Unternehmen handlungsfähig zu halten. Heute sollen möglichst hohe Gewinne ausgewiesen werden, da morgen die Bilanzpressekonferenz stattfindet. Frei nach Hubert von Goisern mit seinem Song »Heast as nit«: »Heast as nit wia die Zeit vergeht, Gestern ham d'leut ganz anders g'redt.« Frei übersetzt: Was interessiert mich mein Geschwätz von gestern.

Aufgabe 16.3

Mit der Bilanzpolitik können viele Ziele verfolgt werden. Man kann damit die Gewinnausschüttung beeinflussen, die Höhe der Steuerzahlung beeinflussen, die Eigenkapital- und Fremdkapitalgeber zufriedenstellen oder den Unternehmenswert erhöhen. Besteht zwischen den genannten Zielen möglicherweise ein Konflikt oder können mit der Bilanzpolitik alle Ziele gleichzeitig verfolgt werden? Bitte nennen Sie einen Zielkonflikt. Vielleicht werden Sie bei der Thematik Gewinnausschüttung und Steuerlast schnell fündig …

Bilanzpolitik bei der Gewinnausschüttung

Wer teilt schon gerne sein Vermögen? Das Management möchte die Gewinne lieber im Unternehmen belassen, um damit Investitionen tätigen zu können. Dummerweise sorgt man bei Kapitalanlegern für schlechte Stimmung, wenn man diese nicht am Gewinn beteiligt.

Aufgabe 16.4

Der Reiseveranstalter Weitweg & Günstig AG ist auf den Kapitalmarkt angewiesen. Nur durch eine Kapitalerhöhung, also durch die Herausgabe neuer Aktien wird er seine Expansionsabsichten finanzieren können. Sollte die Weitweg & Günstig AG die Aktionäre dieses Jahr am Gewinn teilhaben lassen und eine Dividende ausschütten oder doch lieber das erwirtschaftete Geld behalten, indem durch geschickte Bilanzpolitik fast kein Gewinn ausgewiesen und somit auch keine Dividenden ausgezahlt werden?

Aufgabe 16.5

Der Lebensmittelkonzern myFood AG liebt die leisen Töne. Vertrauen ist die wichtigste Basis im Lebensmittelgeschäft. Auch mit seiner Bilanzpolitik möchte das Unternehmen möglichst wenig Schlagzeilen verursachen. Dazu zählt auch die Vermeidung von Gewinnsprüngen und dergleichen. Wie nennt man eine Bilanzpolitik, die jedes Jahr möglichst gleich hohe Gewinnausweise zum Ziel hat?

Irgendeiner muss ja Steuern zahlen

Da der Staat seine Ausgaben nicht nur durch Schuldenaufnahme finanzieren kann, erhebt er Steuern. Von den Arbeitnehmern beispielsweise Einkommensteuer und von Kapitalgesellschaften Körperschaftsteuer. Beides sind sogenannte Ertragsteuern.

Für die nächsten Aufgaben sollten Sie wissen, dass die Körperschaftsteuer in Österreich 25 Prozent und in Deutschland 15 Prozent beträgt. In Deutschland muss auf die zu zahlende Steuer auch noch ein Solidaritätszuschlag in Höhe von 5,5 Prozent gezahlt werden.

Aufgabe 16.6

Die Rentamobile GmbH mit Sitz in Dortmund hat im vergangenen Geschäftsjahr in der Steuerbilanz ein zu versteuerndes Ergebnis in Höhe von 6.000.000 Euro erwirtschaftet. Wie viel Ertragsteuern muss das Unternehmen zahlen?

Aufgabe 16.7

Die Rentamobile GmbH mit Sitz in Wien hat im vergangenen Geschäftsjahr in der Steuerbilanz ein zu versteuerndes Ergebnis in Höhe von 6.000.000 Euro erwirtschaftet. Wie viel Körperschaftsteuer muss das Unternehmen zahlen?

Aufgabe 16.8

Frau Frank betreibt in München eine Autovermietung. Und das ziemlich erfolgreich. Im letzten Geschäftsjahr hat sie mit ihrer Autovermietung, die sie übrigens als persönlich haftende Einzelunternehmerin führt, ein zu versteuerndes Ergebnis in Höhe von 6.000.000 Euro erwirtschaftet. Wie viel Ertragsteuern muss Frau Frank zahlen?

Aufgabe 16.9

Die Immotrade AG könnte im Dezember kurzfristig noch ein Geschäft machen, das den zu versteuernden Gewinn um 100.000 Euro erhöhen würde. Ohne dieses Geschäft beläuft sich der zu versteuernde Gewinn der Immotrade AG auf 860.000 Euro. Lohnt es sich, Bilanzpolitik zu betreiben und das Geschäft auf das nächste Jahr zu verschieben, damit die Immotrade AG dieses Jahr weniger Steuern bezahlen muss?

Bilanzpolitik ganz formal

Viel beeinflussen können Sie kurz vor dem Jahresabschluss nicht mehr. Sachverhaltsgestaltende Bilanzpolitik kann in den wenigen verbleibenden Arbeitstagen kaum mehr vorgenommen werden. Bleibt fast nur noch die Beeinflussung bei der Darstellung von Sachverhalten.

Ausweis- und Gliederungswahlrechte

Das Handelsgesetzbuch lässt Ihnen bei einer Vielzahl von Sachverhalten ein Ausweiswahlrecht. Einige Ausweiswahlrechte sind ohne Ergebniswirkung, andere besitzen dagegen auch eine Ergebniswirkung.

Aufgabe 16.10

Können Sie mit der Wahlfreiheit bezüglich der Gliederungstiefe der Bilanz das Jahresergebnis beeinflussen?

Aufgabe 16.11

Können Sie mit der Wahlfreiheit, ob Sie den Anlagespiegel in der Bilanz oder erst im Anhang zeigen möchten, die Höhe des Ergebnisses beeinflussen?

Aufgabe 16.12

Wie sinnvoll sind Ausweiswahlrechte ohne Ergebnisauswirkung?

Aufgabe 16.13

Der Chefbuchhalter der Waffeleisenfabrik Puder&Zucker GmbH, Herr von der Waffel, hat an einem langen Winterabend am Kamin im Lesesessel mal wieder in seinem Lieblingsbuch geschmökert. Der § 247 Abs. 2 HGB weckte seine Fantasie. Er war total fasziniert darüber, was dieser kleine Paragraf doch für Gestaltungsmöglichkeiten bietet. Beim für nächste Woche geplanten Kauf eines Wertpapierpakets will er diesen Passus gleich geschickt nutzen. Die Puder&Zucker GmbH möchte nämlich für einen unbestimmten Zeitraum Kapital in ein paar DAX-Aktien zwischenparken. Dabei sollten kurzfristige Kursschwankungen keinen Einfluss auf die Bilanz haben. Soll Herr von Waffel das Aktienpaket demnach lieber dem Anlage- oder dem Umlaufvermögen zuordnen?

Formelle Gestaltungsmöglichkeiten

Weihnachten kommt jedes Jahr so plötzlich. Und damit auch der Jahresabschluss. Trotzdem bestehen meist noch ein paar Gestaltungsmöglichkeiten. Sie können zum Beispiel schnell noch ein paar Wirtschaftsgüter veräußern, um kurzfristig für Erträge zu sorgen.

Aufgabe 16.14

Nachfolgend finden Sie ein paar sachverhaltsgestaltende Maßnahmen. Welche wirken davon gewinnerhöhend und welche gewinnvermindernd? Seien Sie so nett und geben Sie auch gleich den Betrag an.

- ✔ Sie ziehen den für Januar geplanten Heizölkauf in Höhe von 5.000 Euro um ein paar Tage vor in den Dezember.
- ✔ Nicht unbedingt dringend notwendige Reparaturen und Wartungsarbeiten im geschätzten Umfang von 12.000 Euro werden in das nächste Geschäftsjahr verschoben.
- ✔ Sie verschieben den eigentlich im Dezember fälligen Heizölkauf über 8.000 Euro um ein paar Tage in den Januar. Ein paar Liter sind immerhin noch im Tank.
- ✔ Der für den 1.12. terminierte Kauf einer sündhaft teuren Softwarelizenz für die Forschungsabteilung wird um zwei Monate verschoben. Es handelt sich dabei um eine Lizenz, die sage und schreibe 50.000 Euro kostet.
- ✔ Der eigentlich erst für nächstes Jahr geplante Kauf einer sündhaft teuren Software für die Forschungsabteilung wird auf dieses Jahr vorgezogen. Der Kaufpreis der Software beträgt 50.000 Euro. Dafür gibt es für jeden der 500 Mitarbeiter in der Forschungsabteilung endlich eine Lizenz.

Materielle Bilanzpolitik

Neben der formellen Bilanzpolitik steht Ihnen zur Bilanzgestaltung auch noch die materielle Bilanzpolitik zur Verfügung. In Abbildung 16.1 finden Sie die materiellen Ansatzwahlrechte im Überblick.

Die Ansatzwahlrechte

Sie verfügen über Ansatzwahlrechte auf der Aktiv- und auf der Passivseite der Bilanz.

- ✔ Auf der Aktivseite geht es darum, ob Ausgaben aktiviert oder als Aufwand erfasst werden sollen.
- ✔ Auf der Passivseite geht es um die Frage, ob für zukünftige Ausgaben Rückstellungen gebildet werden sollen oder nicht.

Die linke Seite: Aktivierungswahlrechte

Auf der Aktivseite gibt es seit Inkrafttreten des Bilanzrechtsmodernisierungsgesetzes, kurz BilMoG, im Jahr 2009 zwei Wahlrechte: Das Aktivierungswahlrecht beim Disagio gemäß

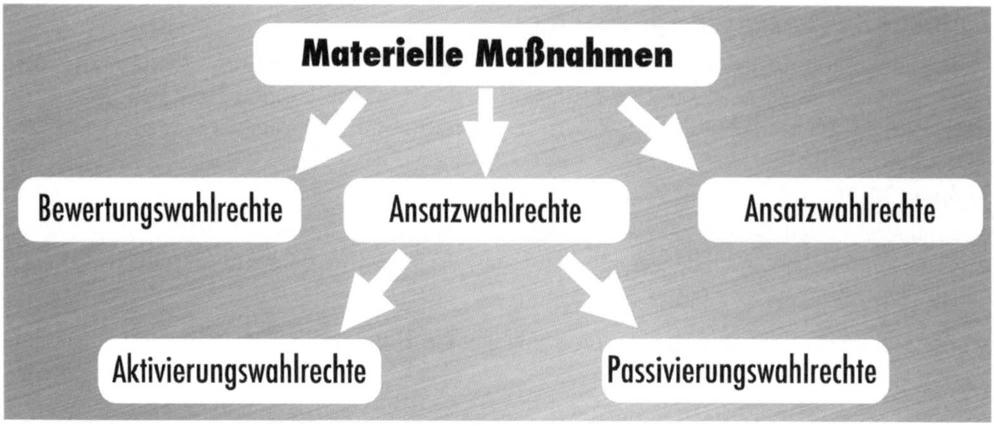

Abbildung 16.1: Materielle Ansatzwahlrechte

§ 250 Abs. 3 HGB und das Aktivierungswahlrecht für selbst geschaffene immaterielle Wirtschaftsgüter gemäß § 248 Abs. 2 HGB. Bevor es mit den Übungsaufgaben rund um diese Aktivierungswahlrechte losgeht, noch eine kleine Erläuterung zum Disagio.

Wenn Sie mal in die Verlegenheit geraten sollten, sich nicht vollständig eigenfinanzieren zu können, steht ein Gang zu Ihrer Bank bevor. Dort fragen Sie nach einem Kredit, um beispielsweise die dringend benötigte neue Maschine kaufen zu können. Ihr Finanzierungsbedarf liegt bei 65.000 Euro. Der freundliche Bankberater erstellt Ihnen jedoch ein Kreditangebot über 70.000 Euro. Sie versuchen, ihm mehrfach klarzumachen, dass Sie lediglich 65.000 Euro von der Bank benötigen. Der Bankberater will aber einfach nicht auf Sie hören. Stattdessen lobt er den unglaublich niedrigen Zinssatz von 6,5 Prozent, den er Ihnen nur aufgrund der langjährigen Treue anbieten kann. Langsam begreifen Sie, dass Sie nicht 70.000 Euro von der Bank erhalten werden, sondern nur die tatsächlich benötigten 65.000 Euro. Zurückzahlen werden Sie aber 70.000 Euro. Diese Differenz zwischen Auszahlungs- und Rückzahlungsbetrag ist das Disagio, der Abschlag.

Aufgabe 16.15

Frau Rauk ist Leiterin Finanzen bei dem Bauunternehmen Unterirdisch GmbH. Zur Sicherstellung der Liquidität benötigt die Unterirdisch GmbH aktuell 1 Million Euro. Frau Rauk hat sich zwei Angebote erstellen lassen. Welches soll sie wählen?

- ✔ Angebot 1: Die örtliche Genossenschaftsbank bietet ihr einen Kredit in Höhe von 1 Million Euro zu einem Zinssatz von 5 Prozent an.
- ✔ Angebot 2: Die in Frankfurt residierende Geschäftsbank Invest AG bietet ihr einen Kredit über 1,2 Millionen Euro an, mit einem Disagio über 0,2 Millionen Euro und einem Zinssatz von 4,9 Prozent.

Aufgabe 16.16

Frau Rauk, Leiterin Finanzen, hat für das Bauunternehmen Unterirdisch GmbH einen Kredit über 1 Million Euro aufnehmen lassen. Bezüglich des fälligen Disagios in Höhe von 50.000 Euro möchte Sie das Wahlrecht so wahrnehmen, dass die Unterirdisch GmbH dieses Jahr ein schlechteres Ergebnis ausweisen kann. Was muss Sie tun?

Aufgabe 16.17

Frau Rauk, Leiterin Finanzen, hat für das Bauunternehmen Unterirdisch GmbH einen Kredit über 1 Million Euro aufnehmen lassen. Bezüglich des fälligen Disagios in Höhe von 80.000 Euro möchte sie das Wahlrecht so wahrnehmen, dass das Ergebnis der Unterirdisch GmbH dieses Jahr davon nicht allzu sehr beeinflusst wird.

Aufgabe 16.18

Wenn das Aktivierungswahlrecht beim Disagio wahrgenommen und das Disagio aktiviert wird, stellen sich zwei Fragen: Wo landet das Disagio in der Bilanz? Und über welchen Zeitraum muss das Disagio abgeschrieben werden?

Aufgabe 16.19

Der Automobilhersteller Bremmler AG möchte an der Börse stets glänzen. Das bedeutet, dass er alles daransetzt, tolle Bilanzen auszuweisen. Nichts soll das Außenbild trüben. In den Entwicklungsabteilungen wurde im abgelaufenen Geschäftsjahr viel getüftelt und gebastelt. Es wurde viel Software für die Fahrzeugsteuerung entwickelt. Die Entwicklungskosten für die selbst erstellte Software betragen 9,5 Millionen Euro. Soll die Software aktiviert und danach abgeschrieben oder dieses Jahr gleich voll als Aufwand verbucht werden?

Die rechte Seite: Passivierungswahlrechte

Auf der Passivseite der Bilanz gibt es nach der Reform des HGB durch das BilMoG noch ein Wahlrecht bei den Pensionszusagen. Es gibt Passivierungswahlrechte für

- ✔ unmittelbare Pensionsverpflichtungen, die vor dem 1.1.1987 eingegangen wurden, und
- ✔ mittelbare Pensionsverpflichtungen.

Aufgabe 16.20

Der Betriebsrat der Schotter AG hat nach jahrelangen Verhandlungen eine betriebliche Altersvorsorge durchsetzen können. Diese soll ab dem 1.1.2014 in Kraft treten. Die Schotter AG wird die betriebliche Altersvorsorge direkt an die künftigen Rentner auszahlen. Besteht für die Schotter AG ein Passivierungswahlrecht? Mit anderen Worten: Kann die Schotter AG entscheiden, ob sie für diese künftigen Pensionsverpflichtungen eine Rückstellung bilden soll oder nicht?

Aufgabe 16.21

Das Traditionsunternehmen Montan AG legte schon immer allergrößten Wert auf das Wohlergehen seiner Mitarbeiter. So gibt es bei der Montan AG seit dem Jahre 1972 auch eine direkte betriebliche Altersvorsorge. Muss für diese Pensionsverpflichtung eine Rückstellung gebildet werden?

Aufgabe 16.22

Das Möbelhaus Pressspan GmbH bietet seinen Mitarbeitern auch eine betriebliche Altersvorsorge an. Eine Versicherung wurde mit der Abwicklung beauftragt. Das funktioniert so: Die Versicherung erhält von der Pressspan GmbH Zahlungen, damit sie die Pensionsverpflichtungen erfüllen kann. Die Pressspan GmbH und das Versicherungsunternehmen gehen offiziell davon aus, dass mit diesen Zahlungen die künftigen Pensionsverpflichtungen erfüllt werden können. Der Leiter Finanzen der Pressspan GmbH hat von einem Passivierungswahlrecht im Zusammenhang mit mittelbaren Pensionsverpflichtungen gehört. Demnach stünde es der Pressspan frei, hierfür auch noch Rückstellungen zu bilden. Dies möchte er auch machen. Sicher ist sicher. Darf er das?

Die Bewertungswahlrechte

Folgende Wahlrechte stehen Ihnen heute aus Sicht des Handelsgesetzbuches zur Verfügung:

- ✔ Wahl der Abschreibungsmethode
- ✔ Abschreibungswahlrecht bei Finanzanlagen
- ✔ Bewertungswahlrecht bei den Herstellungskosten
- ✔ Wahl des Bewertungsvereinfachungsverfahrens

Leistungsgerecht oder linear: Wahl der Abschreibungsmethode

Das Handelsrecht schränkt Sie in der Wahl der Abschreibungsmethode nicht ein. Es überlässt es Ihnen, nach kaufmännischem Ermessen die passende Methode auszuwählen. Das deutsche Steuerrecht sieht die Sache jedoch deutlich enger. Danach besitzen Sie nur bei beweglichen Wirtschaftsgütern ein Wahlrecht. Und das auch nur zwischen der leistungsgerechten und der linearen Abschreibung. Ansonsten muss linear abgeschrieben werden. Leistungsbezogen dürfen Sie aber nur dann abschreiben, wenn es wirtschaftlich begründbar ist und Sie die jährliche Leistung auch nachweisen können.

Aufgabe 16.23

Nachfolgend habe ich ein paar Wirtschaftsgüter aufgelistet. Welche können nach deutschem Steuerrecht leistungsgerecht abgeschrieben werden und welche linear? Was schätzen Sie?

- ✔ Haus
- ✔ Auto
- ✔ Kran
- ✔ Produktionsmaschine
- ✔ Versuchsacker

- Laptop
- Bürostuhl
- Friseurstuhl
- S-Bahn
- Büromaterial
- Lagerhalle
- Heizölvorrat
- Tresor
- Ladeneinrichtung

Aufgabe 16.24

Die Autovermietung Avus 9000 GmbH hat fünf Fahrzeuge im Fuhrpark. Für gewöhnlich wird ein Fahrzeug zwölf Monate genutzt, bevor es wieder verkauft wird. Die Autovermietung möchte durch die Wahl der Abschreibungsmethode möglichst viel Aufwand generieren, damit die Steuerlast gedrückt wird.

Sie wurden von der Avus 9000 GmbH engagiert, um die steuerlich günstigste Abschreibungsmethode zu ermitteln. Ist es die lineare Abschreibungsmethode oder die leistungsgerechte Abschreibungsmethode? Bitte legen Sie los.

Damit Sie Ihren Auftrag erledigen können, erhalten Sie noch ein paar Informationen:

- Gemäß AfA-Tabelle des deutschen Bundesministeriums der Finanzen beträgt die Nutzungsdauer eines Personenkraftwagens sechs Jahre.
- Der Einfachheit halber werden alle Fahrzeuge am 1.1. gekauft und am 31.12. verkauft.

Die Informationen zu den einzelnen Fahrzeugen:

- Das erste Fahrzeug, eine BMW 3er Limousine, hat 55.000 Euro gekostet und hatte eine Fahrleistung von 40.000 Kilometern. Die Gesamtfahrleistung wird auf 250.000 Kilometer geschätzt. Am 31.12. wird das Fahrzeug für 35.000 Euro an den Händler zurückgegeben.
- Das zweite Fahrzeug, ein Opel Corsa, hat 18.000 Euro gekostet und hatte eine Fahrleistung von 8.000 Kilometern. Die Gesamtfahrleistung wird auf 150.000 Kilometer geschätzt. Am 31.12. wird das Fahrzeug für 9.000 Euro an den Händler zurückgegeben.
- Das dritte Fahrzeug, ein Volvo V70, hat 50.000 Euro gekostet und hatte eine Fahrleistung von 60.000 Kilometern. Die Gesamtfahrleistung wird auf 400.000 Kilometer geschätzt. Am 31.12. wird das Fahrzeug für 35.000 Euro an den Händler zurückgegeben.
- Das vierte Fahrzeug, ein VW Golf 7, hat 30.000 Euro gekostet und hatte eine Fahrleistung von 20.000 Kilometern. Die Gesamtfahrleistung wird auf 200.000 Kilometer geschätzt. Am 31.12. wird das Fahrzeug für 20.000 Euro an den Händler zurückgegeben.

- Das fünfte Fahrzeug, eine Mercedes A-Klasse, hat 40.000 Euro gekostet und hatte eine Fahrleistung von 10.000 Kilometern. Die Gesamtfahrleistung wird auf 150.000 Kilometer geschätzt. Am 31.12. wird das Fahrzeug für 25.000 Euro an den Händler zurückgegeben.

Bitte stellen Sie beide Handlungsalternativen vollständig dar und geben am Ende eine Empfehlung ab. Sie dürfen auf null Nachkommastellen runden, damit die Darstellung übersichtlich bleibt.

Aufgabe 16.25

Die Autovermietung Limburg-Nord GmbH hat zwei Fahrzeuge im Fuhrpark. Für gewöhnlich wird ein Fahrzeug zwölf Monate genutzt, bevor es wieder verkauft wird. Die Autovermietung möchte durch die Wahl der Abschreibungsmethode möglichst viel Aufwand generieren, damit die Steuerlast gedrückt wird.

Sie wurden von der Limburg-Nord GmbH engagiert, um die steuerlich günstigste Abschreibungsmethode zu ermitteln. Ist es die lineare Abschreibungsmethode oder die leistungsgerechte Abschreibungsmethode? Bitte legen Sie los.

Damit Sie Ihren Auftrag erledigen können, erhalten Sie noch ein paar Informationen:

- Gemäß AfA-Tabelle des deutschen Bundesministeriums der Finanzen beträgt die Nutzungsdauer eines Personenkraftwagens sechs Jahre.
- Der Einfachheit halber werden alle Fahrzeuge am 1.1. gekauft und am 31.12. verkauft.

Die Informationen zu den einzelnen Fahrzeugen:

- Das erste Fahrzeug, ein Ford Mondeo Turnier, hat 40.000 Euro gekostet und hatte eine Fahrleistung von 120.000 Kilometern. Die Gesamtfahrleistung wird auf 200.000 Kilometer geschätzt. Am 31.12. wird das Fahrzeug für 30.000 Euro an den Händler zurückgegeben.
- Das zweite Fahrzeug, ein Audi A4 Avant, hat 50.000 Euro gekostet und hatte eine Fahrleistung von 150.000 Kilometern. Die Gesamtfahrleistung wird auf 200.000 Kilometer geschätzt. Am 31.12. wird das Fahrzeug für 30.000 Euro an den Händler zurückgegeben.

Bitte stellen Sie beide Handlungsalternativen vollständig dar und geben Sie am Ende eine Empfehlung ab. Sie dürfen auf null Nachkommastellen runden, damit die Darstellung übersichtlich bleibt.

Aufgabe 16.26

Die Spedition Stauschau GmbH hat zwei Fahrzeuge im Fuhrpark. In diesem Geschäftsjahr möchte die Spedition besonders gute Zahlen vorweisen können, damit der bevorstehende Darlehensantrag für den Bau der neuen Logistikhalle von der Hausbank wohlwollend genehmigt wird. Mit welcher Abschreibungsmethode wird es der Stauschau GmbH eher gelingen, die Hausbank zu beeindrucken: mit der linearen oder mit der leistungsabhängigen Abschreibungsmethode? In Tabelle 16.1 finden Sie alle benötigten Informationen.

Fahrzeug	Anschaffungskosten in Euro	Buchwert 01.01. in Euro	Fahrleistung in Kilometern	Geschätzte Gesamtfahrleistung in Kilometern
1	60.000	40.000	50.000	250.000
2	60.000	50.000	60.000	250.000
Die Nutzungsdauer beträgt sechs Jahre.				
Es bestehen keine Verkaufsabsichten.				

Tabelle 16.1: Daten der Spedition Stauschau AG

Abschreibungswahlrecht bei Finanzanlagen

Bei Finanzanlagen gibt es ein weiteres Wahlrecht. Bei nicht dauernder Wertminderung Ihrer Finanzanlagen stellt es Ihnen das HGB frei, außerplanmäßige Abschreibungen vorzunehmen oder nicht.

Aufgabe 16.27

Die Baukran AG hat zu viel Geld. Einen Teil hiervon legt sie in ein paar Standardwerte an. Die Finanzanlage dient keinen kurzfristigen Zwecken; es handelt sich um eine langfristige Anlage. 100.000 Euro hat die Baukran AG unter anderem in Apple-Aktien investiert. Diese haben im November ihr Kurshoch verlassen und sind im Wert etwas gesunken. Die Analysten sind unterschiedlicher Meinung darüber, ob es sich hierbei um eine dauerhafte Wertminderung handelt oder nur um ein kleines Zwischentief. Die Baukran AG möchte ein möglichst gutes Ergebnis ausweisen. Wie soll sie auf die Aussagen der Analysten reagieren?

Bewertungswahlrecht bei den Herstellungskosten

Bei der Berechnung der Herstellungskosten haben Sie bekanntlich die Wahl, angemessene

- ✔ Teile der Kosten der allgemeinen Verwaltung,
- ✔ Aufwendungen für soziale Einrichtungen des Betriebs,
- ✔ Aufwendungen für freiwillige soziale Leistungen,
- ✔ Aufwendungen für die betriebliche Altersversorgung,
- ✔ fertigungsbezogene Fremdkapitalzinsen, also Zinsen für Kredite zur Finanzierung der Herstellung, aber nur, soweit sie auf den Zeitraum der Herstellung entfallen,

in die Herstellungskosten einzubeziehen oder nicht.

Aufgabe 16.28

Bitte erklären Sie, warum der Gewinn vermindert wird, wenn Sie das Wahlrecht wahrnehmen und darauf verzichten, angemessene Kosten der allgemeinen Verwaltung, Aufwendungen für soziale Einrichtungen des Betriebs, Aufwendungen für freiwillige soziale Leistungen und der betrieblichen Altersversorgung und fertigungsbezogene Fremdkapitalzinsen in die Herstellungskosten einzubeziehen. Die Kosten sind doch so oder so angefallen; da ist es doch egal, ob diese bei den Herstellungskosten oder an anderer Stelle der Erfolgsrechnung aufgeführt werden, oder?

Wahl des Bewertungsvereinfachungsverfahrens

Für gleichartige bewegliche Vermögensgegenstände dürfen Sie im Umlaufvermögen zwischen zwei Sammelbewertungsverfahren wählen, und zwar zwischen

- ✔ der FIFO-Methode und
- ✔ der LIFO-Methode.

Aufgabe 16.29

Bitte beschreiben Sie die LIFO- und die FIFO-Methode.

Aufgabe 16.30

Der Holzpelletshändler Sievers GmbH möchte durch die Wahl des Verbrauchsfolgeverfahrens einen möglichst hohen Aufwand ausweisen. Welches Verbrauchsfolgeverfahren empfehlen Sie der Sievers GmbH: FIFO oder LIFO?

Dazu noch ein paar Informationen für Sie: Der Holzpelletshändler hat 9 Tonnen Holzpellets in drei Tranchen eingekauft (siehe Tabelle 16.2). Einen Anfangsbestand gab es nicht; der letzte Winter war lang und kalt.

Datum	Menge	Preis pro Tonne
14.03.	3 Tonnen	1.500 €
10.07.	4 Tonnen	800 €
20.09.	2 Tonnen	1.300 €

Tabelle 16.2: Einkaufsdaten der Sievers GmbH

Aufgabe 16.31

Der Kieshändler Carlo GmbH möchte durch die Wahl des Verbrauchsfolgeverfahrens einen möglichst niedrigen Aufwand ausweisen. Welches Verbrauchsfolgeverfahren empfehlen Sie der Carlo GmbH: FIFO oder LIFO? Dazu noch ein paar Informationen für Sie: Der Kieshändler hat 45 Tonnen Kies in drei Tranchen eingekauft (siehe Tabelle 16.3). Einen Anfangsbestand gab es nicht.

Datum	Menge	Preis pro Tonne
20.03.	12 Tonnen	70 €
12.07.	18 Tonnen	100 €
13.09.	15 Tonnen	130 €

Tabelle 16.3: Einkaufsdaten der Carlo GmbH

Von diesen 45 Tonnen hat der Kieshändler 42 Tonnen verkauft.

Bei den Ermessensspielräumen nicht übertreiben

Der Gesetzgeber, also die Abgeordneten im Parlament, können oder wollen nicht alle Lebenslagen und Fälle eineindeutig ausformulieren. Sei es der mangelnden Sachkenntnis geschuldet oder einfach nur der Tatsache, dass man nicht jede Lebenslage in ein Gesetz gießen kann. Immer dann, wenn die Gesetzesformulierungen nicht eindeutig oder ausreichend konkretisiert sind, entstehen sogenannte verdeckte Wahlrechte, die Ermessensspielräume. Dies ist wie gesagt nicht der Schusseligkeit des Gesetzgebers geschuldet, sondern gewollt, da das richtige Leben mit all seinen Facetten nun mal nicht vollständig in Gesetze formuliert und gegossen werden kann. Gott sei Dank.

Ermessensspielräume gibt es bei

- ✔ dem Rückstellungsgrund und der Rückstellungshöhe,
- ✔ der Aktivierung selbst erstellter immaterieller Vermögensgegenstände,
- ✔ der Nutzungsdauer von Anlagegütern,
- ✔ außerplanmäßigen Abschreibungen,
- ✔ der Bestimmung des Zeitwerts.

Aufgabe 16.32

Für ungewisse Verbindlichkeiten und drohende Verluste aus schwebenden Geschäften müssen Sie Rückstellungen bilden. Hier hilft oftmals nur der Blick in die Glaskugel. Treten die befürchteten Risiken wirklich ein und wenn ja in der abgeschätzten Höhe? Wer kann objektiv beurteilen, ob ein Rückstellungsgrund bestand oder nicht? Damit besteht doch ein völlig freier Ermessensspielraum bei den Rückstellungen?

Aufgabe 16.33

Bei dieser Aufgabe geht es um die Ermessensspielräume bei der Nutzungsdauer von Anlagegütern. Nach HGB sollen abnutzbare Vermögensgegenstände des Anlagevermögens ja über den voraussichtlichen Nutzungszeitraum abgeschrieben werden. Das Bundesfinanzministerium war so nett und leistet eine äußerst ausführliche Hilfestellung bei der Ermittlung der Nutzungsdauer. In deren AfA-Tabelle wird so ziemlich auf jedes erdenkliche Wirtschaftsgut eingegangen. Ein Beispiel: In der Rubrik Gartenbau wird für einjährige Erdbeerpflanzen eine

Nutzungsdauer von einem Jahr festgelegt. Nun die Frage: Können Sie von der dort angegebenen Nutzungsdauer von einem Jahr abweichen?

Ein kleiner Ermessensspielraum bleibt. Wenn Sie glaubhaft versichern können, dass Ihre einjährigen Erdbeerpflanzen aufgrund genetischer Veränderung nun mehrjährig nutzbar sind, können Sie die Pflanzen auch über zwei Jahre abschreiben.

Aufgabe 16.34

Der Dekohersteller Minimal GmbH hat noch jede Menge mit Alustreifen verzierte Nussbaumholzringe auf Lager. Diese wurden damals extra bei einer chinesischen Firma in Auftrag gegeben, um daraus Kerzenhalter herzustellen. Die Kerzenhalter werden zwischenzeitlich jedoch nicht mehr produziert. Im aktuellen Portfolio der Minimal GmbH gibt es auch kein anderes Produkt, bei dem diese Teile benötigt werden könnten. Die bleischwer im Lager herumliegenden Teile haben sich mittlerweile bis ins Rechnungswesen herumgesprochen. In deren Büchern sind das schlicht Gegenstände des Umlaufvermögens und werden mit 60.000 Euro bewertet. Das Rechnungswesen fragt beim zuständigen Produktmanager an, wie er nun den aktuellen Wert der Gegenstände taxiert. Dieser hat außer dem damaligen Kaufpreis keinerlei Anhaltspunkte, da mit Alustreifen verzierte Nussbaumholzringe an keiner Börse gehandelt werden. Welche Einschätzung kann der Produktmanager abgeben, die das Rechnungswesen auch mit gutem Gewissen in die Bücher aufnehmen kann?

Lösungen zu den Übungsaufgaben

Hier finden Sie die Lösungen zu den Aufgaben.

Lösung 16.1

Kurzfristige bilanzpolitische Maßnahmen werden als Windowdressing bezeichnet. In den Folgejahren müssen solche Maßnahmen in aller Regel wieder zurückgedreht werden, das Ergebnis verschlechtert sich dann entsprechend.

Lösung 16.2

Der Vorstandsvorsitzende hat den kaufmännischen Leiter lediglich aufgefordert, unternehmerisch zu denken. Das ist keine Aufforderung zu illegalem Handeln. Ein halbwegs intelligenter Vorstand würde dies zudem niemals tun. Aber: Der Kontext spielt hier die große Rolle. Welche Grauzonen wurden bisher bei anderen Fällen beschritten, wie hat der Vorstandsvorsitzende bisher welche Handlungsweise indirekt honoriert? Welcher indirekte Zwang wird mit solchen Gesprächen aufgebaut? Es ist nicht auszuschließen, dass sich ein Mitarbeiter nach einem solchen Gespräch zu illegalen Handlungen genötigt sieht. Dem Vorstandsvorsitzenden kann dann meist nichts nachgewiesen werden.

Lösung 16.3

Die Bilanzpolitik wimmelt nur so von Zielkonflikten. Die Eier legende Wollmilchsau gibt es – große Überraschung – auch in der Bilanzpolitik nicht.

Hoher Gewinnausweis und zugleich Steuerzahlung minimieren: Wenn Sie die Gewinnausschüttung an die Anteilseigner erhöhen wollen und zeitgleich die Steuerlast senken sollen, befinden Sie sich in einem klassischen Zielkonflikt. Sie können mit der Bilanzpolitik nun entweder eine hohes oder ein niedriges Jahresergebnis anstreben. Ein hohes Ergebnis sorgt für zufriedene Anteilseigner. Da die Steuerzahlung direkt vom Ergebnis abhängt, können Sie die Steuerzahlung nicht gleichzeitig minimieren.

Lösung 16.4

Da die Weitweg & Günstig AG die Expansionspläne nur durch eine Kapitalerhöhung finanzieren kann, sollte eine Bilanzpolitik verfolgt werden, die Gewinne ausweist. So wird das Unternehmen für Kapitalanleger attraktiv und die geplante Kapitalerhöhung erfolgreicher.

Lösung 16.5

Bilanzpolitik mit dem Ziel eines gleichmäßigen Gewinnausweises nennt man Gewinnglättung. In den USA bezeichnet man das als income smoothing.

Lösung 16.6

Da es sich um ein in Deutschland ansässiges Unternehmen handelt, muss es 15 Prozent Körperschaftsteuer auf den zu versteuernden Gewinn abführen, also 900.000 Euro. Zusätzlich wird auf diese 900.000 Euro auch noch ein Solidaritätszuschlag in Höhe von 5,5 Prozent erhoben. Das macht noch einmal 49.500 Euro.

Lösung 16.7

Da es sich um ein in Österreich ansässiges Unternehmen handelt, muss es 25 Prozent Körperschaftsteuer auf den zu versteuernden Gewinn abführen, also 1.500.000 Euro.

Lösung 16.8

Da es sich nicht um eine Kapitalgesellschaft oder eine andere juristische Person wie zum Beispiel eine Genossenschaft oder einen Verein handelt, muss Frau Frank keine Körperschaftsteuer bezahlen. Stattdessen muss sie Einkommensteuer und den Solidaritätszuschlag auf ihr zu versteuerndes Einkommen bezahlen. Wenn Sie zur Lösung der Aufgabe einen Einkommensteuerrechner bemüht haben, sollten Sie auch in etwa den folgenden Betrag ermittelt haben. Gemäß aktuell geltenden Steuersätzen muss sie 3.184.614 Euro Steuern bezahlen.

Lösung 16.9

Wenn die Immotrade AG das Geschäft auf das nächste Jahr verschiebt, muss sie dieses Jahr tatsächlich weniger Steuern bezahlen. Sie müsste dann nur 15 Prozent Körperschaftsteuer aus 860.000 Euro, also 129.000 Euro, plus einen Solidaritätszuschlag in Höhe von 5,5 Prozent aus 129.000 Euro, macht 7.095 Euro, bezahlen. Nach Adam Riese sind das insgesamt 136.095 Euro, also 15,825 Prozent. Dafür verzichtet sie aber in diesem Jahr auch auf den Gewinn in Höhe von 100.000 Euro. Wenn die Immotrade das Geschäft noch im Dezember macht, muss sie den zusätzlichen Gewinn mit diesen 15,825 Prozent versteuern. Sie müsste also weitere 15.825 Euro Steuern bezahlen.

Betrachtet man die beiden Jahre zusammen, spart die Immotrade AG keine Steuern durch die Verschiebung des Geschäfts. Die 15.825 Euro werden immer fällig. Da der Steuersatz immer gleichbleibend bei 15,825 Prozent liegt, egal wie hoch oder niedrig das zu versteuernde Einkommen ist, gewinnt man durch die zeitliche Verlagerung von Sachverhalten nichts.

Lösung 16.10

Nein, bei der Gliederungstiefe der Bilanz handelt es sich um ein Ausweiswahlrecht ohne Ergebnisauswirkung.

Lösung 16.11

Nein, bei der Wahlfreiheit, ob Sie den Anlagespiegel in der Bilanz oder erst im Anhang zeigen möchten, handelt es sich um ein Ausweiswahlrecht ohne Ergebnisauswirkung.

Lösung 16.12

Bei dem Auswahlrecht bezüglich der Gliederungstiefe der Bilanz können Sie entscheiden, wie viel Details Sie der neugierigen Öffentlichkeit zeigen wollen.

Lösung 16.13

Zunächst muss die Frage beantwortet werden, ob Herr von Waffel in diesem Fall überhaupt ein Wahlrecht besitzt. In § 247 Abs. 2 HGB heißt es: »Beim Anlagevermögen sind nur die Gegenstände auszuweisen, die bestimmt sind, dauernd dem Geschäftsbetrieb zu dienen.« Demnach kann Herr von Waffel das Aktienpaket dem Anlagevermögen zuordnen, muss es aber nicht, weil das Aktienpaket für einen unbestimmten Zeitraum gekauft wurde. Sollte das Aktienpaket dem Anlagevermögen zugeordnet werden und nach wenigen Wochen wieder verkauft werden, sieht das jedoch nicht gut aus. Gar nicht gut sieht es aus, wenn immer wieder so verfahren würde. Dann wäre die Verhaltensweise offensichtlich eine Bilanzmanipulation.

Da Herr von Waffel in diesem Fall also ein Wahlrecht besitzt, stellt sich die Frage, wohin er das Paket stecken soll, wenn kurzfristige Kursschwankungen keinen Einfluss auf die Bewertung der Kapitalanlage haben sollen.

- ✔ Wertpapiere des Anlagevermögens müssen bei Kursverlusten nur dann im Wert korrigiert werden, wenn die Wertminderung dauerhaft ist.
- ✔ Wertpapiere des Umlaufvermögens müssen bei jedem Kursverlust im Wert korrigiert werden. Steigt der Wert nach einem Monat wieder auf den alten Wert, muss wieder korrigiert werden. Und so weiter und so fort.

Somit sollte das Aktienpaket dem Anlagevermögen zugeordnet werden.

Lösung 16.14

Hier erfahren Sie, welche der Geschäftsfälle gewinnmindernd oder gewinnerhöhend wirken:

- ✔ Der in den Dezember vorgezogene Heizölkauf mindert den Gewinn des laufenden Jahres um 5.000 Euro.

- ✔ Die Verschiebung der nicht unbedingt dringend notwendigen Reparaturen und Wartungsarbeiten in das nächste Geschäftsjahr erhöht den Gewinn des laufenden Jahres um den geschätzten Umfang von 12.000 Euro.
- ✔ Die Verschiebung des eigentlich im Dezember fälligen Heizölkaufs um ein paar Tage in den Januar hinein erhöht den Gewinn des laufenden Jahres um 8.000 Euro.
- ✔ Die Verschiebung des für den 1.1. terminierten Kaufs einer Softwarelizenz für die Forschungsabteilung in das nächste Jahr erhöht den Gewinn des laufenden Jahres lediglich um 1.388,89 Euro, wenn die Software als Standardsoftware über drei Jahre abgeschrieben wird. Handelt es sich um Spezialsoftware, muss über fünf Jahre abgeschrieben werden. Dann wird der Gewinn des laufenden Jahres um 833,33 Euro erhöht. Die 50.000 Euro werden beim Kauf ja nicht sofort voll als Aufwand verbucht. Lediglich die Abschreibung. Wenn der Kauf nun ins nächste Jahr verschoben wird, spart man sich einen Monat Abschreibung. Das sind die besagten 1.388,89 beziehungsweise 833,33 Euro.
- ✔ Der in den Dezember vorgezogene Softwarekauf verringert den Gewinn des laufenden Jahres um 50.000 Euro. Da eine Softwarelizenz 100 Euro kostet, wird die Software nicht aktiviert, sondern gleich voll als Aufwand verbucht. 500 Lizenzen zu je 100 Euro ergeben 50.000 Euro gewinnmindernden Aufwand.

Lösung 16.15

Das zweite Angebot bietet zwar einen besseren Zinssatz. Dieser Vorteil wird durch das Disagio in Höhe von 200.000 Euro jedoch mehr als aufgehoben. Unterm Strich ist das erste Angebot eindeutig besser.

Lösung 16.16

Frau Rauk muss das Disagio nicht aktivieren, sondern sofort voll als Aufwand verbuchen, wenn sie ein möglichst schlechtes Jahresergebnis anstrebt.

Lösung 16.17

Wenn das Ergebnis nicht allzu sehr beeinflusst werden soll, muss Frau Rauk das Wahlrecht zur Aktivierung des Disagios wahrnehmen und die 80.000 Euro aktivieren.

Lösung 16.18

Das Disagio wird auf einem gesonderten aktiven Rechnungsabgrenzungsposten aktiviert. Dann wird es über die Laufzeit des Kredits abgeschrieben.

Lösung 16.19

Da die Bremmler AG stets ein tolles Ergebnis ausweisen möchte, bleibt nur die Wahrnehmung des Aktivierungswahlrechts, auch wenn dies die Ergebnisse der Folgejahre trüben wird.

Lösung 16.20

Für mittelbare, also direkte Pensionsverpflichtungen, die nach dem 1.1.1987 eingegangen wurden, müssen Rückstellungen gebildet werden. Ein Wahlrecht besteht nicht. So soll sichergestellt werden, dass die Unternehmen später einmal auch tatsächlich Betriebsrenten auszahlen können.

Lösung 16.21

Das Gesetz unterscheidet bei direkten Pensionsverpflichtungen zwischen Verpflichtungen, die vor dem 1.1.1987, und Verpflichtungen, die nach diesem Stichtag eingegangen wurden. Für alle Pensionsverpflichtungen, die vor diesem Stichtag eingegangen wurden, besteht ein Wahlrecht, hierfür Rückstellungen zu bilden oder nicht. Für alle nach diesem Stichtag eingegangenen Verpflichtungen müssen Rückstellungen gebildet werden.

Lösung 16.22

Gemäß Einführungsgesetz zum Handelsgesetzbuch, kurz EGHGB, dürfen für mittelbare Pensionsverpflichtungen nur dann Rückstellungen gebildet werden, wenn die Zahlungen an das beauftragte Versicherungsunternehmen nicht ausreichen werden und die Pressspan GmbH verpflichtet ist, diese Lücke aufzufüllen. Da die Pressspan GmbH und das Versicherungsunternehmen offiziell davon ausgehen, dass mit diesen Zahlungen die künftigen Pensionsverpflichtungen erfüllt werden können, dürfen von der Pressspan GmbH neben den Zahlungen an das Versicherungsunternehmen nicht noch zusätzlich Rückstellungen gebildet werden.

Lösung 16.23

Jetzt erfahren Sie, welche Wirtschaftsgüter nach deutschem Steuerrecht gar nicht, linear oder leistungsgerecht abgeschrieben werden können.

- ✔ Haus: lineare Abschreibung, da der Leistungsverzehr ziemlich gleichmäßig ist
- ✔ Auto: leistungsgerechte Abschreibung nach Kilometern ist möglich
- ✔ Kran: lineare Abschreibung, da der Leistungsverzehr ziemlich gleichmäßig ist
- ✔ Produktionsmaschine: leistungsgerechte Abschreibung ist möglich
- ✔ Versuchsacker: unterliegt keinem Werteverzehr und darf gar nicht abgeschrieben werden
- ✔ Laptop: lineare Abschreibung, da der Leistungsverzehr ziemlich gleichmäßig ist
- ✔ Bürostuhl: lineare Abschreibung, da der Leistungsverzehr ziemlich gleichmäßig ist
- ✔ Friseurstuhl: lineare Abschreibung, da der Leistungsverzehr ziemlich gleichmäßig ist
- ✔ S-Bahn: leistungsgerechte Abschreibung ist möglich
- ✔ Büromaterial: wird sofort als Aufwand verbucht und nicht aktiviert; somit gibt es nichts abzuschreiben
- ✔ Lagerhalle: lineare Abschreibung, da der Leistungsverzehr ziemlich gleichmäßig ist
- ✔ Heizölvorrat: wird sofort als Aufwand verbucht und nicht aktiviert; somit gibt es nichts abzuschreiben
- ✔ Tresor: lineare Abschreibung, da der Leistungsverzehr ziemlich gleichmäßig ist
- ✔ Ladeneinrichtung: lineare Abschreibung, da der Leistungsverzehr ziemlich gleichmäßig ist

Lösung 16.24

Zunächst erstellen Sie zwei Tabellen, in denen Sie die Abschreibungen der fünf Fahrzeuge nach beiden Methoden erfassen. Tabelle 16.4 zeigt zunächst die lineare Abschreibung.

Fahrzeug	Buchwert am 01.01. in Euro	Abschreibung in Euro	Restbuchwert in Euro	Verkaufswert in Euro	Delta Verkaufswert/ Restbuchwert in Euro
BMW	55.000	9.167	45.833	35.000	10.833
Opel	18.000	3.000	15.000	9.000	6.000
Volvo	50.000	8.333	41.667	35.000	6.667
VW	30.000	5.000	25.000	20.000	5.000
Mercedes	40.000	6.667	33.333	25.000	8.333
Summe	193.000	32.167	160.833	124.000	36.833

Tabelle 16.4: Lineare Abschreibung der Autovermietung Avus 9000 GmbH

Nun die leistungsabhängige Abschreibung. Dazu ermitteln Sie zunächst die einzelnen Abschreibungsbeträge in Tabelle 16.5.

Fahrzeug	Berechnung	Abschreibung/Kilometer	Abschreibung
BMW	55.000 × 250.000 × 40.000	0,22	8.800
Opel	18.000 × 150.000 × 8.000	0,12	960
Volvo	50.000 × 400.000 × 60.000	0,125	7.500
VW	30.000 × 200.000 × 20.000	0,15	3.000
Mercedes	40.000 × 150.000 × 10.000	0,267	2.667

Tabelle 16.5: Abschreibung je Kilometer ermitteln

Tabelle 16.6 zeigt nun die leistungsabhängige Abschreibung komplett.

Fahrzeug	Buchwert 01.01.	Abschreibung	Restbuchwert	Verkaufswert	Delta Verkaufswert/Restbuchwert
BMW	55.000	8.800	46.200	35.000	11.200
Opel	18.000	960	17.040	9.000	8.040
Volvo	50.000	7.500	42.500	35.000	7.500
VW	30.000	3.000	27.000	20.000	7.000
Mercedes	40.000	2.667	37.333	25.000	12.333
Summe	193.000	22.927	170.073	124.000	46.073

Tabelle 16.6: Leistungsabhängige Abschreibung der Autovermietung Avus 9000 GmbH

Das Ergebnis steht fest: Mit der linearen Abschreibung kann ein Aufwand von 32.167 Euro erzeugt werden. Bei der leistungsabhängigen Abschreibung sind es hingegen nur 22.927 Euro. Das ist aber noch nicht die gesamte Lösung. Hinzu kommt bei beiden Methoden am Jahresende noch der Aufwand aus dem Buchverlust. Die Verkaufserlöse lagen bei beiden Methoden unter dem Buchwert. Bei der linearen Methode entstand ein Buchverlust in Höhe von 36.833 Euro und bei der leistungsabhängigen Abschreibung ein Buchverlust in Höhe von 46.073 Euro. In Tabelle 16.7 finden Sie das Gesamtergebnis der beiden Methoden im Vergleich.

	Abschreibung	Buchverlust	Gesamtaufwand
lineare Abschreibung	32.167	36.833	69.000
leistungsabhängige Abschreibung	22.927	46.073	69.000

Tabelle 16.7: Ergebnisvergleich

Überraschung! Bei beiden Methoden entsteht exakt derselbe Aufwand in Höhe von 69.000 Euro. Da es sich bei diesem Buch nicht um *Zaubern für Dummies* handelt, nun die profane Auflösung: Da alle Fahrzeuge am 1.1. gekauft und am 31.12. verkauft werden, ist einzig und allein die Differenz zwischen den Anschaffungskosten und dem Verkaufserlös für die Höhe des Aufwands maßgeblich. Und die beträgt:

Aufwand: 193.000 – 124.000 = 69.000 Euro

Der Autovermietung ist in diesem Fall die lineare Abschreibungsmethode zu empfehlen. Sie macht weniger Arbeit als die leistungsabhängige Abschreibungsmethode und Steuern sparen kann man hier mit keiner der beiden Methoden.

Lösung 16.25

Zunächst erstellen Sie zwei Tabellen, in denen Sie die Abschreibungen der zwei Fahrzeuge nach beiden Methoden erfassen. Zunächst die lineare Abschreibung wie in Tabelle 16.8 gezeigt.

Fahrzeug	Buchwert 01.01.	Abschreibung	Restbuchwert	Verkaufswert	Delta Verkaufswert/Restbuchwert
Ford	40.000	6.667	33.333	30.000	3.333
Audi	50.000	8.333	41.667	30.000	11.667
Summe	90.000	15.000	75.000	60.000	15.000

Tabelle 16.8: Lineare Abschreibung bei der Autovermietung Limburg-Nord GmbH

Nun die leistungsabhängige Abschreibung. Dazu ermitteln Sie zunächst wie in Tabelle 16.9 die einzelnen Abschreibungsbeträge.

Fahrzeug	Berechnung	Abschreibung/ Kilometer	Abschreibung
Ford	40.000 × 200.000 × 120.000	0,20	24.000
Audi	50.000 × 200.000 × 150.000	0,25	37.500

Tabelle 16.9: Abschreibungsbeträge ermitteln

Und nun in Tabelle 16.10 die leistungsabhängige Abschreibung komplett.

Fahrzeug	Buchwert 01.01.	Abschreibung	Restbuchwert	Verkaufswert	Delta Verkaufswert/Restbuchwert
Ford	40.000	24.000	16.000	30.000	–14.000
Audi	50.000	37.500	12.500	30.000	–17.500
Summe	90.000	61.500	28.500	60.000	–31.500

Tabelle 16.10: Leistungsabhängige Abschreibung bei der Autovermietung Limburg-Nord GmbH

Das Ergebnis steht fest: Mit der linearen Abschreibung kann nur ein Aufwand von 15.000 Euro erzeugt werden. Bei der leistungsabhängigen Abschreibung sind es stolze 61.500 Euro. Leider ist das aber noch nicht die gesamte Lösung. Hinzu kommt bei der linearen Abschreibung am Jahresende noch der Aufwand aus dem Buchverlust. Die Verkaufserlöse lagen bei der linearen Abschreibungsmethode unter dem Buchwert. Bei der linearen Methode entstand ein Buchverlust in Höhe von 15.000 Euro. Bei der leistungsabhängigen Abschreibung entstand dagegen ein Buchgewinn in Höhe von 46.500 Euro, da der Verkaufserlös über dem Restbuchwert lag. In Tabelle 16.11 finden Sie das Gesamtergebnis der beiden Methoden im Vergleich.

	Abschreibung	Buchverlust/ -gewinn	Gesamtaufwand
lineare Abschreibung	15.000	15.000	30.000
leistungsabhängige Abschreibung	61.500	–31.500	30.000

Tabelle 16.11: Ergebnisvergleich

Oh Wunder! Bei beiden Methoden entsteht exakt derselbe Aufwand in Höhe von 30.000 Euro. Da alle Fahrzeuge am 1.1. gekauft und am 31.12. verkauft werden, ist einzig und allein die Differenz zwischen den Anschaffungskosten und dem Verkaufserlös für die Höhe des Aufwands maßgeblich. Und die beträgt:

Aufwand: 90.000 – 60.000 = 30.000 Euro

Der Autovermietung ist die lineare Abschreibungsmethode zu empfehlen, da sie weniger Arbeit macht als die leistungsabhängige Abschreibungsmethode. Steuern sparen kann man ja hier mit keiner der beiden Methoden.

Lösung 16.26

Mit der linearen Abschreibungsmethode sieht das wie in Tabelle 16.12 aus.

Fahrzeug	Buchwert 01.01.	Abschreibung	Buchwert 31.12.
1	40.000	10.000	30.000
2	50.000	10.000	40.000
Summe	90.000	20.000	70.000

Tabelle 16.12: Lineare Abschreibung

Bei der linearen Abschreibung entsteht ein gewinnmindernder Aufwand von 20.000 Euro. Da es ja das Ziel ist, dem Bankberater ein möglichst gutes Jahresergebnis vorlegen zu können, muss nun geprüft werden, ob mit der leistungsabhängigen Abschreibung ein geringerer Aufwand erzeugt werden kann.

Zunächst muss die Abschreibung pro Kilometer ermittelt werden. Da bei beiden Fahrzeugen die Anschaffungskosten und die Gesamtfahrleistung identisch sind, besitzen beide dieselbe Abschreibung pro Kilometer.

$$\textit{Abschreibung pro Kilometer} = \frac{60.000}{250.000} = 0{,}24 \text{ Euro}$$

Damit würde Fahrzeug 1 mit 12.000 Euro und Fahrzeug 2 mit 14.400 Euro abgeschrieben werden:

Fahrzeug 1: 50.000 *km* × 0,24 = 12.000 Euro

Fahrzeug 2: 60.000 *km* × 0,24 = 14.400 Euro

Mit der leistungsabhängigen Abschreibung könnte also ein Aufwand von 26.400 Euro generiert werden. Tabelle 16.13 zeigt dies.

Fahrzeug	Buchwert 01.01.	Abschreibung	Buchwert 31.12.
1	40.000	12.000	28.000
2	50.000	14.400	35.600
Summe	90.000	26.400	63.600

Tabelle 16.13: Leistungsabhängige Abschreibung

Somit sollte die Spedition die lineare Abschreibung verwenden. Ein kleiner Haken noch zum Abschluss: Sie können die Abschreibungsmethode nicht wie Ihr Hemd oder Ihre Bluse wechseln. Wenn Sie sich einmal auf eine Methode festgelegt haben, sollten Sie diese auch beibehalten.

Lösung 16.27

Da bei nicht dauernden Wertminderungen ein Wahlrecht besteht, Abschreibungen vorzunehmen oder nicht, sollte die Baukran AG keine Wertminderung vornehmen, sofern sie sich den Aussagen der Analysten anschließt, die dies nur als kleines Zwischentief ansehen.

Lösung 16.28

Soll der Gewinn im aktuellen Jahr gedrückt werden, dürfen Sie diese Kosten nicht in die Herstellungskosten einbeziehen, damit sie im aktuellen Jahr sofort voll als Aufwand anfallen. Wenn Sie diese Kosten dagegen in die Herstellungskosten einbeziehen, werden diese aktiviert und über die Nutzungsdauer des Wirtschaftsguts, für das die Herstellungskosten angefallen sind, abgeschrieben.

Lösung 16.29

FIFO steht für »First In – First Out«; zu Deutsch »zuerst drinnen – zuerst draußen«. Bei dieser Methode geht man davon aus, dass das, was zuerst im Lager war, auch zuerst verarbeitet wurde. LIFO steht für »Last In – First Out«: Das, was zuletzt ins Lager kam, wird zuerst verbraucht.

Lösung 16.30

Nach FIFO wurden die komplette Januarlieferung und drei Tonnen aus der Julilieferung verbraucht. Der Aufwand für die verbrauchten Holzpellets beträgt damit:

- 3 Tonnen à 1.500 Euro = 4.500 Euro
- 3 Tonnen à 800 Euro = 2.400 Euro

Ergibt in Summe einen Aufwand von 6.900 Euro.

Nach LIFO wurden die komplette September- und Julilieferungen verbraucht. Der Aufwand für die verbrauchten Holzpellets beträgt nach LIFO somit:

- 2 Tonnen à 1.300 Euro = 2.600 Euro
- 4 Tonnen à 800 Euro = 3.200 Euro

Ergibt in Summe einen Aufwand von 5.800 Euro. Mit der FIFO-Methode kann somit ein höherer Aufwand ausgewiesen werden.

Lösung 16.31

Nach FIFO wurden die komplette Januar- und Julilieferung und zwölf Tonnen aus der Septemberlieferung verbraucht. Der Aufwand für die verbrauchten Holzpellets beträgt damit:

- 12 Tonnen à 70 Euro = 840 Euro
- 18 Tonnen à 100 Euro = 1.800 Euro
- 12 Tonnen à 130 Euro = 1.560 Euro

Ergibt in Summe einen Aufwand von 4.200 Euro.

Nach LIFO wurden die komplette September- und Julilieferungen und neun Tonnen der Märzlieferung verbraucht. Der Aufwand für die verbrauchten Holzpellets beträgt nach LIFO somit:

- 15 Tonnen à 130 Euro = 1.950 Euro
- 18 Tonnen à 100 Euro = 1.800 Euro
- 9 Tonnen à 70 Euro = 630 Euro

Ergibt in Summe einen Aufwand von 4.380 Euro. Mit der FIFO-Methode kann somit ein niedrigerer Aufwand ausgewiesen werden. Dazu ein Bauernspruch: Steigt der Beschaffungspreis stetig an, kommst du mit FIFO an den niedrigeren Aufwand heran.

Lösung 16.32

Es besteht sicherlich ein gewisser Ermessensspielraum. Trotzdem können Sie bei der Rückstellungsbildung Ihrer Kreativität nicht freien Lauf lassen. Wenn Sie beispielweise für bevorstehende Garantiefälle eine Rückstellung bilden wollen, müssen die Zahlen eine gewisse Grundlage haben. Eine Herleitung aus bisherigen Garantiefällen ist da sicher hilfreich. Eine Rücklage, die auf keinerlei vernünftigen Begründungen beruht, dürfte bei der nächsten Abschlussprüfung für Probleme sorgen.

Lösung 16.33

Ein kleiner Ermessensspielraum bleibt. Wenn Sie glaubhaft versichern können, dass Ihre einjährigen Erdbeerpflanzen aufgrund genetischer Veränderung nun mehrjährig nutzbar sind, können Sie die Pflanzen auch über zwei Jahre abschreiben.

Lösung 16.34

Gegenstände des Umlaufvermögens müssen bei einer Wertminderung abgeschrieben werden. Idealerweise auf den aktuellen Börsen- oder Marktpreis. Kann der aber nicht festgestellt werden, muss der Wert geschätzt werden. Der Produktmanager muss wohl oder übel schätzen. Wenn er gar keine Verwendung für die Ringe sieht, kann er den Wert auf den reinen Materialwert abschätzen, den ein Verwerter bei Abnahme zahlen würde.

Bilanzpolitik mit HGB und IFRS

17

In diesem Kapitel

- Mit den Gestaltungsmöglichkeiten nach IFRS sattelfest werden
- Vielleicht nicht im Schlaf auswendig können: Vergleich mit den Möglichkeiten nach HGB

Hier trainieren Sie die bilanzpolitischen Möglichkeiten nach IFRS und lernen ganz nebenbei auch die Unterschiede zwischen der Bilanzpolitik nach IFRS und HGB kennen. Als erster grober Anker dient folgende Pauschalaussage, die natürlich ziemlich schwarz-weiß malt:

- ✔ IFRS möchte die Kapitalanleger möglichst gut informieren.
- ✔ Beim HGB steht der Gläubigerschutz im Mittelpunkt.

Nun könnte der eine oder andere fragen, wo hier der Unterschied sein soll? Sowohl der Kapitalanleger wie auch der Gläubiger sind doch in steter Sorge um ihre geliebten Taler. Deshalb ein zweiter Versuch einer pauschalen Unterscheidung:

- ✔ Das IFRS ist sehr umfangreich und will viele Details regeln.
- ✔ Das HGB gleicht eher einem abgehobenen Gesetzestext.

Das erste Fazit lautet: Jedes der beiden Rechnungslegungssysteme biete seine Vor-, aber auch seine Nachteile. Große Unterschiede sind auf dem ersten Blick nicht auszumachen. Mal sehen, ob dieses Urteil auch noch am Ende dieses Kapitels Bestand hat.

Unterschiedliche bilanzpolitische Spielräume und Zielsetzungen

Bevor es richtig losgeht, für Sie noch einmal die unterschiedlichen Zielsetzungen der Rechnungslegung nach HGB und nach IFRS im Überblick.

- ✔ **HGB-Einzelabschluss:** Dient vor allem dem Gläubigerschutz und ist Steuer- sowie Ausschüttungsbemessungsgrundlage.
- ✔ **IFRS-Konzernabschluss:** Dient der Informationsfunktion. Soll dem Investor einen realistischen Einblick in die Vermögens-, Ertrags- und Finanzlage des Unternehmens geben; ein »True and Fair View«.

So wird die erste Frage nach den Unterschieden zwischen den beiden Systemen nun doch noch beantwortet. Die bilanzpolitischen Ziele sehen unter IFRS etwas anders aus als unter HGB. Das beim HGB dominante Vorsichtsprinzip soll vornehmlich die Gläubiger schützen. Das IFRS versucht dagegen einen »neutraleren« Blick einzunehmen. Es sollen nicht nur die

Risiken, sondern auch die Chancen ausgewiesen werden. Dies funktioniert natürlich auch nur so lange, bis dummerweise alle Risiken eintreten und die Chancen ausbleiben.

Bilanzpolitische Spielräume mit HGB und mit IFRS

Die herrschende Meinung ist, dass mit der Bilanzpolitik unter IFRS endlich Schluss sei. So gebe es nach IFRS nicht so viele Wahlrechte wie unter HGB. Und: IFRS-Abschlüsse seien viel transparenter als Abschlüsse unter HGB.

Aufgabe 17.1

Wie spiegelt sich das Vorsichtsprinzip nach HGB bei den Anschaffungs- und Herstellungskosten wider?

Aufgabe 17.2

Das Hauptziel der Rechnungslegung nach IFRS ist die Informationsfunktion. Dem Kapitalmarkt soll ein möglichst reales Bild des Unternehmens für seine Anlageentscheidungen geboten werden: ein True and Fair View. Wirtschaftsgüter sollen also mit dem Fair Value bewertet werden. Beschreiben Sie bitte den Fair Value.

Aufgabe 17.3

Was ist der Unterschied zwischen Marked to Market und Marked to Model?

Aufgabe 17.4

Die Lachsack AG mit Sitz in Köln muss mal wieder ihren Fuhrpark bewerten. Dieser besteht aus sieben Ford-Mondeo-Kombis. Auf einschlägigen Internetportalen werden diese Fahrzeuge jeweils zwischen 4.000 und 8.000 Euro gehandelt. Die höchsten Preise gibt es in München, die niedrigsten in Köln. Der kaufmännische Leiter bewertet die sieben Fahrzeuge nach IFRS mit jeweils 8.000 Euro, da er notfalls siebenmal nach München fahren würde, um alle Fahrzeuge zu verkaufen. Wird die vorgenommene Bewertung dem Fair View gerecht?

Gestaltende Instrumente mit IFRS

Sachverhaltsgestaltung ist natürlich unabhängig vom verwendeten Rechnungslegungssystem möglich. Zum Beispiel können Sie Sale-and-lease-back-Vorgänge unter HGB und auch unter IFRS vornehmen.

Aufgabe 17.5

Erläutern Sie bitte den IFRS-Grundsatz »substance over form«.

Aufgabe 17.6

Die Lachsack AG verfügt über einige Immobilien. Da gibt es die Produktionshalle, zwei Lagerhallen, das Verwaltungsgebäude und neun Verkaufsfilialen in 1-a-Lage. Der neue kaufmännische Vorstand sieht die Verwaltung der Immobilien nicht in der Lachsack AG. Kerngeschäft sei ausschließlich die Herstellung von Lachsäcken verschiedener Art. Damit der neue kaufmännische Leiter einen guten Start hat, unterstützen die Vorstandskollegen das Projekt »Back to the Lachsack-Roots«, kurz »BaToLaR«. Es wird eine Tochtergesellschaft gegründet, die Immo-Lachsack AG. In deren Hände werden die Immobilien nun übertragen. Die Immo-Lachsack AG vermietet diese Immobilien nun wieder an die Lachsack AG. Dabei erzielt die Immo-Lachsack AG im ersten Jahr einen Verlust in Höhe von 400.000 Euro, da die Mietpreise viel zu niedrig angesetzt wurden. Die Lachsack AG konnte im betrachteten Geschäftsjahr das Ergebnis dagegen um stolze 400.000 Euro steigern. Im Geschäftsbericht steht dazu Folgendes: »Der neue kaufmännische Vorstand kann bereits im ersten Geschäftsjahr Erfolge bei der Kostensenkung ausweisen. So konnten die Kosten für die Geschäftsimmobilien um 400.000 Euro ergebniswirksam gesenkt werden.«

Nach so vielen Details aus der Lachsack-Branche nun die Frage: Hat die Lachsack AG bei ihrem Jahresabschluss nach IFRS alles richtig gemacht?

Offene Wahlrechte mit IFRS

Im IFRS sind offene Wahlrechte eher Mangelware. Daher stammt auch das stramme Image des IFRS. Bilanzpolitische Spielchen gibt es auf den ersten Blick nur wenige.

Aufgabe 17.7

Was ist der Unterschied zwischen offenen und expliziten Wahlrechten?

Als Finanzinvestition gehaltene Immobilien

Bei der Folgebewertung von als Finanzinvestitionen gehaltenen Immobilien besitzen Sie nach IFRS ein Wahlrecht. Nach IAS 40 können Sie solche Immobilien entweder mit den fortgeführten Anschaffungs- beziehungsweise Herstellungskosten oder mit dem Fair Value bewerten.

Aufgabe 17.8

Die Soliditas AG mit Sitz in Simmern im Hunsrück importiert Handelswaren aller Art. Letztes Jahr hat die Unternehmung sieben Immobilien im Ort als Finanzinvestition gekauft. Es handelt sich dabei um neu erstellte Eigentumswohnungen:

- ✔ vier Eigentumswohnungen mit je fünf Zimmern, 115 Quadratmetern zu jeweils 490.000 Euro
- ✔ drei Eigentumswohnungen mit je drei Zimmern, 85 Quadratmetern zu jeweils 360.000 Euro

Insgesamt haben die sieben Wohnungen inklusive Anschaffungsnebenkosten wie zum Beispiel Notargebühren und Grunderwerbssteuer schlappe 3,3 Millionen Euro gekostet. Die ersten Mieter sind zwischenzeitlich eingezogen, zwei sogar schon wieder ausgezogen. Die beiden betreffenden Wohnungen werden gerade renoviert und wieder zur Vermietung angeboten. Die Wohnungen verfügen über Nussbaumparkett im Wohnbereich und Natursteinfliesen im Sanitärbereich. Die Bäder sind allesamt mit sehr hochwertigen Armaturen ausgestattet.

Im ablaufenden Geschäftsjahr geht es nun an die Bewertung dieser Immobilien. Nach IFRS besteht bekanntlich bei der Folgebewertung ein Wahlrecht zwischen den fortgeführten Anschaffungskosten und dem Fair Value. Da das Kapital derzeit in Immobilien flüchtet, möchte die Soliditas AG die Immobilien nicht mit den fortgeführten Anschaffungskosten bewerten. Da wäre der Wert der Schätzchen ja auf den Kaufpreis inklusive Anschaffungsnebenkosten abzüglich der Abschreibung beschränkt. Die Immobilien sind nach Ansicht des kaufmännischen Vorstands aufgrund der Preisentwicklung auf dem Immobilienmarkt zwischenzeitlich mehr Wert; er schätzt den Wert aktuell auf 3,9 Millionen Euro. So viel verlangt der Bauträger der gekauften Immobilien aktuell für die vergleichbaren Wohnungen. Und selbst dieser Preis scheint noch eher zu niedrig angesetzt zu sein, da diese Wohnungen unter der Hand verkauft werden wie geschnitten Brot.

Die erste Frage: Ist die Bewertung mit dem Fair Value gerechtfertigt?

Die zweite Frage: Wie groß ist der Bewertungsunterschied gegenüber einer Bewertung mit den fortgeführten Anschaffungskosten abzüglich einer Abschreibung für das erste Jahr in Höhe von 2 Prozent?

Bewertung von Sachanlagen

Bei der Folgebewertung von Sachanlagen haben Sie nach IFRS ein weiteres offenes Wahlrecht. Sie können die Sachanlagen mit

- ✔ den fortgeführten Anschaffungs- beziehungsweise Herstellungskosten oder
- ✔ der Neubewertungsmethode

bewerten.

Aufgabe 17.9

Was versteht man unter der Neubewertungsmethode?

Aufgabe 17.10

Was passiert im Jahresabschluss beim Ergebnis und beim Eigenkapital, wenn mittels der Neubewertungsmethode Wirtschaftsgüter über den bisherigen Buchwert hinaus bewertet werden, also eine Wertsteigerung attestiert wurde?

Faktische Wahlrechte und Ermessensspielräume

Wenn Gebote oder Verbote an Voraussetzungen geknüpft sind, die Auslegungssache sind, handelt es sich um faktische oder verdeckte Wahlrechte. Faktische Wahlrechte und Ermessensspielräume entstehen immer dann, wenn ein IFRS-Standard nicht jedes Detail vorschreibt oder unbestimmte Rechtsbegriffe enthält. Für den Anwender wird es dann zu einer Auslegungssache.

Immaterielles, Leasing und Finanzinstrumente

Für die Fragestellung der Bewertung von selbst erstellten immateriellen Vermögenswerten, Goodwill, Forschungs- und Entwicklungskosten, Leasing und Finanzinstrumenten gibt es einige IFRS-Standards, die sich damit ausführlich beschäftigen.

Aufgabe 17.11

Immaterielle Vermögenswerte dürfen gemäß IAS 38 aktiviert werden, wenn es wahrscheinlich ist, dass dem Unternehmen der erwartete künftige wirtschaftliche Nutzen aus dem Vermögenswert zufließen wird und die Anschaffungs- oder Herstellungskosten des Vermögenswerts verlässlich bewertet werden können. Handelt es sich hier um ein offenes oder um ein faktisches Wahlrecht? Begründen Sie bitte Ihre Antwort.

Aufgabe 17.12

Die Softwarenschmiede AG mit Sitz in Dresden hat eine neue Verwaltungssoftware entwickelt, mit der die Kommunen die Arbeit der Standesämter vereinfachen können. Der große wirtschaftliche Vorteil der Software liegt in der Einsparung der Standesbeamten. Die standesamtliche Trauung kann nach Installation der Software an Kioskterminals mit Touchscreen in den Standesämtern von den Brautpaaren selbst durchgeführt werden. Ein virtueller Standesbeamter, Mr. Marry, begleitet die Brautpaare und deren Hochzeitsgesellschaften durch die Zeremonie. Der zuständige Projektleiter ist felsenfest davon überzeugt, dass die neue Verwaltungssoftware wedding 2.0 wie eine Bombe einschlagen wird. Der kaufmännische Leiter sieht es aufgrund der Einschätzung des Projektleiters als sehr wahrscheinlich an, dass die Software dem Unternehmen einen enormen wirtschaftlichen Nutzen bringen wird. Zudem können die Herstellungskosten sehr, sehr verlässlich auf 7,5 Millionen Euro taxiert werden. Er beschließt deshalb, die selbst erstellte Software gemäß IAS 38 zu aktivieren.

Teilen Sie die Ansicht des kaufmännischen Leiters? Bitte begründen Sie Ihre Antwort; wenn möglich mit mehr als einem Satz. Das Thema ermöglicht mindestens zwei Sätze.

Aufgabe 17.13

Die Softwarenschmiede AG mit Sitz in Dresden hat eine neue Software entwickelt, die bei kirchlichen Trauungen den Pfarrer beziehungsweise Pastor ersetzen soll. Mithilfe großer Bildschirme soll ein virtueller Mr. Marry die kirchliche Trauung vornehmen. Sofern Musik bei der Trauung gewünscht wird, kann das System auch mit Dolby Surround ausgeliefert werden. So spart man sich auch gleich den Musiker an der Orgel ein. Da die Kirchen unter Personalnot leiden, geht die Softwarenschmiede AG von einem wirtschaftlichen Erfolg aus. Im Vorfeld wurde die Software sogar einem Pfarrer aus München und einem Pastor aus Hamburg vorgeführt. Beide waren sehr amüsiert und reagierten unterm Strich wohl positiv. Für die Software church 1.4 fielen Herstellungskosten in Höhe von 6,9 Millionen Euro an.

Soll die selbst erstellte Software aktiviert werden oder nicht? Bitte begründen Sie Ihre Antwort so, dass sie alle Beteiligten auch ohne großes Murren akzeptieren.

Aufgabe 17.14

Der Verlag Feinste Kalender AG möchte ein neues Geschäftsfeld erschließen: Kalender-Apps. Die erste App wird ein Maya-Kalender sein. Die App richtet sich vornehmlich an abseits des Mainstreams orientierte Kunden. Die Herstellungskosten für den weit über das Jahr 2013 hinausreichenden Kalender betragen 20.000 Euro. In den einschlägigen Stores soll die App europaweit für 2,95 Euro angeboten werden. Darf diese selbst erstellte Software nach IFRS aktiviert werden?

Aufgabe 17.15

Was ist der Unterschied zwischen einem originären und einem derivativen Geschäftswert? Und was ist ein Goodwill?

Aufgabe 17.16

Erläutern Sie bitte die unterschiedliche Handhabung des Goodwills im deutschen HGB und nach IFRS. Erläutern Sie dabei auch, was ein Impairment-Test ist.

Aufgabe 17.17

Die Holzinger AG hat vor fünf Jahren die Frischholz AG aufgekauft. Dabei wurde damals ein derivativer Geschäftswert in Höhe von 1 Million Euro aktiviert. Der jährliche Impairment-Test hatte diesen Wert jedes Jahr aufs Neue bestätigt. Letzten Monat musste die Geschäftstätigkeit der Tochterfirma Frischholz AG vorerst eingestellt werden. Das Produktprogramm war nicht mehr zeitgemäß. Im aktuellen Jahresabschluss nimmt die Holzinger AG dennoch keine Sonderabschreibung vor. Dies wird mit der Beibehaltung des Markennamens Frischholz begründet. Hierunter sollen zukünftig ein paar Retroprodukte auf den Markt gebracht werden, die ganz sicher sehr erfolgreich sein werden. Somit besteht aus Sicht der Holzinger AG weiterhin ein Firmenwert, der aktuell mit 1 Million Euro veranschlagt wird.

Was wird dem Kapitalmarkt damit signalisiert?

Aufgabe 17.18

Nach IFRS dürfen selbst erstellte immaterielle Vermögenswerte unter bestimmten Voraussetzungen aktiviert werden. IFRS unterscheidet bei der Selbsterstellung zwischen Forschung und Entwicklung, kurz F&E. Forschungskosten müssen sofort als Aufwand erfasst werden. Entwicklungskosten dürfen dagegen unter bestimmten Bedingungen aktiviert werden. Bitte nennen Sie die sechs Kriterien.

Aufgabe 17.19

Die Dampfboot AG hat eine neue Maschine zur Herstellung von hocheffizienten Dampfmaschinen entwickelt. In den nächsten zehn Jahren soll diese Maschine solche hocheffizienten Dampfmaschinen herstellen. Die Forschungskosten beliefen sich auf 600.000 Euro, die Entwicklungskosten auf 8.400.000 Euro. Wie verändert sich das Ergebnis der Dampfboot AG, wenn das Aktivierungswahlrecht wahrgenommen wird gegenüber einer Nichtaktivierung? Gibt es Auswirkungen auf zukünftige Geschäftsjahre?

Aufgabe 17.20

Die Brodelwasserreaktor AG erforscht und entwickelt ständig neue Energiegewinnungstechniken. Im abgelaufenen Geschäftsjahr wurde an einem Salzwasserreaktor geforscht. Hierbei fielen Forschungskosten in Höhe von 37 Millionen Euro an. Zugleich wurde damit begonnen, einen ersten Prototyp zu bauen. Im Atlantik soll auf freier See auf einer Art Bohrturm ein Salzwasserreaktor erstellt werden. Widrige Wetterverhältnisse und klagewütige Anrainerstaaten haben den Projektfortschritt zuweilen behindert. Aber immerhin konnten bereits drei Schiffe mit Material für den Bohrturm in See stechen. Das restliche Material musste in verschiedenen Häfen zwischengelagert werden. Teilweise wurde Material von nationalen Behörden beschlagnahmt. Für den Bau des Prototyps fielen Entwicklungskosten in Höhe von 320 Millionen Euro an. Neueste Schätzungen gehen aufgrund der ersten Erfahrungen von einer leichten Kostensteigerung beim Prototypbau aus. Die Gesamtkosten werden sich demnach von 4,5 Milliarden Euro auf 8,6 Milliarden Euro erhöhen, wenn ab jetzt alles nach Plan läuft. Die Wirtschaftlichkeit sei dadurch zwar massiv gefallen, eine geringe Wirtschaftlichkeit sei jedoch immer noch gegeben. Der Technikvorstand ist sich sicher, dass das Projekt realisiert wird; die Klagen der Anrainerstaaten stünden rechtlich auf wackligen Füßen. Einzig die Frage, wie der auf offener See produzierte Strom zum Kunden transportiert werden kann, sei derzeit noch offen, aber lösbar.

Können die Entwicklungskosten nach IFRS aktiviert werden?

Aufgabe 17.21

Bitte erläutern Sie, ob und falls ja, nach welchen ersten groben Kriterien bei IFRS zwischen verschiedenen Arten des Leasings unterschieden wird. In welchem IFRS-Standard wird das Thema Leasing denn behandelt?

Aufgabe 17.22

Herzlich willkommen in der komplexen Welt der Finanzinstrumente nach IFRS. Bei der Folgebewertung von Finanzinstrumenten entscheidet die Zuordnung in verschiedene Kategorien über die weitere Vorgehensweise. Welcher Standard regelt dies und welche Kategorien sind dies? Bitte beschreiben Sie die einzelnen Kategorien auch kurz.

Aufgabe 17.23

Dr. Radewag ist sich nicht ganz sicher, ob sie die für ihre Bierbrauerei Edelbräu AG gekauften Siemens-Aktien in die Kategorie Held for Trading, Held to Maturity oder Available for Sale einsortieren soll. Sie weiß heute nicht, was sie morgen mit den Aktien machen wird. In welche Kategorie sollten die Aktien nach IFRS einsortiert werden?

Aufgabe 17.24

Januar: Die Fischereigesellschaft Kutter GmbH bilanziert nach IFRS und hat freies Kapital in Unternehmensanleihen angelegt.

Februar: Die Unternehmensanleihen erwiesen sich nicht gerade als Glücksgriff. Das betreffende Unternehmen geriet zu Jahresbeginn kurz nach der Herausgabe der Anleihen in eine unvorhersehbare Krise. Der Wert der Unternehmensanleihen sinkt rapide.

März: Die Buchhaltung fragt bei der Geschäftsleitung nach, wie die Unternehmensanleihen nun zu bewerten seien. Die Antwort: Der kaufmännische Geschäftsleiter hätte gerne eine stabile Bewertung, die solch kurzfristige Kursverluste unberücksichtigt lässt. Schließlich muss man nicht jeder durchs Dorf getriebenen Sau folgen. Die Buchhaltung stuft die Anleihen damit in die Kategorie Held to Maturity ein. Welche Konsequenzen hat diese Einstufungen?

Aufgabe 17.25

Die Fruchthandels AG hält Unternehmensanleihen der Firma BesteFotos AG. Die Papiere wurden der Kategorie Held to Maturity zugeordnet. Die BesteFotos AG eilt von Rekord zu Rekord; deshalb sind die Anleihen nun auch über ihren Ausgabekurs gestiegen. Wie sind die Anleihen zu bewerten?

Bewertung von langfristigen Fertigungsaufträgen

Unternehmen, die mit sehr großen Projekten beschäftigt sind, müssen sich eingängig mit der Bewertung von langfristigen Fertigungsaufträgen auseinandersetzen. Meist handelt es sich um große Infrastrukturprojekte wie zum Beispiel ein Kraftwerksbau, ein Tunnelbau oder ein Staudammprojekt. Wurden keine Teilabnahmen vereinbart, fließen die ersten Einnahmen erst nach Fertigstellung in einigen Jahren. Dies kann für die Bilanz des Unternehmens unschöne Folgen haben. Nach HGB dürfen Gewinne und Umsätze bekanntlich erst bei Realisierung erfasst werden. So will es nun mal das Realisationsprinzip. Da kaum ein Unternehmen eine so lange finanzielle Durststrecke durchstehen würde, werden nicht nur zur Bilanzpflege Teilabnahmen vereinbart. Andernfalls würde das betreffende Unternehmen gehörige Liquiditätsprobleme bekommen.

Anders nach IFRS: Hier werden aus bilanzieller Sicht keine Teilabnahmen nötig. Umsätze und Gewinne dürfen hier entsprechend dem Grad der Fertigstellung des Gesamtauftrags angesetzt werden. Für die nötige Liquidität sorgt ja vielleicht die Hausbank, die die Durchführung des Projekts mit einem Kredit finanziert.

Aufgabe 17.26

Wie wird nach IFRS die Methode zur Ermittlung der Umsätze und Gewinne entsprechend dem Leistungsfortschritt bezeichnet? Und welche Kriterien müssen erfüllt sein, damit diese Methode angewendet werden darf? Nach welcher Methode wird dagegen beim HGB vorgegangen?

Aufgabe 17.27

Die Bauunternehmung Maulwurf AG soll einen Tunnel in zwei Jahren fertigstellen. Aus den geplanten Aufwendungen und Erträgen ergibt sich ein Gesamtgewinn von 200.000 Euro. Es wird von einem gleichmäßigen Bauverlauf und Kostenverlauf ausgegangen. Da die Maulwurf AG alle Voraussetzungen zur Anwendung der Percentage-of-Completion-Methode erfüllt sieht, verteilt sie den Gewinn entsprechend dem Leistungsfortschritt über die zwei Jahre. Im ersten Jahr ermittelt die Firma nach PoC einen Gewinn von 100.000 Euro, der so auch in den Jahresabschluss einfließt. Im zweiten Jahr stellt sich nach Fertigstellung des Projekts heraus, dass man damit keinen Gewinn gemacht hat, es ist vielmehr ein Verlust in Höhe von

50.000 Euro entstanden. Was muss die Maulwurf AG nun mit dem im Vorjahr verbuchten Gewinn machen?

Aufgabe 17.28

Vor ein paar Jahren meldete das *Handelsblatt*, dass die Thielert Aircraft Engines GmbH aus Chemnitz Insolvenz wegen drohender Zahlungsunfähigkeit angemeldet hat. Grund waren angeblich verzögerte Auslieferungen von Motoren an Flugzeughersteller. Daneben stellte sich jedoch heraus, dass das Landeskriminalamt wegen Bilanzmanipulationen ermittelte. Dabei stand die Bewertung von Forderungen im Mittelpunkt der Untersuchungen. Große Teile des Umsatzzuwachses stammten aus Percentage-of-Completion-Buchungen.

Erläutern Sie bitte, warum die Percentage-of-Completion-Methode Gegenstand von Ermittlungen wegen Bilanzmanipulation sein können.

Aufgabe 17.29

Die Interbau AG erhält von der Deutschen Bahn AG den Auftrag, in München den alten Hauptbahnhof abzureißen, eine Schneise durch das Stadtzentrum zu schlagen und einen auf Betonständern stehenden Durchgangsbahnhof Richtung Salzburg zu erstellen. Zahlung erfolgt nach Fertigstellung in 15 Jahren. Als die Bagger nach zehn Monaten Abrisstätigkeit am Stachus angelangt sind, betreten Sie als Leiter Finanzen & Controlling die Bühne. Anlass ist übrigens der bevorstehende Jahresabschluss. Nach HGB ist dieser Auftrag bislang ein finanzielles Desaster; den gesamten Aufwendungen stehen keinerlei Erträge gegenüber. Besteht Hoffnung, diesen Sachverhalt im Konzernabschluss nach IFRS besser darzustellen?

Rückstellungen nach IFRS

Nach IFRS müssen Sie unter bestimmten Bedingungen auch Rückstellungen bilden.

Aufgabe 17.30

Nach welchen Bedingungen müssen Sie nach IRFS Rückstellungen bilden? Ein kleiner Tipp: Im Standard IAS 37 werden Sie fündig.

Aufgabe 17.31

Der Waffeleisenfabrikant Puder & Zucker AG muss die im November fällige Wartung der Produktionsmaschinen auf nächsten Januar verschieben, da das Weihnachtsgeschäft diesmal keine Produktionspause zulässt. Darf die Firma für die unterlassene Instandhaltung, die sie im kommenden Jahr ja gleich nachholen wird, eine Rückstellung nach IFRS bilden?

Aufgabe 17.32

Der Heizungsanlagenhersteller Wohlig GmbH hat für einen Großkunden vor elf Jahren eine Heizungsanlage in einen Bürokomplex eingebaut. Kurz vor Weihnachten meldet der Großkunde eine Heizungsstörung. Die Wohlig GmbH schickt sofort einen Handwerker vorbei. Dieser muss leider feststellen, dass die Heizungsanlage an einigen Stellen Risse bekommen hat, die einen Komplettaustausch des Hauptmoduls erforderlich machen. Die Wohlig GmbH muss zugeben, dass es sich hier wohl um einen Produktionsfehler handelt; normalerweise laufen Heizungsanlagen dieses Typs mindestens 25 Jahre störungsfrei. Pech für den Kunden, dass die Garantie schon lange abgelaufen ist. Da die Wohlig GmbH diesen Kunden auf gar keinen Fall verlieren möchte, bietet sie auf Kulanzbasis einen kostenlosen Austausch des Hauptmoduls an. Dies entspricht zudem der Nachhaltigkeitsphilosophie des Hauses. Der Einbau soll gleich Anfang Januar erfolgen und wird 50.000 Euro kosten.

Kann die Wohlig GmbH hierfür eine Rückstellung nach IFRS bilden?

Aufgabe 17.33

Bei der Käserei Heumilch AG wird gerade der Jahresabschluss erstellt. Nun geht es an die Ertragsteuern. Das abgelaufene Geschäftsjahr lief sehr gut. Die dafür im nächsten Jahr zu zahlenden Ertragsteuern dürften die bereits geleisteten Abschlagszahlungen um 250.000 Euro überschreiten. Kann die Heumilch AG hierfür eine Rückstellung nach HGB bilden?

Aufgabe 17.34

Der Gebäudedienstleister Putzteufelchen AG bietet Unternehmen die Reinigung ihrer Büros an. Dazu gehört die Reinigung der Sanitärbereiche, der Kaffeeküchen und der Bodenflächen. Die kaufmännische Abteilung hat die jährliche Kalkulation des Dienstleistungskatalogs gerade wieder erfolgreich abgeschlossen. Demnach kostet die Standardreinigung pro Quadratmeter 3,50 Euro. Hinzu kommt noch eine entfernungsabhängige Anfahrtspauschale pro Einsatztag (siehe Tabelle 17.1).

Entfernung	Pauschale
Bis 20 Kilometer	5 Euro
Bis 50 Kilometer	15 Euro

Tabelle 17.1: Anfahrtspauschalen der Putzteufelchen AG

Tabelle 17.2 zeigt den Dienstleistungskatalog.

Service	Preis (Monatlich)
Standardreinigung (Sanitär, Kaffeeküche täglich, Boden saugen wöchentlich)	3,50 Euro pro Quadratmeter
Standard-Plus-Reinigung (Sanitär, Kaffeeküche täglich, Boden saugen wöchentlich, Fenster reinigen quartalsweise)	5,00 Euro pro Quadratmeter
Reinigung de luxe (Sanitär, Kaffeeküche täglich, Schreibtische wischen, Boden saugen wöchentlich, Fenster reinigen quartalsweise)	7,00 Euro pro Quadratmeter

Tabelle 17.2: Dienstleistungskatalog der Putzteufelchen AG

In die Preise hat die kaufmännische Abteilung eine Gewinnmarge von 5 Prozent einkalkuliert. In die Anfahrtspauschale wurde übrigens kein Gewinnaufschlag einkalkuliert.

Der Vorstandsvorsitzende der Putzteufelchen AG, Herr Chlorburg, hat letzten Sonntag auf dem Golfplatz den Chef der Privatbank Goldtaler AG, Herrn Kreuzer, kennengelernt. Für beide war es ein ausgesprochen interessanter Nachmittag. Herr Chlorburg hat neue Möglichkeiten der Geldanlage kennengelernt und Herr Kreuzer muss staubige Büroflächen nicht mehr als unabwendbares Schicksal hinnehmen. Herr Kreuzer hat Herrn Chlorburg ein exklusives Beratungsgespräch in Aussicht gestellt. Herr Chlorburg will sich da nicht lumpen lassen und hat ihm im Gegenzug ein unschlagbares Servicepaket für 3.900 Euro monatlich in Aussicht gestellt. Die genauen Bestandteile des Service hat Herr Chlormann nicht näher erläutert. Herrn Kreuzer war vor allem ein staubfreier Schreibtisch wichtig, was Herr Chlormann als selbstverständlich bestätigte.

Am darauffolgenden Montagmorgen um 8 Uhr findet die Chefkalkulatorin Frau Pea von Herrn Chlorburg eine Mail mit der Bitte vor, einen von ihm an Land gezogenen Zusatzauftrag über 3.900 Euro monatlich wohlwollend zu prüfen. Es handelt sich um ein Gebäude mit 1.500 Quadratmetern. Dieses liegt 40 Kilometer entfernt. Erwartet wird eine Reinigung de luxe.

Frau Pea kalkuliert wohlwollend korrekt:

1.500 Quadratmeter × 7,00 Euro = 10.500 Euro

zuzüglich der Anfahrtspauschale:

20 Arbeitstage × 15 Euro = 300 Euro

Das macht insgesamt 10.800 Euro monatlich und liegt damit ein klein wenig über dem vom Vorstandsvorsitzenden abgegebene Angebot in Höhe von 3.900 Euro. Frau Pea schreibt Herrn Chlormann am Montag um 11.15 Uhr zurück: Ein Angebot über 3.900 Euro lässt sich leider nicht realisieren. Gemäß Servicekatalog müssen hier 10.800 Euro verlangt werden. Details siehe Anhang.

Herr Chlormann ist nicht begeistert von den Rechenkünsten seiner Mitarbeiterin. Da die Antwort so extrem lange auf sich hat warten lassen, musste er zwischenzeitlich reagieren und hat Herrn Kreuzer den Auftrag mit Beginn zum 1.1. nächsten Jahres zu diesen Konditionen bestätigt. Immerhin hatte Herr Kreuzer ihm am Telefon heute Morgen bereits für heute Abend die Exklusivberatung einräumen können. Herr Chlormann bittet nun den Vorgesetzten von Frau Pea, den kaufmännischen Leiter Herrn Nitpicker, um Überprüfung der Kalkulation. Immerhin handelt es sich um einen Zusatzauftrag. Da können die von Frau Pea kalkulierten Werte doch nicht verwendet werden.

Herr Nitpicker bittet Frau Pea um Auftrennung in fixe Ehda-Kosten, die ja bereits durch bestehende Aufträge abgedeckt seien, und die durch diesen Auftrag zusätzlich entstehend Kosten.

Frau Pea erstellt folgende Rechnung:

- ✔ fixe Ehda-Kosten: 2.000 Euro
- ✔ Zusatzkosten aus diesem Auftrag: 8.000 Euro
- ✔ Gewinnmarge: 500 Euro

Herr Nitpicker besucht mit diesen neuen Zahlen Herrn Chlormann. Herr Chlormann ist entsetzt über die Arbeitsweise seiner Mitarbeiter. Warum kann ihn niemand vor Abgabe eines solchen Angebots aufschlauen. Er fühlt sich ungenügend über die wichtigsten Zahlen im Hause informiert. Dabei erwähnt er beiläufig, dass er einen Vertrag über ein Jahr Laufzeit, gültig ab dem 1.1. des nächsten Jahres, abgeschlossen hat. Der Vertrag enthält eine Klausel mit einer Vertragsstrafe bei Nichterfüllung über 100.000 Euro. Er bittet die Schuldigen, also Frau Pea und Herrn Nitpicker, ihren Fehler, soweit es geht, wieder auszubügeln und das nächste Geschäftsjahr nicht mit diesem Fehler zu belasten; notfalls sollen die beiden den Schaden aus dem eigenen Geldbeutel begleichen. Zusätzlich bittet er um künftig regelmäßige Zusendung des Servicekatalogs mit allen Preisen inklusive Aufschlüsselung der Kostenbestandteile.

Um das nächste Geschäftsjahr wie gewünscht nicht mit diesem Fehler zu belasten, wollen Frau Pea und Herr Nitpicker nach IFRS eine Rückstellung bilden. Dürfen sie das? Und falls ja, wie hoch muss die Rückstellung sein?

Die latenten Steuern

Latente Steuern gibt es auch bei der Rechnungslegung nach IFRS. Sie entstehen auch hier immer dann, wenn sich die steuerlichen Bewertungsvorschriften von den IFRS-Vorschriften unterscheiden. Dann stimmt die jeweils ermittelte Steuerbelastung nicht mehr überein.

Für die tatsächliche Steuerbelastung ist immer die Steuerbilanz ausschlaggebend!

Abbildung 17.1 zeigt die Bauernregel für die latenten Steuern.

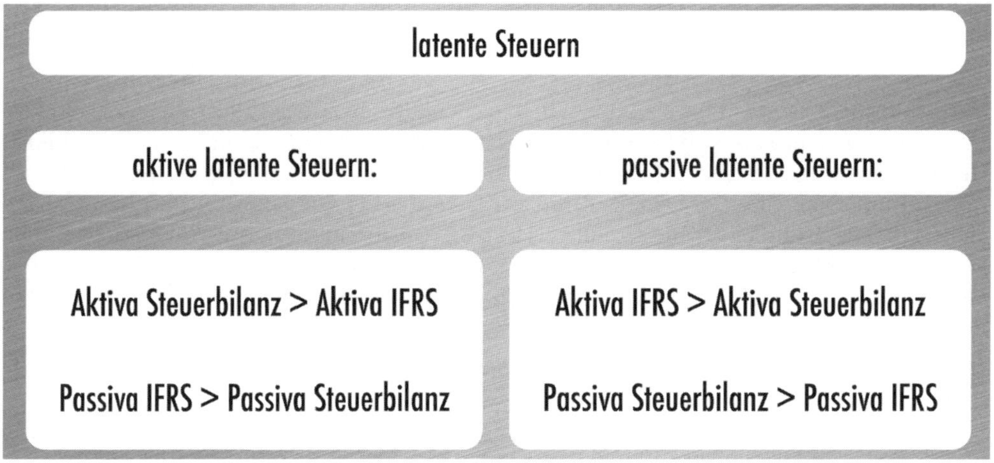

Abbildung 17.1: Bauernregel für latente Steuern

Aufgabe 17.35

Muss man bei Steuermehrbelastungen aktive oder passive latente Steuern bilden?

Aufgabe 17.36

Die Braunkohleförderungsgesellschaft AG hatte im abgelaufenen Geschäftsjahr Entwicklungskosten in Höhe von 400.000 Euro nach IFRS aktiviert. Steuerrechtlich ist hier jedoch keine Aktivierung möglich. Entstehen durch diesen Vorgang latente Steuern? Und falls ja: Müssen aktive oder passive latente Steuern gebildet werden?

Aufgabe 17.37

Der Backofenbauer Heuwiese GmbH hat zum Jahresabschluss eine Blechstanzmaschine in der Steuerbilanz mit 4.000 Euro bewertet; nach IFRS ist die Blechstanzmaschine noch stolze 6.000 Euro wert. Müssen aktive oder passive latente Steuern gebildet werden?

Aufgabe 17.38

Der Schiffsbauer Oceancrossing AG hat einen etwas unvorteilhaften Geschäftsabschluss getätigt. Er hat einen Vertrag mit Kunden unterzeichnet, der im nächsten Jahr Verluste einfahren wird. Die unvermeidlichen Kosten werden auf 1,2 Millionen Euro geschätzt. Hierfür wurde nach IFRS eine Drohverlustrückstellung gebildet. In der Steuerbilanz darf dafür jedoch keine Rückstellung gebildet werden. Ein Fall für die latenten Steuern? Aktiv oder passiv?

Lösungen zu den Übungsaufgaben

Hier finden Sie die Lösungen zu den Aufgaben.

Lösung 17.1

Wirtschaftsgüter dürfen nach HGB nicht über den Anschaffungs- oder Herstellungskosten bewertet werden, auch wenn sie am Markt derzeit mehr wert wären. Nach HGB darf dieser Wertzuwachs erst in die Bücher, wenn er auch tatsächlich realisiert wurde.

Lösung 17.2

Der Fair Value oder auch beizulegende Zeitwert ist der Betrag, zu dem ein Vermögenswert getauscht oder eine Schuld beglichen werden könnte. Es soll marktnah, Marked to Market, bewertet werden.

Lösung 17.3

Beim Fair Value soll marktnah, Marked to Market, bewertet werden. Das geht aber nur, wenn ein Marktpreis existiert. Für manche Wirtschaftsgüter gibt es jedoch keinen Marktpreis, sodass dieser nach IFRS auch mithilfe von Bewertungsverfahren, hier wird von Marked to Model gesprochen, ermittelt werden kann.

Lösung 17.4

Das kommt ganz darauf an, ob beim Verkauf des Fuhrparks tatsächlich versucht wird, den höchstmöglichen Preis zu erzielen. Handelt es sich bei dieser hohen Bewertung dagegen nur um heiße Luft, wird die vorgenommene Bewertung nicht dem Fair View gerecht. Das ist im Beispiel dann der Fall, wenn die alten Fahrzeuge einfach zum niedrigen Preis von 4.000 Euro beim örtlichen Händler in Zahlung gegeben werden.

Lösung 17.5

Durch den IFRS-Grundsatz »substance over form« kann bei der Sachverhaltsgestaltung nicht nach Belieben agiert werden. Nach diesem Prinzip müssen die Geschäftsfälle nach ihrer wirtschaftlichen Bedeutung und nicht nach ihrer rechtlichen Lage dargestellt werden. Für Sale-and-lease-back-Transaktionen mit eigens dafür gegründeten Gesellschaften bedeutet dies, dass nach IFRS eine solche Gesellschaft in die Konzernbilanz hinein muss, wenn die Konzernmutter maßgeblichen Einfluss darauf hat.

Lösung 17.6

Nach IFRS ist dieser Ergebnisausweis natürlich falsch. Es wurde zunächst das Prinzip »substance over form« missachtet: Demnach müssen die Geschäftsfälle nach ihrer wirtschaftlichen Bedeutung und nicht nach ihrer rechtlichen Lage dargestellt werden. Da die Konzernmutter, die Lachsack AG, maßgeblichen Einfluss auf die Immo-Lachsack AG ausübt, hat sich wirtschaftlich bezüglich der Immobilien nichts geändert. Darüber hinaus muss ein solcher Sachverhalt beim Konzernabschluss konsolidiert werden. Nach Konsolidierung beeinflussen die 400.000 Euro das Ergebnis des Konzerns nicht mehr.

Lösung 17.7

Es gibt keinen Unterschied. Anstatt von offenen Wahlrechten wird einfach manchmal nur von expliziten Wahlrechten gesprochen. Gemeint ist dasselbe.

Lösung 17.8

Die Antwort zur ersten Frage: Die Bewertung mit dem Fair Value scheint auf den ersten Blick gerecht zu sein. Immerhin werden vor Ort weitere Luxusimmobilien in dieser Preisklasse verkauft. Es gibt dabei jedoch einen klitzekleinen Unterschied: Die sieben Eigentumswohnungen der Soliditas AG sind nicht mehr neu und sie sind vermietet. Somit können sie nicht mit neu erstellten, noch nicht bezogenen Wohnungen verglichen werden. Es besteht das Risiko, dass die Bewertung über 3,9 Millionen Euro viel zu hoch sein könnte. Maßstab bei einer Bewertung nach dem Fair Value müssten realisierte Preise vergleichbarer Wohnungen sein.

Die Antwort zur zweiten Frage: Würde man die Wohnungen mit den fortgeführten Anschaffungskosten abzüglich einer Abschreibung für das erste Jahr in Höhe von 2 Prozent bewerten, wären dies 3,234 Millionen Euro; gegenüber der vorgenommenen Bewertung über 3,9 Millionen Euro also 666.000 Euro weniger.

Lösung 17.9

Der Neubewertungsbetrag soll dem Fair Value abzüglich danach folgender planmäßiger Abschreibungen und Wertminderungen entsprechen. Dabei darf der Neubewertungsbetrag durchaus über den ursprünglichen Anschaffungs- beziehungsweise Herstellungskosten liegen.

Lösung 17.10

Steigt der Fair Value durch eine Neubewertung über den Buchwert, muss die Differenz erfolgsneutral in die sogenannte Neubewertungsrücklage gepackt werden. IFRS unterscheidet also zwischen erfolgswirksam in der GuV erfassten Erträgen und Aufwendungen und erfolgsneutralen Eigenkapitalveränderungen. Durch wertsteigernde Neubewertungen wird die Eigenkapitalquote des Unternehmens erhöht.

Lösung 17.11

Es handelt sich um ein faktisches Wahlrecht. Mit IAS 38 wird es oftmals Auslegungssache, ob aktiviert werden soll oder nicht; und zwar mit dem Wörtchen wahrscheinlich.

Lösung 17.12

Da nun mal niemand in die Zukunft blicken kann, bleibt immer eine gewisse Unsicherheit bei der Einschätzung beziehungsweise Bewertung, ob dem Unternehmen künftig ein wirtschaftlicher Nutzen zufließen wird. Trotzdem gibt es Fälle, bei denen man ziemlich sicher vorhersagen kann, ob dies der Fall ist oder nicht. Wenn zum Beispiel rechtliche Hürden gegen den Einsatz des Produkts sprechen, kann es logischerweise kein Verkaufserfolg werden. Das Unternehmen hat es versäumt, rechtzeitig eine rechtliche Bewertung vorzunehmen. Möglicherweise ist so eine Trauung mit einem virtuellen Standesbeamten nach heutigem Recht gar nicht rechtskräftig. Der kaufmännische Leiter darf die selbst erstellte Software nicht aktivieren, da rechtliche Hürden gegen einen Verkaufserfolg sprechen. Neben dem rechtlichen Aspekt dürfte die Software mit dem Argument der Einsparung von Standesbeamten beim Kunden auch nicht punkten. Und – mal ganz abgesehen von diesen beiden Aspekten: Das kaufmännische Ressort hätte das Projekt bereits viel früher stoppen müssen; bevor 7,5 Millionen Euro in den Sand gesetzt werden.

Lösung 17.13

Da der Verkaufserfolg und damit der wirtschaftliche Nutzen äußerst vage ist, darf die selbst erstellte Software nicht aktiviert werden. Zwei Mitarbeitern der potenziellen Kunden die Software vorzuführen, genügt nicht. Für eine Aktivierung hätte es mehr bedurft: Vorgespräche mit den entsprechenden Entscheidungsträgern oder gar Absichtserklärungen der Kunden.

Lösung 17.14

Da es in letzter Zeit einen gewissen Hype um den Maya-Kalender gegeben hatte, dürfte es um die Marktchancen für die App gar nicht so schlecht aussehen. Damit dem Verlag Feinste Kalender AG ein wirtschaftlicher Nutzen aus der App zufließt, bedarf es gar nicht so vieler Kunden. Somit kann die App aktiviert werden.

Lösung 17.15

Der originäre Geschäfts- oder Firmenwert ist die Differenz aus dem Ertragswert des Unternehmens und dem Wert der Einzelpositionen des Unternehmens (Vermögensgegenstände abzüglich der Verbindlichkeiten). Es ist somit der selbst geschaffene Geschäfts- oder Firmenwert.

Der derivative Geschäfts- oder Firmenwert entsteht dagegen beim Kauf eines Unternehmens und ist die Differenz aus dem für das Unternehmen bezahlten Preis und dem Wert der Einzelpositionen des Unternehmens (Vermögensgegenstände abzüglich der Verbindlichkeiten).

Manchmal wird der Geschäfts- oder Firmenwert auch als Goodwill bezeichnet.

Lösung 17.16

Nach HGB muss gemäß § 246 der derivative Geschäfts- oder Firmenwert, also der Goodwill, aktiviert werden. Dies ist auch nach IFRS der Fall. Das HGB schreibt weiter vor, dass der Goodwill in den Folgejahren über seine wirtschaftliche Nutzungsdauer abgeschrieben werden muss. Nach IFRS handelt es sich beim Goodwill also um ein nicht abnutzbares Wirtschaftsgut. Sein Wert muss stattdessen jährlich überprüft werden und bei einem Wertverlust gegebenenfalls mit einer Sonderabschreibung korrigiert werden. Damit sollen Überbewertungen vermieden werden. Dieser jährliche Werthaltigkeitstest wird als Impairment-Test bezeichnet.

Lösung 17.17

Dem Kapitalmarkt wird signalisiert, dass alles wunderbar läuft. Die Goodwill-Position in der Bilanz ist weiterhin werthaltig. Die Geschäftsaussichten sind positiv. Der Wert des derivativen Goodwills wurde konstant gehalten, obwohl Sonderabschreibungen fällig gewesen wären. Das dabei entstandene Vakuum wird mit selbst geschaffenem, also originärem Goodwill aufgefüllt, indem hohe zukünftige Gewinne in Aussicht gestellt werden.

Lösung 17.18

Entwicklungskosten dürfen aktiviert werden, wenn

- ✔ das Projekt umsetzbar ist,
- ✔ die Umsetzung gewollt ist,
- ✔ die Firma das später auch produzieren kann,
- ✔ der Nutzen nachgewiesen ist,
- ✔ Ressourcen dafür vorhanden sind und
- ✔ die zurechenbaren Kosten zuverlässig ermittelt werden können.

Lösung 17.19

Die Forschungskosten belasten das aktuelle Jahresergebnis mit 600.000 Euro, da sie stets sofort voll als Aufwand zu verbuchen sind. Die Entwicklungskosten über 8.400.000 Euro können entweder aktiviert und über die Nutzungsdauer von zehn Jahren abgeschrieben werden oder auch sofort voll als Aufwand erfasst werden. Wird aktiviert, schmälern die Entwicklungskosten das Jahresergebnis nur um 840.000 Euro statt um 8.400.000 Euro. Das Jahresergebnis fällt bei Wahrnehmung des Aktivierungswahlrechts also um 7.560.000 Euro besser aus. Dafür belastet die Aktivierung die nachfolgenden neun Geschäftsjahre jeweils mit 840.000 Euro.

Lösung 17.20

Zur Beantwortung der Frage, ob die Entwicklungskosten nach IFRS aktiviert werden können, prüfen Sie ganz einfach den IFRS-Kriterienkatalog:

- ✔ Ist das Projekt umsetzbar? Nach Ansicht des Technikvorstands der Brodelwasserreaktor AG ist das Projekt umsetzbar.
- ✔ Ist die Umsetzung gewollt? Die Brodelwasserreaktor AG will das Projekt anscheinend umsetzen.
- ✔ Kann die Brodelwasserreaktor AG den Salzwasserreaktor später auch in Betrieb nehmen und Strom produzieren? Der Konzern hat den festen Willen, dies umzusetzen.
- ✔ Ist der Nutzen nachgewiesen? Anscheinend ist das Projekt momentan noch wirtschaftlich.
- ✔ Sind die Ressourcen dafür vorhanden? Die Ressourcen lagern in diversen Häfen und Konfiszierungslagern diverser Behörden und sind somit vorhanden.
- ✔ Können die zurechenbaren Kosten zuverlässig ermittelt werden? Der Konzern ist in der Lage, stets aktuelle Kostenschätzungen abzugeben.

Somit steht nach IFRS einer Aktivierung der Entwicklungskosten nichts im Wege. Aber hinter der Entscheidung verstecken sich eine ganze Menge Ermessensspielräume. Ob das Kraftwerk jemals wirtschaftlich betrieben werden kann, erscheint doch etwas unsicher. Somit besteht die Gefahr, dass die Brodelwasserreaktor AG sich nach IFRS besser darstellt, als es die tatsächliche Lage gebietet.

Lösung 17.21

Der IFRS-Standard IAS 17 definiert die beiden möglichen Leasingarten Finanzierungsleasing und Operating-Leasing. Ein Leasingverhältnis wird als Finanzierungsleasing klassifiziert, wenn es im Wesentlichen alle Risiken und Chancen, die mit dem Eigentum verbunden sind, überträgt. Ein Leasingverhältnis wird dagegen als Operating-Leasingverhältnis klassifiziert, wenn es nicht im Wesentlichen alle Risiken und Chancen, die mit dem Eigentum verbunden sind, überträgt.

Die Unterscheidung zwischen Finanzierungsleasing und Operating-Leasing ist nach IFRS nicht ganz einfach. Darum soll der Standard IAS 17 auch demnächst reformiert werden.

Lösung 17.22

Bei der Folgebewertung unterscheidet der IFRS-Standard IAS 39 vier Arten von Finanzinstrumenten. Entsprechend der Zuordnung zu einer der vier Kategorien darf dann bewertet werden.

Die vier Kategorien:

- Held for Trading – zu Handelszwecken gehaltene Finanzinstrumente: Hierunter versteht man Wertpapiere, die nur ganz kurz zum Wiederverkauf, zum Beispiel zu Spekulationszwecken, gehalten werden. Solche Wertpapiere müssen immer mit dem Fair Value bewertet werden. Gewinne oder Verluste müssen erfolgswirksam erfasst werden.
- Held to Maturity – bis zur Endfälligkeit gehaltene Finanzinstrumente: Bei diesen Papieren hat das Unternehmen die Absicht, sie nie mehr zu verkaufen. Für solche Gläubigerpapiere spielt der Marktwert somit keine Rolle. Deshalb werden solche Finanzinstrumente mit den fortgeführten Anschaffungskosten bewertet. Bei dauerhaften Wertminderungen darf auch mal abgeschrieben werden. Zuschreibungen sind aber verboten.
- Available for Sale – zum Verkauf verfügbare Finanzinstrumente: Kann ein Finanzinstrument in keine der beiden vorherigen Kategorien eingeordnet werden, gehört es womöglich hierher. Ein Beispiel wären Fondsanteile. Diese können Sie kurzfristig verkaufen, müssen es aber nicht. Bewertet werden solche Papiere mit dem Fair Value. Nun kommt aber der Unterschied gegenüber der ersten Kategorie Held for Trading. Jetzt haben Sie beim Gewinn- oder Verlustausweis ein Wahlrecht: Sie können die Gewinne oder Verluste wie oben erfolgswirksam erfassen oder erfolgsneutral mit dem Eigenkapital verrechnen.
- Loans and Receivables originated by the Enterprise – vom Unternehmen direkt geschaffene Kredite und Forderungen: Zu den Loans and Receivables originated by the Enterprise zählen alle direkt vom Unternehmen geschaffenen Kredite und Forderungen, die keinen Handelszwecken dienen. Sie entstehen durch das operative Geschäft, beispielsweise wenn geliefert wurde, der Kunde aber noch nicht bezahlt hat. Hier wird mit den fortgeführten Anschaffungskosten bewertet.

Der Standard IAS 39 soll reformiert werden. Möglicherweise wird er irgendwann einmal durch IFRS 9 ersetzt. Die weitere Entwicklung ist Anfang 2013 jedoch noch offen. Vermutlich wird die Reform ab dem Jahr 2015 in Kraft treten.

Lösung 17.23

Die Aktien könnten in die folgenden Kategorien einsortiert werden:

- Held for Trading: zu Handelszwecken gehaltene Finanzinstrumente
- Held to Maturity: bis zur Endfälligkeit gehaltene Finanzinstrumente
- Available for Sale: zum Verkauf verfügbare Finanzinstrumente

Lösung 17.24

Bei einer Einstufung in die Kategorie Held to Maturity, also bis zur Endfälligkeit gehaltene Finanzinstrumente, gibt das Unternehmen kund, die Papiere nie mehr verkaufen zu wollen. Für solche Gläubigerpapiere spielt der aktuelle Marktwert somit keine Rolle mehr. Die Anleihen werden demnach mit den fortgeführten Anschaffungskosten bewertet. Kurzfristige Wertminderungen müssen nicht berücksichtigt werden. Sollte die Wertminderung jedoch dauerhaft sein, darf auch abgeschrieben werden.

Lösung 17.25

Die Anleihen werden mit den fortgeführten Anschaffungskosten bewertet. Marktpreise werden nicht berücksichtigt. Somit kann die aktuelle Wertsteigerung nicht berücksichtigt werden.

Lösung 17.26

Die Ermittlung der Umsätze und Gewinne entsprechend dem Leistungsfortschritt wird als Percentage-of-Completion-Methode, kurz PoC, bezeichnet. Wandern im Gegensatz dazu Umsätze und Gewinne erst nach der vollständigen Realisierung in die Bücher, spricht man von der Completed-Contract-Methode. Das Vorgehen nach HGB entspricht dieser Methode.

Folgende Kriterien werden von den IFRS-Standards für die Anwendung der Percentage-of-Completion-Methode verlangt:

- ✔ Die gesamten Erträge und Aufwendungen können sicher ermittelt werden.
- ✔ Aus dem Auftrag wird wahrscheinlich ein wirtschaftlicher Nutzen entstehen.
- ✔ Der Fertigstellungsgrad kann seriös ermittelt werden.

Lösung 17.27

Die Maulwurf AG muss im aktuellen Geschäftsjahr den Verlust über 50.000 Euro verbuchen und den im Vorjahr erfassten Gewinn über 100.000 Euro korrigieren. Somit muss ein Gesamtverlust von 150.000 Euro erfasst werden.

Lösung 17.28

Mit der Percentage-of-Completion-Methode wird massiv gegen das Realisationsprinzip verstoßen. Bilanzpolitik wird so in hohem Maße möglich. Die IFRS-Bilanz basiert auf geschätzten Erlösen, die es im Ernstfall, wie im Fall der Thielert Aircraft Engines GmbH, gar nie geben wird. In solchen Fällen muss geprüft werden, ob eine absichtliche Täuschung vorgelegen hat, indem Fantasiegewinne mithilfe der Percentage-of-Completion-Methode bilanziert wurden.

Lösung 17.29

Im Gegensatz zum HGB dürfen Sie nach IFRS Umsätze auch ohne erfolgte Realisierung ausweisen. Hier dürfen Sie die Erträge nach dem Grad der Fertigstellung ausweisen. Im ersten Jahresabschluss nach Beginn der Bauarbeiten können Sie so anteilige Erträge ausweisen, obwohl Ihr Unternehmen in Wahrheit keinerlei Erträge hatte. Der gesamte Sachverhalt hat zwei Seiten: Nach HGB werden langfristige Fertigungsaufträge oftmals zu negativ dargestellt; nach IFRS stehen dagegen manchmal nie realisierte Erträge in den Büchern.

Ein seriöser langfristiger Fertigungsauftrag sollte stets Teilabnahmen inklusive Teilzahlungen enthalten. Dann gibt es bei der Bilanzierung nach HGB und IFRS auch keine Unterschiede.

Lösung 17.30

Nach IAS 37.14 dürfen Sie eine Rückstellung bilden, wenn

- ✔ aus einem vergangenen Ereignis eine rechtliche oder faktische Verpflichtung besteht,
- ✔ der Abfluss von Ressourcen wahrscheinlich ist,
- ✔ eine verlässliche Schätzung der Höhe möglich ist.

Lösung 17.31

Nach IFRS darf für unterlassene Instandhaltungsmaßnahmen anders als nach HGB keine Rückstellung gebildet werden. Der Waffeleisenfabrikant könnte die Produktionsmaschinen im nächsten Jahr ja vielleicht vor möglichen Instandhaltungsmaßnahmen verkaufen.

Lösung 17.32

Es handelt sich um ein vergangenes Ereignis, für das zwar keine rechtliche, aber eine faktische Verpflichtung besteht, mit einem sicheren Abfluss von Ressourcen in Höhe von 50.000 Euro. Dafür muss nach IFRS eine Rückstellung gebildet werden.

Lösung 17.33

Es handelt sich um ein vergangenes Ereignis, für das eine rechtliche Verpflichtung besteht, mit einem sicheren Abfluss von Ressourcen in Höhe von 250.000 Euro. Dafür muss nach IFRS eine Rückstellung gebildet werden.

Lösung 17.34

Es darf eine Rückstellung für drohende Verluste aus schwebenden Geschäften, eine sogenannte Drohverlustrückstellung, gebildet werden, wenn die Kriterien nach IFRS erfüllt sind.

Nach IAS 37.14 dürfen Sie eine Rückstellung bilden, wenn

- ✔ aus einem vergangenen Ereignis eine rechtliche oder faktische Verpflichtung besteht: Dies ist hier der Fall.
- ✔ der Abfluss von Ressourcen wahrscheinlich ist: Die Wahrscheinlichkeit liegt nicht nur bei den hier geforderten 51 Prozent, sondern bei 100 Prozent.
- ✔ eine verlässliche Schätzung der Höhe möglich ist: Dies ist sehr gut möglich.

Die Rückstellung darf also gebildet werden. Nun muss nur noch die Höhe der Rückstellung ermittelt werden. Das sind die unvermeidbaren Kosten aus diesem Geschäft. Das sind entweder die Zusatzkosten für diesen Vertrag, also 8.000 Euro abzüglich der 3.900 Euro monatlich, oder die 100.000 Euro Vertragsstrafe, sofern dies die günstigere Variante ist. Da 4.100 Euro mal 12 nach Adam Riese 49.200 Euro ergibt und damit gegenüber einem Vertragsbruch die günstigere Variante ist, wird dieser Betrag zurückgestellt.

Lösung 17.35

Aktive latente Steuern bildet man, wenn Steuerminderbelastungen erwartet werden. Passive latente Steuern bildet man, wenn Steuermehrbelastungen erwartet werden.

Lösung 17.36

Durch die Aktivierung der Entwicklungskosten nach IFRS entsteht ein Unterschied zur Steuerbilanz. Dort ist das Aktiva geringer als in der IFRS-Bilanz. Somit müssen passive latente Steuern gebildet werden.

Lösung 17.37

Die Bauernregel besagt, dass bei höheren Aktiva nach IFRS passive latente Steuern gebildet werden müssen. Für alle, die wissen wollen warum: Wenn die Maschine in der Steuerbilanz niedriger als nach IFRS bewertet wird, bedeutet dies nichts anderes, als dass die Maschine in der Steuerbilanz bereits höher abgeschrieben wurde. Dies hat die Steuerlast aktuell gesenkt. In nicht allzu ferner Zukunft wird die Maschine abgeschrieben sein und die Steuerlast wieder steigen, da dafür schneller als nach IFRS-Sicht kein Aufwand mehr geltend gemacht werden kann. Damit besteht eine zukünftig höhere Steuerbelastung, die über die Bildung von passiven latenten Steuern berücksichtigt wird.

Lösung 17.38

Mit der Bildung einer Drohverlustrückstellung nach IFRS ist die Passivseite der Bilanz nach IFRS höher als die der Steuerbilanz. Somit müssen aktive latente Steuern gebildet werden.

Auswirkungen der Bilanzpolitik

18

In diesem Kapitel

- Wie der Kapitalmarkt reagieren kann
- Erfolgsabhängige Vergütungen beeinflussen
- An günstige Kredite herankommen

Bilanzpolitik hat natürlich nicht nur auf die jeweilige Bilanzposition oder die Gewinnausschüttung einen Einfluss. Sie können damit auch den Ruf eines Unternehmens beeinflussen. In diesem Kapitel geht es darum, wie sich die Rahmenbedingungen eines Unternehmens durch die eigene Bilanzpolitik, aber auch durch die Bilanzpolitik fremder Unternehmen verändern können.

Viele Akteure erwarten Bilanzpolitik

In Abbildung 18.1 finden Sie eine Übersicht der beteiligten Akteure.

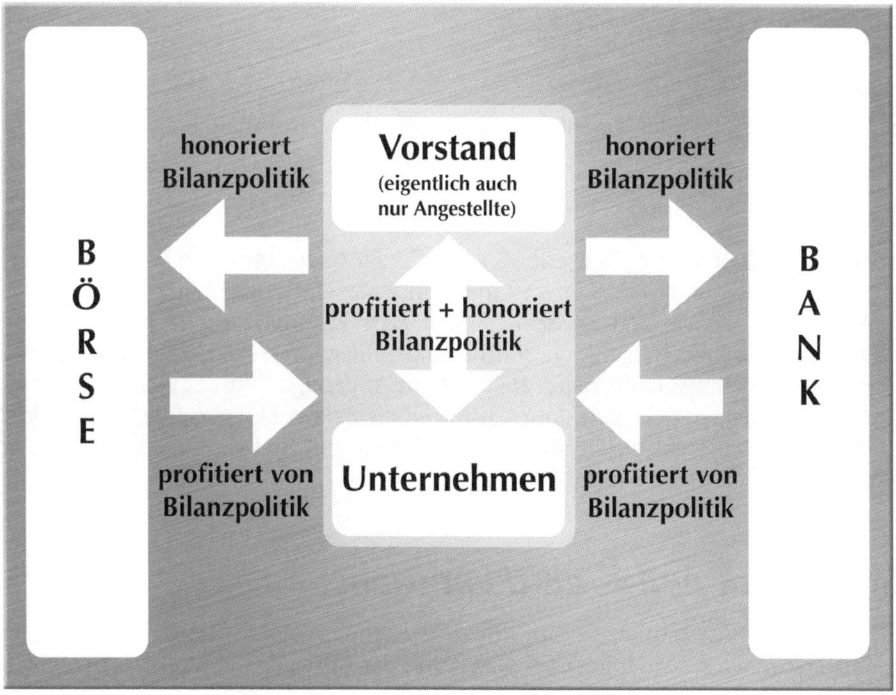

Abbildung 18.1: Wechselwirkungen von Bilanzpolitik

Der Kapitalmarkt geht eigentlich immer davon aus, dass Unternehmen Bilanzpolitik betreiben. Sie unterstellen jedem Jahresabschluss ein gewisses Maß an bilanzpolitischen Einflüssen. Und mit der Bilanzpolitik kann man auch ganz bewusst Informationen an die unterschiedlichen Interessengruppen aussenden. Eine solche indirekt gesendete Information wirkt bei manchen Adressaten oftmals glaubwürdiger, als wenn das Unternehmen die Information ganz platt in einer Presseerklärung veröffentlichen würde. Die Message, dass es sich um ein super Unternehmen mit Top-Zukunftsaussichten handelt, kann auch mittels hoher Gewinnausschüttungen unters Volk gebracht werden.

Aber auch im eigenen Unternehmen gibt es wichtige Adressaten der Bilanzpolitik: In der Regel werden Managervergütungen mit variablen Bestandteilen versehen. Das Gehalt besteht dann aus einem festen und einem variablen Anteil. Im Extremfall kann der feste Bestandteil lediglich 1 Euro pro Jahr betragen. Der Rest ist variabel. Die Auszahlung dieser variablen Bestandteile ist an bestimmte Kennzahlen gekoppelt. Das ist meistens die Höhe des Gewinns. Zur Abwechslung können es aber auch andere Finanzkennzahlen sein oder wahlweise Kennzahlen aus der Welt der Prozesse oder Kundenbeziehungen wie etwa Qualitätskennziffern.

Die Banken sind ein weiterer wichtiger Adressat der Bilanzpolitik. Die Kreditkonditionen orientieren sich meist an bestimmten Bilanzkennzahlen. Da ist die Versuchung, entsprechende Bilanzpolitik zu betrieben, manchmal sehr groß.

Aufgabe 18.1

Was versteht man unter Ergebnisglättung?

Aufgabe 18.2

Kann Bilanzpolitik auch den Verkaufserfolg der angebotenen Produkte eines Unternehmens beeinflussen?

Aufgabe 18.3

Bei der örtlichen Beton- und Kieswerk AG gab es in der Chefetage einen Wechsel. Der alte Finanzchef geht in Rente; der Posten wird mit dem altgedienten Hardliner Magnus Eisenherz besetzt. Von Bilanzpolitik und Pressearbeit hält Herr Eisenherz gar nichts. Die nach dem nächsten Jahresabschluss eigentlich stattfindende Bilanzpressekonferenz wird gestrichen; eine kurze Faxmitteilung an die regionale Presse muss genügen. Insbesondere die mit aktuellen Eigenheimprojekten geplagten Journalisten sind entsetzt. Der persönliche Kontakt droht verloren zu gehen. Besteht die Gefahr, dass die Beton- und Kieswerk AG durch diese Vorgehensweise einen finanziellen Verlust erleidet?

Bilanzpolitik und Kreditkonditionen

Für die anstehende Investition benötigt Ihr Unternehmen einen Kredit. Kredit können Sie von Geschäftsbanken erhalten oder aber auch von der KfW, der Kreditanstalt für Wiederaufbau.

Die Konditionen der KfW können sich ständig verändern. Die genannten Werte können sich daher zwischenzeitlich verändert haben.

Für die nachfolgenden Übungen hier nun vorab für Sie der Prüfmechanismus der KfW, da die KfW vor jeder Kreditvergabe prüft, in welche Preisklasse der Fall eingeordnet werden muss. Die richtige Preisklasse wird bei der KfW in drei Schritten ermittelt.

Schritt 1: Beurteilung der wirtschaftlichen Situation

Die Bank analysiert den Jahresabschluss und weitere eingeforderte Unterlagen und ordnet Ihr Unternehmen einer von sechs möglichen Bonitätsklassen zu. Die zwischenzeitlich sieben Bonitätsklassen (vergleiche Tabelle 18.1) orientieren sich an der Ausfallwahrscheinlichkeit des Kredits.

Ein-Jahres-Ausfallwahrscheinlichkeit	Bonitätsklasse
$\leq$ 0,10 %	1: ausgezeichnet
> 0,10 % und $\leq$ 0,40 %	2: sehr gut
> 0,40 % und $\leq$ 1,20 %	3: gut
> 1,20 % und $\leq$ 1,80 %	4: befriedigend
> 1,80 % und $\leq$ 2,80 %	5: noch befriedigend
> 2,80 % und $\leq$ 5,50 %	6: ausreichend
> 5,5 % und $\leq$ 10,00 %	7: noch ausreichend

Tabelle 18.1: Bonitätsklassen bei der Vergabe von Krediten

Die Ein-Jahres-Ausfallwahrscheinlichkeit drückt die Wahrscheinlichkeit aus, dass der Kreditnehmer im Laufe eines Jahres zahlungsunfähig wird. Läuft der Kredit über zehn Jahre, verzehnfacht sich die Ausfallwahrscheinlichkeit. Und wie kommt es zu einer Einstufung in eine dieser Bonitätsklassen? Die Einstufung kann entweder durch ein bankeigenes, also internes Rating oder durch ein externes Rating, das von Ratingagenturen erstellt wird, vorgenommen werden.

Beim internen Rating spielen neben den Zahlen des Jahresabschlusses auch qualitative Kriterien eine Rolle:

- ✔ Management: Ausbildung des Managements und der Mitarbeiter, Unternehmensaufbau, Qualität der Prozesse
- ✔ Markt und Branche: Standortqualität, Marktpotenzial, Branchen- und Unternehmensentwicklung und der Marktauftritt des Unternehmens

Bei den aus dem Jahresabschluss ermittelten quantitativen Faktoren dreht es sich um

- ✔ die Kapitalstruktur wie zum Beispiel die Eigenkapitalquote,
- ✔ den Verschuldungsgrad,
- ✔ die Rentabilität,
- ✔ den Cashflow,
- ✔ die Liquidität.

Externe Ratings werden von den bekannten Ratingagenturen durchgeführt: Moody's, Fitch und Standard & Poor's.

Tabelle 18.2 zeigt die Bonitätsklassen der KfW-Bank und die Einstufungen der externen Ratingagenturen und die Ratings der Sparkassen und Volksbanken.

KfW-Bonitätsklasse	Einstufung Ratingagenturen	Rating Sparkassen	Rating Volksbanken
1	A- und besser	1	1a – 1b
2	BBB	2 – 4	1c – 1e
3	BB+	5 – 7	2a – 2c
4	BB	8	2d
5	BB-	9	2e
6	B+	10 – 11	3a
7	B	12	3b – 3c

Tabelle 18.2: Bonitätsklassen und Ratings

Schritt 2: Sicherheiten sind gefragt

Im zweiten Schritt wird geprüft, welche Sicherheiten Sie mitbringen. Die Bank ermittelt hier, wie hoch der Kredit durch Sicherheiten wie Grundschulden abgesichert wird. Neuerdings gibt es nur noch drei Besicherungsklassen statt vier (siehe Tabelle 18.3). Die höchste Besicherungsklasse wird nun bereits ab 70 Prozent erreicht. Früher waren hierfür noch 80 Prozent nötig.

Besicherungsklasse	Besicherung in Prozent
1	$\geq 70\,\%$
2	$> 40\,\%$ und $< 70\,\%$
3	$\leq 40\,\%$

Tabelle 18.3: Besicherungsklassen bei der Vergabe von Krediten

Schritt 3: Bepreisung – jetzt gilt es

Nun wird die Bonität mit der Sicherheit kombiniert und Ihr persönlicher Zinssatz ermittelt. Tabelle 18.4. zeigt die Kombinationen.

Bonitätsklasse	1	1	1	2	2	3	4	2	3	5	4	6	5	3	4	6	5
Besicherungsklasse	1	2	3	1	2	1	1	3	2	1	2	1	2	3	3	2	3
Preisklasse	A		B		C		D	E			F		G	H		I	

Tabelle 18.4: Die Ermittlung Ihrer Preisklasse

In Tabelle 18.5 finden Sie die einzelnen Zinssätze der Preisklassen.

Preisklasse	Maximaler Zinssatz
A	2,96 %
B	3,22 %
C	3,64 %
D	3,96 %
E	4,49 %
F	5,12 %
G	5,87 %
H	6,41 %
I	7,60 %

Tabelle 18.5: Die Ermittlung des persönlichen Zinssatzes

Die Preisklasse F bedeutet, dass die Bank für Ihren Kredit maximal 5,12 Prozent Zinsen verlangen darf.

Aufgabe 18.4

Herr Müller möchte mit seiner Imbisskette expandieren. Dazu benötigt er einen Kredit über 1,5 Millionen Euro. Mit diesem Geld kann er zwei neue Filialen im Großraum Hannover eröffnen. Er vereinbart einen Termin mit seinem freundlichen Bankberater und packt alle erforderlichen Unterlagen ein. Die Bank stuft die Imbisskette von Herrn Müller in die Bonitätsklasse 2 ein. Sicherheit für das geforderte Darlehen kann Herr Müller in Höhe von 20 Prozent aufbringen. Welchen Zinssatz wird die Förderbank Herrn Müller anbieten?

Aufgabe 18.5

Herr Gießwein möchte ein Hotel eröffnen. Er verfügt zwar bislang über keinerlei Branchenerfahrung, ist aber felsenfest davon überzeugt, dass er erfolgreich sein wird. Er möchte mitten in Berlin ein Hotel für Wanderer und andere Ruhesuchende eröffnen. Sein Konzept hat er durch eine externe Ratingagentur prüfen lassen. Es erhielt dabei das Rating B. Da Herr Gießwein über stattliche Immobilien verfügt, kann er das gewünschte Darlehen mit 100 Prozent besichern lassen. In welche Preisklasse wird Herr Gießwein von der Förderbank eingestuft werden und welchen Zinssatz wird er dadurch erhalten? Erläutern Sie bitte auch, welche Kriterien für ein Rating relevant sein können.

Aufgabe 18.6

Mit bilanzpolitischen Maßnahmen kann ein Rating beziehungsweise die Einstufung in eine Bonitätsklasse beeinflusst werden. Wie kann die Eigenkapitalquote verbessert werden?

Aufgabe 18.7

Mit bilanzpolitischen Maßnahmen kann ein Rating beziehungsweise die Einstufung in eine Bonitätsklasse beeinflusst werden. Beschreiben Sie bitte die Möglichkeiten, mit unechten Pensionsgeschäften, Sale-and-lease-back-Geschäften und Factoring die Liquidität zu erhöhen.

Aufgabe 18.8

Der Solarzellenhersteller Sun & Fun AG benötigt dringend frisches Geld. Bevor er Gespräche mit der Bank beginnt, unternimmt er noch ein paar bilanzpolitische Maßnahmen zur Verbesserung seiner Eigenkapitalquote und seiner Liquidität. Nach Durchführung dieser Maßnahmen wird die Sun & Fun AG von einer Ratingagentur hochgestuft: von B+ auf BB. Die von der Sun & Fun AG erreichbare Besicherungsklasse 2 verändert sich durch die bilanzpolitischen Maßnahmen nicht. Welche Verbesserung beim maximalen Zinssatz konnte hierdurch erreicht werden?

Lösungen zu den Übungsaufgaben

Hier finden Sie die Lösungen zu den Aufgaben.

Lösung 18.1

Eine Bilanzpolitik, die über die Jahre für möglichst gleichmäßige Ergebnisse sorgt, bezeichnet man als Ergebnisglättung.

Lösung 18.2

Eine Bilanzpolitik, die dafür sorgt, dass möglichst wenige Negativschlagzeilen an die Öffentlichkeit gelangen, unterstützt indirekt den Verlaufserfolg der Produkte. So kann Bilanzpolitik manche schlechte Zahlen etwas abfedern. Die Bilanzpolitik kann hier jedoch nur unterstützen; grundlegende Unternehmensprobleme lassen sich damit nicht beheben.

Lösung 18.3

Die Beton- und Kieswerk AG kann durch die restriktive Vorgehensweise des neuen Finanzchefs einen finanziellen Verlust erleiden oder auch nicht. Es kommt schlicht auf die individuellen Rahmenbedingungen an. Kennt das Börsenumfeld die Eigenheiten des neuen Finanzchefs und schätzt dessen Bodenständigkeit, ist die Strategie für das Unternehmen vorteilhaft. Werden die Eigenheiten des neuen Finanzchefs dagegen nicht positiv aufgenommen, kann es das Unternehmen durchaus Geld kosten; sei es durch sinkende Börsenkurse oder durch schlechtere Kreditkonditionen.

Lösung 18.4

Die Imbisskette wurde in die Bonitätsklasse 2 und in die Besicherungsklasse 3 eingestuft. Damit landet Herr Müller in der Preisklasse E und erhält einen Zinssatz von maximal 4,49 Prozent angeboten.

Lösung 18.5

Mit seinem Rating B landet Herr Gießwein in der Bonitätsklasse 7. Mit seinen stattlichen Immobilien im Hintergrund erreicht er die Besicherungsklasse 1. Pech für Herrn Gießwein: Diese Kombination ist von der Förderbank nicht genehmigungsfähig. Da muss beim Rating etwas ziemlich schiefgelaufen sein. Eventuell bringt er keine Managementerfahrung mit oder der gewählte Standort oder das Konzept sind nicht besonders erfolgversprechend.

Bekanntlich spielen beim Rating neben den Zahlen des Jahresabschlusses auch qualitative Kriterien eine Rolle:

- ✔ Management: Ausbildung des Managements und der Mitarbeiter, Unternehmensaufbau, Qualität der Prozesse
- ✔ Markt und Branche: Standortqualität, Marktpotenzial, Branchen- und Unternehmensentwicklung sowie der Marktauftritt des Unternehmens

Lösung 18.6

Die Eigenkapitalquote können Sie erhöhen, indem Sie die Bilanzsumme verkürzen und dabei die Höhe des Eigenkapitals konstant halten. Leider ist das Saldieren von Aktiva und Passiva nur eingeschränkt möglich. Sonst wären ja stark verkürzte Bilanzen, mit denen niemand mehr etwas anfangen kann, die Regel. Sie können versuchen, Forderungen und Verbindlichkeiten mit einem Geschäftspartner zu saldieren. Aber wirklich nur, wenn der Schuldner und Gläubiger gleich sind.

Lösung 18.7

Erhöhung der Liquidität mit unechten Pensionsgeschäften:

Hier gibt man langfristige Finanzanlagen in Pension. Der Pensionsnehmer zahlt dafür Bargeld und kassiert während der Pensionsdauer dafür die Erträge der Wertpapiere. Solche Verträge enthalten für den Pensionsnehmer das Wahlrecht, die Finanzanlagen wieder zurückgeben zu können oder auch nicht. Bitte beachten Sie dabei, dass nur unechte Pensionsgeschäfte bilanzielle Auswirkungen haben. Unecht sind diese immer dann, wenn der Pensionsgeber berechtigt ist, den Vermögensgegenstand zurückzubekommen (Wahlrecht). Im Gegensatz dazu muss der Pensionsgeber bei echten Pensionsgeschäften den Gegenstand am Ende der Laufzeit wieder zurücknehmen.

Erhöhung der Liquidität mit Sale-and-lease-back: Hier werden Vermögensgegenstände wie zum Beispiel Immobilien verkauft und gleich wieder geleast. Die Liquidität erhöht sich dabei kräftig.

Erhöhung der Liquidität mit Factoring: Beim Factoring verkauft man den gesamten Forderungsbestand mit einem kleinen Abschlag an eine fremde Firma.

Lösung 18.8

Ohne Durchführung bilanzpolitischer Maßnahmen wäre die Sun & Fun AG mit B+ in die Bonitätsklasse 6 eingestuft worden. Zusammen mit der Besicherungsklasse 2 hätte dies die Preisklasse I bedeutet: ein maximaler Zinssatz von 7,6 Prozent. Mit der Hochstufung auf BB wird die Bonitätsklasse 4 erreicht, das ergibt die Preisklasse F und damit einen maximalen Zinssatz von 5,12 Prozent.

Teil V

Die Bilanzanalyse

In diesem Teil ...

Jetzt wird gerechnet und analysiert. Darüber hinaus bereiten Sie die Bilanz sowie die Gewinn-und-Verlust-Rechnung für die Bilanzanalyse auf.

Auf den folgenden Seiten gibt es jede Menge Übungen zur Finanzierungs- und Investitionsanalyse, Liquiditätsanalyse, Erfolgsanalyse und der Wertschöpfungs- und Break-even-Analyse. Und falls Sie dann immer noch nicht genug analysiert haben, können Sie sich auch noch bei der qualitativen Bilanzanalyse austoben.

Ziele und Arten der Bilanzanalyse

19

In diesem Kapitel

- Der Zweck der Bilanzanalyse
- Die Disziplinen der Bilanzanalyse
- Die wichtigsten Kennzahlen

Die Bilanz dient bekanntlich auch zu Informations- und Analysezwecken. Jetzt geht es los mit der Bilanzanalyse.

Ziele der Bilanzanalyse

Es gibt einige Adressaten des Jahresabschlusses. Das sind zum Beispiel die Anteilseigner.

Die Bilanz ist das zentrale Element des Jahresabschlusses. Deshalb steht ihre Analyse im Mittelpunkt. Aber natürlich dürfen auch die Gewinn-und-Verlust-Rechnung sowie der Anhang und der Lagebericht nicht ganz außer Acht gelassen werden.

Aufgabe 19.1

Bitte nennen Sie wichtige Adressaten des Jahresabschlusses.

Aufgabe 19.2

Die Adressaten einer Bilanz haben oftmals unterschiedliche Fragen, die sie mithilfe der Bilanzanalyse beantwortet haben wollen. Erläutern Sie bitte, woran Gläubiger, Aktionäre, die Unternehmensführung, Lieferanten, Kunden und Mitarbeiter beim Jahresabschluss interessiert sein können.

Interne Bilanzanalyse

Bei der internen Bilanzanalyse bereiten die Mitarbeiter die Zahlen der eigenen Bilanz auf, um selbige für die Geschäftsleitung noch ein bisschen verständlicher zu machen. Meistens übernimmt das Controlling diese Aufgabe.

Aufgabe 19.3

Basiert die interne Bilanzanalyse auf dem internen Rechnungswesen?

Externe Bilanzanalyse

Bei der externen Bilanzanalyse verschaffen sich außenstehende Personen oder Institutionen wie etwa Analysten oder Ratingagenturen ein Bild über die wirtschaftliche Situation und die Entwicklungsmöglichkeiten eines Unternehmens.

Hier werden hauptsächlich Kennzahlen aus der Bilanz und der Gewinn-und-Verlust-Rechnung gebildet. Zudem werden Anhang und Lagebericht ausgiebig studiert und interpretiert. Je nachdem, was in einer Bilanzanalyse genau im Blickpunkt steht, wird unterschieden in

- ✔ formelle Bilanzanalyse und
- ✔ materielle Bilanzanalyse.

Externe Informationen wie etwa Branchenberichte oder Kennzahlen der größten Konkurrenten können bei der Bilanzanalyse eine, wenn auch kleine, Rolle spielen.

Formelle Bilanzanalyse

Bei der formellen Bilanzanalyse geht es weniger um Inhalte, sondern in erster Linie um die Form.

Aufgabe 19.4

Was wird bei der formellen Bilanzanalyse denn so geprüft?

Aufgabe 19.5

Stellen Sie sich vor, dass Sie es endlich geschafft hätten, sich um Ihre private Altersvorsorge zu kümmern. Da sitzen Sie nun bei einem freundlichen Anlageberater und haben dafür bei Ihnen im Büro am frühen Nachmittag alles stehen und liegen lassen. Der Anlageberater rät Ihnen zu einer fondsgebundenen Riesterrente. Die im Fonds befindlichen Unternehmen seien vom Rentenfonds durch eine eingängige formelle Bilanzanalyse geprüft worden. Der Berater verspricht eine gute Rendite ohne Risiko. Hilft Ihnen das bei Ihrer Anlageentscheidung?

Materielle Bilanzanalyse

Bei der materiellen Bilanzanalyse geht es um Inhalte. Hier wird versucht, die nackten Zahlen aus dem Jahresabschluss besser zu verstehen.

Aufgabe 19.6

Die materielle Bilanzanalyse lässt sich noch weiter unterteilen. Bitte erläutern Sie, in welche zwei Arten der Analyse unterteilt werden kann und was der jeweilige Inhalt ist.

Disziplinen der Bilanzanalyse

Materielle Bilanzanalyse ist nicht gleich materielle Bilanzanalyse. Es gibt drei Disziplinen der materiellen Bilanzanalyse.

Aufgabe 19.7

Bitte nennen Sie die drei verschiedenen Disziplinen der materiellen Bilanzanalyse und erläutern Sie diese jeweils kurz in einem Satz.

Aufgabe 19.8

Nennen Sie bitte die wichtigsten Instrumente der erfolgswirtschaftlichen Bilanzanalyse. Welcher Teil des Jahresabschlusses ist eigentlich die Hauptdatenquelle der erfolgswirtschaftlichen Bilanzanalyse.

Aufgabe 19.9

Die finanzwirtschaftliche Bilanzanalyse beschäftigt sich hauptsächlich mit der Kapitalstruktur und der Vermögensstruktur des Unternehmens. Erläutern Sie bitte, welcher Teil des Jahresabschlusses die Hauptdatenquelle der finanzwirtschaftlichen Bilanzanalyse ist. Welche Teile dieser Hauptdatenquelle werden betrachtet, wenn es um die Kapitalstruktur des Unternehmens geht? Und welche Teile dieser Hauptdatenquelle werden dagegen betrachtet, wenn es um die Vermögensstruktur des Unternehmens geht? Nennen Sie zum Abschluss bitte noch die drei Disziplinen der finanzwirtschaftlichen Bilanzanalyse.

Aufgabe 19.10

Bei der strategischen Bilanzanalyse geht es nicht mehr um die Kennzahlen der Bilanz und der Gewinn-und-Verlust-Rechnung. Hier stehen vielmehr die Erfolgspotenziale im Vordergrund. Was könnte bei der strategischen Bilanzanalyse betrachtet werden?

Aufgabe 19.11

Die Bilanzanalyse, vor allem die externe Bilanzanalyse, ersetzt leider nicht den Blick in die Glaskugel. Erläutern Sie bitte, warum dies so ist. Gehen Sie dabei bitte auch auf die Grenzen und Schwächen der Bilanzanalyse ein.

Lösungen zu den Übungsaufgaben

Hier finden Sie die Lösungen zu den Aufgaben.

Lösung 19.1

Die Hauptadressaten des Jahresabschlusses sind die Anteilseigner und Gläubiger, also Fremdkapitalgeber des Unternehmens. Aber auch potenzielle Investoren, Kunden, Lieferanten, die Geschäftsleitung. Auch die eigene Belegschaft hat ein berechtigtes Interesse am Jahresabschluss.

Lösung 19.2

Die einzelnen Adressaten haben unterschiedliche Interessen:

- **Gläubiger** möchten wissen, wie es um die aktuelle und die künftige Zahlungsfähigkeit des Unternehmens bestellt ist. Sie wollen ihr verliehenes Geld ja irgendwann einmal wieder zurückhaben.
- **Aktionäre** sind daran interessiert, mehr über die derzeitige und zukünftige Ertragslage des Unternehmens in Erfahrung zu bringen. Vielleicht gibt es auf dem Kapitalmarkt ja auch lukrativere Möglichkeiten, das Geld anzulegen.
- **Unternehmensführung**, **Lieferanten**, **Kunden** und die **Mitarbeiter** könnten sich zum Beispiel dafür interessieren, wie es um die allgemeine wirtschaftliche Lage des Unternehmens, eventuelle Risiken und die Erreichung der gesteckten Ziele bestellt ist. Womöglich sollte man sich als Mitarbeiter schon mal vorsorglich nach einem anderen Arbeitgeber umschauen …

Lösung 19.3

Die interne Bilanzanalyse kann auf das interne und das externe Rechnungswesen zurückgreifen. Den eigenen Mitarbeitern stehen Daten aus dem Jahresabschluss und der Kostenrechnung zur Verfügung. Zusätzlich besitzen sie meist auch Hintergrundinformationen darüber, welche Wahlrechte und Ermessensspielräume ausgeübt wurden.

Lösung 19.4

Bei der formellen Bilanzanalyse überprüfen Sie, ob die gesetzlichen Bestimmungen zur Erstellung von Jahresabschlüssen eingehalten wurden. In erster Linie wird dabei geprüft,

- ob die Gliederungen der Bilanz und der Gewinn-und-Verlust-Rechnung korrekt sind und
- ob die erforderlichen Angaben im Anhang und dem Lagebericht gemacht wurden.

Lösung 19.5

Eine formelle Bilanzanalyse prüft immerhin, ob alle gesetzlichen Bestimmungen zur äußerlichen Form beim Jahresabschluss eingehalten wurden. So wissen Sie, ob das betreffende Unternehmen wenigstens dies hinbekommt. Ob das Unternehmen deshalb künftig Rendite abwirft, ist damit jedoch nicht gesagt. Dazu hätte eine materielle Bilanzanalyse durchgeführt werden müssen. Und selbst danach gibt es keine hundertprozentige Sicherheit.

Lösung 19.6

Die materielle Bilanzanalyse lässt sich noch weiter unterteilen in

- die Substanzanalyse und
- die Kennzahlenanalyse.

Bei der Substanzanalyse werden das Zustandekommen und die genaue Zusammensetzung der einzelnen Bilanzpositionen unter die Lupe genommen. Dazu muss man sich näher mit dem Anhang beschäftigen.

Bei der Kennzahlenanalyse fasst man die wichtigsten Fakten in Kennzahlen zusammen. Die Kennzahlenanalyse basiert hauptsächlich auf den Zahlen der Bilanz und der Gewinn-und-Verlust-Rechnung.

Lösung 19.7

Es gibt folgende drei Disziplinen der materiellen Bilanzanalyse:

- ✔ Die erfolgswirtschaftliche Bilanzanalyse befasst sich mit der derzeitigen und zukünftigen Ertragslage des Unternehmens und analysiert den Gewinn.
- ✔ Die finanzwirtschaftliche Bilanzanalyse beleuchtet die Kapital- und Vermögensstruktur.
- ✔ Die strategische Bilanzanalyse dient der Ermittlung künftiger Erfolge und Risiken für das Unternehmen.

Lösung 19.8

Die wichtigsten Instrumente der erfolgswirtschaftlichen Bilanzanalyse sind:

- ✔ Ergebnisaufteilung
- ✔ Rentabilitätsanalysen
- ✔ Wertschöpfungsrechnung
- ✔ Break-even-Analyse

Hauptdatenquelle der erfolgswirtschaftlichen Bilanzanalyse ist die Gewinn-und-Verlust-Rechnung, also die Erfolgsrechnung.

Lösung 19.9

Die Hauptdatenquelle der finanzwirtschaftlichen Bilanzanalyse ist die Bilanz. Bei der Analyse der Kapitalstruktur wird untersucht, wie sich das Gesamtkapital in Eigen- und Fremdkapital aufteilt. Bei der Analyse der Vermögensstruktur wird untersucht, wie sich das Vermögen in Anlage- und Umlaufvermögen aufteilt.

Die Disziplinen der finanzwirtschaftlichen Bilanzanalyse heißen:

- ✔ Finanzierungsanalyse
- ✔ Investitionsanalyse
- ✔ Liquiditätsanalyse

Lösung 19.10

Bei der strategischen Bilanzanalyse können folgende Punkte untersucht werden:

- ✔ Geschäftsmodell
- ✔ Stärken und Schwächen gegenüber dem Wettbewerb
- ✔ Chancen und Risiken der Branche
- ✔ Unternehmensverbindungen

Lösung 19.11

Die Bilanzanalyse hat auch einige Schwächen, beispielsweise:

- ✔ Vergangenheitsorientierung: Da ein Jahresabschluss die Vergangenheit betrachtet, ist es nicht ganz ohne Risiken, dies auch auf die Zukunft zu projizieren. Es kann sich schnell viel ändern, zum Beispiel kann ein Markt einbrechen oder das Unternehmen verschläft neue Entwicklungen.
- ✔ Unvollständiges Datenmaterial: Oftmals ist das zur Verfügung stehende Datenmaterial unvollständig. Vor allem bei der strategischen Bilanzanalyse stochert man häufig im Nebel. Und auch manche Informationen, die Sie für bestimmte Kennzahlen benötigen, sind im Jahresabschluss oft nicht in der Form enthalten, in der Sie die Daten eigentlich bräuchten.
- ✔ Wahlrechte: Durch bestimmte handelsrechtliche Wahlrechte werden Vergleiche mit anderen Unternehmen erschwert. Hier können Sie sich jedoch näherungsweise mit einer sogenannten Strukturbilanz und einer Struktur-Gewinn-und-Verlust-Rechnung behelfen. Diese Instrumente helfen, Jahresabschlüsse untereinander vergleichbar zu machen.

Aufbereitung der Bilanz

20

In diesem Kapitel

- Was eine Strukturbilanz ist
- Ansatz- und Bewertungskorrekturen durchführen
- Strukturbilanzen erstellen

Um Bilanzen verschiedener Unternehmen und die daraus resultierenden Kennzahlen analysieren zu können, müssen sie erst einmal »in Form« gebracht werden. Darum geht es in diesem Kapitel.

Struktur hereinbringen

In der Bilanzanalyse geht es hauptsächlich darum, die Lage des Unternehmens mithilfe verschiedener Kennzahlen zu bewerten. Erst wenn die Bilanz und die Gewinn-und-Verlust-Rechnung jeweils denselben Aufbau haben, können Sie Kennzahlen verschiedener Unternehmen vergleichen.

Eine solche »normierte« Bilanz wird auf der Aktivseite grob in

- ✔ Anlagevermögen und
- ✔ Umlaufvermögen

und auf der Passivseite in

- ✔ Eigenkapital und
- ✔ Fremdkapital

gegliedert. Diese Bestandteile können dann noch weiter unterteilt werden.

Bilanzpositionen wie Rechnungsabgrenzungsposten oder Rückstellungen haben hier jedoch nichts mehr zu suchen und müssen entsprechend korrigiert beziehungsweise »umgeschichtet« werden. Die so aufbereitete Bilanz nennt man dann Strukturbilanz.

Aufgabe 20.1

Um eine handelsübliche Bilanz in die Form einer Strukturbilanz zu bringen, sind ein paar Aufbereitungsschritte nötig. Nennen Sie bitte die wichtigsten vorzunehmenden Korrekturen.

Ansatzkorrekturen

Mithilfe der Ansatzkorrekturen werden handelsrechtliche Bilanzansätze oder Bilanzen nach IFRS in die jeweiligen Positionen einer Strukturbilanz »gepresst«. Man bezeichnet das auch als Verrechnung. Um eine Ausgangsbilanz in eine Strukturbilanz zu überführen, müssen Sie zunächst ein paar Ansatzkorrekturen durchführen. Die bekanntesten Ansatzkorrekturen sind:

- ✔ Korrektur der Bilanzierungshilfen
- ✔ Korrektur bei erhaltenen Anzahlungen
- ✔ Korrektur des Jahresüberschusses
- ✔ Korrektur bei eigenen Anteilen

Aufgabe 20.2

Nachfolgend finden Sie zwei Fälle, die im Rahmen der Ansatzkorrektur bearbeitet werden müssen oder auch nicht. Ordnen Sie die Fälle bitte den zugehörigen Korrekturen zu und beschreiben Sie, was eventuell unternommen werden muss.

- ✔ Der Fensterhersteller Gut & Gedämmt GmbH hat eine Anzahlung über 10.000 Euro für die Auslieferung von 100 Fenstern erhalten. Er hat das Wahlrecht aus § 268 HGB wahrgenommen, indem er die Anzahlung unter den Verbindlichkeiten gesondert ausweist.
- ✔ Der Jachtbauer Törn AG weiß beim Jahresabschluss noch nicht, ob und wie viel des Jahresüberschusses an die Anteilseigner ausgeschüttet werden soll. Dies wird erst auf der nächsten Hauptversammlung entschieden. Diese hat in der Vergangenheit immer dafür votiert, alles an die Anteilseigner auszuschütten.

Gliederungskorrekturen

Um eine fertige Strukturbilanz zu erhalten, müssen nach den Ansatzkorrekturen noch einige Positionen der Ausgangsbilanz anders gegliedert werden. Dies betrifft vor allem das Umlaufvermögen auf der Aktivseite sowie das Fremdkapital auf der Passivseite.

Gliederungskorrekturen auf der Aktivseite

Während die Struktur des Anlagevermögens eins zu eins aus der Handelsbilanz übernommen werden kann, müssen Sie beim Umlaufvermögen noch ein klein wenig Hand anlegen.

Die fertige Strukturbilanz soll beim Umlaufvermögen nur unterteilt werden in:

- ✔ Vorräte
- ✔ Finanzumlaufvermögen

In Tabelle 20.1 finden Sie eine Überleitung. Die Gliederung des Umlaufvermögens gemäß Handelsrecht wurde hier mit der jeweiligen Schublade für die Strukturbilanz versehen.

Umlaufvermögen		Gliederung Strukturbilanz
Vorräte/Vorratsvermögen		
Roh-, Hilfs- und Betriebsstoffe	→	Vorräte
Unfertige Erzeugnisse, unfertige Leistungen	→	Vorräte
Fertige Erzeugnisse und Waren	→	Vorräte
Geleistete Anzahlungen	→	Vorräte
Forderungen und sonstige Vermögensgegenstände		
Forderungen aus Lieferungen und Leistungen	→	Finanzumlaufvermögen
Forderungen gegen verbundene Unternehmen	→	Finanzumlaufvermögen
Forderungen gegen Unternehmen, mit denen ein Beteiligungsverhältnis besteht	→	Finanzumlaufvermögen
Sonstige Vermögensgegenstände	→	Finanzumlaufvermögen
Wertpapiere		
Anteile an verbundenen Unternehmen	→	Finanzumlaufvermögen
Eigene Anteile	→	Finanzumlaufvermögen
Sonstige Wertpapiere	→	Finanzumlaufvermögen
Kassenbestand, Bundesbankguthaben, Guthaben bei Kreditinstituten und Schecks	→	Finanzumlaufvermögen
Aktive Rechnungsabgrenzungsposten	→	Finanzumlaufvermögen

Tabelle 20.1: Das Umlaufvermögen in die richtige Schublade der Strukturbilanz

Aufgabe 20.3

Das Umlaufvermögen der Mineralwasser GmbH wurde in der Handelsbilanz wie in Tabelle 20.2 gegliedert. Bitte nehmen Sie die erforderlichen Gliederungskorrekturen gemäß Überleitungstabelle 20.1 vor.

Aktiva in Euro	
Umlaufvermögen	
Vorräte/Vorratsvermögen	
Roh-, Hilfs- und Betriebsstoffe	200.000
Fertige Erzeugnisse und Waren	80.000
Geleistete Anzahlungen	2.000

Aktiva in Euro	
Forderungen und sonstige Vermögensgegenstände	
Forderungen aus Lieferungen und Leistungen	20.000
Wertpapiere	
Sonstige Wertpapiere	5.000
Guthaben bei Kreditinstituten	44.000
Kassenbestand	5.000
Aktive Rechnungsabgrenzungsposten	7.000

Tabelle 20.2: Das Umlaufvermögen der Mineralwasser AG vor der Gliederungskorrektur

Aufgabe 20.4

Das Umlaufvermögen des Kosmetikherstellers Beauty and the Beast AG wurde in der Handelsbilanz wie in Tabelle 20.3 gegliedert. Bitte nehmen Sie die erforderlichen Gliederungskorrekturen gemäß Überleitungstabelle 20.1 vor.

Aktiva in Euro	
Umlaufvermögen	
Vorräte/Vorratsvermögen	
Roh-, Hilfs- und Betriebsstoffe	500
Fertige Erzeugnisse und Waren	2.100.000
Geleistete Anzahlungen	5.000
Forderungen und sonstige Vermögensgegenstände	
Forderungen aus Lieferungen und Leistungen	800.000
Wertpapiere	
Anteile an verbundenen Unternehmen	7.500.000
Guthaben bei Kreditinstituten	450.000
Kassenbestand	300
Aktive Rechnungsabgrenzungsposten	84.000

Tabelle 20.3: Das Umlaufvermögen der Beauty and the Beast AG vor der Gliederungskorrektur

Gliederungskorrekturen auf der Passivseite

Das Eigenkapital bleibt gegenüber der Handelsbilanz unverändert; abgesehen von der Ansatzkorrektur beim Jahresüberschuss. Beim Fremdkapital gibt es ein bisschen Arbeit, denn dieses müssen Sie aufteilen. Hier ist die Strukturbilanz so definiert, dass das Fremdkapital in drei Kategorien nach Fälligkeit unterteilt wird. Eine Aufteilung gemäß der einzelnen Bilanzpositionen der Handelsbilanz ist jedoch nicht so einfach möglich. Verbindlichkeiten können in allen drei »Schubladen« auftauchen, je nachdem, wann sie fällig werden.

Das Fremdkapital wird in unterteilt in:

- ✔ **kurzfristiges Fremdkapital:** wenn eine Verbindlichkeit binnen eines Jahres fällig wird
- ✔ **mittelfristiges Fremdkapital:** Verbindlichkeiten mit einer Restlaufzeit zwischen einem und fünf Jahren
- ✔ **langfristiges Fremdkapital:** Verbindlichkeiten mit einer Laufzeit länger als fünf Jahre

Zum Fremdkapital zählen in der Strukturbilanz auch die Rückstellungen sowie passive Rechnungsabgrenzungsposten.

Aufgabe 20.5

Die Palace AG hat sich der Pflege von Schlössern und Villen verschrieben. Aus der Ausgangsbilanz des Unternehmens soll eine Strukturbilanz erstellt werden. Nun ist das Fremdkapital an der Reihe. Bringen Sie bitte Struktur rein, indem Sie die nachfolgenden Positionen einer der drei Fremdkapitalkategorien zuordnen.

- ✔ ein Jahresüberschuss in Höhe von 5.000 Euro, der nach der nächsten Hauptversammlung an die Anteilseigner ausgeschüttet werden soll
- ✔ ein passiver Rechnungsabgrenzungsposten über 12.000 Euro
- ✔ Pensionsrückstellungen über 75.000 Euro
- ✔ ein Immobiliendarlehen mit zehnjähriger Laufzeit mit einer Restschuld in Höhe von 350.000 Euro
- ✔ eine Verbindlichkeit aus erhaltenen Warenlieferungen über 500 Euro
- ✔ ein Kredit für ein Fahrzeug über 20.000 Euro; Laufzeit: drei Jahre
- ✔ eine Steuerrückstellung über 8.000 Euro

Aufgabe 20.6

Die Glaskugel GmbH stellt handgefertigte Christbaumkugeln her, die in der ganzen Welt nachgefragt werden. Aus der Ausgangsbilanz der Glaskugel GmbH soll eine Strukturbilanz erstellt werden. Nun ist das Fremdkapital an der Reihe. Bringen Sie bitte Struktur rein, indem Sie die nachfolgenden Positionen einer der drei Fremdkapitalkategorien zuordnen.

- ✔ Forderungen aus Lieferungen in Höhe von 600 Euro

- ein Darlehen mit zwanzigjähriger Laufzeit für eine neue Werkstatt in Höhe von 100.000 Euro
- Verbindlichkeiten aus der letzten Rohstofflieferung in Höhe von 4.500 Euro
- ein Kredit des Geschäftsleiters für den Kauf einer neuen Einbauküche in seinem Haus; Laufzeit: drei Jahre; Volumina: 12.000 Euro
- ein Jahresüberschuss in Höhe von 20.000 Euro, der bei allernächster Gelegenheit an die Eigentümer ausgeschüttet werden soll
- Pensionsrückstellungen über 120.000 Euro
- ein passiver Rechnungsabgrenzungsposten über 6.000 Euro
- eine Steuerrückstellung über 4.000 Euro
- ein Darlehen der Hausbank zur Finanzierung der letzten Renovierung der Betriebskantine über 6.000 Euro mit einer Laufzeit von vier Jahren

Lösungen zu den Übungsaufgaben

Hier finden Sie die Lösungen zu den Aufgaben.

Lösung 20.1

Es gibt drei Korrekturarten:

- **Ansatzkorrekturen:** Zulässige oder vorgeschriebene Ansätze der Handelsbilanz werden mit Positionen der Strukturbilanz verrechnet.
- **Gliederungskorrekturen:** Bestimmte Positionen der Handelsbilanz werden in der Strukturbilanz zusammengefasst.
- **Bewertungskorrekturen:** Wurden in der Ausgangsbilanz außergewöhnliche Bewertungen vorgenommen, müssen Sie diese in der Strukturbilanz korrigieren.

Lösung 20.2

Die erhaltene Anzahlung des Fensterherstellers zählt, sofern etwas unternommen werden muss, zu den Korrekturen bei erhaltenen Anzahlungen. Nun kommt es ganz darauf an, wie Ihre Strukturbilanz definiert ist.

Wenn sie so definiert ist, dass erhaltene Anzahlungen direkt mit den Vorräten verrechnet werden müssen, muss das Fremdkapital, also die Verbindlichkeit in Höhe von 10.000 Euro, nach unten korrigiert werden. Die Vorräte genauso. Dadurch vermindert sich die Bilanzsumme um diese 10.000 Euro, da sowohl die Aktiv- als auch die Passivseite um diesen Betrag abnehmen.

Wenn die Strukturbilanz dagegen so definiert ist, dass erhaltene Anzahlungen auf Vorräte vollständig bei den Verbindlichkeiten gezeigt werden sollen, müssen Sie in diesem Beispielfall nichts mehr unternehmen.

Im Beispiel des Jachtbauers Törn AG handelt es sich um eine vorzunehmende Korrektur des Jahresüberschusses. Da davon ausgegangen werden kann, dass der Gewinn demnächst komplett ausgeschüttet wird und dem Unternehmen somit nicht mehr zur Verfügung stehen wird, kommt der Jahresüberschuss in der Strukturbilanz ins kurzfristige Fremdkapital.

Lösung 20.3

Das Umlaufvermögen der Mineralwasser GmbH sieht in der Strukturbilanz somit wie in Tabelle 20.4 aus.

Aktiva in Euro	
Umlaufvermögen	
Vorräte	282.000
Finanzumlaufvermögen	81.000

Tabelle 20.4: Das Umlaufvermögen der Mineralwasser AG nach Gliederungskorrektur

Lösung 20.4

Das Umlaufvermögen des Kosmetikherstellers Beauty and the Beast AG sieht in der Strukturbilanz somit wie in Tabelle 20.5 aus.

Aktiva in Euro	
Umlaufvermögen	
Vorräte	2.105.500
Finanzumlaufvermögen	8.834.300

Tabelle 20.5: Das Umlaufvermögen der Beauty and the Beast AG nach Gliederungskorrektur

Lösung 20.5

Die folgenden Positionen gehören zum kurzfristigen Fremdkapital:

- ✔ ein Jahresüberschuss in Höhe von 5.000 Euro, der nach der nächsten Hauptversammlung an die Anteilseigner ausgeschüttet werden soll
- ✔ ein passiver Rechnungsabgrenzungsposten über 12.000 Euro
- ✔ eine Verbindlichkeit aus erhaltenen Warenlieferungen über 500 Euro
- ✔ eine Steuerrückstellung über 8.000 Euro

Die folgende Position gehört zum mittelfristigen Fremdkapital:

- ✔ ein Kredit für ein Fahrzeug über 20.000 Euro; Laufzeit: drei Jahre

Die folgenden Positionen gehören zum langfristigen Fremdkapital:

- Pensionsrückstellungen über 75.000 Euro
- ein Immobiliendarlehen mit zehnjähriger Laufzeit mit einer Restschuld in Höhe von 350.000 Euro

Lösung 20.6

Die folgenden Positionen gehören zum kurzfristigen Fremdkapital:

- Verbindlichkeiten aus der letzten Rohstofflieferung in Höhe von 4.500 Euro
- ein Jahresüberschuss in Höhe von 20.000 Euro, der bei allernächster Gelegenheit an die Eigentümer ausgeschüttet werden soll
- ein passiver Rechnungsabgrenzungsposten über 6.000 Euro
- eine Steuerrückstellung über 4.000 Euro

Die folgende Position gehört zum mittelfristigen Fremdkapital:

- ein Darlehen der Hausbank zur Finanzierung der letzten Renovierung der Betriebskantine über 6.000 Euro mit einer Laufzeit von vier Jahren

Die folgenden Positionen gehören zum langfristigen Fremdkapital:

- ein Darlehen mit zwanzigjähriger Laufzeit für eine neue Werkstatt in Höhe von 100.000 Euro
- Pensionsrückstellungen über 120.000 Euro

Die folgende Position hat nichts auf der Passivseite der Bilanz verloren; weder in der Ausgangsbilanz noch in der Strukturbilanz:

- Forderungen aus Lieferungen in Höhe von 600 Euro

Die folgende Position hat nichts in der Bilanz der Glaskugel GmbH verloren. Hier handelt es sich um einen privaten Vorgang, der weder in der Ausgangsbilanz noch in der Strukturbilanz zu erfassen ist.

- Ein Kredit des Geschäftsleiters für den Kauf einer neuen Einbauküche in seinem Haus; Laufzeit: drei Jahre; Volumina: 12.000 Euro.

Erfolgsspaltung: Aufbereitung der Gewinn-und-Verlust-Rechnung

21

In diesem Kapitel

- Aufbereitung der einzelnen GuV-Positionen
- Eine Erfolgsspaltung durchführen
- Eine Struktur-GuV erstellen

Auch bei der Gewinn-und-Verlust-Rechnung kann in aller Regel nicht gleich mit der Analyse losgelegt werden. Auch hier müssen Sie die einzelnen Posten der Gewinn-und-Verlust-Rechnung erst einmal ein wenig aufbereiten. Dazu gibt es in diesem Kapitel ein paar Übungen.

Aufbereitung der GuV-Positionen

Egal ob der Jahresüberschuss einer Gewinn-und-Verlust-Rechnung nach dem Gesamtkosten- oder dem Umsatzkostenverfahren ermittelt wurde: Der Jahresüberschuss zeigt immer das Gesamtergebnis des Unternehmens nach Abzug aller angefallenen Aufwendungen.

Es lässt sich leider nicht ohne vorherige Aufbereitung sagen, wie der Gewinn zustande gekommen ist und ob das auch in Zukunft so sein wird. Einmalige oder außergewöhnliche Aufwendungen oder Erträge könnten das vorliegende Ergebnis beeinflusst haben. Ziel der Analyse ist es herauszufinden, ob das Unternehmen mit seinem eigentlichen Kerngeschäft Gewinne macht: die Ermittlung des ordentlichen Betriebsergebnisses. Dazu wird der Jahresüberschuss in mehrere Teile zerlegt. Abbildung 21.1 zeigt Ihnen, was alles aufgespalten werden muss.

Aufgabe 21.1
Welche Sachverhalte zählen zum neutralen Ergebnis?

Die Erfolgsspaltung

Die Aufspaltung des Jahresüberschusses bezeichnet man als Erfolgsspaltung. Das deutsche Handelsrecht schreibt für die GuV ja bereits eine recht detaillierte Gliederung vor. Sowohl das Gesamtkostenverfahren als auch das Umsatzkostenverfahren enthalten eigentlich schon die Erfolgsspaltung.

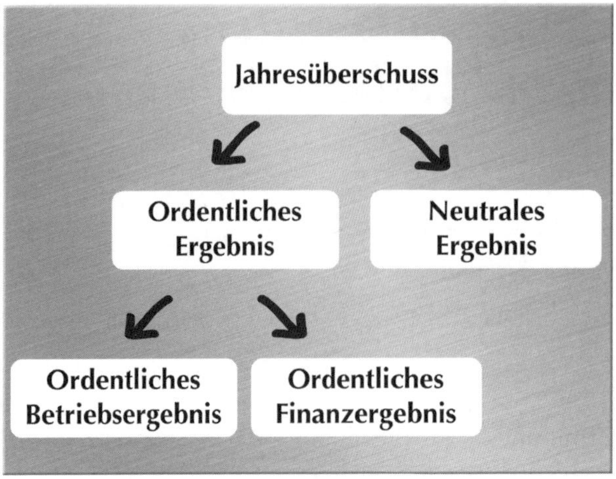

Abbildung 21.1: Aufteilung des Ergebnisses

Das österreichische Unternehmensgesetzbuch sieht ähnlich wie das deutsche Handelsrecht bereits eine recht detaillierte Gliederung vor. Sowohl das Gesamtkostenverfahren als auch das Umsatzkostenverfahren enthalten eigentlich schon die Erfolgsspaltung. Das Schweizer Obligationenrecht regelt dies in Artikel 959b.

Das ordentliche Betriebsergebnis ermitteln

Im deutschen Handelsrecht ergeben die ersten acht Positionen der GuV nach dem Gesamtkostenverfahren beziehungsweise die ersten sieben Positionen der GuV nach dem Umsatzkostenverfahren eigentlich schon das ordentliche Betriebsergebnis. Aber nur eigentlich. Es stecken hier ein paar Positionen drin, die nicht oder nur teilweise dem ordentlichen Betriebsergebnis zugeordnet werden können. Wenn nur grob verglichen und analysiert werden soll, können Sie diese Unschärfen einfach belassen.

Manche Analysen beachten diese Unschärfen nicht weiter und wenden schlicht diese vorgegebene Erfolgsspaltung an, ohne die kritischen Positionen noch weiter aufzuspalten. Für einen groben Vergleich reicht das manchmal durchaus aus.

Erfolgsspaltung beim Gesamtkostenverfahren

Positionen 1 bis 3

Der gesamte Inhalt der drei Positionen Umsatzerlöse, Erhöhung oder Verminderung des Bestands und andere aktivierte Eigenleistungen zählen zur gewöhnlichen Geschäftstätigkeit. Hier müssen Sie nichts weiter unternehmen.

Position 4: Sonstige betriebliche Erträge

Hier unterscheidet das Handelsrecht nicht, ob die Erträge aus der gewöhnlichen Geschäftstätigkeit stammen oder nicht. Sofern die sonstigen betrieblichen Erträge im Anhang ausführlich erläutert werden, können Sie alle

- ✔ betriebsfremden,
- ✔ periodenfremden,
- ✔ außerordentlichen

Erträge aus dem ordentlichen Ergebnis herausnehmen und in das neutrale Ergebnis packen.

Position 5: Materialaufwand

Gehört in aller Regel zum ordentlichen Ergebnis.

Position 6: Personalaufwand

Gehört nicht immer unbedingt komplett zum ordentlichen Betriebsergebnis. Manchmal können hier zum Beispiel periodenfremde Aufwendungen für Restrukturierungsmaßnahmen enthalten sein.

Position 7: Abschreibungen

Hier müssen Sie die außerplanmäßigen Abschreibungen des Anlagevermögens herausnehmen und dem neutralen Ergebnis zuordnen. Ebenso die Abschreibungen auf Vermögensgegenstände des Umlaufvermögens, sofern sie dauerhaft sind.

Position 8: Sonstige betriebliche Aufwendungen

Hier müssen Sie die

- ✔ betriebsfremden,
- ✔ periodenfremden,
- ✔ außerordentlichen

Aufwendungen aus dem ordentlichen Ergebnis herausnehmen und in das neutrale Ergebnis packen.

Aufgabe 21.2

Ermitteln Sie bitte das ordentliche Betriebsergebnis der Fluggesellschaft Weit&Günstig AG. In Tabelle 21.1 finden Sie die dafür benötigten ersten acht Positionen aus deren Erfolgsrechnung nach dem Gesamtkostenverfahren und einen Ausschnitt aus dem Anhang mit den Erläuterungen.

	Anhang	Wert in Euro
Umsatzerlöse		7.500.000
Erhöhung/Verminderung Bestand (un)fertiger Erzeugnisse		0
Andere aktivierte Eigenleistungen		0
Sonstige betriebliche Erträge	1)	9.660.000
Materialaufwand		–2.200.000
Personalaufwand	2)	–1.340.000
Abschreibungen	3)	–2.750.000
Sonstige betriebliche Aufwendungen	4)	–391.000

Tabelle 21.1: GuV der Weit&Günstig AG

Erläuterungen zur Gewinn- und Verlustrechnung

1) Sonstige betriebliche Erträge

Die sonstigen betrieblichen Erträge umfassen Mieterträge aus dem zeitweisen Verleih zweier Airbus A 380 an die Fluggesellschaft Air Tahiti in Höhe von 240.000 Euro. Im Vorjahr konnten hier bereits Erträge in Höhe von 190.000 Euro erzielt werden. Im kommenden Jahr wird ein weiterer Ausbau dieser Geschäftstätigkeit angestrebt, die zugleich eine optimale Auslastung der Maschinen sicherstellt.

In den sonstigen betrieblichen Beträgen ist zudem die Auflösung einer Rückstellung in Höhe von 8.000.000 Euro enthalten. Das anhängige Gerichtsverfahren über die Absturzursache des Flugs B7634.x9 konnte für das Unternehmen positiv abgeschlossen werden. Schadensersatzleistungen werden nicht fällig.

Der restliche Betrag teilt sich auf Erträge aus dem Verkauf von Flugzeugen und sonstigen Maschinen auf.

2) Personalaufwand

Im Personalaufwand ist ein Betrag in Höhe von 200.000 Euro zur Restrukturierung des Vertriebsnetzes enthalten.

3) Abschreibungen

Die Position enthält die planmäßigen Abschreibungen der Flugzeuge in Höhe von 2.500.000 Euro. Daneben enthält die Position auch noch eine außerplanmäßige Abschreibung in Höhe von 250.000 Euro.

4) Sonstige betriebliche Aufwendungen

Für die vorzeitige Sanierung des Verwaltungsgebäudes mussten 391.000 Euro aufgewendet werden.

Aufgabe 21.3

Der Mobiltelefonhersteller Airmobility AG stellt Mobiltelefone mit Tasten und buntem Display her. Vor ein paar Jahren hat ein neuer Wettbewerber den Markt betreten. Er hat den aus Sicht der Airmobility AG lächerlichen Versuch unternommen, Mobiltelefone ohne Tasten anzubieten. Im letzten Geschäftsjahr ist der Umsatz der Airmobility weiter stark gesunken. Auch die Einführung alugebürsteter Tasten brachte nicht die Wende. Ermitteln Sie bitte das ordentliche Betriebsergebnis des Mobilfunktelefonherstellers. In Tabelle 21.2 finden Sie die dafür benötigten ersten acht Positionen aus deren Erfolgsrechnung nach dem Gesamtkostenverfahren und einen Ausschnitt aus dem Anhang mit den Erläuterungen.

	Anhang	Wert in Euro
Umsatzerlöse		11.900.000
Erhöhung/Verminderung Bestand (un)fertiger Erzeugnisse		2.400.000
Andere aktivierte Eigenleistungen		0
Sonstige betriebliche Erträge	1)	4.200.000
Materialaufwand		–7.800.000
Personalaufwand	2)	–12.650.000
Abschreibungen	3)	–15.900.000
Sonstige betriebliche Aufwendungen	4)	–600.000

Tabelle 21.2: GuV der Airmobility AG

Erläuterungen zur Gewinn- und Verlustrechnung

1) Sonstige betriebliche Erträge

Die sonstigen betrieblichen Erträge umfassen den Verkauf einer Produktionsstätte in Belgien an einen Wettbewerber. Mit dem Verkauf konnte eine Beschäftigungssicherung der zuletzt vorhandenen Stammbelegschaft vereinbart werden. Der Verkauf erbrachte 4.200.000 Euro.

2) Personalaufwand

Im Personalaufwand ist ein Betrag in Höhe von 3.000.000 Euro zur Restrukturierung der verbleibenden zwei Werke enthalten.

3) Abschreibungen

Die Position enthält die planmäßigen Abschreibungen der Maschinen und sonstigen Vermögensgegenstände in Höhe von 12.000.000 Euro. Daneben enthält die Position auch noch eine außerplanmäßige Abschreibung in Höhe von 3.900.000 Euro für die keiner wirtschaftlichen Anschlussverwendung zuführbaren Produktionsmaschinen für Mobilfunktastaturen.

4) Sonstige betriebliche Aufwendungen

Für die vorzeitige Sanierung der Vorstandsbüros mussten 600.000 Euro aufgewendet werden.

Erfolgsspaltung beim Umsatzkostenverfahren

Beim Umsatzkostenverfahren sind ebenfalls nicht alle Positionen eindeutig dem ordentlichen Betriebsergebnis zuordenbar.

Positionen 1, 2, 4 und 5: Umsatzerlöse bis Allgemeine Verwaltungskosten

Diese Position können Sie, wie beim Gesamtkostenverfahren, dem ordentlichen Betriebsergebnis zuordnen. Ausnahmen bestätigen wie immer die Regel: Sollten Sie zu diesen Positionen im Anhang Hinweise auf betriebsfremde, periodenfremde oder außerordentliche Erträge und Aufwendungen finden, müssen diese dort erwähnten Beträge natürlich herausgenommen werden.

Positionen 6 und 7: Sonstige betriebliche Erträge und Aufwendungen

Hier gilt dasselbe wie beim Gesamtkostenverfahren. Das bedeutet, dass sich hier

- ✔ betriebsfremde,
- ✔ periodenfremde,
- ✔ außerordentliche

Erträge und Aufwendungen tummeln können, die aus dem ordentlichen Ergebnis herausgenommen werden und in das neutrale Ergebnis gepackt werden müssen. Mit ein wenig Glück gibt es hierzu Hinweise im Anhang.

Aufgabe 21.4

Die Brennholzhandlung Abgeholzt GmbH verwendet bei der Erfolgsrechnung das Umsatzkostenverfahren. Ermitteln Sie bitte das ordentliche Betriebsergebnis der Brennholzhandlung. In Tabelle 21.3 finden Sie die dafür benötigten ersten sieben Positionen aus deren Erfolgsrechnung nach dem Umsatzkostenverfahren und einen Ausschnitt aus dem Anhang mit den Erläuterungen.

	Anhang	Wert in Euro
Umsatzerlöse		780.000
Herstellungskosten des Umsatzes		–240.000
Bruttoergebnis vom Umsatz		=540.000
Vertriebskosten		–24.000
Allgemeine Verwaltungskosten		–290.000
Sonstige betriebliche Erträge	1)	+100
Sonstige betriebliche Aufwendungen	2)	–420.000

Tabelle 21.3: GuV der Abgeholzt GmbH

Erläuterungen zur Gewinn- und Verlustrechnung

1) Sonstige betriebliche Erträge

Im abgelaufenen Geschäftsjahr konnten durch den Verkauf einer seit zwanzig Jahren außer Betrieb gesetzten historischen Sägemaschine an das Heimatmuseum sonstige betriebliche Erträge in Höhe des symbolischen Verkaufspreises von 100 Euro erzielt werden. Hiermit soll das heimatkundliche Engagement der Bürger unterstützt werden.

2) Sonstige betriebliche Aufwendungen

Die letzten Stürme hatten eine Wiederherstellung der zerstörten Holzpfade und Brücken in den betroffenen Waldgebieten Eichelhäherhöhen, Eschenwald und Saurücken II erforderlich gemacht. Es fielen Aufwendungen in Höhe von 420.000 Euro an.

Das ordentliche Finanzergebnis ermitteln

Jetzt geht es um den Finanz- und Verbunderfolg, also um Kapitelerträge oder Aufwendungen, um an Kapital zu gelangen. Genauso gehören hier auch alle Erträge und Aufwendungen her, die aus Verbindungen mit anderen Unternehmen stammen. Die jetzt folgenden Positionen in der GuV gehören zum Finanzergebnis. Ganz praktisch dabei: In beiden Verfahren sind die Positionen gleich. Somit zeigt Ihnen Tabelle 21.4 die Positionen für das Gesamtkostenverfahren, kurz GKV, und das Umsatzkostenverfahren, kurz UKV.

GKV	UKV	
9.	8.	+ Erträge aus Beteiligungen
10.	9.	+ Erträge aus Wertpapieren und Ausleihungen des Finanzanlagevermögens
11.	10.	+ Sonstige Zinsen und ähnliche Erträge
12.	11.	– Abschreibungen auf Finanzanlagen und Wertpapiere des Umlaufvermögens
13.	12.	– Zinsen und ähnliche Aufwendungen
		= Finanzergebnis

Tabelle 21.4: Ordentliches Finanzergebnis

Bei der Aufspaltung dieser Positionen gibt es leider kein Patentrezept. Die Grenzen zwischen ordentlichen und außerordentlichen Sachverhalten sind oftmals fließend.

Erträge aus Verkäufen von Wertpapieren sollten beispielsweise nicht dem ordentlichen Finanzergebnis zugeordnet werden, da sie ja nicht regelmäßig anfallen. Außerplanmäßige Abschreibungen ebenfalls nicht.

Aufgabe 21.5

Erörtern Sie bitte die Frage, ob Zinsaufwendungen zum Beispiel für den kreditfinanzierten Kauf einer Produktionsmaschine oder eines Fahrzeugs ins ordentliche Betriebsergebnis oder besser ins ordentliche Finanzergebnis gehören.

Aufgabe 21.6

Nachfolgend finden Sie ein paar Fälle aufgelistet. Beurteilen Sie bitte, ob diese ins ordentliche Finanzergebnis oder ins neutrale Ergebnis gehören.

- ✔ Das im Umlaufvermögen befindliche Aktienpaket musste aufgrund eines dauerhaften Kursverfalls abgeschrieben werden.
- ✔ Im letzten Jahr konnten Erträge aus Dividendenzahlungen in Höhe von 10.000 Euro erzielt werden.
- ✔ Im Rahmen einer Umschuldungsaktion wurden die im Anlagevermögen befindlichen irischen Staatspapiere mittels Schuldenschnitt um 40 Prozent im Wert gemindert.
- ✔ Aus der Beteiligung an einem Unternehmen gab es Erträge in Höhe von 75.000 Euro.
- ✔ Für den Kredit der Hausbank zur Erweiterung der Produktionshalle gab es Zinsaufwendungen in Höhe von 8.000 Euro.

Das neutrale Ergebnis ermitteln

Das außerordentliche Ergebnis setzt sich im deutschen Handelsrecht aus den außerordentlichen Erträgen und Aufwendungen zusammen. Zu diesen beiden Posten müssen Sie nur noch all jene Sachverhalte hinzufügen, die Sie aus dem ordentlichen Betriebs- und Finanzergebnis herausgefiltert haben.

Aufgabe 21.7

Der Kleiderbügelhersteller Gut & Abgehangen AG konnte durch den Verkauf einer seit vielen Jahren herumstehenden Kleiderbügelmaschine stille Reserven in Höhe von 45.000 Euro aufdecken. Handelt es sich um normale Umsatzerlöse oder ist dieser Ertrag eher ein Thema für das neutrale Ergebnis?

Aufgabe 21.8

Der Kleiderbügelhersteller Gut & Abgehangen AG konnte durch den Verkauf einer seit vielen Jahren herumstehenden Kleiderbügelmaschine 45.000 Euro einnehmen. Nach deutschem Handelsrecht wäre die Maschine schon seit Jahren abgeschrieben gewesen. Da die Gut & Abgehangen AG aber nach IFRS bilanziert, wurde die Maschine immer mit dem aktuellen Marktwert bewertet. Somit wurden beim Verkauf keine stillen Reserven aufgedeckt. Kommen die Erträge in Höhe von 45.000 Euro ins neutrale Ergebnis? Handelt es sich um außergewöhnliche Erträge?

Aufgabe 21.9

Nun zum krönenden Abschluss des Kapitels: Bitte ermitteln Sie

- ✔ das ordentliche Betriebsergebnis,
- ✔ das ordentliche Finanzergebnis und
- ✔ das neutrale Ergebnis

der Filmgesellschaft Mensch & Natur AG mit Sitz in Frankfurt. Am besten ist es, wenn Sie Ihre Lösung in einer Tabelle mit je einer Spalte für das ordentliche und das neutrale Ergebnis darstellen. Am Ende der Aufgabe finden Sie eine Vorlage. Erstellen Sie anschließend bitte auch gleich eine Struktur-GuV. Das dazu notwendige Raster finden Sie ebenfalls am Ende dieser Aufgabe.

Zunächst jedoch für Sie die nach dem Gesamtkostenverfahren erstellte handelsübliche Erfolgsrechnung und ein paar Angaben aus dem Anhang des Geschäftsberichts der Filmgesellschaft Mensch & Natur AG (siehe Tabelle 21.5).

	Anhang	Wert in Euro
Umsatzerlöse		23.000.000
Erhöhung/Verminderung Bestand (un)fertiger Erzeugnisse		0
Andere aktivierte Eigenleistungen		40.000
Sonstige betriebliche Erträge	1)	3.000.000
Materialaufwand		–12.500.000
Personalaufwand	2)	–11.700.000
Abschreibungen	3)	–750.000
Sonstige betriebliche Aufwendungen	4)	–600.000
Erträge aus Beteiligungen	5)	600
Erträge aus Wertpapieren und Ausleihungen des Finanzanlagevermögens		0
Sonstige Zinsen und ähnliche Erträge		0
Abschreibungen auf Finanzanlagen und Wertpapiere des Umlaufvermögens		0
Zinsen und ähnliche Aufwendungen		–80.000

	Anhang	Wert in Euro
Ergebnis der gewöhnlichen Geschäftstätigkeit		**410.600**
Außerordentliche Erträge		4.500
Außerordentliche Aufwendungen		–50.000
Außerordentliches Ergebnis		–45.500
Steuern vom Einkommen und Ertrag		–57.777
Sonstige Steuern		–6.795
Jahresüberschuss/Jahresfehlbetrag		**300.528**

Tabelle 21.5: GuV der Mensch & Natur AG

Erläuterungen zur Gewinn- und Verlustrechnung

1) Sonstige betriebliche Erträge

Die sonstigen betrieblichen Erträge umfassen Erträge aus

- ✔ der Förderung des Filmprojekts »Die wunderbare Welt der nordhessischen Waschbären« in Höhe von 1.000.000 Euro,
- ✔ der Förderung des Filmprojekts »Die sonderbare Welt der südhessischen Asphaltindustrie« in Höhe von 800.000 Euro,
- ✔ der Förderung des Filmprojekts »Die herrliche Welt der Region Mittelhessen« in Höhe von 1.200.000 Euro.

2) Personalaufwand

Der Personalaufwand konnte gegenüber dem Vorjahr trotz Tarifsteigerungen und gestiegenem Produktionsvolumen konstant bei 11.700.000 Euro gehalten werden. Dies gelang vor allem durch die vermehrte Nutzung externer Dienstleister.

3) Abschreibungen

Die Position enthält die planmäßigen Abschreibungen in Höhe von 700.000 Euro. Daneben enthält die Position auch noch eine außerplanmäßige Abschreibung. Waschbären zerstörten Kameraequipment im Wert von 50.000 Euro während des Drehs »Die wunderbare Welt der nordhessischen Waschbären«.

4) Sonstige betriebliche Aufwendungen

Im abgelaufenen Geschäftsjahr konnte die Mensch & Natur AG einen vielversprechenden Werkvertrag mit der Musikvideoproduktionsgesellschaft Heavy Videos GmbH abschließen. Die Mensch & Natur AG wurde von der Heavy Videos GmbH beauftragt, eine dreiteilige Musikvideoreihe für eine aufstrebende Band eines kleinen Musiklabels zu produzieren. Das Auftragsvolumen belief sich auf 600.000 Euro. Der Vorstand der Mensch & Natur AG war sich mit dem Aufsichtsrat einig, diesen Auftrag auch trotz negativer Marge anzunehmen, um dieses neue Geschäftsfeld zu erschließen. Leider kam die Heavy Videos GmbH nach Fertigstellung der dreiteiligen Musikvideoreihe ihren vertraglichen Verpflichtungen nicht nach. Nachdem die Mensch & Natur AG eine juristische Klärung anstrebte, beantragte die Heavy Videos GmbH ein Insolvenzverfahren. Das Insolvenzverfahren wurde mangels Masse vom Insolvenzgericht abgewiesen. Der Mensch & Natur AG entstand hierdurch ein Forderungsausfall in Höhe von 600.000 Euro.

5) Erträge aus Beteiligungen

Im abgelaufenen Geschäftsjahr konnte die Mensch & Natur AG Erträge in Höhe von 600 Euro aus einer Beteiligung an der Filmproduktionsfirma Haus & Stein Film AG erzielen.

Tabelle 21.6. zeigt die GuV mit je einer Spalte für das ordentliche und das neutrale Ergebnis.

GuV-Position	Ordentlich	Neutral
1. Umsatzerlöse		
2. Bestandsveränderungen		
3. Andere aktivierte Eigenleistungen		
4. Sonstige betriebliche Erträge		
5. Materialaufwand		
6. Personalaufwand		
7. Abschreibungen		
8. Sonstige betriebliche Aufwendungen		
Ordentliches/neutrales Ergebnis		
9. Erträge aus Beteiligungen		
13. Zinsen und ähnliche Aufwendungen		
Ordentliches/neutrales Finanzergebnis		
15. Außerordentliche Erträge		
16. Außerordentliche Aufwendungen		
17. Außerordentliches Ergebnis		
18. Steuern vom Einkommen		
19. Sonstige Steuern		
20. Jahresüberschuss/Jahresfehlbetrag		

Tabelle 21.6: Erfolgsspaltung

Tabelle 21.7. zeigt den Aufbau der Struktur-GuV.

GuV-Position	Aktuelles Geschäftsjahr
1. Umsatzerlöse	
2. Bestandsveränderungen	
3. Andere aktivierte Eigenleistungen	
4. Sonstige betriebliche Erträge (ordentliche)	
Zwischensumme: Gesamtleistung	
5. Materialaufwand (ordentlicher)	
6. Personalaufwand (ordentlicher)	
7. Abschreibungen (ordentliche)	
8. Sonstige betriebliche Aufwendungen (ordentliche)	
I. Summe: Ordentliches Betriebsergebnis	
9. Erträge aus Beteiligungen (ordentliche)	
10. Erträge aus anderen Wertpapieren (ordentliche)	
11. Sonstige Zinsen und ähnliche Erträge (ordentliche)	
12. Abschreibungen auf Finanzanlagen (ordentliche)	
13. Zinsen und ähnliche Aufwendungen (ordentliche)	
II. Summe: Ordentliches Finanzergebnis	
I. + II. Summe: Ordentliches Ergebnis	
14. Neutrale Erträge	
15. Neutrale Aufwendungen	
Summe 14 + 15: Neutrales Ergebnis	

Tabelle 21.7: Das Gerippe einer Struktur-GuV

Lösungen zu den Übungsaufgaben

Hier finden Sie die Lösungen zu den Aufgaben.

Lösung 21.1

Betriebsfremde, periodenfremde und außerordentliche Sachverhalte zählen zum neutralen Ergebnis.

Lösung 21.2

So ermitteln Sie das ordentliche Betriebsergebnis der Weit&Günstig AG: Zunächst kümmern Sie sich um die sonstigen betrieblichen Erträge. Sie prüfen, was davon zum ordentlichen Betriebsergebnis gehört.

- ✔ Die sonstigen betrieblichen Erträge aus der Vermietung der Flugzeuge in Höhe von 240.000 Euro können getrost dem ordentlichen Betriebsergebnis zugeordnet werden. Hier scheint es sich um eine regelmäßige Geschäftstätigkeit zu handeln.
- ✔ Die Erträge aus der Auflösung der Rückstellung in Höhe von 8.000.000 Euro gehören nicht zum ordentlichen Betriebsergebnis. Hier handelt es sich um periodenfremde Erträge, die ins neutrale Ergebnis gehören.
- ✔ Die restlichen Erträge aus dem Verkauf von Flugzeugen und sonstigen Maschinen gehören ebenfalls nicht ins ordentliche Betriebsergebnis. Diese Erträge fallen unregelmäßig an. Diese außerordentlichen Erträge kommen ins neutrale Ergebnis.

Danach analysieren Sie den Personalaufwand. Dort sind 200.000 Euro enthalten, die nicht zum ordentlichen Betriebsergebnis gehören. Bei den Abschreibungen müssen Sie die außerplanmäßigen Abschreibungen über 250.000 Euro herausnehmen.

Die sonstigen betrieblichen Aufwendungen für die vorzeitige Sanierung des Verwaltungsgebäudes stellen betriebsfremde Aufwendungen dar und gehören ins neutrale Ergebnis. Das ordentliche Betriebsergebnis sieht somit wie in Tabelle 21.8 aus.

	Wert in Euro
Umsatzerlöse	7.500.000
Erhöhung/Verminderung Bestand (un)fertiger Erzeugnisse	0
Andere aktivierte Eigenleistungen	0
Sonstige betriebliche Erträge	240.000
Materialaufwand	–2.200.000
Personalaufwand	–1.140.000

	Wert in Euro
Abschreibungen	–2.500.000
Sonstige betriebliche Aufwendungen	0
Ordentliches Betriebsergebnis (EBIT)	**1.900.000**

Tabelle 21.8: Ordentliches Betriebsergebnis

Lösung 21.3

So ermitteln Sie das ordentliche Betriebsergebnis der Airmobility AG: Zunächst kümmern Sie sich um die sonstigen betrieblichen Erträge. Sie prüfen, was davon zum ordentlichen Betriebsergebnis gehört. Die Erträge aus dem Verkauf einer Produktionsstätte stellen außerordentliche Erträge dar, die dem neutralen Ergebnis zugeordnet werden müssen. Sie gehören also nicht zum ordentlichen Betriebsergebnis.

Danach analysieren Sie den Personalaufwand. Dort sind 3.000.000 Euro enthalten, die nicht zum ordentlichen Betriebsergebnis gehören, da es sich um außerordentlichen Aufwand handelt. Bei den Abschreibungen müssen Sie die außerplanmäßigen Abschreibungen über 3.900.000 Euro herausnehmen, da es sich um außerordentlichen Aufwand handelt. Die sonstigen betrieblichen Aufwendungen in Höhe von 600.000 Euro für die vorzeitige Sanierung der Chefetage sind betriebsfremde Aufwendungen und gehören ins neutrale Ergebnis. Das ordentliche Betriebsergebnis sieht somit wie in Tabelle 21.9 aus.

	Wert in Euro
Umsatzerlöse	11.900.000
Erhöhung/Verminderung Bestand (un)fertiger Erzeugnisse	2.400
Andere aktivierte Eigenleistungen	0
Sonstige betriebliche Erträge	0
Materialaufwand	–7.800.000
Personalaufwand	–9.650.000
Abschreibungen	–12.000.000
Sonstige betriebliche Aufwendungen	0
Ordentliches Betriebsergebnis (EBIT)	**–15.150.000**

Tabelle 21.9: Ordentliches Betriebsergebnis

Lösung 21.4

So ermitteln Sie das ordentliche Betriebsergebnis der Brennholzhandlung Abgeholzt GmbH: Zunächst kümmern Sie sich um die sonstigen betrieblichen Erträge. Die 100 Euro aus dem Verkauf der historischen Sägemaschine gehören nicht zum ordentlichen Betriebsergebnis.

Danach analysieren Sie die sonstigen betrieblichen Aufwendungen. Die Beseitigung der Sturmschäden stellt außerordentlichen Aufwand dar und kommt ins neutrale Betriebsergebnis. Hier beim ordentlichen Betriebsergebnis hat der Sturmschaden nichts verloren. Das ordentliche Betriebsergebnis sieht somit wie in Tabelle 21.10 aus.

	Wert in Euro
Umsatzerlöse	780.000
Herstellungskosten des Umsatzes	–240.000
Bruttoergebnis vom Umsatz	=540.000
Vertriebskosten	–24.000
Allgemeine Verwaltungskosten	–290.000
Sonstige betriebliche Erträge	0
Sonstige betriebliche Aufwendungen	0
Ordentliches Betriebsergebnis (EBIT)	**226.000**

Tabelle 21.10: Ordentliches Betriebsergebnis

Lösung 21.5

Die Zinsaufwendungen für kreditfinanzierte Käufe von Wirtschaftsgütern, die der gewöhnlichen Unternehmenstätigkeit dienen, hängen sehr eng mit dem ordentlichen Betriebsergebnis zusammen. Immerhin konnten vielleicht nur so die einen oder anderen Wirtschaftsgüter gekauft werden, mit denen dann Produkte hergestellt werden.

Auf der anderen Seite zeigen die Zinsaufwendungen ja nur ein klein wenig mit an, wie das Anlage- und Umlaufvermögen finanziert wurde. Dies hat zunächst einmal nichts damit zu tun, wie die gewöhnliche Unternehmenstätigkeit läuft. Hinzu kommt oftmals die Schwierigkeit, dass im Anhang nicht erläutert wird, ob die Zinsaufwendungen für den Kauf solcher Wirtschaftsgüter angefallen sind oder ob damit zum Beispiel Unternehmenszukäufe finanziert wurden. Fazit: Zinsaufwendungen sollten Sie dem Finanzergebnis zuordnen.

Lösung 21.6

Die folgenden Fälle gehören ins ordentliche Finanzergebnis:

- ✔ Im letzten Jahr konnten Erträge aus Dividendenzahlungen in Höhe von 10.000 Euro erzielt werden.

- Aus der Beteiligung an einem Unternehmen gab es Erträge in Höhe von 75.000 Euro.
- Für den Kredit der Hausbank zur Erweiterung der Produktionshalle gab es Zinsaufwendungen in Höhe von 8.000 Euro.

Die beiden verbleibenden Fälle gehören ins neutrale Ergebnis, da sie hoffentlich nicht regelmäßig vorkommen:

- Das im Umlaufvermögen befindliche Aktienpaket musste aufgrund eines dauerhaften Kursverfalls abgeschrieben werden.
- Im Rahmen einer Umschuldungsaktion wurden die im Anlagevermögen befindlichen irischen Staatspapiere mittels Schuldenschnitt um 40 Prozent im Wert gemindert.

Lösung 21.7

Wenn zu niedrig bewertete Wirtschaftsgüter, wie hier im Falle der Kleiderbügelmaschine, verkauft werden und dabei stille Reserven aufgedeckt werden, handelt es sich um klassische außergewöhnliche Erträge. Die Differenz zwischen dem Buchwert und dem Verkaufserlös kommt zu den außergewöhnliche Erträgen.

Lösung 21.8

Die Erträge aus dem Verkauf der Maschine kommen ins neutrale Ergebnis. Es handelt sich jedoch nicht um außergewöhnliche Erträge, sondern um sonstige, genauer gesagt betriebsfremde Erträge, die nicht dem ordentlichen Betriebsergebnis zuzuordnen sind.

Lösung 21.9

So ermitteln Sie das ordentliche Betriebsergebnis der Mensch & Natur AG: Zunächst kümmern Sie sich um die sonstigen betrieblichen Erträge. Sie prüfen, was davon zum ordentlichen Betriebsergebnis gehört.

Bei den Erträgen aus den Zuschüssen zu den drei Filmprojekten muss geprüft werden, ob es sich um nachhaltige Erträge handelt. Ist dies der Fall, zählen diese 3.000.000 Euro zum ordentlichen Betriebsergebnis. Ist dies jedoch nicht der Fall, da es um einmalige, projektbezogene Zuschüsse handelt, müssen die 3.000.000 Euro dem neutralen Ergebnis zugeordnet werden. Da im Anhang die Förderung einen deutlichen Projektbezug hat, wird sie dem neutralen Ergebnis zugeordnet.

Danach analysieren Sie den Personalaufwand. Hier gibt es im Anhang keine Hinweise auf nicht zum ordentlichen Betriebsergebnis zählende Aufwendungen. Bei den Abschreibungen müssen Sie die außerplanmäßigen Abschreibungen über 50.000 Euro für das zerstörte Kameraequipment herausnehmen, da es sich um außerordentlichen Aufwand handelt. Die sonstigen betrieblichen Aufwendungen in Höhe von 600.000 Euro für den Forderungsausfall sind außerordentliche Aufwendungen und gehören ins neutrale Ergebnis.

Nun ermitteln Sie das ordentliche Finanzergebnis der Mensch & Natur AG: Die Erträge aus Beteiligungen gehören zum ordentlichen Finanzergebnis. Für die Zinsaufwendungen findet sich im Anhang kein Hinweis; es wird deshalb davon ausgegangen, dass die Zinsaufwendungen voll zum ordentlichen Finanzergebnis gehören. Alternativ könnten Sie eine pauschale prozentuale Verteilung anwenden, wenn Sie Argumente wie zum Beispiel branchenübliche Strukturen und so weiter besitzen. Das neutrale Ergebnis haben Sie somit auch gleich ganz nebenbei ermittelt. Die Erfolgsspaltung für die Mensch & Natur AG sieht damit wie in Tabelle 21.11 aus.

GuV-Position	Ordentlich	Neutral
1. Umsatzerlöse	23.000.000	
2. Bestandsveränderungen	0	
3. Andere aktivierte Eigenleistungen	40.000	
4. Sonstige betriebliche Erträge		3.000.000
5. Materialaufwand	–12.500.000	
6. Personalaufwand	–11.700.000	
7. Abschreibungen	–700.000	–50.000
8. Sonstige betriebliche Aufwendungen		–600.000
Ordentliches/neutrales Ergebnis	**–1.860.000**	**2.350.000**
9. Erträge aus Beteiligungen	600	0
13. Zinsen und ähnliche Aufwendungen	–80.000	0
Ordentliches/neutrales Finanzergebnis	**–79.400**	0
15. Außerordentliche Erträge		4.500
16. Außerordentliche Aufwendungen		–50.000
17. Außerordentliches Ergebnis		**–45.500**
18. Steuern vom Einkommen	–57.777	
19. Sonstige Steuern	–6.795	
20. Jahresüberschuss/Jahresfehlbetrag	**–2.003.972**	**2.304.500**

Tabelle 21.11: Erfolgsspaltung

Nun können Sie ganz einfach die Zahlen aus Ihrer Tabelle mit der durchgeführten Erfolgsspaltung nehmen und damit eine Struktur-GuV erstellen. Alle Erträge, die Sie in Tabelle 21.11 der Spalte »Neutral« zugeordnet haben, fassen Sie nun in Position »14. Neutrale Erträge« zusammen. Bei den Aufwendungen machen Sie dasselbe und fassen diese in Position »15. Neutrale Aufwendungen« zusammen.

GuV-Position	Aktuelles Geschäftsjahr
1. Umsatzerlöse	23.000.000
2. Bestandsveränderungen	0
3. Andere aktivierte Eigenleistungen	40.000
4. Sonstige betriebliche Erträge (ordentliche)	0
Zwischensumme: Gesamtleistung	**23.040.000**
5. Materialaufwand (ordentlicher)	–12.500.000
6. Personalaufwand (ordentlicher)	–11.700.000
7. Abschreibungen (ordentliche)	–700.000
8. Sonstige betriebliche Aufwendungen (ordentliche)	0
I. Summe: Ordentliches Betriebsergebnis	**–1.860.000**
9. Erträge aus Beteiligungen (ordentliche)	600
10. Erträge aus anderen Wertpapieren (ordentliche)	0
11. Sonstige Zinsen und ähnliche Erträge (ordentliche)	0
12. Abschreibungen auf Finanzanlagen (ordentliche)	0
13. Zinsen und ähnliche Aufwendungen (ordentliche)	–80.000
II. Summe: Ordentliches Finanzergebnis	**–79.400**
I. + II. Summe: Ordentliches Ergebnis	**–1.939.400**
14. Neutrale Erträge	3.004.500
15. Neutrale Aufwendungen	–700.000
Summe 14 + 15: Neutrales Ergebnis	**2.304.500**

Tabelle 21.12: Die Struktur-GuV

Finanzierungs- und Investitionsanalyse

22

In diesem Kapitel

- Wie das Kapital investiert wurde
- Woher das Kapital stammt

Mithilfe der Finanzierungsanalyse wird untersucht, woher das Kapital einer Unternehmung stammt. Bei der Investitionsanalyse betrachtet man dagegen die Mittelverwendung. Somit spielt sich die Investitionsanalyse auf der Aktivseite der Bilanz beim Umlauf- und Anlagevermögen ab. Die Finanzierungsanalyse findet dagegen auf der Passivseite der Bilanz beim Eigen- und Fremdkapital statt.

Die Investitionsanalyse

Bei der Investitionsanalyse untersuchen Sie die linke Seite der Bilanz, und zwar

- ✔ das Anlagevermögen: immaterielle Vermögensgegenstände, Sach- und Finanzanlagen,
- ✔ das Umlaufvermögen: Vorräte, Forderungen und liquide Mittel.

Bei der Investitionsanalyse betrachten Sie die Zusammensetzung des Vermögens.

Bei der Investitionsanalyse stehen hauptsächlich zwei Fragen im Mittelpunkt. Die erste Frage lautet: Wie schnell kann Vermögen in Cash umgewandelt werden? Und die zweite Frage ist: In welchem Zustand befindet sich das vorhandene Vermögen?

Die Vermögensstruktur analysieren

Die Frage, wie schnell Vermögen in Cash umgewandelt werden kann, können Sie mit mehreren Kennzahlen beantworten. Los geht's mit den Aufgaben zur Analyse der Vermögensstruktur.

Aufgabe 22.1

Zählen Sie bitte mindestens vier Kennzahlen zur Analyse der Vermögensstruktur auf.

Aufgabe 22.2

Erläutern Sie bitte die Anlagequote. Was zeigt diese Kennzahl an? Inwieweit kann die Bildung stiller Reserven die Aussagekraft dieser Kennzahl beeinträchtigen?

Aufgabe 22.3

Wie wird die Sachanlagenintensität berechnet? Was bedeutet es, wenn sich die Sachanlagenintensität über die Jahre hinweg verringert?

Aufgabe 22.4

Was ist der Unterschied zwischen der Arbeitsintensität und der Anlagequote? Erläutern Sie bei dieser Gelegenheit auch bitte gleich noch die Vermögensintensität.

Aufgabe 22.5

Die Kennzahl »Intensität immaterieller Vermögensgegenstände« zeigt den Anteil der immateriellen Vermögensgegenstände am Gesamtvermögen an. Welche zwei Faktoren können die Kennzahl beeinflussen?

Aufgabe 22.6

Wird das Wahlrecht bei den selbst erstellten immateriellen Vermögensgegenständen zur Aktivierung von Entwicklungskosten nach HGB und IFRS wahrgenommen, werden Wunder wahr: Aus Kosten wird Vermögen. Welche Kennzahl gibt Auskunft über den Anteil der aktivierten Entwicklungskosten? Welche Erwartungshaltung steht hinter der Aktivierung von Entwicklungskosten?

Aufgabe 22.7

Anbei finden Sie Auszüge aus dem Geschäftsbericht der Pizzakette BlinkeBlinke AG. Berechnen Sie aus den vorhandenen Informationen bitte folgende Kennzahlen:

- ✔ Anlagequote
- ✔ Arbeitsintensität
- ✔ Vermögensintensität
- ✔ Intensität immaterieller Vermögensgegenstände
- ✔ Aktivierungsquote
- ✔ Sachanlagenintensität

Auszüge aus dem Geschäftsbericht der Pizzakette BlinkeBlinke AG

Bilanz zum 31. Dezember.

Tabelle 22.1 zeigt die kurzfristigen Vermögenswerte der Pizzakette BlinkeBlinke AG.

Liquide Mittel	320.000
Wertpapiere	75.000
Forderungen aus Lieferungen und Leistungen	2.000
Sonstige Vermögenswerte	90.000
Vorräte	760.000
Summe	**1.247.000**

Tabelle 22.1: Kurzfristige Vermögenswerte der Pizzakette BlinkeBlinke AG

Tabelle 22.2 zeigt die langfristigen Vermögenswerte der Pizzakette BlinkeBlinke AG.

Finanzielle Vermögenswerte	450.000
Sachanlagen	1.870.000
Immaterielle Vermögenswerte	670.000
Latente Steuern	120.000
Summe	**3.110.000**

Tabelle 22.2: Langfristige Vermögenswerte der Pizzakette BlinkeBlinke AG

Anhang: Erläuterungen zur Gewinn- und Verlustrechnung

Forschungs- und Entwicklungskosten: Die Forschungs- und Entwicklungskosten enthalten neben den Forschungskosten auch die nicht aktivierbaren und die nicht aktivierten Entwicklungskosten und die Abschreibungen aus den aktivierten Entwicklungskosten (siehe Tabelle 22.3).

Summe Forschungs- und Entwicklungskosten	450.000
Im Geschäftsjahr aktivierte Entwicklungskosten	–200.000
Abschreibungen aus aktivierten Entwicklungskosten	97.000
Summe	**347.000**

Tabelle 22.3: Forschungs- und Entwicklungskosten der Pizzakette BlinkeBlinke AG

Aufgabe 22.8

Anbei finden Sie Auszüge aus dem Geschäftsbericht des Mineralwasseranbieters Blubberaqua AG. Berechnen Sie aus den vorhandenen Informationen bitte die nachfolgend gelisteten Kennzahlen. Können Sie aus der Entwicklung der Kennzahlen Tendenzen ableiten?

- ✔ Anlagequote
- ✔ Arbeitsintensität
- ✔ Vermögensintensität
- ✔ Intensität immaterieller Vermögensgegenstände
- ✔ Aktivierungsquote
- ✔ Sachanlagenintensität

Auszüge aus dem Geschäftsbericht des Mineralwasseranbieters Blubberaqua AG

Bilanz zum 31. Dezember.

Tabelle 22.4 zeigt die kurzfristigen Vermögenswerte des Mineralwasseranbieter Blubberaqua AG.

	Aktuelles Jahr	Vorjahr
Liquide Mittel	12.000	18.000
Wertpapiere	44.000	44.000
Forderungen aus Lieferungen und Leistungen	126.000	108.000
Sonstige Vermögenswerte	19.000	23.000
Vorräte	376.000	344.000
Summe	**577.000**	**537.000**

Tabelle 22.4: Kurzfristige Vermögenswerte des Mineralwasseranbieters Blubberaqua AG

Tabelle 22.5 zeigt die langfristigen Vermögenswerte des Mineralwasseranbieters Blubberaqua AG.

	Aktuelles Jahr	Vorjahr
Finanzielle Vermögenswerte	210.000	240.000
Sachanlagen	840.000	975.000
Immaterielle Vermögenswerte	6.000	8.000
Latente Steuern	1.000	2.000
Summe	**1.057.000**	**1.225.000**

Tabelle 22.5: Langfristige Vermögenswerte des Mineralwasseranbieters Blubberaqua AG

Anhang: Erläuterungen zur Gewinn- und Verlustrechnung

Forschungs- und Entwicklungskosten: Die Forschungs- und Entwicklungskosten enthalten neben den Forschungskosten die nicht aktivierbaren und die nicht aktivierten Entwicklungskosten und die Abschreibungen aus den aktivierten Entwicklungskosten (siehe Tabelle 22.6).

	Aktuelles Jahr	Vorjahr
Summe Forschungs- und Entwicklungskosten	12.000	25.000
Im Geschäftsjahr aktivierte Entwicklungskosten	0	–4.000
Abschreibungen aus aktivierten Entwicklungskosten	2.000	2.000
Summe	**14.000**	**23.000**

Tabelle 22.6: Forschungs- und Entwicklungskosten

Die Investitionstätigkeit analysieren

Bei der Analyse der Investitionstätigkeit geht es um die Frage, ob das betreffende Unternehmen ausreichend in seine Zukunft investiert oder ob es von der Substanz lebt.

Aufgabe 22.9

Nennen Sie bitte mindestens fünf Kennzahlen zur Analyse der Investitionstätigkeit.

Aufgabe 22.10

Die Frosty AG stellt Kühlschränke für Privathaushalte her. Die Snowy AG ist ein direkter Wettbewerber der Frosty AG. Nachfolgend finden Sie für beide Unternehmen Informationen, um ein paar Kennzahlen zur Investitionsanalyse zu bilden. Bilden Sie bitte die folgenden Kennzahlen und vergleichen Sie danach die beiden Unternehmen. Beurteilen Sie deren Kennzahlen: Welches Unternehmen scheint besser für die Zukunft gerüstet zu sein?

- ✔ Investitionsquote
- ✔ Wachstumsquote
- ✔ Investitionsanteil am Umsatz
- ✔ Investitionsquote bei Sachanlagen
- ✔ F&E-Quote
- ✔ Anlagenabnutzungsgrad
- ✔ Abschreibungsquote

Tabelle 22.7 zeigt die notwendigen Informationen.

Alle Angaben in Tsd. Euro	Frosty AG		Snowy AG	
	Aktuelles Jahr	Vorjahr	Aktuelles Jahr	Vorjahr
Umsatz	232.450	226.990	95.870	77.450
Nettoinvestitionen	4.320	6.157	4.130	3.460
Sachanlagevermögen mit ehemaligen Anschaffungskosten	104.763	111.450	48.290	45.560
Anlagevermögen mit ehemaligen Anschaffungskosten	115.746	124.820	56.310	51.430
Abschreibungen des Geschäftsjahres	8.100	7.900	810	620
Kumulierte Abschreibungen Sachanlagevermögen	75.230	67.298	15.100	14.235
Nettoinvestitionen Sachanlagen	4.200	5.900	3.340	2.830
F&E-Aufwendungen	4.760	5.320	7.430	3.560

Tabelle 22.7: Daten für die Investitionsanalyse der Frosty AG und der Snowy AG

Aufgabe 22.11

Mithilfe der F&E-Quote können Sie erkennen, ob und in welchem Umfang ein Unternehmen Forschung und Entwicklung betreibt. Sicherlich ist es zunächst einmal ein gutes Zeichen, wenn F&E-Aufwendungen vorhanden sind. Sind sie aber auch ein Erfolgsgarant?

Das Vermögen ins Verhältnis zum Umsatz setzen

Bei den Kennzahlen zur Umsatzrelation und Umschlagshäufigkeit geht es um zwei Fragen:

- ✔ die Kennzahlen rund um die Umsatzrelation untersuchen, wie das Vermögen in Relation zum Umsatz dasteht beziehungsweise wie effizient das Vermögen eingesetzt wird
- ✔ die Kennzahlen zur Umschlagshäufigkeit untersuchen, wie oft das Vermögen umgeschlagen wird beziehungsweise wie lange das Vermögen durchschnittlich im Unternehmen verweilt

Aufgabe 22.12

Nennen Sie bitte drei Kennzahlen zur Umsatzrelation und erläutern Sie diese.

Aufgabe 22.13

Die Kennzahlen zur Umschlagshäufigkeit untersuchen die Wirtschaftlichkeit der Geschäftsprozesse. Hier werden der Umschlag der Vorräte und die Umschlagshäufigkeit des Vermögens untersucht. Daneben wird oftmals auch der Umschlag der Forderungen und Verbindlichkeiten betrachtet. Der Kühlschrankhersteller Snow&Ice AG kann eine hohe Umschlagshäufigkeit aufweisen. Wie ist dies zu beurteilen?

Die Finanzierungsanalyse

Bei der Finanzierungsanalyse wird die Zusammensetzung des Kapitals untersucht. Es wird danach geschaut, ob das untersuchte Unternehmen

- ✔ über genügend Eigenkapital verfügt,
- ✔ jederzeit seinen finanziellen Verpflichtungen nachkommen kann,
- ✔ wirtschaftlich finanziert ist.

Aufgabe 22.14

Mit welchen Kennzahlen kann man den Verschuldungsgrad eines Unternehmens ermitteln? Welche Quote sollte ein Unternehmen dabei aufweisen?

Aufgabe 22.15

Die Versicherungsgesellschaft S.I.C.H.E.R. AG weist in ihrer letzten Bilanz eine Verschuldungsquote von 130 Prozent aus. Würden Sie Aktien der S.I.C.H.E.R. AG kaufen? Begründen Sie bitte Ihre Antwort.

Aufgabe 22.16

Erläutern Sie bitte die goldene Bilanzregel. Und was ist der Grundsatz der Fristenkongruenz?

Lösungen zu den Übungsaufgaben

Hier finden Sie die Lösungen zu den Aufgaben.

Lösung 22.1

Hier die Kennzahlen zur Analyse der Vermögensstruktur:

- ✔ Anlagequote
- ✔ Arbeitsintensität
- ✔ Vermögensintensität
- ✔ Intensität immaterieller Vermögensgegenstände
- ✔ Aktivierungsquote
- ✔ Sachanlagenintensität

Lösung 22.2

Die Kennzahl »Anlagequote« beziehungsweise »Anlagenintensität« gibt an, wie hoch der Anteil des Anlagevermögens am Gesamtvermögen ist. Ist der Anteil hoch, spricht man auch von einer anlagenintensiven Unternehmung, wie zum Beispiel bei einem Stahl- oder Chemiewerk. Dann ist viel Kapital fest gebunden und kann im Notfall nur schwer losgeeist werden. Ist die Kennzahl bei solchen Unternehmen dennoch niedrig, weist dies auf abgeschriebene Anlagen hin. Das Chemiewerk oder das Stahlwerk dürfte dann seine besten Tage bereits gesehen haben.

Andererseits deutet eine niedrige Anlagequote auch auf eine gute Ausnutzung der Anlagen und damit auf eine ordentliche Ertragslage hin. Dies muss branchenspezifisch verglichen werden. Bei Dienstleistungsunternehmen ist die Kennzahl beispielsweise generell niedriger und besitzt in der Regel nicht die Aussagekraft wie in anlageintensiven Branchen.

Hat ein Unternehmen erhebliche stille Reserven gebildet, gibt diese Kennzahl leider nur unzureichend Auskunft über die wahren Verhältnisse, da das Anlagevermögen deutlich unterbewertet ist.

Lösung 22.3

Die Sachanlagenintensität berechnen Sie wie folgt:

$$\textit{Sachanlagenintensität} = \frac{\textit{Sachanlagen}}{\textit{Gesamtvermögen}}$$

Verringert sich die Sachanlagenintensität über die Jahre, ist dies meist kein gutes Zeichen, da es auf einen Investitionsstau hindeutet. Wenn Sie jedoch im Geschäftsbericht Lobpreisungen über Rationalisierungseffekte bei den Sachanlagen finden, kann eine sinkende Sachanlagenintensität auch positiv sein. Es kommt also auf den Kontext an.

Lösung 22.4

Im Gegensatz zur Anlagequote wird bei der Berechnung der Arbeitsintensität nicht das Anlagevermögen genommen und durch das Gesamtvermögen geteilt, sondern das Umlaufvermögen wird durch das Gesamtvermögen geteilt. Deshalb wird diese Kennzahl manchmal auch Umlaufintensität genannt. Sie zeigt den Anteil des kurzfristig gebundenen Kapitals am Gesamtvermögen an.

Bei der Vermögensintensität wird das Anlagevermögen ins Verhältnis zum Umlaufvermögen gesetzt. Auch hier gilt natürlich wieder dasselbe wie bei der Arbeitsintensität: je höher der Anteil des Umlaufvermögens, desto liquider und flexibler das Unternehmen.

Lösung 22.5

Die Bedeutung immaterieller Vermögensgegenstände wächst beständig. Diese Kennzahl kann indirekt die IT-Durchdringung oder auch die Innovationskraft einer Unternehmung anzeigen. Hinter diesen beiden genannten Beispielen steht der Bestand an aktivierter Software und Patenten. Zugleich kann diese Kennzahl aufgrund des Aktivierungswahlrechts bei selbst erstellten immateriellen Vermögensgegenständen ein Hinweis auf die Aktivierungsfreudigkeit sein.

Lösung 22.6

Die Aktivierungsquote gibt Auskunft über den Anteil der aktivierten Entwicklungskosten am gesamten Forschungs- und Entwicklungsaufwand. Beide Werte können Sie in aller Regel dem Geschäftsbericht entnehmen. Hinter der Aktivierung von Entwicklungskosten steht die Erwartungshaltung, dass mit diesen selbst erstellten immateriellen Vermögensgegenständen später einmal gewinnträchtige Umsätze erzielt werden können.

Lösung 22.7

In der Aufgabe finden Sie erwartungsgemäß alle benötigten Werte, um die geforderten Kennzahlen zu ermitteln. Los geht es mit der Anlagequote:

$$\textit{Anlagequote} = \frac{\textit{Anlagevermögen}\text{: } 3.110.000}{\textit{Gesamtvermögen}\text{: } (1.247.000 + 3.110.000)} = 0{,}71$$

Es folgt die Arbeitsintensität:

$$\textit{Arbeitsintensität} = \frac{\textit{Umlaufvermögen}\text{: } 1.247.000}{\textit{Gesamtvermögen}\text{: } (1.247.000 + 3.110.000)} = 0{,}29$$

Der dritte Streich folgt zugleich, die Berechnung der Vermögensintensität:

$$\textit{Vermögensintensität} = \frac{\textit{Anlagevermögen}\text{: } 3.110.000}{\textit{Umlaufvermögen}\text{: } 1.247.000} = 2{,}49$$

Nun folgt die Intensität immaterieller Vermögensgegenstände:

$$\textit{Intensität immaterieller Vermögensgegenstände} = \frac{\textit{immaterielle Vermögensgegenstände}: 670.000}{\textit{Gesamtvermögen}: (1.247.000 + 3.110.000)} = 0{,}15$$

Weiter geht's es mit der Aktivierungsquote:

$$\textit{Aktivierungsquote} = \frac{\textit{aktivierte Entwicklungsaufwendungen}: 200.000}{\textit{gesamter F\&E-Aufwand}: 450.000} = 0{,}44$$

Und zu guter Letzt die Sachanlagenintensität:

$$\textit{Sachanlagenintensität} = \frac{\textit{Sachanlagen}: 1.870.000}{\textit{Gesamtvermögen}: (1.247.000 + 3.110.000)} = 0{,}43$$

Lösung 22.8

Es geht los mit der Anlagequote:

$$\textit{Anlagequote Vorjahr} = \frac{\textit{Anlagevermögen}: 1.225.000}{\textit{Gesamtvermögen}: (537.000 + 1.225.000)} = 0{,}70$$

$$\textit{Anlagequote akt. Jahr} = \frac{\textit{Anlagevermögen}: 1.057.000}{\textit{Gesamtvermögen}: (577.000 + 1.057.000)} = 0{,}65$$

Es folgt die Arbeitsintensität:

$$\textit{Arbeitsintensität Vorjahr} = \frac{\textit{Umlaufvermögen}: 537.000}{\textit{Gesamtvermögen}: (537.000 + 1.225.000)} = 0{,}30$$

$$\textit{Arbeitsintensität akt. Jahr} = \frac{\textit{Umlaufvermögen}: 577.000}{\textit{Gesamtvermögen}: (577.000 + 1.057.000)} = 0{,}35$$

Drittens folgt zugleich die Berechnung der Vermögensintensität:

$$\textit{Vermögensintensität Vorjahr} = \frac{\textit{Anlagevermögen}: 1.225.000}{\textit{Umlaufvermögen}: 537.000} = 2{,}28$$

$$\textit{Vermögensintensität akt. Jahr} = \frac{\textit{Anlagevermögen}: 1.057.000}{\textit{Umlaufvermögen}: 577.000} = 1{,}83$$

Nun folgt die Intensität immaterieller Vermögensgegenstände:

$$\textit{Intensität immaterieller Vermögensgegenstände Vorjahr} = \frac{\textit{immaterielle Vermögensgegenstände}: 8.000}{\textit{Gesamtvermögen}: (537.000 + 1.225.000)} = 0{,}005$$

$$\textit{Intensität immaterieller Vermögensgegenstände akt. Jahr} = \frac{\textit{immaterielle Vermögensgegenstände}: 6.000}{\textit{Gesamtvermögen}: (577.000 + 1.057.000)} = 0{,}004$$

Jetzt die Aktivierungsquote:

$$\textit{Aktivierungsquote Vorjahr} = \frac{\textit{aktivierte Entwicklungsaufwendungen}: 4.000}{\textit{gesamter F\&E-Aufwand}: 25.000} = 0{,}16$$

$$\textit{Aktivierungsquote akt. Jahr} = \frac{\textit{aktivierte Entwicklungsaufwendungen}: 0}{\textit{gesamter F\&E-Aufwand}: 212000} = 0{,}0$$

Und nun die Sachanlagenintensität:

$$\textit{Sachanlagenintensität Vorjahr} = \frac{\textit{Sachanlagen}: 975.000}{\textit{Gesamtvermögen}: (537.000 + 1.225.000)} = 0{,}55$$

$$\textit{Sachanlagenintensität akt. Jahr} = \frac{\textit{Sachanlagen}: 840.000}{\textit{Gesamtvermögen}: (577.000 + 1.057.000)} = 0{,}51$$

Bei dem Mineralwasseranbieter handelt es sich offensichtlich um ein anlagenintensives Unternehmen. Die Anlagenintensität hat sich gegenüber dem Vorjahr reduziert. Dies kann auf eine Optimierung oder aber auch auf einen Investitionsstau hinweisen. In solchen Fällen können Sie den Geschäftsbericht nach Hinweisen durchsuchen.

Die Anlagenintensität basiert hauptsächlich auf den Sachanlagen. Der Anteil der immateriellen Vermögensgegenstände ist sehr gering. Dieses Bild wird durch einen sehr niedrigen Forschungs- und Entwicklungsaufwand ergänzt. Vor einer endgültigen Beurteilung sollten Branchenvergleichswerte betrachtet werden; die Kennzahlen deuten jedoch auf eine niedrige IT-Durchdringung und geringe Innovationskraft hin.

Lösung 22.9

Kennzahlen zur Analyse der Investitionstätigkeit sind:

- ✔ Investitionsquote
- ✔ Wachstumsquote
- ✔ Investitionsanteil am Umsatz
- ✔ Investitionsquote bei Sachanlagen
- ✔ F&E-Quote
- ✔ Anlagenabnutzungsgrad
- ✔ Abschreibungsquote

Lösung 22.10

Als Erstes geht es an die Berechnung der Kennzahlen. Dazu zunächst alle benötigten Formeln:

$$Investitionsquote = \frac{Nettoinvestition}{Anlagevermögen\ mit\ ehemaligen\ Anschaffungskosten}$$

$$Wachstumsquote = \frac{Nettoinvestitionen}{Abschreibungen\ des\ Geschäftsjahrs}$$

$$Investitionsanteil\ am\ Umsatz = \frac{Nettoinvestitionen}{Umsatz}$$

$$Investitionsquote\ Sachanlagen = \frac{Nettoinvestitionen\ Sachanlagen}{Sachanlagevermögen\ mit\ ehemaligen\ Anschaffungskosten}$$

$$F\&E\text{-}Quote = \frac{F\&E\text{-}Aufwendungen}{Umsatz}$$

$$Anlagenabnutzungsgrad = \frac{kumulierte\ Abschreibungen\ Sachanlagevermögen}{Sachanlagevermögen\ mit\ ehemaligen\ Anschaffungskosten}$$

$$Abschreibungsquote = \frac{Abschreibungen\ des\ Geschäftsjahrs}{Sachanlagevermögen\ mit\ ehemaligen\ Anschaffungskosten}$$

Die berechneten Kennzahlen finden Sie schön übersichtlich in Tabelle 22.8.

Alle Angaben in Tsd. Euro	Frosty AG		Snowy AG	
	Aktuelles Jahr	Vorjahr	Aktuelles Jahr	Vorjahr
Investitionsquote	3,7 %	4,9 %	7,3 %	6,7 %
Wachstumsquote	53,3 %	77,9 %	509,9 %	558,1 %
Investitionsanteil am Umsatz	1,9 %	2,7 %	4,3 %	4,5 %
Investitionsquote bei Sachanlagen	4,0 %	5,3 %	6,9 %	6,2 %
F&E-Quote	2,0 %	2,3 %	7,8 %	4,6 %
Anlagenabnutzungsgrad	71,8 %	60,4 %	31,3 %	31,2 %
Abschreibungsquote	7,7 %	7,1 %	1,7 %	1,4 %

Tabelle 22.8: Berechnete Kennzahlen

Beurteilung der Kennzahlen: Die Snowy AG kann eine deutlich höhere Investitionsquote als die Frosty AG vorweisen. Dies kann durch einen Aufbau der Anlagen oder einen Nachholbedarf der Snowy AG begründet sein. Es wäre jedoch ebenfalls möglich, dass die Frosty AG von der Substanz lebt. Da die Wachstumsquote bei der Frosty AG deutlich unter 100 Prozent liegt, ist Letzteres der Fall. Die Frosty AG tätigt nicht einmal notwendige Ersatzinvestitionen. Die Snowy AG ist mit einer Wachstumsquote von deutlich über 100 Prozent eindeutig auf Wachstumskurs. Dies zeigt auch die deutlich höhere F&E-Quote. Beim Anlagenabnutzungsgrad sieht es bei der Frosty AG ebenfalls nicht gut aus. Über 70 Prozent der Sachanlagen sind bereits abgeschrieben.

Lösung 22.11

Die F&E-Quote gibt lediglich darüber Auskunft, dass ein Unternehmen hierfür Geld ausgibt und zumindest versucht, in die Zukunft des Unternehmens zu investieren. Ob die F&E-Aufwendungen eines Tages Nutzen bringen, ist jedoch offen. Im schlimmsten Fall können sich hinter den F&E-Aufwendungen Dinge verstecken, die rein gar nichts mit F&E zu tun haben. Im weniger schlimmen Fall hat es schon etwas mit F&E zu tun, wird jedoch nie Nutzen bringen. Im besten Fall bilden die F&E-Aufwendungen die Grundlage für tolle neue Produkte und sprudelnde Gewinne.

Lösung 22.12

Die folgenden drei Kennzahlen untersuchen, wie das Vermögen in Relation zum Umsatz dasteht beziehungsweise wie effizient das Vermögen eingesetzt wird:

- ✔ Vorratsintensität
- ✔ Fertigproduktintensität
- ✔ Anlagenbindung

Die Vorratsintensität gibt darüber Auskunft, wie wirtschaftlich die Lagerhaltung derzeit ist. Die Formel lautet:

$$Vorratsintensität = \frac{Vorräte}{Umsatzerlöse}$$

Eine hohe Vorratsintensität kann für schlechte Logistik oder schwache Umsätze stehen. Sie kann jedoch auch für eine Vorbereitung auf einen anstehenden Umsatzanstieg stehen.

Die Fertigproduktintensität ist eng mit der Vorratsintensität verwandt. Hier dreht sich alles um Fertigprodukte statt um Vorräte. Die Kennzahl kann ähnlich interpretiert werden. Berechnet wird sie wie folgt:

$$Fertigproduktintensität = \frac{Fertigprodukt}{Umsatzerlöse}$$

Bei der Anlagenbindung wird das Anlagevermögen ins Verhältnis zum Umsatz gesetzt. Sinkt diese Kennzahl bei gleich bleibendem Anlagevermögen, deutet dies auf eine gestiegene Auslastung hin.

Die Formel lautet:

$$Anlagenbindung = \frac{Anlagevermögen}{Umsatzerlöse}$$

Lösung 22.13

In der Regel deutet eine hohe Umschlagshäufigkeit auf einen effizienten Ressourceneinsatz hin. In Einzelfällen kann dies aber auch auf Liquiditätsschwierigkeiten hinweisen. Wenn keine ausreichende Liquidität vorhanden ist, um dringend benötigte Vorräte anzuschaffen, wird ebenfalls eine hohe Umschlagshäufigkeit ausgewiesen. Somit sollte parallel auch immer ein Blick auf die entsprechenden Bilanzpositionen geworfen werden.

Lösung 22.14

Den Verschuldungsgrad kann man mit der Eigenkapitalquote oder mit der Fremdkapitalquote ermitteln. Bei der Eigenkapitalquote wird das Eigenkapital durch das Gesamtkapital geteilt. Bei der Fremdkapitalquote wird das Fremdkapital durch das Gesamtkapital geteilt. Die Fremdkapitalquote ist somit das Gegenstück zur Eigenkapitalquote. Beide ergeben zusammen immer 100 Prozent. Da die Eigenkapitalquote über 50 Prozent liegen sollte, bedeutet dies im Umkehrschluss, dass die Fremdkapitalquote unter 50 Prozent liegen sollte. Sonst besteht die Gefahr der Überschuldung.

Lösung 22.15

Bei der Verschuldungsquote wird das Fremdkapital durch das Eigenkapital geteilt. Mithilfe dieser Kennzahl können Sie sehen, wie viel Euro Fremdkapital einem Euro Eigenkapital gegenüberstehen. Liegt die Verschuldungsquote über 100 Prozent, bedeutet dies, dass jedem Euro Eigenkapital mehr als ein Euro Fremdkapital gegenübersteht. Die S.I.C.H.E.R. AG scheint etwas überschuldet zu sein. Wenn es hierfür keine beruhigenden Argumente gibt, sollte man die Finger von den Aktien dieser Unternehmung lassen.

Lösung 22.16

Gemäß der goldenen Bilanzregel soll das Eigenkapital dem Anlagevermögen entsprechen. Wenn zusätzlich auch noch ein klitzekleiner Anteil des Umlaufvermögens durch das Eigenkapital gedeckt ist, wäre das noch besser. Der Grundsatz der Fristenkongruenz besagt, dass die einzelnen Vermögensgegenstände jeweils mit den Mitteln finanziert werden müssen, die dem Unternehmen genauso lange zur Verfügung stehen, wie das Kapital in den Vermögensgegenständen gebunden ist. Da das Anlagevermögen dem Unternehmen langfristig dient, sollte es auch langfristig finanziert sein, also am besten mit Eigenkapital. Dann und wann wird hier auch argumentiert, dass bei dieser Regel auch das langfristige Fremdkapital einbezogen werden kann.

Die Liquiditätsanalyse

23

In diesem Kapitel

- Die Liquidität ersten bis dritten Grades ermitteln
- Die Bedeutung von Working Capital und Effektivverschuldung
- Cashflow-Analysen und Kapitalflussrechnung

Mithilfe der Liquiditätsanalyse untersuchen Sie den Zusammenhang zwischen der Mittelverwendung und der Finanzierung.

Unterschiedliche Liquiditätsgrade

Alles fließt. Auch das Geld. Ohne ausreichende Liquidität kann eine Privatperson, ein Unternehmen oder ein Staat seinen Zahlungsverpflichtungen nicht nachkommen. Der Fortbestand der Unternehmung ist bei mangelnder Liquidität gefährdet.

Unter liquiden Mitteln versteht man zuallererst Zahlungsmittel wie zum Beispiel Bargeld und Bankguthaben. Aber auch schnell liquidierbares Vermögen kann zu den liquiden Mitteln gezählt werden.

Zur Liquidität gibt es sage und schreibe drei Kennzahlen:

- die Barliquidität: Liquidität ersten Grades,
- Liquidität zweiten Grades und – Sie ahnen es schon –
- Liquidität dritten Grades.

Aufgabe 23.1

Welche Bilanzpositionen werden bei der Kennzahl »Liquidität ersten Grades« ins Verhältnis gesetzt?

Aufgabe 23.2

Tabelle 23.1 zeigt die Bilanz der Warenhandelsgesellschaft Trockenfrüchte AG. Ermitteln Sie bitte die Liquidität ersten, zweiten und dritten Grades. Beurteilen Sie bitte danach die Liquidität der Trockenfrüchte AG. Welche Werte sollten idealerweise erreicht werden?

Aktiva		**Passiva**	
Anlagevermögen		**Eigenkapital**	
Immaterielle Vermögenswerte	626	Gezeichnetes Kapital	120
Sachanlagen	1.300	Kapitalrücklage	455
Finanzanlagen	985	Gewinnrücklagen	1.988
Umlaufvermögen		Bilanzgewinn	8
Vorräte	678	Kurzfristige Schulden	
Forderungen	801	Finanzverbindlichkeiten	25
Wertpapiere	87	Verbindlichkeiten aus Lieferungen und Leistungen	389
Flüssige Mittel	382	Sonstige Verbindlichkeiten	422
		Sonstige Rückstellungen	315
		Langfristige Schulden	
		Finanzverbindlichkeiten	339
		Rückstellungen für Pensionen	650
		Sonstige Verbindlichkeiten	148
Bilanzsumme	**4.859**	**Bilanzsumme**	**4.859**

Tabelle 23.1: Bilanz der Trockenfrüchte AG, alle Angaben in Tsd. Euro

Aufgabe 23.3

Das Modelabel Two & One AG verkauft Bekleidung, Accessoires und Schuhe. Ermitteln Sie bitte die Liquidität ersten, zweiten und dritten Grades. Beurteilen Sie bitte danach die Liquidität der Two & One AG. Mit welcher bilanzpolitischen Maßnahme könnte die Liquidität ersten und zweiten Grades erhöht werden?

Aktiva		Passiva	
Anlagevermögen		**Eigenkapital**	
Immaterielle Vermögenswerte	1.235	Gezeichnetes Kapital	500
Sachanlagen	2.459	Kapitalrücklage	900
Finanzanlagen	542	Gewinnrücklagen	1.500
Umlaufvermögen		Bilanzgewinn	25
Vorräte	450	Kurzfristige Schulden	
Forderungen	697	Finanzverbindlichkeiten	320
Wertpapiere	56	Verbindlichkeiten aus Lieferungen und Leistungen	450
Flüssige Mittel	120	Sonstige Verbindlichkeiten	230
		Sonstige Rückstellungen	290
		Langfristige Schulden	
		Finanzverbindlichkeiten	560
		Rückstellungen für Pensionen	530
		Sonstige Verbindlichkeiten	254
Bilanzsumme	**5.559**	**Bilanzsumme**	**5.559**

Tabelle 23.2: Bilanz der Two & One AG, alle Angaben in Tsd. Euro

Working Capital und Effektivverschuldung

Neben der Liquidität gibt es natürlich noch weitere Kennzahlen rund um die Zahlungsfähigkeit. Bekannte Kennzahlen sind das Working Capital und die Effektivverschuldung.

Das Working Capital ist die Differenz zwischen dem gesamten Umlaufvermögen und den kurzfristigen Verbindlichkeiten. Ist das Ergebnis positiv, ist die Zahlungsfähigkeit gesichert. Die Effektivverschuldung entspricht jenen Verbindlichkeiten, die nicht durch das Umlaufvermögen abgedeckt sind. Sie wird ermittelt, indem Sie vom Fremdkapital das kurzfristige Vermögen abziehen.

Aufgabe 23.4

Die Infotainment AG verkauft Gewinnspiele aller Art. Ihr Anlageberater bietet Ihnen die einmalige Chance, Unternehmensanleihen der Infotainment AG zu kaufen. Die Papiere werden mit sensationellen 8 Prozent verzinst. Der Verkaufsprospekt ist gespickt mit Chancen und positiven Geschäftsaussichten. Ihr Anlageberater fordert Sie auf, sehr schnell zu kaufen, bevor die Anleihen vergriffen sind. Wenn Sie heute noch kaufen, halbiert er seine Provision auf jämmerliche 4 Prozent, weil Sie ein so guter Kunde der Bank sind. Sie erbeten sich drei Stunden Bedenkzeit und suchen im Internet nach dem neuesten Geschäftsbericht. Berechnen Sie bitte das Working Capital und erläutern Sie dann, ob Sie Unternehmensanleihen der Infotainment AG kaufen würden oder nicht. Tabelle 23.3 zeigt die Bilanz aus dem letzten Geschäftsbericht der Infotainment AG.

Aktiva		**Passiva**	
Anlagevermögen		**Eigenkapital**	
Immaterielle Vermögenswerte	1.450	Gezeichnetes Kapital	300
Sachanlagen	330	Kapitalrücklage	200
Finanzanlagen	135	Gewinnrücklagen	70
Umlaufvermögen		Bilanzgewinn	5
Vorräte	17	Kurzfristige Schulden	
Forderungen	235	Finanzverbindlichkeiten	890
Wertpapiere	5	Verbindlichkeiten aus Lieferungen und Leistungen	12
Flüssige Mittel	14	Sonstige Verbindlichkeiten	60
		Sonstige Rückstellungen	25
		Langfristige Schulden	
		Finanzverbindlichkeiten	484
		Rückstellungen für Pensionen	10
		Sonstige Verbindlichkeiten	130
Bilanzsumme	**2.186**	**Bilanzsumme**	**2.186**

Tabelle 23.3: Bilanz der Infotainment AG, alle Angaben in Tsd. Euro

Die Cashflow-Analyse

Der Cashflow misst die Selbstfinanzierungskraft eines Unternehmens. Darunter versteht man die Fähigkeit des Unternehmens, sich aus eigener Kraft zu finanzieren, und zwar ganz ohne Schulden. Die Kennzahl Cashflow besagt somit, wie viel Geld tatsächlich fließt und für das Unternehmen hängen bleibt.

Grundsätzlich kann man den Cashflow in drei Kategorien unterteilen:

- ✔ Der operative Cashflow wird aus den Zahlungsüberschüssen ermittelt, die mit der normalen, laufenden Geschäftstätigkeit erwirtschaftet wurden.
- ✔ Der Investitions-Cashflow ist die Differenz aus dem Mittelabfluss für Investitionen und den Mittelzuflüssen aus erfolgten Desinvestitionen.
- ✔ Der Finanzierungs-Cashflow ergibt sich aus dem Mittelzufluss wie etwa Darlehen und dem Mittelabfluss wie zum Beispiel Tilgungen.

Aufgabe 23.5

Der Cashflow kann auf zwei Arten ermittelt werden. Welche der beiden Arten können Sie nur anwenden, wenn Sie Zugriff auf die unternehmensinternen Daten der Buchhaltung haben? Beschreiben Sie bitte kurz diese Methode.

Aufgabe 23.6

Ermitteln Sie bitte auf indirektem Wege den Cashflow für das Reiseunternehmen Abgefahren GmbH. Das Reiseunternehmen hat einen Jahresüberschuss von 450.000 Euro erzielt. Dabei wurden

- ✔ Abschreibungen in Höhe von 97.000 Euro getätigt,
- ✔ 45.000 Euro an Rückstellungen gebildet und
- ✔ Rückstellungen aus Vorjahren in Höhe von 75.000 Euro aufgelöst.

Aufgabe 23.7

Ermitteln Sie bitte auf indirektem Wege den Cashflow für die Kaffeerösterei Robusta AG. Die Kaffeerösterei hat einen Jahresüberschuss von 990.000 Euro erzielt. Dabei wurden

- ✔ Abschreibungen in Höhe von 250.000 Euro getätigt,
- ✔ 340.000 Euro an Rückstellungen gebildet und
- ✔ Rückstellungen aus Vorjahren in Höhe von 15.000 Euro aufgelöst.

Die Finanzkraft mit dem Cashflow beurteilen

Nachdem Sie in den Aufgaben den Cashflow ermittelt haben, können Sie zumindest eine Aussage darüber treffen, ob es einen Cashflow gibt und wie hoch dieser ist. Dieses Wissen können Sie noch weiter ausbauen.

Wenn Sie wollen, können Sie nun ein paar Übungen rund um die folgenden Kennzahlen machen:

- Die Cashflow-Umsatzrate gibt an, wie viel Prozent vom Umsatz als liquide Mittel in das Unternehmen zurückgeflossen sind.
- Die Investitionsdeckung gibt an, in welchem Umfang das untersuchte Unternehmen seine Investitionen aus eigenen Mitteln bestreiten kann.
- Die Schuldentilgungsdauer gibt an, wie viele Jahre es dauert, bis alle Schulden mit dem selbst erwirtschafteten Cashflow getilgt wären.

Und hier noch die Formeln dazu:

$$\text{Cashflow-Umsatzrate} = \frac{\text{Cashflow}}{\text{Umsatzerlöse}}$$

$$\text{Investitionsdeckung} = \frac{\text{Cashflow}}{\text{Nettoinvestitionen}}$$

$$\text{Schuldentilgungsdauer} = \frac{\text{Netto-Fremdkapital}}{\text{Cashflow}}$$

Das Netto-Fremdkapital ermitteln Sie, indem Sie zu den Verbindlichkeiten die Rückstellungen addieren und davon alle flüssigen Mittel inklusive der Wertpapiere des Umlaufvermögens abziehen. Manchmal werden die Rückstellungen ohne die Pensionsrückstellungen in die Berechnung einbezogen, obwohl es sich hierbei ja ebenfalls um Verpflichtungen handelt.

Aufgabe 23.8

Ermitteln Sie die Cashflow-Umsatzrate, die Investitionsdeckung und die Schuldentilgungsdauer für das Reiseunternehmen Abgefahren GmbH. Das Reiseunternehmen hat bei einem Umsatz von 7.500.000 Euro einen Jahresüberschuss von 450.000 Euro erzielt. Dabei wurden

- Abschreibungen in Höhe von 97.000 Euro getätigt,
- 45.000 Euro an Rückstellungen gebildet,
- Rückstellungen aus Vorjahren in Höhe von 75.000 Euro aufgelöst sowie
- Nettoinvestitionen in Höhe von 450.000 Euro getätigt.

Das Unternehmen weist in seiner Bilanz ein Netto-Fremdkapital in Höhe von 12.450.000 Euro aus.

Wie viele Jahre dauert es, bis das Unternehmen alle Verbindlichkeiten mit dem selbst erwirtschafteten Cashflow getilgt hat? Und: Kann das Unternehmen seine Investitionen aus eigenen Mitteln bestreiten?

Die Kapitalflussrechnung

Mit der Kapitalflussrechnung soll der Zahlungsmittelstrom eines Unternehmens noch detaillierter betrachtet werden. Dazu bilden Sie drei verschiedene Cashflow-Unterarten. Deren Summe ergibt letztendlich den Bestand an Zahlungsmitteln und Zahlungsmitteläquivalenten am Ende der Berichtsperiode.

Die Cashflows der Kapitalflussrechnung sind:

- ✔ Cashflow aus betrieblicher Tätigkeit: operative cashflow
- ✔ Cashflow aus Investitionstätigkeit: investive cashflow
- ✔ Cashflow aus Finanzierungstätigkeit: finance cashflow

Aufgabe 23.9

Nach HGB und IFRS müssen Kapitalgesellschaften eine Kapitalflussrechnung erstellen. Welcher Paragraf beziehungsweise Standard schreibt dies vor?

Die Kapitalflussrechnung nach DRS 2

Neben IAS 7 gibt es noch das Kapitalflussrechnungsschema des deutschen Standardisierungsrats, den DRS 2 Standard. Mit dieser Kapitalflussrechnung nach DRS 2 Standard erfüllen Sie in jedem Fall die Anforderungen des IAS 7. Das sieht mit der direkten Methode wie in Tabelle 23.4 aus.

1.	+	Einzahlungen von Kunden
2.	–	Auszahlungen an Lieferanten und Arbeitnehmer
3.	+	Sonstige Einzahlungen (nicht aus Invest- oder Finanztätigkeit)
4.	–	Sonstige Auszahlungen (nicht aus Invest- oder Finanztätigkeit)
5.	+/–	Ein- und Auszahlungen aus außerordentlichen Posten
6.	=	Cashflow aus betrieblicher Tätigkeit
7.	+	Einzahlungen aus Abgängen im Anlagevermögen
8.	–	Auszahlungen für Investitionen in das Anlagevermögen
9.	+	Einzahlungen aus dem Verkauf von Unternehmensteilen
10.	–	Auszahlungen aus dem Kauf von Unternehmen
11.	+	Einzahlungen aus Finanzanlagen
12.	–	Auszahlungen wegen Finanzanlagen

13.	=	Cashflow aus Investitionstätigkeit (7 bis 12)
14.	+	Einzahlungen aus Eigenkapitalzuführungen
15.	–	Auszahlungen an Eigentümer
16.	+	Einzahlungen aus ausgegebenen Anleihen und Kreditaufnahmen
17.	–	Auszahlungen durch Tilgung von Anleihen und Krediten
18.	=	Cashflow aus Finanzierungstätigkeit (14 bis 17)
19.	+	Zahlungswirksame Veränderung des Finanzmittelfonds (Punkt 6 + 13 + 18)
20.	+/–	Wechselkurs-, Konsolidierungs- und bewertungsbedingte Änderung des Finanzmittelfonds
21.	+	Finanzmittelfonds am Anfang der Berichtsperiode
22.	=	Finanzmittelfonds am Ende der Berichtsperiode (19 bis 21)

Tabelle 23.4: Die Kapitelflussrechnung nach DRS 2 Standard

Aufgabe 23.10

Jetzt heißt es Ärmel hochkrempeln und eine Kapitalflussrechnung nach dem DRS 2 Standard durchführen. Herzlich willkommen in der Konzernzentrale der Fitnesskette Speckweg & Muskels und Partner AG. Die Fitnesskette ist europaweit vertreten und eröffnet demnächst das 97. Fitnessstudio in Fréjus an der Côte d'Azur. Hier sind alle erforderlichen Informationen, um die Kapitalflussrechnung nach DRS 2 durchzuführen und damit dem IFRS-Standard IAS7 zu genügen und ganz beiläufig den Cashflow aus betrieblicher Tätigkeit, aus Investitionstätigkeit und aus Finanzierungstätigkeit zu ermitteln.

Die Fitnesskette hatte Einzahlungen aus Kundenbeiträgen und sonstige Umsätze in Höhe von 19.206.000 Euro inklusive Umsatzsteuer. An die Mitarbeiter wurden im letzten Jahr Entgelte in Höhe von 14.550.000 Euro gezahlt. Daneben mussten noch Rechnungen für die Lieferanten von Erfrischungsgetränken und so weiter bezahlt werden. Das waren 280.000 Euro. Im letzten Jahr hat die Fitnesskette an Vereine zur Förderung der allgemeinen Fitness 150.000 Euro gespendet. Investiert wurde auch kräftig: Es wurden neue Fitnessgeräte im Wert von 450.000 Euro eingekauft. Die alten, ausrangierten, aber voll funktionsfähigen Fitnessgeräte wurde an eine kasachische Fitnesskette für 25.000 Euro verkauft.

Aus den vor Jahren gekauften Wertpapieren konnten Zinsen in Höhe von 75.000 Euro vereinnahmt werden. Im letzten Jahr hat die Fitnesskette Speckweg & Muskels und Partner AG zur Finanzierung ihrer weiteren Expansion eine Unternehmensanleihe in Höhe von 2.000.000 Euro herausgegeben. Die Anleihen wurden der mit dem Verkauf beauftragten Bank aus den Händen gerissen. Für die Herausgabe erhielt die Bank 150.000 Euro. Die Anleihekäufer erhielten Zinszahlungen in Höhe von 75.000 Euro. Wechselkursbedingt hat sich der Finanzmittelfonds aufgrund von Aktivitäten in Staaten außerhalb der Eurozone um 125.000 Euro verringert.

Zwei weitere Kennzahlen rund um den Cashflow

Sie können die Kennzahlen aus diesem Kapitel nun kunterbunt miteinander mischen. Dabei kommen sicherlich mehr oder minder sinnvolle Zahlen heraus, mit denen Sie Ihre Mitmenschen beeindrucken können. Vielleicht entdecken Sie dabei sogar eine völlig neue Kennzahl, die am Ende womöglich noch nach Ihnen benannt wird. Bevor Sie damit loslegen, können Sie hier noch ausgiebig mit zwei weiteren Cashflow-Kennzahlen üben.

Zuerst ist die *Cash Burn Rate* dran. Diese Kennzahl sagt Ihnen, wie lange es dauert, bis das gesamte Kapital durch einen negativen Cashflow verbraucht, also verbrannt wird. Die Formel lautet:

$$Cash\,Burn\,Rate = \frac{flüssige\,Mittel + geldnahe\,Mittel}{operativer\,Cashflow}$$

Nun die zweite Kennzahl: Der Free Cashflow zeigt an, wie viel Geld zur Tilgung von Krediten und anderen Zahlungsverpflichtungen übrig bleibt, nachdem die Auszahlungen für Investitionen bereits abgezogen wurden. So wird der Free Cashflow berechnet:

$$Cashflow\,aus\,betrieblicher\,Tätigkeit + Cashflow\,aus\,Investitionstätigkeit = Free\,Cashflow$$

Aufgabe 23.11

Wie lange dauert es, bis das Start-up-Unternehmen Apps & More AG sein Startkapital verbrannt hat? Dazu noch mit Tabelle 23.5 ein Auszug aus der Bilanz der Apps & More AG.

Aktiva		**Passiva**	
Anlagevermögen		**Eigenkapital**	
Summe Anlagevermögen	**750**	Summe Eigenkapital	**500**
Umlaufvermögen			
Vorräte	10		
Forderungen	5		
Wertpapiere	2	Kurzfristige Schulden	**112**
Flüssige Mittel	145	Langfristige Schulden	**300**
Bilanzsumme	**912**	**Bilanzsumme**	**912**

Tabelle 23.5: Bilanz der Apps & More AG, alle Angaben in Tsd. Euro

Umsätze mit Kunden macht die Apps & More AG noch nicht so viel. In den ersten zwölf Monaten konnten 5.000 Euro vereinnahmt werden. An die Mitarbeiter und Lieferanten mussten in diesem Zeitraum 80.000 Euro ausbezahlt werden. Weitere Ein- oder Auszahlungen fielen im operativen Geschäft nicht an.

Aufgabe 23.12

Der Schreibwarenhersteller Kritzel AG hat einen Cashflow aus betrieblicher Tätigkeit in Höhe von 410.000 Euro. Der Cashflow aus Investitionstätigkeit beträgt –1.007.500 Euro. Wie hoch ist der Free Cashflow der Kritzel AG?

Lösungen zu den Übungsaufgaben

Hier finden Sie die Lösungen zu den Aufgaben.

Lösung 23.1

Die Kennzahl »Liquidität ersten Grades« setzt die liquiden, also flüssigen Mittel des Unternehmens mit dem kurzfristigen Fremdkapital in Relation. Sie sagt also aus, wie hoch der Anteil des kurzfristigen Fremdkapitals ist, der mit den flüssigen Mitteln des Unternehmens sofort bezahlt werden könnte, wenn es darauf ankommt. Unter kurzfristigem Fremdkapital versteht man hier Verbindlichkeiten mit einer Laufzeit von maximal einem Jahr.

Lösung 23.2

Die Liquidität ersten Grades wird wie folgt berechnet:

$$\textit{Liquidität ersten Grades} = \frac{\textit{flüssige Mittel}}{\textit{kurzfristiges Fremdkapital}} = \frac{382}{1.151} = 33{,}2\,\%$$

Die Liquidität zweiten Grades wird wie folgt berechnet:

$$\textit{Liquidität zweiten Grades} = \frac{\textit{flüssige Mittel} + \textit{kurzfristige Forderungen}}{\textit{kurzfristiges Fremdkapital}} = \frac{382 + 801}{1.151} = 102{,}8\,\%$$

Die Liquidität dritten Grades wird wie folgt berechnet:

$$\textit{Liquidität dritten Grades} = \frac{\textit{flüssige Mittel} + \textit{kurzfristige Forderungen} + \textit{Vorräte}}{\textit{kurzfristiges Fremdkapital}} =$$

$$\frac{382 + 801 + 678}{1.151} = 161{,}7\,\%$$

Bei der Liquidität ersten Grades wurden die liquiden Mittel den kurzfristigen Verbindlichkeiten gegenübergestellt. Mit anderen Worten: Diese Kennzahl soll darüber Auskunft geben, inwieweit die kurzfristigen Verbindlichkeiten durch flüssige Mittel abgedeckt sind. Da es für die Liquidität ersten Grades keinen Richtwert gibt, ist die Aussagekraft dieser Kennzahl sehr eingeschränkt.

Bei der Liquidität zweiten Grades wird häufig ein Wert zwischen 100 und 120 Prozent als ideal bezeichnet. Liegt die Liquidität deutlich unter 100 Prozent, steht es nicht gut um die Liquidität. Die Trockenfrüchte AG erreicht einen Wert knapp über 100 Prozent und liegt damit im grünen Bereich.

Bei der Liquidität dritten Grades wird manchmal ein Wert von mindestens 200 Prozent eingefordert; meist von Banken bei der Kreditvergabe. Deshalb wird dieser Richtwert auch als Banker's rule oder Two-to-One-Rule bezeichnet. Diese Forderung der Banken steht jedoch im Gegensatz zu betriebswirtschaftlichen Zielen. Hier wird ein Wert zwischen 120 und 150 Prozent als ideal angesehen. Liegt der Wert darüber, liegen eindeutig zu viele Produkte auf Halde. Hier sollte zuerst einmal das Lager abgebaut werden, um nicht unnötig Kapital zu binden. Unter dem Gesichtspunkt der Rentabilität ist eine zu hohe Liquidität somit nicht vorteilhaft. Die flüssigen Mittel und Vorräte liegen dann ja nur nutzlos rum. Bei der Trockenfrüchte AG ist dies mit 162 Prozent wohl der Fall.

Lösung 23.3

Die Liquidität ersten Grades wird wie folgt berechnet:

$$\textit{Liquidität ersten Grades} = \frac{\textit{flüssige Mittel}}{\textit{kurzfristiges Fremdkapital}} = \frac{120}{1.290} = 9{,}3\,\%$$

Die Liquidität zweiten Grades wird wie folgt berechnet:

$$\textit{Liquidität zweiten Grades} = \frac{\textit{flüssige Mittel} + \textit{kurzfristige Forderungen}}{\textit{kurzfristiges Fremdkapital}} = \frac{120 + 697}{1.290} = 63{,}3\,\%$$

Die Liquidität dritten Grades wird wie folgt berechnet:

$$\textit{Liquidität dritten Grades} = \frac{\textit{flüssige Mittel} + \textit{kurzfristige Forderungen} + \textit{Vorräte}}{\textit{kurzfristiges Fremdkapital}} =$$

$$\frac{120 + 697 + 450}{1.290} = 98{,}2\,\%$$

Die Liquidität ersten Grades ist sehr niedrig. Bei der Liquidität zweiten Grades wird der Richtwert von 100 bis 120 Prozent weit verfehlt. Es steht nicht gut um die Liquidität der Two & One AG. Bei der Liquidität dritten Grades liegt die Two & One AG ebenfalls weit unter den oft geforderten Werten von 120 bis 150 Prozent beziehungsweise von mindestens 200 Prozent.

Die Two & One AG kann die Liquidität ersten und zweiten Grades durch die Aufnahme eines kurzfristigen Kredits erhöhen. Mit dieser bilanzverlängernden Maßnahme könnte sie diese beiden Kennzahlen schönen. Nimmt das Modelabel beispielsweise einen Kredit über 500.000 Euro auf, erhöhen sich die flüssigen Mittel auf dann 620.000 Euro. Das kurzfristige Fremdkapital erhöht sich im gleichen Umfang auf dann 1.790.000 Euro. Die Bilanzsumme beträgt damit 6.059.000 Euro. Die beiden Kennzahlen verändern sich dann wie folgt:

$$\textit{Liquidität ersten Grades} = \frac{\textit{flüssige Mittel}}{\textit{kurzfristiges Fremdkapital}} = \frac{620}{1.790} = 34{,}6\,\%$$

$$\textit{Liquidität zweiten Grades} = \frac{\textit{flüssige Mittel} + \textit{kurzfristige Forderungen}}{\textit{kurzfristiges Fremdkapital}} = \frac{620 + 697}{1.790} = 73{,}6\,\%$$

Mithilfe dieser simplen bilanzverlängernden Maßnahme konnten die beiden Kennzahlen zur Liquidität geschönt werden.

Lösung 23.4

Das Working Capital ist schnell ermittelt:

- ✔ Umlaufvermögen: 271.000
- ✔ kurzfristige Verbindlichkeiten: 987.000

Das ergibt ein Working Capital von minus 716.000 Euro. Sie werden Ihren Anlageberater enttäuschen müssen und kaufen keine Anleihen. Bei einem negativen Working Capital wurden anscheinend Teile des Anlagevermögens kurzfristig finanziert. Kein Wunder, dass die Infotainment AG Unternehmensanleihen herausgeben will; so sollen anstehende Liquiditätsengpässe wohl noch verhindert werden.

Lösung 23.5

Der Cashflow kann auf direktem Wege oder auf indirektem Wege ermittelt werden. Die direkte Ermittlung des Cashflows kommt nur dann infrage, wenn man Zugriff auf die Daten der Buchhaltung hat, also eine unternehmensinterne Analyse vornehmen kann. Externe Analysten müssen den Cashflow mit der indirekten Methode ermitteln. Der Cashflow wird auf direktem Wege ermittelt, indem alle zahlungswirksamen Aufwendungen von den zahlungswirksamen Erträgen abgezogen werden. Zahlungswirksam bedeutet, dass auch tatsächlich eine Veränderung der Liquidität vorliegt. Das heißt, dass bei den Erträgen auch wirklich Geld in die Kasse oder auf das Konto kommt beziehungsweise bei Aufwendungen das Geld von dort verschwindet.

Lösung 23.6

Mit diesen Werten ergibt sich für das Reiseunternehmen ein Cashflow wie in Tabelle 23.6 dargestellt.

	Jahresüberschuss	**450.000 €**
+	Abschreibungen	97.000 €
+	Erhöhung von Rückstellungen	45.000 €
–	Auflösung von Rückstellungen	75.000 €
=	**Cashflow**	**517.000 €**

Tabelle 23.6: Der Cashflow bei der Abgefahren GmbH

Lösung 23.7

Mit diesen Werten ergibt sich für das Reiseunternehmen ein Cashflow wie in Tabelle 23.7 dargestellt.

	Jahresüberschuss	**990.000 €**
+	Abschreibungen	250.000 €
+	Erhöhung von Rückstellungen	340.000 €
–	Auflösung von Rückstellungen	15.000 €
=	**Cashflow**	**1.340.000 €**

Tabelle 23.7: Der Cashflow bei der Abgefahren GmbH

Lösung 23.8

Mit diesen Werten ergibt sich für das Reiseunternehmen ein Cashflow wie in Tabelle 23.8 dargestellt.

	Jahresüberschuss	**450.000 €**
+	Abschreibungen	97.000 €
+	Erhöhung von Rückstellungen	45.000 €
–	Auflösung von Rückstellungen	75.000 €
=	**Cashflow**	**517.000 €**

Tabelle 23.8: Der Cashflow bei der Abgefahren GmbH

Die Cashflow-Umsatzrate, die Investitionsdeckung und die Schuldentilgungsdauer errechnen sich aus den angegebenen Werten wie folgt (alle Angaben in Tsd. Euro):

$$\textit{Cashflow-Umsatzrate} = \frac{\textit{Cashflow}: 517}{\textit{Umsatzerlöse}: 7.500} = 6{,}9\,\%$$

$$\textit{Investitionsdeckung} = \frac{\textit{Cashflow}: 517}{\textit{Nettoinvestitionen}: 450} = 114{,}9\,\%$$

$$\textit{Schuldentilgungsdauer} = \frac{\textit{Netto-Fremdkapital}: 12.450}{\textit{Cashflow}: 517} = 24 \text{ Jahre}$$

Die Abgefahren AG kann mit dem selbst erwirtschafteten Cashflow alle Verbindlichkeiten binnen 24 Jahren tilgen. Eine Investitionsdeckung von über 100 Prozent bedeutet, dass sämtliche Nettoinvestitionen durch eigene Mittel bestritten werden können.

Lösung 23.9

Kapitalgesellschaften müssen nach HGB und auch nach IFRS eine Kapitalflussrechnung erstellen. So will es § 264 HGB und IAS 7.

Lösung 23.10

Tabelle 23.9 zeigt die Kapitalflussrechnung der Fitnesskette Speckweg & Muskels und Partner AG (alle Angaben in Tsd. Euro).

1.	+	Einzahlungen von Kunden	19.206
2.	–	Auszahlungen an Lieferanten und Arbeitnehmer	14.830
3.	+	Sonstige Einzahlungen (nicht aus Invest- oder Finanztätigkeit)	0
4.	–	Sonstige Auszahlungen (nicht aus Invest- oder Finanztätigkeit)	150
5.	+/–	Ein- und Auszahlungen aus außerordentlichen Posten	0
6.	=	Cashflow aus betrieblicher Tätigkeit	4.226
7.	+	Einzahlungen aus Abgängen im Anlagevermögen	25
8.	–	Auszahlungen für Investitionen in das Anlagevermögen	450
9.	+	Einzahlungen aus dem Verkauf von Unternehmensteilen	0
10.	–	Auszahlungen aus dem Kauf von Unternehmen	0
11.	+	Einzahlungen aus Finanzanlagen	75
12.	–	Auszahlungen wegen Finanzanlagen	0
13.	=	Cashflow aus Investitionstätigkeit (7 bis 12)	–350
14.	+	Einzahlungen aus Eigenkapitalzuführungen	0
15.	–	Auszahlungen an Eigentümer	0
16.	+	Einzahlungen aus ausgegebenen Anleihen und Kreditaufnahmen	2.000
17.	–	Auszahlungen durch Tilgung von Anleihen und Krediten	225
18.	=	Cashflow aus Finanzierungstätigkeit (14 bis 17)	1.775
19.	+	Zahlungswirksame Veränderung des Finanzmittelfonds (Punkt 6 + 13 + 18)	0
20.	+/–	Wechselkurs-, Konsolidierungs- und bewertungsbedingte Änderung des Finanzmittelfonds	–125
21.	+	Finanzmittelfonds am Anfang der Berichtsperiode	0
22.	=	Finanzmittelfonds am Ende der Berichtsperiode (19 bis 21)	–125

Tabelle 23.9: Kapitalflussrechnung der Fitnesskette Speckweg & Muskel und Partner AG nach DRS 2 Standard

Eine Anmerkung zur Kapitalflussrechnung: Die für die herausgegebenen Unternehmensanleihen geleistete Provisionszahlung und die Zinszahlung wurden hier der Position 17 zugeordnet.

Lösung 23.11

Bei der Cash Burn Rate sollen neben den flüssigen Mitteln auch geldnahe Mittel berücksichtigt werden. In der Bilanz der Apps & More AG könnte dies das gesamte restliche Umlaufvermögen sein, das kurzfristig zu Geld gemacht werden kann. Somit kommen in den Zähler 145.000 Euro. Der operative Cashflow ist negativ und beträgt –75.000 Euro. Die Cash Burn Rate beläuft sich somit auf 1,9. Dies bedeutet, dass das Start-up-Unternehmen knapp zwei Jahre durchhalten kann, bis die Mittel verbraucht sind.

Lösung 23.12

Der Free Cashflow ist negativ. Er beläuft sich auf –597.500 Euro. Damit ist das Unternehmen nicht in der Lage, eventuelle Kredite zu bedienen. Wenn es in den nächsten Jahren so weitergeht, droht die Insolvenz.

Die Erfolgsanalyse

24

In diesem Kapitel

- Unternehmensergebnisse auseinandernehmen und prüfen
- Der Ergebnisstruktur mit Kennzahlen auf die Spur kommen
- Rentabilitätsanalysen durchführen

Der Jahresabschluss ist fertig, das Ergebnis steht fest und der Geschäftsbericht wurde veröffentlicht. Mit der Ergebnisanalyse prüfen Sie, wie das Ergebnis zustande gekommen ist.

Ergebnisanalyse: Was hinter den Zahlen steckt

Mit der Ergebnisanalyse versucht man herauszufinden, ob ein Unternehmen nur zufällig gerade Gewinn macht oder vor nachhaltiger Ertragskraft nur so strotzt. Damit ist auch schon die wichtigste Kenngröße genannt: der Gewinn.

Da die Höhe des Gewinns mithilfe der Bilanzpolitik beeinflusst werden kann, müssen im Rahmen der Bilanzanalyse diese Verzerrungen wieder herausgefiltert werden. Der Wahrheit kommen Sie bei der Ergebnisanalyse am ehesten auf die Spur, indem Sie

- ✔ das ordentliche Betriebsergebnis ermitteln,
- ✔ die Gewinn- und Umsatzentwicklung betrachten,
- ✔ einen Blick auf die Entwicklung der Material- und Personalaufwendungen werfen.

Aufgabe 24.1

Die Druckerei Visitencard GmbH bietet seit Neuestem ihre Dienstleistungen auch über das Internet an; der letzte Hoffnungsträger der Druckerei. Inhaber der Druckerei ist der Discountererbe Herr Weisshaar. Er hat innerhalb weniger Jahre fast sein gesamtes Erbe in die Druckerei seines Schwagers gesteckt. Im letzten Jahr hat die Druckerei erstmals Gewinne erzielt: mit den Finanzspekulationen von Herrn Weisshaar. Das laufende Geschäft war weiterhin verlustreich. Ist der Anteil des ordentlichen Betriebsergebnisses am Gesamtergebnis im betreffenden Jahr damit größer oder kleiner als 100?

Aufgabe 24.2

Erstellen Sie bitte eine Struktur-GuV aus der Konzern-Gewinn-und-Verlust-Rechnung der Deutschen Bahn AG und ermitteln Sie das ordentliche Betriebsergebnis und das neutrale Ergebnis. Datenbasis ist der Geschäftsbericht. Zunächst die Konzern-Gewinn-und-Verlust-Rechnung in Tabelle 24.1

In Millionen Euro	Anhang	Aktuelles Jahr	Vorjahr
Umsatzerlöse	1)	37.979	34.410
Bestandsveränderungen und andere aktivierte Eigenleistungen		2.457	2.207
Zwischensumme: Gesamtleistung		**40.436**	**36.617**
Sonstige betriebliche Erträge	2)	3.062	3.120
Materialaufwand		–20.906	–19.314
Personalaufwand	3)	–13.076	–11.602
Abschreibungen	4)	–2.964	–2.912
Sonstige betriebliche Aufwendungen	5)	–4.375	–4.092
Operatives Ergebnis EBIT		**2.177**	**1.817**
Beteiligungsergebnis		19	17
Zinsergebnis		–840	–911
Übriges Finanzergebnis		3	–23
Finanzergebnis		**–818**	**–917**
Ergebnis vor Ertragsteuern		**1.359**	**900**
Ertragsteuern		–27	158
Jahresergebnis		**1.332**	**1.058**

Tabelle 24.1: GuV der DB AG

Nun folgen die nötigen Informationen aus dem Anhang:

(1) Umsatzerlöse

In den Umsatzerlösen sind Bestellerentgelte für Schienenverkehr in Höhe von 4.604 (Vorjahr: 4.370) Millionen Euro enthalten.

Bei Bestellerentgelten handelt es sich um öffentliche Zuwendungen der Bundesländer an die Deutsche Bahn AG. Mit der Zahlung dieser Entgelte sollen Schienenverbindungen finanziert werden. Dies betrifft den Regional- und Nahverkehr. Aus haushaltspolitischen Gründen können diese Zuwendungen variieren.

(2) Sonstige betriebliche Erträge

Die sonstigen betrieblichen Erträge enthalten Erträge aus dem Verkauf von Material, Anlagevermögen und aus Schadensersatzzahlungen in Höhe von 990 (Vorjahr: 900) Millionen Euro. Sie enthalten zudem Erträge aus staatlichen Zuwendungen in Höhe von 348 (Vorjahr: 326) Millionen Euro. Der Rest entstand aus der Auflösung von Rückstellungen.

(3) Personalaufwand

Im Personalaufwand sind Aufwendungen zur Personalanpassung in Höhe von 211 (Vorjahr: 226) Millionen Euro enthalten.

(4) Abschreibungen

Die Abschreibungen enthalten Sondereffekte in Höhe von 132 (Vorjahr: 127) Millionen Euro.

(5) Sonstige betriebliche Aufwendungen

Die sonstigen betrieblichen Aufwendungen enthalten Aufwendungen aus Operate-Leasing und sonstige Positionen wie zum Beispiel Aufwendungen für Werbung oder Büromaterial. Neben diesen Positionen sind hier auch Aufwendungen aus Schadensersatz und Verluste aus dem Abgang von Anlagevermögen in Höhe von 206 (Vorjahr: 274) Millionen Euro enthalten. Und abschließend mit Tabelle 24.2 noch eine Vorlage für die Struktur-GuV.

	Aktuelles Jahr ordentlich	Aktuelles Jahr neutral	Vorjahr ordentlich	Vorjahr neutral
1. Umsatzerlöse				
2. und 3. Bestandsveränderungen und andere aktivierte Eigenleistungen				
4. Sonstige betriebliche Erträge				
Zwischensumme: Gesamtleistung				
5. Materialaufwand				
6. Personalaufwand				
7. Abschreibungen				
8. Sonstige betriebliche Aufwendungen				
I. Summe: Ordentliches Betriebsergebnis				
9. Beteiligungsergebnis				
10. Zinsergebnis				

	Aktuelles Jahr ordentlich	Aktuelles Jahr neutral	Vorjahr ordentlich	Vorjahr neutral
11. Übriges Finanzergebnis				
II. Summe: Finanzergebnis				
I. + II. Summe: Ordentliches Ergebnis				
12. Summe neutrale Erträge				
13. Summe neutrale Aufwendungen				
Summe 12 + 13: Neutrales Ergebnis				

Tabelle 24.2: Struktur-GuV

Die Ergebnisstruktur in Kennzahlen

Überraschung! Im Rahmen der weiteren Erfolgsanalyse werden noch ein paar Kennzahlen gebildet. Folgende Kennzahlen erfreuen sich dabei großer Beliebtheit:

- ✔ **Anteil am ordentlichen Betriebsergebnis:** ordentliches Betriebsergebnis geteilt durch das Gesamtergebnis vor Steuern
- ✔ **Anteil Finanzergebnis:** Finanzergebnis geteilt durch das Gesamtergebnis vor Steuern
- ✔ **Anteil neutrales Ergebnis:** neutrales Ergebnis geteilt durch das Gesamtergebnis vor Steuern

Weiter vorn in diesem Kapitel wurde das Ergebnis der Eisenbahngesellschaft bereits so aufgespalten, dass die vorbereiteten Zahlen jetzt nur noch in die Formeln eingesetzt werden müssen.

Aufgabe 24.3

Bitte ermitteln Sie aus den vorliegenden Zahlen der Deutschen Bahn AG die folgenden drei Kennzahlen jeweils für das aktuelle Jahr und das Vorjahr. Interpretieren Sie diese Kennzahlen bitte.

- ✔ Anteil am ordentlichen Betriebsergebnis
- ✔ Anteil Finanzergebnis
- ✔ Anteil neutrales Ergebnis

Hier noch die erforderlichen Daten: Das Gesamtergebnis vor Steuern beläuft sich im aktuellen Geschäftsjahr auf 1.359 (Vorjahr: 900) Millionen Euro. Das ordentliche Betriebsergebnis beträgt –4.940 (Vorjahr: –5.046) Millionen Euro. Das Finanzergebnis Betriebsergebnis beläuft sich auf –818 (Vorjahr: –917) Millionen Euro.

Die Aufwandsstruktur in Kennzahlen

Nun werden Kennzahlen rund um die Themen Personal, Material und Kapital gebildet.

Die Personalintensität

Die Personalintensität ergibt sich aus dem Anteil des Personalaufwands an der Gesamtleistung.

$$\mathit{Personalintensit\ddot{a}t} = \frac{\mathit{Personalaufwand}}{\mathit{Gesamtleistung}}$$

Die Pro-Kopf-Personalaufwendungen

Die Pro-Kopf-Personalaufwendungen ermitteln Sie, indem Sie den Personalaufwand durch die Beschäftigtenzahl teilen.

$$\mathit{Pro\text{-}Kopf\text{-}Personalaufwand} = \frac{\mathit{Personalaufwand}}{\mathit{Besch\ddot{a}ftigtenzahl}}$$

Die Arbeitsproduktivität

Diese Kennzahl kann auf zwei völlig unterschiedliche Arten gebildet werden. Die Aussage, die dabei getroffen werden soll, ist aber dieselbe: Steigt oder fällt der Output pro eingesetzter Einheit Arbeit? Hier die beiden Varianten:

Variante 1:

$$\mathit{Arbeitsproduktivit\ddot{a}t} = \frac{\mathit{Gesamtleistung\text{-}Materialaufwand}}{\mathit{Personalaufwand}}$$

Variante 2:

$$\mathit{Arbeitsproduktivit\ddot{a}t} = \frac{\mathit{Gesamtleistung}}{\mathit{Besch\ddot{a}ftigtenzahl}}$$

Die Materialintensität

Nun geht es um den Materialaufwand. Die Kennzahl besitzt starke Ähnlichkeiten mit der Personalintensität:

$$\mathit{Materialintensit\ddot{a}t} = \frac{\mathit{Materialaufwand}}{\mathit{Gesamtleistung}}$$

Die Abschreibungsquote

Die Abschreibungsquote ermitteln Sie, indem Sie die Abschreibungen auf das Anlagevermögen durch die Gesamtleistung teilen.

$$Abschreibungsquote = \frac{Abschreibungen\ auf\ Anlagevermögen}{Gesamtleistung}$$

Aufgabe 24.4

Ermitteln Sie bitte die folgenden Kennzahlen aus der Gewinn-und-Verlust-Rechnung der Deutschen Bahn AG:

- ✔ Personalintensität
- ✔ Pro-Kopf-Personalaufwendungen
- ✔ Arbeitsproduktivität
- ✔ Materialintensität
- ✔ Abschreibungsquote

Tabelle 24.3 zeigt die dazu benötigte Gewinn-und-Verlust-Rechnung. Und aus dem Anhang noch die Angaben zur Anzahl der Beschäftigten: Im aktuellen Jahr beschäftigte das Unternehmen im Jahresdurchschnitt 291.189 Beschäftigte (in Vollzeitpersonen umgerechnet). Im Vorjahr waren es 260.325.

In Millionen Euro	Aktuelles Jahr	Vorjahr
Umsatzerlöse	37.979	34.410
Bestandsveränderungen und andere aktivierte Eigenleistungen	2.457	2.207
Zwischensumme: Gesamtleistung	**40.436**	**36.617**
Sonstige betriebliche Erträge	3.062	3.120
Materialaufwand	–20.906	–19.314
Personalaufwand	–13.076	–11.602
Abschreibungen	–2.964	–2.912
Sonstige betriebliche Aufwendungen	–4.375	–4.092
Operatives Ergebnis EBIT	**2.177**	**1.817**
Beteiligungsergebnis	19	17
Zinsergebnis	–840	–911
Übriges Finanzergebnis	3	–23

In Millionen Euro	Aktuelles Jahr	Vorjahr
Finanzergebnis	**–818**	**–917**
Ergebnis vor Ertragsteuern	**1.359**	**900**
Ertragsteuern	–27	158
Jahresergebnis	**1.332**	**1.058**

Tabelle 24.3: GuV der DB AG

Die Rentabilitätsanalyse

Nun wird das ganze Programm der Rentabilitätsanalyse abgearbeitet. Es umfasst:

- ✔ Eigenkapitalrentabilität
- ✔ Gesamtkapitalrentabilität beziehungsweise ROI: Return on Investment
- ✔ Umsatzrentabilität
- ✔ ROCE: Return On Capital Employed

Die Kennzahlen zur Rentabilität werden ganz einfach gebildet, indem der Gewinn ins Verhältnis zu einer bestimmten Bezugsgröße gesetzt wird. Bei der Eigenkapitalrentabilität wird er zum Beispiel auf das Eigenkapital bezogen und bei der Umsatzrentabilität auf den Umsatz.

Die Eigenkapitalrentabilität und der ROI

Bei der Eigenkapitalrentabilität prüfen Sie, wie sich das eigene Kapital verzinst. Wenn Sie Ihr Eigenkapital auf ein Tagesgeldkonto einzahlen, erhalten Sie hierfür Zinsen. Das ist die Eigenkapitalrentabilität. Bei einem Unternehmen wird das schon ein wenig komplexer. Ein Blick in die Bilanz und GuV schafft aber schnell Klarheit, da Sie hier alle benötigten Informationen zur Berechnung der Eigenkapitalrentabilität finden. Aus der GuV picken Sie sich den Jahresüberschuss heraus. Und aus der Bilanz entnehmen Sie auf der Passivseite die Angabe über das Eigenkapital. Der Jahresüberschuss geteilt durch das Eigenkapital ergibt dann die Eigenkapitalrentabilität. Also alles ähnlich wie beim Tagesgeldkonto. Bei überbetrieblichen Vergleichen wird statt des Jahresüberschusses auch gerne das operative Ergebnis, also das EBIT, verwendet, um die Einflüsse des Finanzergebnisses herauszufiltern. Unternehmensberatungen fragen deshalb gerne nach dem EBIT, wenn irgendwelche teuer bezahlte Benchmarks durchgeführt werden sollen.

Dummerweise kann man seine Träume nicht nur mit Eigenkapital finanzieren, sofern man nicht zum engen Kreis der Lottomillionäre und Millionärserben zählt. Selbst dann kann der eine oder andere Wunsch doch noch die Aufnahme von Fremdkapital erforderlich machen. Alles eben relativ …

Da man nicht alle Pläne mit dem eigenem Kapital finanzieren kann, sind Unternehmen nicht nur mit Eigenkapital, sondern auch zusätzlich noch mit Fremdkapital finanziert. Beides zusammen ergibt das Gesamtkapital. Die Gesamtkapitalrentabilität berechnen Sie ganz einfach, indem Sie das EBIT durch das Gesamtkapital teilen. Das Gesamtkapital finden Sie wie alle anderen Werte auch wieder im Geschäftsbericht. Wenn es auf drei Cent nicht ankommt, nehmen Sie hier einfach die Bilanzsumme.

Aufgabe 24.5

Die Gesamtkapitalrentabilität wird häufig auch als ROI bezeichnet. Wofür steht diese Abkürzung?

Aufgabe 24.6

Zur Abwechslung nun eine Aufgabe aus der Welt der Eisenbahnen. Bitte ermitteln Sie die Eigenkapitalrentabilität der Deutschen Bahn AG auf Basis des Jahresüberschusses. Am Ende der Aufgabe erhalten Sie alle dazu benötigten Informationen. Ach, noch eine Frage: Was würde passieren, wenn der Fremdkapitalzins, mit dem das Unternehmen sein Fremdkapital verzinsen muss, von 2,5 Prozent auf 3,0 Prozent steigt?

Die benötigten Angaben: Die Deutsche Bahn AG weist in ihrem Geschäftsbericht ein Eigenkapital in Höhe von 14.991.000.000 Euro aus. Es konnte ein Jahresüberschuss in Höhe von 1.359.000.00 Euro erzielt werden. Es wird ein Gesamtkapital in Höhe von 51.791.000.000 Euro ausgewiesen.

Umsatzrentabilität und Kapitalumschlag

Zu einer Rentabilitätsanalyse gehört auch die Berechnung der Umsatzrentabilität. Hier wird gefragt, wie viel vom Umsatz als Gewinn hängen bleibt. Die »Umsatzrentabilität« gibt somit darüber Auskunft, wie viel Gewinn in Prozent pro umgesetzten Euro erwirtschaftet wurde. Zur Berechnung der Umsatzrentabilität teilen Sie das operative Ergebnis, also den EBIT, durch den Umsatz.

Die Umsatzrentabilität und die Gesamtkapitalrentabilität sind eng miteinander verknüpft. Das Bindeglied ist der Kapitalumschlag. Hier wird gemessen, wie oft das Gesamtkapital durch den Jahresumsatz umgeschlagen wurde. Sie berechnen den Kapitalumschlag, indem Sie den Umsatz durch das Gesamtkapital teilen.

Aufgabe 24.7

Berechnen Sie bitte die Umsatzrentabilität, die Gesamtkapitalrentabilität auf Basis des EBIT und den Kapitalumschlag der Deutschen Bahn AG für das aktuelle Jahr und das Vorjahr. Gibt es zwischen der Entwicklung der Gesamtkapitalrentabilität und des Kapitalumschlags einen Zusammenhang?

Die benötigten Angaben: Die Deutsche Bahn AG weist in ihrem Geschäftsbericht ein Eigenkapital in Höhe von 14.991 (Vorjahr: 14.162) Millionen Euro aus. Die Bilanzsumme beträgt 51.791 (Vorjahr: 52.003) Millionen Euro. Es konnte ein EBIT in Höhe von 2.177 (Vorjahr: 1.817) Millionen Euro erzielt werden. Im aktuellen Jahr wurden Umsatzerlöse in Höhe von 37.979 (Vorjahr: 34.410) Millionen Euro erzielt.

Der ROCE

Eine weitere verbreitete Kennzahl ist ROCE. Diese Kennzahl stammt aus dem Umfeld der sogenannten wertorientierten Steuerung. ROCE steht dabei für Return On Capital Employed. Übersetzt: Rendite auf das betrieblich eingesetzte Vermögen. Berechnet wird die Kennzahl, indem das EBIT durch das betrieblich eingesetzte Vermögen, das Capital Employed, geteilt wird. Sie ahnen es sicher schon: Das bedeutet Arbeit, da das Capital Employed nicht unbedingt im Jahresabschluss servierfertig bereitsteht.

Sie können das Capital Employed auf zwei Wegen ermitteln. Bei der ersten Variante ermitteln Sie es mithilfe der Passivseite der Bilanz. Diese Methode wird deshalb auch passivische Ermittlung genannt. Bei der zweiten Variante ermitteln Sie es mithilfe der Aktivseite der Bilanz. Diese Methode wird deshalb auch aktivische Ermittlung genannt. Für beide Methoden gibt es keine allgemeingültige Formel. In der Literatur und in den Geschäftsberichten der Unternehmen werden immer wieder einmal andere Bilanzpositionen verwendet.

Grundsätzlich gilt jedoch, dass bei der aktivischen Ermittlung das Anlagevermögen oder wahlweise nur die Sachanlagen und das immaterielle Vermögen die Ausgangsbasis bilden. Es folgen noch die Bilanzpositionen des Umlaufvermögens ohne die flüssigen Mittel. Hiervon werden einige Positionen aus der Passivseite der Bilanz abgezogen: jene Fremdkapitalpositionen, die nicht verzinslich sind, wie zum Beispiel Rückstellungen oder passive Abgrenzungen.

Bei der passivischen Ermittlung starten Sie mit dem Eigenkapital und dem verzinslichen Fremdkapital. Hiervon werden noch die flüssigen Mittel aus der Aktivseite der Bilanz abgezogen, da damit theoretisch ja Fremdkapital zurückbezahlt werden könnte.

Tabelle 24.4 zeigt ein Schema der aktivischen Methode.

Aktivische Ermittlung: Capital Employed in Millionen Euro
Sachanlagen
+ Immaterielle Vermögenswerte
+ Vorräte
+ Forderungen aus Lieferungen und Leistungen
+ Forderungen und sonstige Vermögenswerte
+ Forderungen aus Ertragsteuern
+ Zur Veräußerung gehaltene Vermögenswerte
– Verbindlichkeiten aus Lieferungen und Leistungen
– Übrige und sonstige Verbindlichkeiten
– Ertragsteuerschulden
– Sonstige Rückstellungen
– Passive Abgrenzungen
= Capital Employed

Tabelle 24.4: Aktivische Ermittlung des Capital Employed

Aufgabe 24.8

Ermitteln Sie bitte den ROCE der Deutschen Bahn AG für das aktuelle Geschäftsjahr und das Vorjahr mit der aktivischen Methode. Tabelle 24.5 zeigt die Bilanz der Deutsche Bahn AG, Tabelle 24.6 einen Auszug aus der GuV aus dem aktuellen Geschäftsbericht (alle Angaben in Millionen Euro).

Konzernbilanz zum 31. Dezember

Nr.		Aktuelles Jahr	Vorjahr
	Aktiva		
	Langfristige Vermögenswerte		
1	Sachanlagen	37.372	37.873
2	Immaterielle Vermögenswerte	4.169	4.154
3	Anteile an at Equity bilanzierten Unternehmen	579	528
4	Zur Veräußerung verfügbare finanzielle Vermögenswerte	17	63
5	Forderungen und sonstige Vermögenswerte	94	162
6	Derivative Finanzinstrumente	367	279
7	Aktive latente Steuern	1.461	1.471
		44.059	**44.530**
	Kurzfristige Vermögenswerte		
8	Vorräte	991	916
9	Zur Veräußerung verfügbare finanzielle Vermögenswerte	1	1
10	Forderungen aus Lieferungen und Leistungen	4.094	3.877
11	Sonstige Forderungen und Vermögenswerte	802	840
12	Forderungen aus Ertragsteuern	46	99
13	Derivative Finanzinstrumente	84	96
14	Flüssige Mittel	1.703	1.475
15	Zur Veräußerung gehaltene Vermögenswerte	11	169
		7.732	**7.473**
	Bilanzsumme	**51.791**	**52.003**

Nr.		Aktuelles Jahr	Vorjahr
	Passiva		
	Eigenkapital		
16	Gezeichnetes Kapital	2.150	2.150
17	Rücklagen	5.384	5.374
18	Erwirtschaftete Ergebnisse	7.457	6.638
19	Anteile anderer Gesellschafter	135	154
		15.126	**14.316**
	Langfristiges Fremdkapital		
20	Finanzschulden	16.367	16.394
21	Übrige Verbindlichkeiten	350	327
22	Derivative Finanzinstrumente	155	88
23	Pensionsverpflichtungen	1.981	1.938
24	Sonstige Rückstellungen	3.375	3.743
25	Passive Abgrenzungen	1.657	1.895
26	Passive latente Steuern	353	377
		24.238	**24.762**
	Kurzfristiges Fremdkapital		
27	Finanzschulden	1.984	2.159
28	Verbindlichkeiten aus Lieferungen und Leistungen	4.312	4.286
29	Sonstige Verbindlichkeiten	3.004	3.109
30	Ertragsteuerschulden	200	146
31	Derivative Finanzinstrumente	34	92
32	Sonstige Rückstellungen	2.235	2.513
33	Passive Abgrenzungen	658	620
		12.427	**12.925**
	Bilanzsumme	**51.791**	**52.003**

Tabelle 24.5: Bilanz der Deutschen Bahn AG (alle Angaben in Millionen Euro)

Tabelle 24.6 zeigt einen Auszug aus der GuV.

In Millionen Euro	Aktuelles Jahr	Vorjahr
Umsatzerlöse	37.979	34.410
Bestandsveränderungen und andere aktivierte Eigenleistungen	2.457	2.207
Zwischensumme: Gesamtleistung	**40.436**	**36.617**
Sonstige betriebliche Erträge	3.062	3.120
Materialaufwand	–20.906	–19.314
Personalaufwand	–13.076	–11.602
Abschreibungen	–2.964	–2.912
Sonstige betriebliche Aufwendungen	–4.375	–4.092
Operatives Ergebnis EBIT	**2.177**	**1.817**

Tabelle 24.6: GuV der DB AG

Lösungen zu den Übungsaufgaben

Hier finden Sie die Lösungen zu den Aufgaben.

Lösung 24.1

Das Unternehmen macht Verluste und hat somit ein negatives ordentliches Betriebsergebnis. Der Anteil des ordentlichen Betriebsergebnisses am positiven Gesamtergebnis ist damit definitiv kleiner als 100. Es ist sogar kleiner als null.

Lösung 24.2

Tabelle 24.7 zeigt die Struktur-GuV der DB AG.

	Aktuelles Jahr ordentlich	Aktuelles Jahr neutral	Vorjahr ordentlich	Vorjahr neutral
1. Umsatzerlöse	33.375	4.604	30.040	4.370
2. und 3. Bestandsveränderungen und andere aktivierte Eigenleistungen	2.457	0	2.207	0
4. Sonstige betriebliche Erträge	0	3.062	0	3.120

	Aktuelles Jahr ordentlich	Aktuelles Jahr neutral	Vorjahr ordentlich	Vorjahr neutral
Zwischensumme: Gesamtleistung	**35.832**		**32.247**	
5. Materialaufwand	–20.906	0	–19.314	0
6. Personalaufwand	–12.865	–211	–11.376	–226
7. Abschreibungen	–2.832	–132	–2.785	–127
8. Sonstige betriebliche Aufwendungen	–4.169	–206	–3.818	–274
I. Summe: Ordentliches Betriebsergebnis	**–4.940**		**–5.046**	
9. Beteiligungsergebnis	19		17	
10. Zinsergebnis	–840		–911	
11. Übriges Finanzergebnis	3		–23	
II. Summe: Finanzergebnis	**–818**		**–917**	
I. + II. Summe: Ordentliches Ergebnis	**–5.758**		**–5.963**	
12. Summe neutrale Erträge		7.666		7.490
13. Summe neutrale Aufwendungen		–549		–627
Summe 12 + 13: Neutrales Ergebnis		**7.117**		**6.863**

Tabelle 24.7: Struktur-GuV der Deutschen Bahn AG

Lösung 24.3

Die noch fehlende Information über die Höhe des neutralen Ergebnisses ist schnell ermittelt. Sie addieren einfach alle drei vorhandenen Werte unter Missachtung von Vorzeichen:

Neutrales Ergebnis aktuelles Jahr: 1.359 + 4.940 + 818 = 7.117

Neutrales Ergebnis aktuelles Jahr: 900 + 5.046 + 917 = 6.863

Nun die Kennzahlen. Zuerst der Anteil des ordentlichen Betriebsergebnisses im aktuellen Geschäftsjahr:

$$\textit{Anteil ordentliches Betriebsergebnis} = \frac{-4.940}{1.359} = -363{,}5\,\%$$

Dann der Anteil des ordentlichen Betriebsergebnisses im Vorjahr:

$$\textit{Anteil ordentliches Betriebsergebnis} = \frac{-5.046}{900} = -560{,}7\,\%$$

Positiv formuliert: Die Lage bessert sich. Von einem positiven ordentlichen Betriebsergebnis ist das Unternehmen jedoch meilenweit entfernt.

Nun der Anteil des Finanzergebnisses im aktuellen Jahr:

$$\textit{Anteil Finanzergebnis} = \frac{-818}{1.359} = -60{,}2\,\%$$

Dann der Anteil Finanzergebnis im Vorjahr:

$$\textit{Anteil Finanzergebnis} = \frac{-917}{900} = -101{,}9\,\%$$

Das Finanzergebnis ist ebenfalls negativ, besitzt aber leichte Tendenzen der Besserung.

Nun noch der Anteil des neutralen Ergebnisses im aktuellen Jahr:

$$\textit{Anteil neutrales Betriebsergebnis} = \frac{7.117}{1.359} = 523{,}7\,\%$$

Zum Schluss noch der Anteil des neutralen Ergebnisses im Vorjahr:

$$\textit{Anteil neutrales Betriebsergebnis} = \frac{6.863}{900} = 762{,}6\,\%$$

Das Unternehmen rettet sich mit dem neutralen Ergebnis. Im Vorjahr war die Situation noch schwieriger als im aktuellen Geschäftsjahr.

Abschließender Hinweis: Die gesamte Lösung basiert auf der Annahme, dass die öffentlichen Zuschüsse dem neutralen Ergebnis zuzuordnen sind.

Lösung 24.4

Hier die gewünschten Kennzahlen:

Die Personalintensität

Die Personalintensität im aktuellen Jahr:

$$\textit{Personalintensität} = \frac{13.076}{40.436} = 32{,}3\,\%$$

Die Personalintensität im Vorjahr:

$$\textit{Personalintensität} = \frac{11.602}{36.617} = 31{,}7\,\%$$

Die Pro-Kopf-Personalaufwendungen

Die Pro-Kopf-Personalaufwendungen im aktuellen Jahr:

$$\textit{Pro-Kopf-Personalaufwand} = \frac{13.076.000.000}{291.189} = 44.905 \text{ Euro}$$

Die Pro-Kopf-Personalaufwendungen im Vorjahr:

$$\textit{Pro-Kopf-Personalaufwand} = \frac{11.602.000.000}{260.325} = 44.567 \text{ Euro}$$

Die Arbeitsproduktivität

Die Berechnung mit der ersten Variante für das aktuelle Geschäftsjahr:

$$\textit{Arbeitsproduktivität} = \frac{40.436 - 20.906}{13.076} = 149{,}4\,\%$$

Die Berechnung mit der ersten Variante für das Vorjahr:

$$\textit{Arbeitsproduktivität} = \frac{36.617 - 19.314}{11.602} = 149{,}1\,\%$$

Die Materialintensität

Die Materialintensität im aktuellen Jahr:

$$\textit{Materialintensität} = \frac{20.906}{40.436} = 51{,}7\,\%$$

Die Materialintensität im Vorjahr:

$$\textit{Materialintensität} = \frac{19.314}{36.617} = 52{,}7\,\%$$

Die Abschreibungsquote

Die Abschreibungsquote im aktuellen Jahr:

$$\textit{Abschreibungsquote} = \frac{2.964}{40.436} = 7{,}3\,\%$$

Die Abschreibungsquote im Vorjahr:

$$\textit{Abschreibungsquote} = \frac{2.912}{36.617} = 8{,}0\,\%$$

In Ermangelung näherer Angaben darüber, ob in der GuV-Position »Abschreibungen« auch Abschreibungen auf das Umlaufvermögen enthalten sind, wurde der Gesamtbetrag bei der Berechnung verwendet. Da die Quote gegenüber dem Vorjahr keine größeren Abweichungen ausweist, kann der Einfluss aus Abschreibungen auf das Umlaufvermögen nicht allzu groß sein.

Lösung 24.5

ROI steht für Return on Investment und ist nichts anderes als die Gesamtkapitalrentabilität.

Lösung 24.6

Die Eigenkapitalrentabilität beträgt stolze 9,1 Prozent. Das ist ein ziemlich guter Wert. Ein Tagesgeldkonto bringt aktuell deutlich niedrigere Zinsen. Die Gesamtkapitalrentabilität beträgt dagegen lediglich 2,6 Prozent. Das bedeutet, dass das Unternehmen über eine niedrige Eigenkapitaldecke verfügt. Wird der Fremdkapitalzins von 2,5 auf 3,0 Prozent erhöht, betritt der Leverage-Effekt die Bühne und die Tragödie nimmt ihren Lauf.

Der Grund: Solange der Fremdkapitalzins niedriger als die Gesamtkapitalrendite ist, wird bei steigender Verschuldung die Eigenkapitalrendite noch ansteigen, da ja immer weniger eigenes Geld investiert wird und stattdessen fremdes Geld arbeitet. Deshalb steigt in diesem Moment noch die Eigenkapitalrendite. Steigt der Marktzins jedoch an, kippt das Modell in dem Moment, in dem der Fremdkapitalzins die Gesamtkapitalrendite übersteigt. Dann drohen Verluste.

Lösung 24.7

Die Umsatzrentabilität des aktuellen Geschäftsjahrs:

$$Umsatzrentabilität = \frac{2.177}{37.979} = 5{,}7\,\%$$

Die Umsatzrentabilität des Vorjahrs:

$$Umsatzrentabilität = \frac{1.817}{34.410} = 5{,}3\,\%$$

Die Gesamtkapitalrentabilität des aktuellen Geschäftsjahrs:

$$Gesamtkapitalrentabilität = \frac{2.177}{51.791} = 4{,}2\,\%$$

Die Gesamtkapitalrentabilität des Vorjahrs:

$$Gesamtkapitalrentabilität = \frac{1.817}{52.003} = 3{,}5\,\%$$

Der Kapitalumschlag des aktuellen Geschäftsjahrs:

$$Kapitalumschlag = \frac{37.979}{51.791} = 0{,}73$$

Der Kapitalumschlag des Vorjahrs:

$$Kapitalumschlag = \frac{34.410}{52.003} = 0{,}66$$

Der Kapitalumschlag hat sich gegenüber dem Vorjahr erhöht; die Gesamtkapitalrentabilität ebenfalls. Damit wird die folgende Faustregel bestätigt: Je schneller das Kapital umgeschlagen wird, desto höher die Gesamtkapitalrendite.

Lösung 24.8

Tabelle 24.8 zeigt die Berechnung des Capital Employed mit der aktivischen Methode.

Aktivische Ermittlung: Capital Employed in Millionen Euro	Bilanz Nr.	Aktuelles Jahr	Vorjahr
Sachanlagen	1	37.372	37.873
+ Immaterielle Vermögenswerte	2	4.169	4.154
+ Vorräte	8	991	916
+ Forderungen aus Lieferungen und Leistungen	10	4.094	3.877
+ Forderungen und sonstige Vermögenswerte	5	94	162
+ Forderungen und sonstige Vermögenswerte	11	802	840
+ Forderungen aus Ertragsteuern	12	46	99
+ Zur Veräußerung gehaltene Vermögenswerte	15	11	169
– Verbindlichkeiten aus Lieferungen und Leistungen	28	–4.312	–4.286
– Übrige und sonstige Verbindlichkeiten	21	–350	–327
– Übrige und sonstige Verbindlichkeiten	29	–3.004	–3.109
– Ertragsteuerschulden	30	–200	–146
– Sonstige Rückstellungen	24	–3.375	–3.743
– Sonstige Rückstellungen	32	–2.235	–2.513
– Passive Abgrenzungen	25	–1.657	–1.895
– Passive Abgrenzungen	33	–658	–620
= Capital Employed		**31.788**	**31.451**

Tabelle 24.8: Aktivische Ermittlung des Capital Employed

Zum guten Schluss wird noch der ROCE berechnet.

$$ROCE\ Vorjahr = \frac{1.817}{31.451} = 5{,}8\,\%$$

$$ROCE\ aktuelles\ Jahr = \frac{2.177}{31.788} = 6{,}8\,\%$$

Der ROCE ist gegenüber dem Vorjahr um einen Prozentpunkt gestiegen. Der Anstieg des Capital Employed konnte durch ein deutlich gestiegenes EBIT mehr als ausgeglichen werden.

Die Wertschöpfungs- und Break-even-Analyse

25

In diesem Kapitel

- Wertschöpfungsrechnungen und -analysen durchführen
- Die Break-even-Analyse mit einem und mit mehreren Produkten erstellen

Es geht weiter mit klangvollen Namen. Vorhang auf für die Wertschöpfungs- und die Break-even-Analyse.

Die Wertschöpfungsanalyse

Vielleicht haben Sie ja schon einmal was vom Autor der Bände *Das Kapital Band 1 bis Band 3* gehört. Darin beschäftigt sich der Autor, Karl Marx, mit dem Mehrwert. Dieser Mehrwert entsteht in diesen Werken durch die Arbeitskraft der Arbeiter. Dies ist unbestritten der Fall, ansonsten könnten viele Unternehmen die Tore schließen. Natürlich gibt es mittlerweile auch andere Sichtweisen. Danach sorgen auch die anderen Produktionsfaktoren, wie zum Beispiel das eingesetzte Kapital, für eine Wertschöpfung, also für einen Mehrwert.

Die Wertschöpfung einer Unternehmung kann dabei auf zwei Arten ermittelt werden. Einmal nach ihrer Entstehung und einmal nach ihrer Verteilung. Die Entstehungsrechnung kümmert sich um die Frage, woher die Wertschöpfung stammt, und die Verteilungsrechnung geht der Frage nach, wohin überall die dabei entstandene Wertschöpfung fließt.

Die Entstehungsrechnung

Die Daten für die Wertschöpfungsrechnung und -analyse stammen aus der GuV. Dabei wird die Wertschöpfung aus der Differenz des Produktionswerts und den Vorleistungen ermittelt. Die Ermittlung der Wertschöpfung variiert jedoch ein wenig, eben je nachdem, ob die GuV nach dem Gesamt- oder dem Umsatzkostenverfahren erstellt wurde.

Entstehungsrechnung mit dem Gesamtkostenverfahren

Wurde die GuV nach dem Gesamtkostenverfahren erstellt, ist die Ermittlung der Wertschöpfung recht einfach. Zuerst ermitteln Sie den Produktionswert. Der besteht aus den

- ✔ Umsatzerlösen,
- ✔ Bestandsveränderungen,
- ✔ aktivierten Eigenleistungen und
- ✔ sonstigen betrieblichen Erträgen.

Anschließend müssen die Vorleistungen ermittelt und von dem Produktionswert abgezogen werden. Dazu zählt alles, was von fremden Unternehmen an Materialien und Dienstleistungen bezogen wurde. Das sind bei der Ermittlung der Nettowertschöpfung die GuV-Positionen:

- ✔ Materialaufwand
- ✔ Abschreibungen
- ✔ sonstige betriebliche Aufwendungen

Bei der Ermittlung der Bruttowertschöpfung sind das nur die GuV-Positionen

- ✔ Materialaufwand und
- ✔ sonstige betriebliche Aufwendungen.

Die Abschreibungen werden hier also nicht berücksichtigt. Bei den sonstigen betrieblichen Aufwendungen müssen Sie übrigens ein wenig aufpassen.

Bei den sonstigen betrieblichen Erträgen und Aufwendungen dürfen keine Personalaufwendungen und keine staatlichen Zuschüsse enthalten sein. Beides zählt nicht zu den Vorleistungen.

Entstehungsrechnung mit dem Umsatzkostenverfahren

Sollte Ihnen dagegen eine GuV nach dem Umsatzkostenverfahren vorliegen, wird die Entstehungsrechnung ein klein wenig umständlicher. Auch hier geht es mit der Ermittlung des Produktionswerts los. Die Umsatzerlöse erhalten Sie aus der GuV. Aber dann das erste Hindernis: Die Bestandsveränderungen können Sie nicht aus einer GuV nach dem Umsatzkostenverfahren ziehen. Hier rettet Sie nur noch ein Blick in die Bilanz oder den Anhang. Und bei den aktivierten Eigenleistungen hilft nur noch ein Blick in den Anhang. Die sonstigen betrieblichen Erträge können Sie dann wieder bequem aus der GuV holen.

Die Bestandteile der Vorleistungen können ebenfalls nicht einfach der GuV entnommen werden. Die Angaben zum Materialaufwand finden Sie hoffentlich im Anhang und die Abschreibungen in der Bilanz oder auch im Anhang. Die sonstigen betrieblichen Aufwendungen stehen dagegen wieder in der GuV.

Die Verteilungsrechnung

Bei der Verteilungsrechnung müssen Sie sich von der Denkweise der GuV lösen. Neben dem EBIT gehören einige Aufwandsarten ebenfalls zur Wertschöpfung. Die erforderlichen Daten erhalten Sie aus der GuV oder aus dem Anhang.

Die folgenden Positionen ergeben zusammen die Wertschöpfung:

- ✔ Personalaufwand
  - Löhne und Gehälter beziehungsweise Entgelte
  - Sozialabgaben

  - Aufwendungen für die Altersvorsorge
  - sonstige Vergütungen, beispielsweise an den Aufsichtsrat

✔ Steuern

  - Steuern vom Einkommen und vom Ertrag
  - sonstige Steuern

✔ Fremdkapitalzinsen

  - Zinsen und ähnliche Aufwendungen

✔ Eigenkapitalerträge

  - Gewinnausschüttungen

✔ im Unternehmen verbleibend

  - Rückstellungen
  - nicht ausgeschüttete Gewinne

Bei der Verteilungsrechnung ist es übrigens üblich, alles in Prozentwerten anzugeben. Der Wertschöpfungsanteil des Personals beträgt beispielsweise 20 Prozent, der Anteil der Eigenkapitelgeber 30 Prozent und so weiter.

Aufgabe 25.1

Führen Sie bitte eine Wertschöpfungsanalyse für das aktuelle Jahr und das Vorjahr mit den Angaben aus dem Jahresabschluss des Frottierwarenherstellers Flauschig AG durch. Ermitteln Sie dabei bitte die Nettowertschöpfung. Anbei für Sie die GuV, Informationen zur Verwendung des Jahresüberschusses und die Bilanz der Flauschig AG. Tabelle 25.1 zeigt die Konzern-Gewinn-und-Verlust-Rechnung.

In Millionen Euro	Aktuelles Jahr	Vorjahr
Umsatzerlöse	7.428	7.203
Bestandsveränderungen	100	100
Aktivierte Eigenleistungen	220	320
Zwischensumme: Gesamtleistung	**7.748**	**7.623**
Sonstige betriebliche Erträge	78	120
Materialaufwand	–2.450	–2.176

In Millionen Euro	Aktuelles Jahr	Vorjahr
Personalaufwand	–1.978	–1.899
Abschreibungen	–750	–730
Sonstige betriebliche Aufwendungen	–210	–270
Operatives Ergebnis EBIT	**2.438**	**2.668**
Zinsaufwendungen	–24	–28
Finanzergebnis	**–24**	**–28**
Ergebnis vor Steuern	**2.414**	**2.640**
Ertragsteuern	–386	–421
Sonstige Steuern	–12	–14
Jahresergebnis	**2.016**	**2.205**

Tabelle 25.1: GuV der Flauschig AG

Das Jahresergebnis wird wie jedes Jahr voll an die Eigentümer der Flauschig AG, das sind die Familien Flauschig, Drahtig und Bürzig, ausgeschüttet. In den letzten Jahresabschlüssen wurden keine Rückstellungen gebildet.

Wertschöpfungsanalyse mit Kennzahlen

Aus der Wertschöpfungsrechnung können Sie zur Analyse einige Kennzahlen ableiten.

Der Anteil der Vorleistungen an der Gesamtleistung

Der Anteil der Vorleistungen an der gesamten Unternehmensleistung zeigt Ihnen, welche Fertigungstiefe ein Unternehmen hat. Oder anders herum gefragt: In welchem Maße ist das Unternehmen von den Leistungen fremder Unternehmen abhängig? Die Berechnung der Kennzahl:

$$\textit{Anteil Vorleistungen} = \frac{\textit{Vorleistungen}}{\textit{Produktionswert}} \times 100.$$

Der Anteil der Wertschöpfung an der Gesamtleistung

Diese Kennzahl wird gerne für Unternehmensvergleiche verwendet. Hier können Sie sehen, wie hoch die Wertschöpfungskraft des Unternehmens ist.

$$\text{Anteil Wertschöpfung} = \frac{\text{Wertschöpfung}}{\text{Produktionswert}} \times 100$$

Die Arbeitsintensität

Mit dieser Kennzahl können Sie prüfen, wie die Wertschöpfung des Unternehmens vom Faktor Arbeit abhängig ist.

$$\text{Anteil Personalaufwand} = \frac{\text{Personalaufwand}}{\text{Produktionswert}} \times 100$$

Die Arbeitsproduktivität beziehungsweise Wertschöpfung je Mitarbeiter

Bei der Kennzahl Arbeitsproduktivität wird die durchschnittliche Wertschöpfung je Mitarbeiter ermittelt. Je höher diese ist, desto produktiver die Mitarbeiter.

$$\text{Arbeitsproduktivität} = \frac{\text{Wertschöpfung}}{\text{durchschnittliche Mitarbeiterzahl}}$$

Die Kapitalproduktivität

Neben der Arbeitsproduktivität können Sie selbstverständlich auch die Kapitalproduktivität ermitteln. Die Formel:

$$\text{Kapitalproduktivität} = \frac{\text{Wertschöpfung}}{\text{durchschnittliches Gesamtkapital}}$$

Aufgabe 25.2

Sie dürfen nun eine Wertschöpfungsanalyse für zwei Unternehmen durchführen. Ermitteln Sie bitte jeweils die folgenden Kennzahlen:

- ✔ Anteil Vorleistungen
- ✔ Anteil Wertschöpfung
- ✔ Anteil Personalaufwand
- ✔ Arbeitsproduktivität
- ✔ Kapitalproduktivität

Und hier sind die erforderlichen Informationen für Sie: Die Sektkellerei Kohlensauer GmbH erzielte im letzten Jahr Umsatzerlöse in Höhe von 27,3 Millionen Euro. Der Lagerbestand konnte um 80.000 Euro verringert werden. Laut Erfolgsrechnung gab es noch sonstige betriebliche Erträge in Höhe von 322.000 Euro, der Materialaufwand belief sich auf 14 Millionen Euro, der Personalaufwand auf 8 Millionen Euro. Abschreibungen fielen in Höhe von 1.320.000 Euro an, sonstige betriebliche Aufwendungen gab es in Höhe von 45.000 Euro. Fremdkapitalzinsen mussten in Höhe von 60.000 Euro gezahlt werden. Ertragsteuern fielen in Höhe von 1,2 Millionen Euro an. Laut Bilanz weist die Kohlensauer GmbH ein Gesamtkapital in Höhe von 60 Millionen Euro aus. Im letzten Geschäftsjahr wurden durchschnittlich 290 Mitarbeiter beschäftigt. Der Jahresüberschuss wurde nicht ausgeschüttet.

Die Sektkellerei Süßlich AG erzielte im letzten Jahr Umsatzerlöse in Höhe von 19 Millionen Euro. Der Lagerbestand erhöhte sich um 300.000 Euro. Laut Erfolgsrechnung gab es noch sonstige betriebliche Erträge in Höhe von 670.000 Euro, der Materialaufwand belief sich auf 6 Millionen Euro, der Personalaufwand auf 4 Millionen Euro. Abschreibungen fielen in Höhe von 600.000 Euro an, sonstige betriebliche Aufwendungen gab es in Höhe von 230.000 Euro. Fremdkapitalzinsen mussten in Höhe von 400.000 Euro gezahlt werden. Ertragsteuern fielen in Höhe von 700.000 Euro an. Laut Bilanz weist die Süßlich AG ein Gesamtkapital in Höhe von 50 Millionen Euro aus. Im letzten Geschäftsjahr wurden durchschnittlich 135 Mitarbeiter beschäftigt. Der Jahresüberschuss wurde an die Anteilseigner ausgeschüttet. Bei beiden Unternehmen wurden keine Rückstellungen gebildet.

Die Break-even-Analyse

Die Break-even-Analyse analysiert, ab welchem Umsatzniveau Gewinn erwirtschaftet wird. Den Punkt, ab dem die Gewinnzone erreicht wird, nennt man Break-even-Point oder Gewinnschwelle.

Break-even-Analyse mit einem Produkt

Nun wird der Break-even-Point ermittelt. Der Gewinn ergibt sich bekanntlich, indem Sie die Kosten vom Umsatz abziehen. Bei der Break-even-Analyse müssen Sie die Kosten noch in fix und variabel trennen. Die Formel zur Berechnung des Break-even-Points sieht so aus:

$$BEP = \frac{Fixkosten}{Stückpreis\text{-}variable\ Stückkosten}$$

Aufgabe 25.3

Die Sektkellerei Brut GmbH & Co. KG produziert und verkauft nur ein Produkt: den Sekt Hausmarke Brut. Die Flasche wird für 3,90 Euro verkauft. Die Fixkosten belaufen sich auf 450.000 Euro. Die variablen Stückkosten pro Flasche betragen 1,70 Euro. Letztes Jahr konnte die Sektkellerei 250.000 Flaschen verkaufen. Hat sie damit den Break-even-Point überschritten?

Aufgabe 25.4

Die Spielwarenfabrik Bärenmarkig AG produziert und verkauft nur ein Produkt: den Braunbären Bruno. Ein Teddybär wird für 19,90 Euro verkauft. Die Fixkosten belaufen sich auf 200.000 Euro. Die variablen Stückkosten pro Bär betragen 9,90 Euro. Letztes Jahr konnte die Spielwarenfabrik 30.000 Bären verkaufen. Wo liegt der Break-even-Point der Spielwarenfabrik? Welcher Gewinn oder Verlust wurde erzielt?

Aufgabe 25.5

Das Unternehmen P&S AG stellt praktische Parkscheiben her, die gleichzeitig als Eiskratzer verwendet werden können. So eine Parkscheibe wird für 1,20 Euro verkauft. Im letzten Jahr konnte die P&S AG 300.000 Parkscheiben verkaufen. Die variablen Kosten pro Parkscheibe betragen 0,80 Euro. Die P&S AG hatte zudem auch noch Fixkosten in Höhe von 200.000 Euro. Berechnen Sie bitte den Break-even-Point der P&S AG.

Break-even-Analyse mit mehreren Produkten

Ein Unternehmen verkauft in aller Regel nicht nur ein Produkt. Bei Mehrproduktunternehmen können Sie leider keine eindeutigen Mengen mehr ermitteln, ab denen die Gewinnschwelle erreicht wird. Die Analyse wird nun etwas schwieriger. Bei Mehrproduktunternehmen ermittelt man nicht die Stückzahl, sondern jenen Umsatz, der benötigt wird, um die Fixkosten zu decken. Dazu gibt es nachfolgende Formel. *U (BEP)* steht hier übrigens für Umsatz des Break-even-Points.

$$U(BEP) = \frac{Fixkosten}{1 - \frac{Summe\ variable\ Kosten}{Gesamtumsatz}}$$

Aufgabe 25.6

Die Spielwarenfabrik Bärenmarkig AG produziert und verkauft mehrere Produkte: den Braunbären Bruno, den Pinguin Humboldt und den Mammut Steppi. Die Fixkosten der Spielwarenfabrik betragen 460.000 Euro. Ein Teddybär wird für 19,90 Euro verkauft, die Stückkosten betragen 12,90 Euro. Humboldt wird für 15,90 Euro verkauft, die Stückkosten betragen 8,90 Euro. Das Mammut kostet 24,90 Euro bei Stückkosten von 14,90 Euro. Folgende Stückzahlen konnten verkauft werden:

- ✔ 20.000 Brunos
- ✔ 10.000 Humboldts
- ✔ 30.000 Steppis

Ermitteln Sie bitte den Break-even-Point.

Lösungen zu den Übungsaufgaben

Hier finden Sie die Lösungen zu den Aufgaben.

Lösung 25.1

Tabelle 25.2 zeigt die Wertschöpfungsrechnung der Flauschig AG.

	Entstehung der Wertschöpfung	Aktuelles Jahr	Vorjahr
1	Umsatzerlöse	7.428	7.203
2	Bestandsveränderungen	100	100
3	Aktivierte Eigenleistungen	220	320
4	Sonstige betriebliche Erträge	78	120
5	**Produktionswert (=1+2+3+4)**	**7.826**	**7.743**
6	Materialaufwand	2.450	2.176
7	Sonstige betriebliche Aufwendungen	210	270
8	**Vorleistungen (=6+7)**	**2.660**	**2.446**
9	**Bruttowertschöpfung (=5–8)**	**5.166**	**5.297**
10	Abschreibungen	750	730
11	**Nettowertschöpfung (=9–10)**	**4.416**	**4.567**

Tabelle 25.2: Die Wertschöpfungsrechnung der Flauschig AG

Tabelle 25.3 zeigt die Verteilungsrechnung der Schlummer AG.

	Verteilung der Wertschöpfung	Aktuelles Jahr	Vorjahr
1	Personal	1.978 (44,8 %)	1.899 (41,6 %)
2	Staat	398 (9,0 %)	435 (9,5 %)
3	Fremdkapitalgeber	24 (0,5 %)	28 (0,6 %)
4	Eigenkapitalgeber	2.016 (45,7 %)	2.205 (48,3 %)
	Nettowertschöpfung (=1+2+3+4+5)	**4.416 (100 %)**	**4.567 (100 %)**

Tabelle 25.3: Die Verteilungsrechnung der Schlummer AG

Lösung 25.2

Tabelle 25.4 zeigt die GuV der beiden Sektkellereien aus den Angaben der Aufgabe, damit der Jahresüberschuss ermittelt werden kann.

In Tsd. Euro	Kohlen-sauer	Süßlich
Umsatzerlöse	27.300	19.000
Bestandsveränderungen	–80	300
Aktivierte Eigenleistungen	0	0
Zwischensumme: Gesamtleistung	**27.220**	**19.300**
Sonstige betriebliche Erträge	322	670
Materialaufwand	–14.000	–6.000
Personalaufwand	–8.000	–4.000
Abschreibungen	–1.320	–600
Sonstige betriebliche Aufwendungen	–45	–230
Operatives Ergebnis EBIT	**4.177**	**9.140**
Zinsaufwendungen	–60	–400
Finanzergebnis	**–60**	**–400**
Ergebnis vor Steuern	**4.117**	**8.740**
Ertragsteuern	–1.200	–700
Jahresergebnis	**2.917**	**8.040**

Tabelle 25.4: GuV der beiden Sektkellereien

Tabelle 24.5. zeigt die Entstehungsrechnung.

	Entstehung der Wertschöpfung	Kohlensauer	Süßlich
1	Umsatzerlöse	27.300	19.000
2	Bestandsveränderungen	–80	300
3	Aktivierte Eigenleistungen	0	0
4	Sonstige betriebliche Erträge	322	670
5	**Produktionswert (=1+2+3+4)**	**27.542**	**19.970**
6	Materialaufwand	14.000	6.000

	Entstehung der Wertschöpfung	Kohlensauer	Süßlich
7	Sonstige betriebliche Aufwendungen	45	230
8	**Vorleistungen (=6+7)**	**14.045**	**6.230**
9	**Bruttowertschöpfung (=5–8)**	**13.497**	**13.740**
10	Abschreibungen	1.320	600
11	**Nettowertschöpfung (=9–10)**	**12.177**	**13.140**

Tabelle 25.5: Die Wertschöpfungsrechnung der beiden Sektkellereien

Tabelle 25.6 zeigt die Verteilungsrechnung.

	Verteilung der Wertschöpfung	Kohlensauer	Süßlich
1	Personal	8.000 (65,7 %)	4.000 (30,4 %)
2	Staat	1.200 (9,9 %)	700 (5,3 %)
3	Fremdkapitalgeber	60 (0,5 %)	400 (3,0 %)
4	Unternehmen	2.917 (24,0 %)	0 (0,0 %)
4	Eigenkapitalgeber	0 (0,0 %)	8.050 (61,2 %)
	Nettowertschöpfung (=1+2+3+4+5)	**12.177 (100 %)**	**13.140 (100 %)**

Tabelle 25.6: Die Verteilungsrechnung der beiden Sektkellereien

Nun folgt die Berechnung der gewünschten Kennzahlen:

Der Anteil der Vorleistungen an der Gesamtleistung

Kohlensauer GmbH:

$$\textit{Anteil Vorleistungen} = \frac{14.045}{27.542} \times 100 = 51\,\%$$

Süßlich AG:

$$\textit{Anteil Vorleistungen} = \frac{6.230}{19.970} \times 100 = 31\,\%$$

Der Anteil der Wertschöpfung an der Gesamtleistung

Kohlensauer GmbH:

$$\textit{Anteil Wertschöpfung} = \frac{12.177}{27.542} \times 100 = 44\,\%$$

Süßlich AG:

$$Anteil\,Wertschöpfung = \frac{13.140}{19.970} \times 100 = 66\,\%$$

Die Arbeitsintensität

Kohlensauer GmbH:

$$Anteil\,Personalaufwand = \frac{8.000}{27.542} \times 100 = 29\,\%$$

Süßlich AG:

$$Anteil\,Personalaufwand = \frac{4.000}{19.970} \times 100 = 20\,\%$$

Die Arbeitsproduktivität beziehungsweise Wertschöpfung je Mitarbeiter

Kohlensauer GmbH:

$$Arbeitsproduktivität = \frac{12.177.000}{290} = 41.990$$

Süßlich AG:

$$Arbeitsproduktivität = \frac{13.140.000}{135} = 97.333$$

Die Kapitalproduktivität

Kohlensauer GmbH:

$$Kapitalproduktivität = \frac{12.177}{60.000} = 0{,}20$$

Süßlich AG:

$$Kapitalproduktivität = \frac{13.140}{50.000} = 0{,}26$$

Lösung 25.3

Der Break-even-Point liegt für die Sektkellerei bei 204.545 Flaschen:

$$BEP = \frac{450.000}{3{,}90-1{,}70} = 204.545\,Flaschen$$

Mit 250.000 Flaschen wurde der Break-even-Point somit überschritten.

Lösung 25.4

Der Break-even-Point liegt für die Spielwarenfabrik bei 20.000 Bären:

$$BEP = \frac{200.000}{19{,}90-9{,}90} = 20.000\,Brunos$$

Mit 30.000 Bären wurde ein Gewinn in Höhe von 100.000 Euro erzielt:

$$30.000\ \textit{Bären} \times (19{,}90-9{,}90)-200.000 = 100.000\ \textit{Euro}$$

Lösung 25.5

Bei einem Unternehmen mit einem Produkt berechnen Sie den Break-even-Point mit dieser Formel:

$$BEP = \frac{200.000}{1{,}20-0{,}80}$$

Der Break-even-Point liegt damit bei 500.000 Parkscheiben. Dummerweise wurden nur 300.000 verkauft. Die P&S AG hat also ein verlustreiches Jahr hinter sich. Um wieder auf die Beine zu kommen, müssen entweder mindestens 500.000 Parkscheiben verkauft werden oder die Kostenstruktur muss verbessert werden.

Lösung 25.6

Zur Ermittlung des Break-even-Points werden die Informationen erst einmal in Tabelle 25.7 übersichtlich sortiert.

	Bruno	Humboldt	Steppi	Summe
Absatzmenge	20.000	10.000	30.000	
Preis in Euro	19,90	15,90	24,90	
Kosten variabel	12,90	8,90	14,90	
Deckungsbeitrag	7,00	7,00	10,00	
Umsatzerlöse	398.000	159.000	747.000	1.304.000
Abzüglich Kosten variabel	258.000	89.000	447.000	794.000
= Deckungsbeitrag	140.000	70.000	300.000	510.000
Abzüglich Kosten fix				460.000
Ergebnis				**50.000**

Tabelle 25.7: Daten der Spielwarenfabrik

Nun wird der benötigte Umsatz ermittelt:

$$U(BEP) = \frac{460.000}{1 - \frac{794.000}{1.304.000}} = 1{,}17\ \textit{Millionen Euro}$$

Die Gewinnschwelle liegt bei einem Umsatz von knapp 1,2 Million Euro.

Die strategische Bilanzanalyse

26

In diesem Kapitel

- Strategische Bilanzanalysen durchführen
- Geschäftsmodelle beurteilen

Die klassische Bilanzanalyse haben Sie in den vorherigen Kapiteln nun ausgiebig kennengelernt. Dummerweise beruht diese Analyse auf vergangenheitsorientierten Jahresabschlusswerten, sodass keine sichere Aussage über die zukünftige Entwicklung gemacht werden kann. Vielleicht kann ja die strategische Bilanzanalyse hier ein wenig helfen.

Qualität statt Quantität: Die strategische Bilanzanalyse

Lösen Sie sich nun bitte von der Welt der harten Zahlen und wenden sich dem Thema Nachhaltigkeit zu. Was hat dies mit der Bilanzanalyse zu tun? Ganz einfach: Kann das Unternehmen die erwirtschafteten Ergebnisse auch in Zukunft erbringen oder wurde der Gewinn nur auf Kosten der Substanz erzielt? Dieser Frage geht die Ressourcenanalyse nach und hängt damit eng mit der Fragestellung nach der Nachhaltigkeit zusammen.

Die Ressourcenanalyse ist jedoch nicht die einzige Möglichkeit der strategischen Bilanzanalyse. Mit der Branchenanalyse werfen Sie einen Blick auf die Branche, in der sich das betrachtete Unternehmen bewegt. Daneben gibt es noch zwei weitere mögliche Analysearten: die Marktstellungsanalyse sowie die Analyse des Geschäftsmodells.

Die Ressourcenanalyse

Mit der Ressourcenanalyse prüfen Sie, ob das untersuchte Unternehmen dauerhaft über Ressourcen verfügt, um auch künftig erfolgreich zu sein. Und perfekt wäre es, wenn diese Ressourcen von den Wettbewerbern auch noch schwer imitierbar wären. Dann führt die Konkurrenz ein beschwerliches Leben. Die verfügbaren Ressourcen können Sie unterteilen in materielle und immaterielle Ressourcen.

Materielle Ressourcen

Materielle Ressourcen finden Sie im Anlagevermögen und im Umlaufvermögen. Die Frage lautet dabei: Welche Vermögensstruktur ist denn nun nachhaltig? Dazu hilft ein Blick auf die Passivseite der Bilanz. Generell gilt eine höhere Eigenkapitalquote als nachhaltiger. Hier hilft quantitatives Messen bei der qualitativen Bewertung.

Immaterielle Ressourcen

Einige immaterielle Vermögenswerte finden Sie ebenfalls im Jahresabschluss: im Anlagevermögen. Darüber hinaus gibt es aber noch einige weitere immaterielle Ressourcen, die so nicht in der Bilanz oder Gewinn-und-Verlust-Rechnung zu finden sind.

Aufgabe 26.1

Ein Unternehmen kann auf materielle und immaterielle Ressourcen zugreifen. Alle materiellen Ressourcen können Sie im Jahresabschluss finden. Das realistische Bild kann hier nur durch eine nicht passende Bewertung getrübt werden. Anders ist dies bei den immateriellen Ressourcen. Neben den im Anlagevermögen der Bilanz aufgeführten immateriellen Vermögenswerten verfügt ein Unternehmen noch über weitere immaterielle Ressourcen. Können Sie ein paar solcher immaterielle Ressourcen nennen?

Die Branchenanalyse

Bei dieser Analyse untersuchen Sie die Branchenstruktur. Dabei werden zum Beispiel das Arbeitskräfteangebot oder Aus- und Eintrittsbarrieren untersucht.

Aufgabe 26.2

Ist die Ein- und Austrittsbarriere in anlageintensiven Branchen höher oder niedriger als in Dienstleistungsbranchen?

Aufgabe 26.3

Muss die Branchenstruktur, insbesondere die Frage, ob es sich um ein Monopol, Oligopol oder Polypol handelt, bei der strategischen Bilanzanalyse berücksichtigt werden?

Aufgabe 26.4

Spielt es bei der Analyse eine Rolle, ob sich das betrachtete Unternehmen auf nationalem oder internationalem Parkett bewegt?

Die Marktstellungsanalyse

Mit der Branchenanalyse verwandt, aber doch mit einem etwas anderen Blickwinkel versehen, ist die Marktstellungsanalyse. Der Schwerpunkt der Analyse liegt stärker bei den Nachfragern und den Produkten.

Aufgabe 26.5

Welche Kriterien werden bei der Marktstellungsanalyse geprüft?

Aufgabe 26.6

Wie schätzen Sie die Lage des Drogerieartikelherstellers Avelia nach Durchführung einer Marktstellungsanalyse ein? Die Avelia produziert Duschgels, Deos und Shampoos. Marktanteil in den letzten Jahren unverändert stabil bei etwa 3 Prozent. Vor drei Jahren lag der Marktanteil noch bei 10 Prozent. Nach der Insolvenz eines Hauptkunden, der Drogeriemarktkette Hausdrogerie KG, sank der Marktanteil auf knapp 4 Prozent. Seitdem bewegt sich der Marktanteil unverändert stabil bei etwa 3 Prozent. Die Marke Avelia wird am liebsten von Kunden der Altersklasse 50 und älter gekauft. Bioprodukte bietet der Hersteller nicht an. In den Tests lagen die Produkte zuletzt immer im ordentlichen Mittelfeld.

Aufgabe 26.7

Führen Sie bitte eine Marktstellungsanalyse durch. Betrachtungsgegenstand ist der Fahrradhersteller Schwarz & Matt GmbH. Die Schwarz & Matt GmbH stellt schlichte, matt lackierte Räder ohne Gangschaltung her, die sich in den Metropolen Europas immer stärkerer Beliebtheit erfreuen. Der Marktanteil stieg von 0,2 auf nun 1,5 Prozent. Die Räder werden von jungen Hipstern gekauft und sind neuerdings oft in Fernsehserien und in Filmen zu sehen. Vertrieben werden die Räder direkt über ausgesuchte Fachgeschäfte und übers Internet.

Die Geschäftsmodellanalyse

Die Geschäftsmodellanalyse prüft, ob Unternehmen mit ihrem Geschäftsmodell wirtschaftlichen Erfolg erzielen können.

Aufgabe 26.8

Anhand welcher Kriterien kann eine Geschäftsmodellanalyse durchgeführt werden?

Lösungen zu den Übungsaufgaben

Hier finden Sie die Lösungen zu den Aufgaben.

Lösung 26.1

Neben den im Anlagevermögen der Bilanz aufgeführten immateriellen Vermögenswerten verfügt ein Unternehmen noch über weitere immaterielle Ressourcen wie zum Beispiel über

- ✔ das Human Capital, also die Mitarbeiter,
- ✔ das Know-how der Unternehmensleitung,
- ✔ eine Unternehmensorganisation mit ihren internen Prozessen,
- ✔ eine Unternehmenskultur und Wertvorstellungen,
- ✔ gute Lieferantenbeziehungen,
- ✔ einen ansehnlichen Ruf beim Kunden.

Lösung 26.2

In einer anlagenintensiven Branche ist von hohen Ein- und Austrittsbarrieren auszugehen. Neue Wettbewerber schießen im Stahl- oder Fahrzeugbau nicht wie Pilze aus dem Boden. Ebenso verabschieden sich Unternehmen aus solchen Branchen nur sehr selten, da es schnell um größere Einheiten mit hohen materiellen Werten geht. In der Dienstleistungsbranche sieht die Situation dagegen anders aus: Putzfirmen kommen und gehen am Markt, Pizzadienste ebenso. In der Dienstleistungsbranche kann höchstens das Know-how zum Barrierefaktor werden; zum Beispiel in der Softwareentwicklung.

Lösung 26.3

Die Branchenstruktur spielt bei der strategischen Bilanzanalyse eine wichtige Rolle. Für die Zukunftsaussichten eines Unternehmens ist die Branchenstruktur von hoher Bedeutung. Bei einem Monopol brauchen Sie sich um das untersuchte Unternehmen wenig Sorgen zu machen, da es naturgemäß keine Mitbewerber gibt, die dem Unternehmen das Leben schwer machen. Nur wenn die Branche insgesamt auf der Kippe stünde, bekäme das Unternehmen Probleme. Bei einem Oligopol besteht oft auch kein Grund zur Sorge. Bewegt sich das untersuchte Unternehmen dagegen in einem Polypol, muss man schon besonders kritisch hinschauen. Gibt es Alleinstellungsmerkmale, die dem Unternehmen in absehbarer Zukunft das Überleben sichern?

Lösung 26.4

Es spielt eine Rolle, ob das untersuchte Unternehmen allein von der Inlandsnachfrage abhängig ist oder ob es auch ins Ausland exportiert. Ist das Unternehmen international aufgestellt, kann eine schwächelnde Inlandsnachfrage durch Exporte ausgeglichen werden.

Lösung 26.5

Bei der Marktstellungsanalyse werden folgende Kriterien geprüft:

- ✔ Marktstellung des Unternehmens
- ✔ Kundenstruktur
- ✔ Produktpalette
- ✔ Vertriebslinien und Händlerstruktur

Lösung 26.6

Bei der Marktstellungsanalyse wird anhand von vier Kriterien die Situation des Unternehmens geprüft.

Marktstellung des Unternehmens

Bei dem betrachteten Unternehmen handelte es sich früher mal um einen wichtigen Anbieter. Seit drei Jahren ist der Marktanteil jedoch bedenklich niedrig.

Die Vertriebslinien

Dem Unternehmen ist vor ein paar Jahren eine wichtige Vertriebslinie abhandengekommen. Damit einher ging der Verlust von Marktanteilen. Hiervon konnte sich das Unternehmen bislang nicht erholen und über neu hinzugewonnene Vertriebslinien Marktanteile zurückgewinnen.

Die Kundenstruktur

Die Kundschaft besteht aus Kunden der Altersklasse 50 und älter und dürfte somit nicht so sensibel auf konjunkturelle Einflüsse reagieren. Hier scheint das Unternehmen keine Risiken zu haben. Chancen für einen Ausbau der Kundschaft wurden jedoch auch nicht genannt.

Die Produktpalette

Die Produktpalette scheint kein Verkaufshindernis darzustellen. Trendprodukte scheint es jedoch nicht im Angebot zu geben. Überragende Testergebnisse, mit denen Marketing betrieben werden könnte, sind ebenfalls Fehlanzeige

Das Fazit

Das Unternehmen schneidet bei der Marktstellungsanalyse durchwachsen ab. Kurz- bis mittelfristig dürfte das Unternehmen Überlebenschancen besitzen, sofern es seine Kostenstrukturen dem gesunkenen Marktanteil anpassen konnte; was scheinbar der Fall ist, da dieser Einbruch bereits vor drei Jahren stattfand und das Unternehmen heute noch am Markt präsent ist. Langfristig sehen die Zukunftsaussichten des Unternehmens nicht gut aus; es wird ein Bild der Stagnation gezeichnet; Innovationen fehlen.

Lösung 26.7

Bei der Marktstellungsanalyse wird anhand von vier Kriterien die Situation des Unternehmens geprüft.

Marktstellung des Unternehmens

Bei dem betrachteten Unternehmen handelt es sich um einen Nischenanbieter. Positiv ist der steigende Marktanteil.

Die Vertriebslinien

Die Vertriebsstruktur steht bis auf den Verkauf über das Internet auf wackeligen Füßen. Die Fachhändler können sich aus den unterschiedlichen Gründen in der nächsten Saison vom Hersteller abwenden.

Die Kundenstruktur

Die Kundschaft besteht aus jungen, urbanen Kunden. Dieser Kundenkreis dürfte in den nächsten Jahren aufgrund der Bevölkerungsentwicklung schrumpfen.

Die Produktpalette

Die Produkte sind derzeit voll im Trend und in den Medien präsent. Somit ist zunächst ein weiterer Anstieg des Marktanteils zu erwarten.

Das Fazit

Das Unternehmen schneidet bei der Marktstellungsanalyse ganz ordentlich ab. Kurz- bis mittelfristig dürfte das Unternehmen Wachstumschancen besitzen. Es besteht jedoch eine hohe

Abhängigkeit von Modetrends und von einer spezifischen Kundengruppe und Vertriebsstruktur. Langfristig besitzt das Unternehmen bessere Chancen, wenn es diese Schwachpunkte noch etwas nacharbeitet.

Lösung 26.8

Eine Geschäftsmodellanalyse sollte auf jeden Fall das Produktangebot prüfen. Dabei sollte untersucht werden, ob das Produkt selbst Nachfragechancen besitzt und ob die angedachten Verkaufskonditionen erfolgversprechend sind. Ist das Produkt erst einmal verkauft, sollte es mit einer gewissen Benutzerfreundlichkeit glänzen, damit es in Produkttests und beim Konsumenten positiven Anklang findet.

Teil VI

Der Top-Ten-Teil

In diesem Teil ...

Falls Sie schon das eine oder andere Buch aus der ... *für Dummies*-Reihe gelesen haben, wissen Sie natürlich, was jetzt kommt. Falls nicht, werden Sie es gleich wissen: Es folgt der obligatorische Top-Ten-Teil.

Hier finden Sie zehn nützliche Internetseiten rund um das Thema Bilanzen und Bilanzanalyse. Danach folgen noch zehn Begriffe, die Ihnen über den Weg laufen könnten.

Viel Spaß!

27 Zehn Webseiten rund um Bilanzen und Bilanzanalyse

In diesem Kapitel

- Hilfe bei Problemen
- Sich mit Gleichgesinnten austauschen
- Gültige Rechtsquellen online finden

Sollten Sie nach der Lektüre dieses Buches noch immer nicht genug von Bilanzen und Bilanzanalyse haben – kein Problem: Weitere Informationen finden Sie natürlich auch im Internet. Auf einigen Seiten gibt es auch Foren, in denen Sie zu besonderen Problemen Antwort erhalten können. Und vielleicht können Sie dort auch anderen bei deren Fragen weiterhelfen. Außerdem erfahren Sie hier, wo Sie im Internet nationale und internationale Vorschriften wie das HGB, das UGB, das Obligationenrecht oder IFRS finden können.

Glauben Sie bitte nicht sofort alles, was Sie im Internet finden. Überprüfen Sie die Inhalte, indem Sie zumindest noch weitere Websites zu Ihrem Thema absuchen. Geht es gar um die Einhaltung gesetzlicher Vorschriften, sollten Sie auf Fachliteratur oder auf externen Sachverstand zurückgreifen und sich nicht nur auf ein oder zwei Internetseiten berufen.

Bundesministerium der Justiz: Gesetze

`www.bundesrecht.juris.de/aktuell.html`

Vor allem für die Leser aus Deutschland ist diese Seite sehr nützlich. Hier finden sich nämlich alle deutschen und europäischen Gesetze in ihrer jeweils aktuellen Fassung. Sei es das HGB, das GmbH-Gesetz, das Grundgesetz oder die Insolvenzverordnung. Außerdem werden Sie hier stets aktuell über juristische Neuigkeiten informiert.

Gruenderlexikon

`www.gruenderlexikon.de`

Die Hauptadressaten dieser Website sind, wie es der Name schon sagt, Existenzgründer. Allerdings bietet diese Seite auch Nichtexistenzgründern ein sehr umfangreiches Lexikon, in dem unter anderem viele Begriffe aus der Bilanzierungswelt nochmals anschaulich erklärt werden. Von A wie »Afa« bis Z wie »Zuschreibung« ist alles vertreten. Und falls Sie mit dem Gedanken spielen, sich selbstständig zu machen, oder Sie das womöglich bereits sind, sei Ihnen die Seite umso mehr ans Herz gelegt.

Handelsblatt

www.handelsblatt.com

Diese Seite bietet aktuelle Unternehmensmeldungen. Neben den News erhalten Sie hier auch ausführliche Hintergrundberichte zu vielen Themen. In der Kategorie »Unternehmen/Management« finden Sie den kostenlosen Geschäftsberichtsservice. Hier können Sie Geschäftsberichte vieler Unternehmen entweder per Post bestellen oder sich per Mail einen Zugang zum Geschäftsbericht zusenden lassen.

IFRS

www.ifrs.org

Sie haben bei der Lektüre dieses Buches viel über IFRS gelesen. Auf dieser Internetseite finden Sie nicht nur sämtliche International Accounting Standards in ihrer aktuellen Fassung, Sie werden auch über Neuheiten und Änderungen informiert.

IFRS-Portal

www.ifrs-portal.com

Hier finden Sie ebenfalls alle International Accounting Standards. Darüber hinaus bietet die Seite viele Informationen über IFRS sowie die Umstellung der Bilanzierung auf IFRS. Ein sehr schönes Goodie ist das Glossar, das Ihnen viele englische Fachbegriffe der Wirtschaftswelt ins Deutsche übersetzt. Hätten Sie zum Beispiel auf Anhieb gewusst, dass der »actuarial present value of promised retirement benefits« nichts anderes ist als der »Versicherungsmathematische Barwert der zugesagten Versorgungsleistungen«?

KPMG

www.kpmg.de

Die Seite der Wirtschaftsprüfungsgesellschaft KPMG informiert ausführlich über Neuigkeiten. Ein kostenloser Newsletter kann jederzeit abonniert werden. Zu vielen Themen wie etwa der HGB-Reform oder IFRS gibt es ausführliche Hintergrundinformationen. Wer gerade mal nicht lesen mag, kann sich auch Videopodcasts zu diversen Themen ansehen.

Rechtsinformationssystem Österreich

www.ris2.bka.gv.at/UI/Info.aspx

Diese Seite des österreichischen Bundeskanzleramts enthält alle gültigen Gesetze des Landes. So natürlich auch das aktuelle UGB. Über die Suchfunktion dieser Webseite können Sie auch gezielt nach Schlagwörtern suchen und erhalten dann die jeweiligen Gesetze und Paragrafen, die diesen Begriff betreffen, aufgelistet. Auch das europäische Gemeinschaftsrecht kann hier abgerufen werden.

Bundesministerium der Justiz

`www.bmj.bund.de`

Auf der Seite des deutschen Bundesministeriums der Justiz finden Sie unter dem Punkt »Themen/Handels- und Wirtschaftsrecht/Bilanzrecht« alle offiziellen Informationen zur Bilanzrechtsmodernisierung.

Website der »Bundesbehörden der Schweizerischen Eidgenossenschaft«

`www.admin.ch`

Für alle, die am Schweizer Handelsrecht interessiert sind, eine Seite, auf der neben vielen weiteren Gesetzen der Schweiz auch das komplette Obligationenrecht zu finden ist. Dieses ist jedoch etwas versteckt. Tippen Sie deshalb am besten `www.admin.ch/ch/d/sr/220/index.html` von Hand in Ihren Browser ein. Das dürfte der schnellste Weg dorthin sein.

Wikipedia

`www.wikipedia.de`

Wikipedia ist eine riesige Online-Enzyklopädie mit freien Inhalten. Hier finden Sie zu nahezu jedem Schlagwort eine Info und auf fast jede Frage eine Antwort. Der Clou: Hier kann jeder Anwender bestehende Artikel ergänzen oder neue Texte anlegen. Diese werden jedoch mittlerweile vor ihrer Veröffentlichung sehr genau geprüft, um die Verbreitung von Schwachsinn zu vermeiden. Das Prinzip der Site ist es, das Wissen von möglichst vielen Nutzern zu bündeln, um es anderen Nutzern zur Verfügung zu stellen. Auch die Bereiche Bilanzen und Bilanzanalyse sind hier mit vielen Fachbegriffen vertreten. Probieren Sie es einfach mal aus und falls Sie auf einen Fehler stoßen sollten, beheben Sie ihn doch gleich – nach der Lektüre dieses Buches kann Ihnen nämlich keiner so schnell mehr etwas vormachen.

Stichwortverzeichnis